W0262518

Der Gipfel des 3798 m hohen Großglockners mit dem Teufelshorngrat

Im Hintergrunde links die Pasterze, dahinter die Freiwand und das südliche Pfandlschartenkees

DIE GROSSGLOCKNER-HOCHALPENSTRASSE

DIE GESCHICHTE IHRES BAUES

Von

DIPL.-ING. F. WALLACK

Mit 29 Abbildungen und 21 Karten im Text

WIEN

SPRINGER-VERLAG

1949

ISBN-13: 978-3-211-80123-9   e-ISBN-13: 978-3-7091-7734-1

DOI: 10.1007/978-3-7091-7734-1

Alle Rechte, insbesondere das der Übersetzung
in fremde Sprachen, vorbehalten.
Copyright 1949 by Springer-Verlag in Vienna.
Softcover reprint of the hardcover 1st edition 1949

Dieses Buch widme ich in Dankbarkeit
allen meinen Mitarbeitern

3. August 1945.

Inhaltsverzeichnis

Verzeichnis der Karten

1. Es soll eine Straße durch das Glocknergebiet projektiert werden

An einem Junitage des Jahres 1924 wurde ich in Klagenfurt auf der Straße von zwei Freunden angesprochen. Sie überrumpelten mich mit der Frage, ob ich Lust hätte, eine Straße durch das Glocknergebiet zu trassieren, die Salzburg über die Hohen Tauern hinweg mit Osttirol und Kärnten verbinden sollte. Meine beruflichen Arbeiten hatten mich zu jeder Jahreszeit ins Hochgebirge geführt und mich nicht nur mit seinen Schönheiten, sondern auch mit seinen Eigenheiten und Gefahren vertraut gemacht. Als guter Bergsteiger und als begeisterter Freund der Bergwelt ließ meine Antwort auf die gestellte Frage nicht lange auf sich warten. Sie lautete „Ja“.

Die beiden Fragesteller waren Landesamtsdirektor der Kärntner Landesregierung Dr. Siegmund Zechner und Regierungsrat Professor Ing. Heinrich Matievic. Keiner von uns dreien ahnte damals, daß unser Vaterland einer Zeit wirtschaftlicher Not entgegenging. Niemand konnte voraussehen, daß diese Projektsidee ihre Verwirk‹ lichung in allerschwerster Zeit erleben würde, daß außer dem unvermeidlichen Kampf mit den Naturgewalten auch Kämpfe mit Widerwärtigkeiten aller Art und feindlich gesinnten Menschen in Hülle und Fülle auszutragen sein würden und daß mich mein rascher Entschluß viele Jahre angestrengtester Arbeit unter den denkbar ungünstigsten Begleitumständen kosten würde. Und das war gut so. Hätte man damals in die Zukunft blicken können, dann hätte sich wohl niemand gefunden, der den Mut gehabt hätte, sich mit einem derart großzügigen Projekt ernstlich zu befassen.

Der Grundgedanke, der den Anstoß zur Großglocknerstraße gab, ist leicht ver‹ ständlich. Durch den Friedensvertrag von St. Germain wurde Südtirol von Österreich abgetrennt. Damit ging die ehemals auf innerösterreichischem Gebiet liegende Straßen‹ verbindung von Westkärnten und Osttirol über das Pustertal, Franzensfeste und den Brennerpaß nach Nordtirol verloren. Da es zwischen dem Radstädter Tauernpaß und dem Brennerpaß in einer Luftlinienentfernung von 156 Kilometer keine Straße über die Alpenhauptkette gab, waren Westkärnten und Osttirol vom direkten Straßen‹ verkehr mit den am Nordrand der Alpen liegenden Bundesländern so gut wie abge‹ schnitten. Ein neuer Verkehrsweg sollte diesem Übelstande abhelfen und die Alpen‹ hauptkette nahezu in der Mitte zwischen dem Radstädter Tauernpaß und dem Brennerpaß in den Hohen Tauern überschreiten.

Schon im Hochsommer des Jahres 1922 hatte das damalige „Büro für Fremden‹ verkehr“ im Bundesministerium für Handel, Industrie und Bauten die Schaffung einer fahrbaren W e g verbindung von Bad Fusch über das Hochtor bis zum Anschluß an die Alpenvereinsstraße, die von Heiligenblut zum Glocknerhaus führte, vorgeschlagen. Vom 30. August bis 4. September des gleichen Jahres fand eine Bereisung der Hohen Tauern durch die interessierten Stellen statt, die sich auf Grund dieser Anregung einerseits mit dem Gedanken des Baues einer Straße zur Verbindung des Fuschertales mit dem Oberen Mölltal über das Hochtor, andererseits mit der Möglichkeit der

Schaffung einer hiezu parallelen, weiter westlich gelegenen Straßenverbindung aus dem Salzachtal über den Felbertauern nach Osttirol befaßte. Die bei dieser Bereisung gewonnenen Eindrücke veranlaßten den damaligen Bundesbahnoberinspektor Adolf Jahn, der die ganze Tour mitgemacht hatte, ein begeistertes Gutachten über die landschaftliche Auserlesenheit einer Linienführung über das Hochtor zu erstatten.

An dieser ersten Begehung teilnehmende Ingenieure stellten jedoch schon damals fest, daß Bad Fusch als Ausgangspunkt einer Straße nicht empfehlenswert sei, da der außerordentlich steile, lawinengefährdete Hang zwischen Bad Fusch und Ferleiten einer Baudurchführung unerhörte Schwierigkeiten in den Weg stellen würde. Ein Festhalten an der Linienführung des schmalen Sträßchens, das von Dorf Fusch durch die Bärenschlucht nach Ferleiten führte, sei unbedingt vorzuziehen, der Beginn der Neubaustrecke des geplanten Straßenzuges daher von Bad Fusch nach Ferleiten zu verlegen.

Die Folge dieser ersten Begehung war ein nicht in die Öffentlichkeit getragener Streit zwischen den Anhängern der Hochtor- und der Felbertauernlinie. Über das Für und Wider wurde viel debattiert. Eine einheitliche Auffassung konnte jedoch nicht erzielt werden.

Da beantragte der Verkehrsausschuß des Salzburger Landtages am 23. Jänner 1924, die Salzburger Landesregierung wolle sich mit den Landesregierungen von Tirol und Kärnten wegen des Ausbaues einer „Großglocknerstraße" ins Einvernehmen setzen. Der Salzburger Landtag beschloß, diesem Antrag zu entsprechen.

Am 8. Mai 1924 berichtete Landesrat Dr. Otto Troyer im Salzburger Landtag über das Ergebnis der zwei Jahre vorher in der gleichen Angelegenheit bereits durchgeführten Begehung. Er erwähnte, daß der Bau einer „Großglocknerstraße" 24 Milliarden Kronen, einer „Felbertauernstraße" hingegen 39 Milliarden Kronen kosten würde. Er gab auch bekannt, daß die Kärntner Landesregierung bei der Salzburger Landesregierung angefragt habe, ob es nicht zweckmäßig wäre, unter Hinzuziehung von Vertretern der Bundesregierung eine Ländertagung mit dem Gegenstande: „Ausbau der Großglocknerstraße" einzuberufen.

Die Salzburger Landesregierung war hiemit einverstanden. Am 3. Juni 1924 kamen Vertreter der Landesregierungen von Kärnten und Salzburg, der Bundesregierung, der Landesverbände für Fremdenverkehr und einer Reihe weiterer interessierter Stellen beider Länder in Klagenfurt zu einer Beratung zusammen. Es wurde der Beschluß gefaßt, einen „Ausschuß zur Erbauung einer Großglockner-Hochalpenstraße" zu bilden. Jede der an den Beratungen teilnehmenden Körperschaften entsandte in den Ausschuß einen Vertreter und einen Ersatzmann. Obmann wurde der Landeshauptmann-Stellvertreter von Kärnten August Neutzler, Obmannstellvertreter der Landesrat der Salzburger Landesregierung Dr. Otto Troyer. Landesamtsdirektor Dr. Siegmund Zechner in Klagenfurt wurde zum Geschäftsführer des Ausschusses bestellt.

Um innerhalb kürzester Frist ein generelles Projekt der in Aussicht genommenen Straße zu beschaffen und um eine „großzügige Werbung für dieses Projekt im In- und Ausland entfalten zu können", schuf der Ausschuß aus Beiträgen der ihm angehörenden Körperschaften einen Fonds von 100 Millionen Kronen. Er beschloß, Ende Juni die Hochtortrasse zu begehen, um sich an Ort und Stelle über alle zu treffenden Maßnahmen schlüssig zu werden.

Da ich mich bereit erklärt hatte, die Trassierung der Straße durchzuführen, erhielt ich die Einladung des vorerst noch „Vorbereitenden" Ausschusses, an einer am

25. Juni 1924 in Zell am See stattfindenden Sitzung teilzunehmen. In dieser Sitzung wurde vorerst mit dem Vertreter Tirols, Landesrat Bernhard Zösmayr, die ziemlich heikle Frage der „Felbertauernstraße" erörtert. In der Debatte, die sich in erster Linie um die Linienführung, Baukosten und landschaftlichen Schönheiten beider Projekts≠ ideen drehte, mußte allseits zugegeben werden, daß die Linie durch das Glockner≠ gebiet jener über den Felbertauern weit überlegen sei. Nach Erörterung weiterer Fragen wurden die Verhandlungen schließlich unterbrochen. Am Abend des gleichen Tages folgten die achtzehn in Zell am See versammelten Delegierten einer Einladung des Bürgermeisters Josef Ernst zu einer gemütlichen Zusammenkunft, bei der sich die Teilnehmer näher kennen lernten. In angeregter, zwangloser Unterhaltung gewann ich den Eindruck, daß die Salzburger Delegierten aus mir unbekannten Gründen ein Vorurteil gegen mich gefaßt hatten. Da ich ihnen vollkommen fremd war, legte ich dem keine Bedeutung bei.

Zeitig am nächsten Morgen fuhren wir mit einem Autobus ins Fuschertal. In Ferleiten, dem Endpunkt des schmalen Sträßchens, stiegen wir aus und wanderten im Talboden nach Süden weiter. Am Ostfuß des Großen Wiesbachhornes, dessen Steilwände den Talboden um 2500 Höhenmeter überragen, und zwar an jener Stelle, an der der Weg zur Mainzerhütte hinaufführt, verließen wir die Talsohle. Wir folgten diesem Hüttenweg. Als wir einige hundert Meter hoch gestiegen waren, hatten wir einen guten Überblick auf den gegenüberliegenden, vollständig gletscherfreien Hang, auf dem sich die neue Straße von Ferleiten gegen das Fuschertörl hinauf entwickeln sollte. Dort lagerten wir uns und nun gab jeder seiner Meinung über die mögliche Linienführung der Straße Ausdruck. Nachmittags traten wir den Rückmarsch nach Ferleiten an. Ich aber wollte an Ort und Stelle das Gelände ein wenig in Augenschein nehmen, in dem die Straße zur Höhe führen sollte. Mit meinem Freunde Matievic, einem begeisterten Alpinisten und vorzüglichen Kenner des Glocknergebietes, ging ich am östlichen Talhang zum Piffkar hinauf. Erst spät abends kamen wir wieder mit den anderen Teilnehmern in Ferleiten zusammen.

Am 28. Juni stiegen wir von Ferleiten zum Fuschertörl auf, wanderten zum Hoch≠ tor und unternahmen dann den Abstieg zur alten Glocknerstraße, die wir auf halbem Wege zwischen Heiligenblut und dem Glocknerhaus, beim Guttal erreichten. Dann wanderten wir noch zum Glocknerhaus, wo wir nächtigten.

Es war ein wunderschöner Tag. Da ich ein ziemlich guter Bergsteiger bin, war ich den anderen meist weit voraus. Ich ging nicht immer den durch „Steinmandeln" und lange Holzstangen gezeichneten „Tauernweg", sondern suchte jene Punkte auf, von denen aus ich einen möglichst guten Überblick über das für den Straßenbau in Betracht zu ziehende Gelände hatte. Ich hielt die Augen offen und sammelte gewissenhaft alle Eindrücke.

Im Sattel des 2575 Meter hohen Hochtors, an der Landesgrenze von Kärnten und Salzburg, erwartete uns der Bürgermeister von Heiligenblut. Die Kärntner Teilnehmer an der Begehung schritten über die Grenzlinie, nahmen auf Kärntner Boden Auf≠ stellung und begrüßten die anderen mit dem zwar nicht wohlklingend vorgetragenen, aber gutgemeinten Kärntner Heimatlied. Am Abend erstattete ich dann einen kurzen Bericht über die von mir gewonnenen Eindrücke und skizzierte in großen Umrissen die Linienführung, wie ich sie mir vorläufig einmal zurechtgelegt hatte.

Am nächsten Tag stiegen wir zur Franz≠Joseph≠Höhe auf. Wir erfreuten uns an dem Anblick des in vollster Reinheit strahlenden Großglockners und der mächtigen Eis≠

felder, die sich im Pasterzengletscher zu einem überwältigenden Eisstrom vereinigen. Dann gingen wir wieder zum Glocknerhaus zurück und wanderten auf der Alpen‹ vereinsstraße nach Heiligenblut.

Diese Straße war damals nicht befahrbar. Ein im Jahre 1916 eingetretener Berg‹ rutsch hatte die Kehrenanlage oberhalb Heiligenblut teilweise zerstört und die Alpen‹ vereins‹Sektion Klagenfurt, der die Straße gehörte, vermochte nicht die Mittel zu ihrer Wiederinstandsetzung aufzutreiben. Am Abend des 28. Juni 1924 trat der „Ausschuß für die Erbauung einer Großglockner‹Hochalpenstraße" zu seiner konstituierenden Sitzung im Hotel Rupertihaus in Heiligenblut zusammen.

Wenn sich der Ausschuß auch darüber im klaren war, daß die Ungunst der wirt‹ schaftlichen Verhältnisse eine nahe Verwirklichung des Straßenprojektes über die Hohen Tauern mehr als fraglich, zumindest jedoch als äußerst schwierig erscheinen ließ, so erkannte er doch die Notwendigkeit, vorerst wenigstens die Grundlage für eine allfällige spätere Ausführung der Projektsidee in der Form eines generellen Pro‹ jektes zu beschaffen. Als Richtlinien für dieses Projekt sollten folgende Grundsätze gelten:

Die Anschlußpunkte des zu planenden Straßenzuges waren in groben Umrissen gegeben. Im Norden kam hierfür der Endpunkt des schmalen Sträßchens in Betracht, das vom Salzachtal in Bruck abzweigend, das Fuschertal aufwärts bis Ferleiten führte. Im Süden war ein möglichst hochgelegener Punkt der nur einbahnig ausgebauten Alpenvereinsstraße von Heiligenblut zum Glocknerhaus, die ihre Fortsetzung nach Süden in der ebenfalls sehr schmalen Mölltaler Landesstraße fand, in Aussicht zu nehmen. Zwischen diesen beiden Anschlußpunkten war die Straße über das Fuscher‹ törl und Hochtor zu projektieren.

Es war aber auch die Möglichkeit einer Linienführung über oder durch die untere Pfandelscharte zu studieren, wodurch vom Norden her ein direkter Anschluß an den Endpunkt der Alpenvereinsstraße beim Glocknerhaus erreicht werden konnte. Der Kostenberechnung sollte eine Bauweise zugrunde gelegt werden, die sich der Aus‹ führungsart der bestehenden Anschlußstraßen im Norden und Süden vollständig anpaßte. Es war daher in erster Linie an eine einbahnige Ausführung mit drei Meter nutzbarer Fahrbahnbreite gedacht. Auf Sichtweite sollten Ausweichstellen vorgesehen werden. Es sollten aber auch gleichzeitig die Kosten für eine zweibahnige Ausführung mit einer Fahrbahnbreite von fünf Meter ermittelt werden. In Anlehnung an die Bauweise der Anschlußstraßen dachte man an die Ausführung aller Kunstbauten in Trockenmauerwerk, aller Brücken in Holzkonstruktion.

Ich erinnere mich noch sehr genau aller Einzelheiten der damaligen Besprechungen, daß wir auf der alten Glocknerhausstraße oftmals stehen blieben, daß man mir die dortigen Trockenmauern und Holzbrücken als die gewünschte Ausführungsart be‹ sonders bezeichnete und die Bauweise dieser Straße für das zu projektierende Bauwerk als nachzuahmendes Beispiel hinstellte. Nur wenn man sich heute vergegenwärtigt, auf welcher bescheidenen Entwicklungsstufe Kraftwagen und Kraftwagenverkehr zu jener Zeit standen, n u r d a n n kann man diese Richtlinien heute begreifen. Ahnte doch damals niemand, daß sich die spätere tatsächliche Ausführung himmelweit hievon unterscheiden würde.

Ein Telegramm, das während der Beratungen eintraf, führte zu einer kurzen Unterbrechung der Sitzung. Welche Bewandtnis es mit diesem Telegramm hatte, erfuhr ich erst nach Jahren. Es enthielt den Vorschlag eines mir nicht wohlgesinnten

Kärntner Ingenieurs, die Planungsarbeiten nicht mir, sondern einer von ihm namhaft gemachten Baufirma zu übertragen. Bereits eine Woche vorher hatte er an die Salz=burger Landesregierung einen Brief des Inhaltes geschrieben, daß ich ein vollkommen

Photo: Wallack

Die alte Glocknerhausstraße zwischen Palik und Glocknerhaus

unfähiger Mensch und der gestellten Aufgabe in keiner Weise gewachsen sei. Das also war die Ursache des zurückhaltenden Benehmens der Salzburger Herren mir gegenüber in Zell am See gewesen.

Die Herren des Ausschusses, unter denen sich mehrere Ingenieure befanden, hatten sich ein anderes Urteil über meine Person und meine Fähigkeiten gebildet. Noch am gleichen Abend, am 28. Juni 1924, dem eigentlichen Geburtstag der späteren „Groß=glockner=Hochalpenstraße", erhielt ich den Auftrag zur „Erstellung eines generellen Projektes für eine Großglockner=Hochalpenstraße".

Ich mußte mich verpflichten, dieses Projekt noch im Herbst des gleichen Jahres fertigzustellen und abzuliefern. Diese Frist war wohl mehr als knapp bemessen. Sie stellte jedoch dem damaligen „Ausschuß" das Zeugnis aus, daß er keine Zeit verlieren wollte und daß es ihm mit seinen Absichten wirklich ernst war. Mich allerdings stellte die übernommene Verpflichtung vor die Notwendigkeit, mit größtmöglichster Be=schleunigung an die Arbeit zu gehen, was ich auch gerne tat.

Ich muß nun hier eine Einschaltung machen, die für das volle Verständnis der Projektsidee der Großglockner=Hochalpenstraße von grundlegender Bedeutung ist.

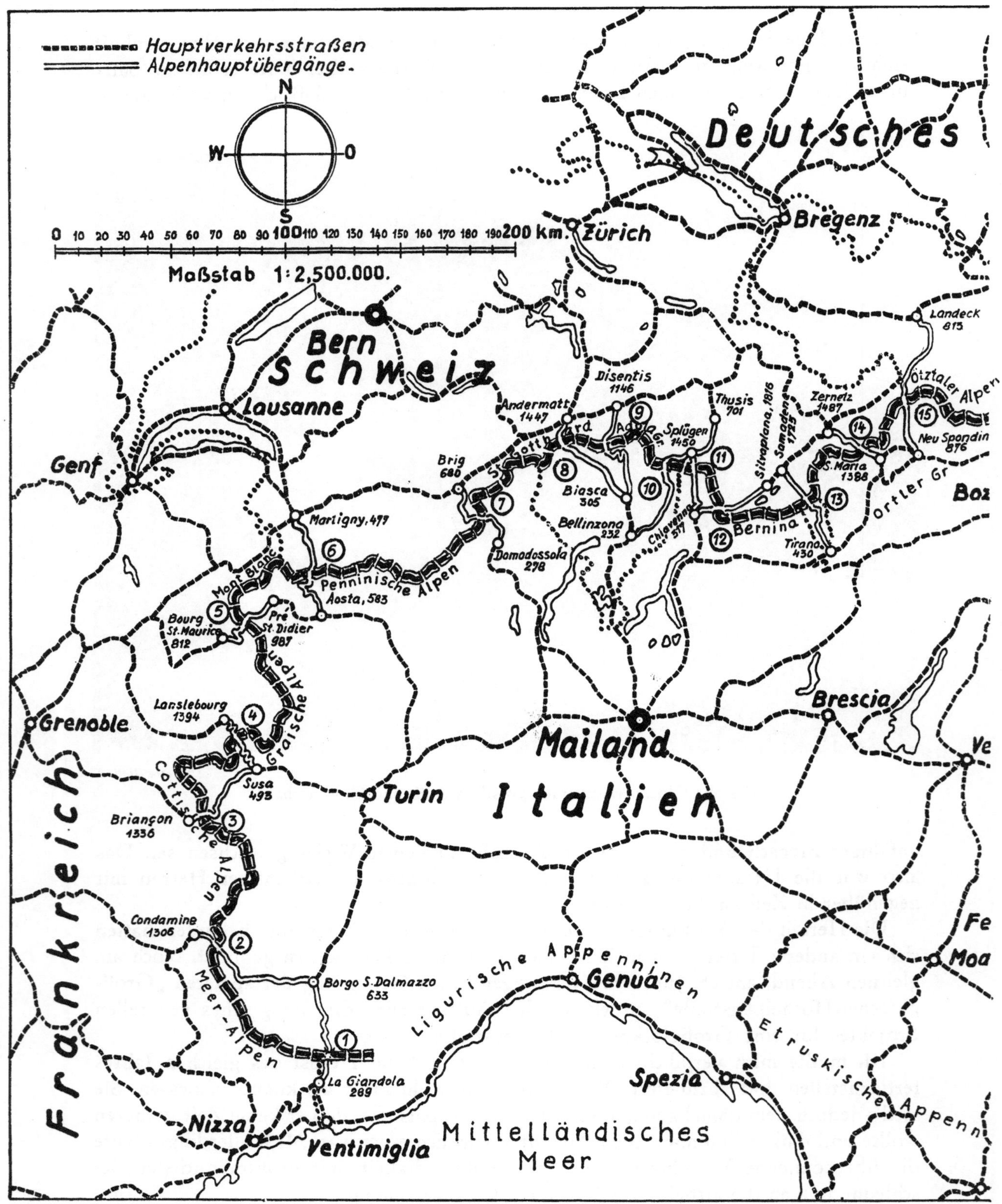

Die Straßen über

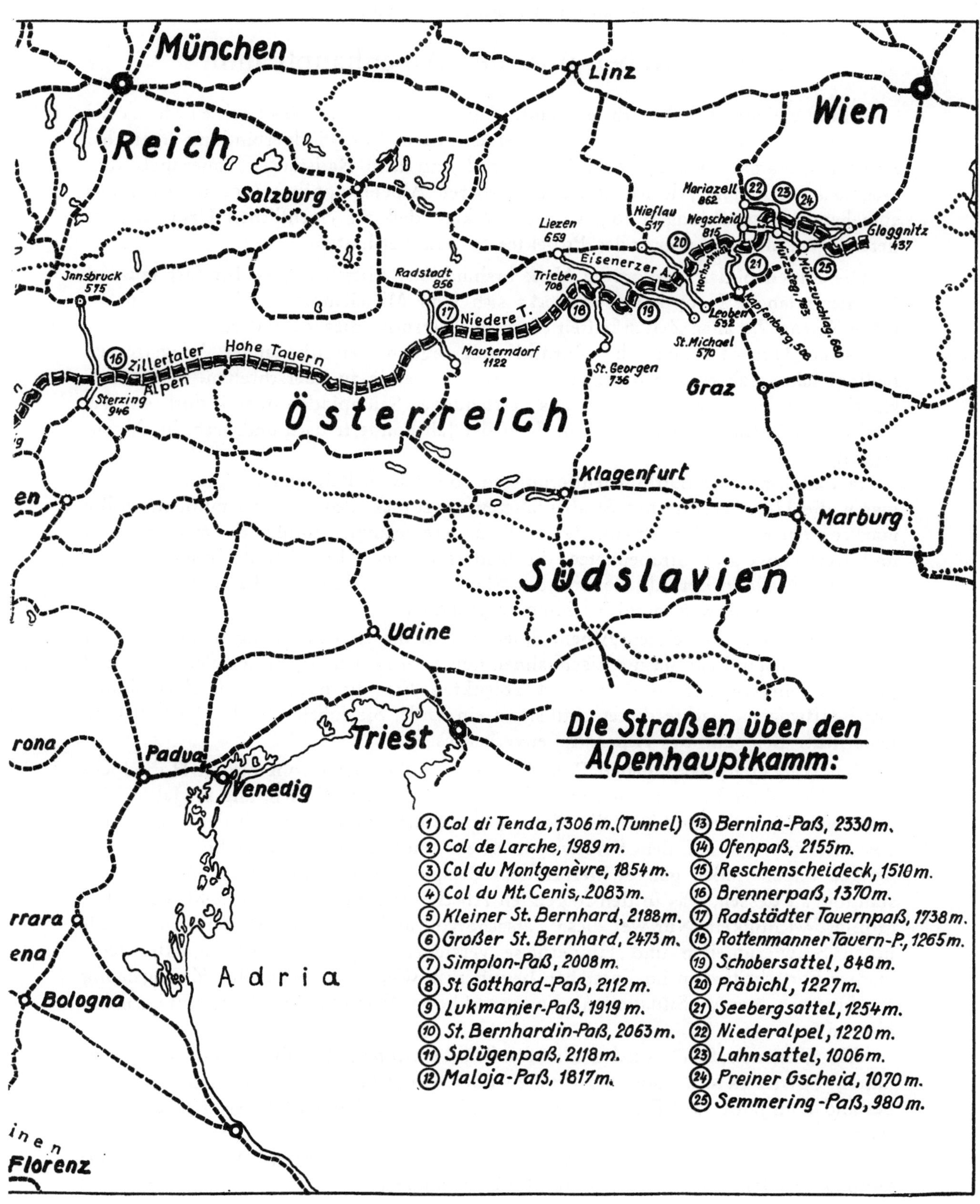

den Alpenhauptkamm

2. Die Straßen über den Alpenhauptkamm

Schon einleitend habe ich erwähnt, daß es rein innerösterreichische Erwägungen waren, die die Schaffung einer neuen Nord=Südverbindung über den Alpenhauptkamm zwischen dem Brennerpaß und dem Radstädter Tauernpaß zum Gegenstande hatten. Als ich nun alle fahrbaren Alpenhauptübergänge in den Kreis eingehender Betrachtungen zog, wurde mir klar, daß die eigentlichen Ursachen viel tiefer lagen, als die Anreger des Projektes es vermutet hatten.

Die Alpen bilden das größte Verkehrshindernis Mitteleuropas. Ihr fast tausend Kilometer langer Hauptkamm erstreckt sich vom Mittelländischen Meer bis in die Nähe Wiens. Zu allen Zeiten hatten Menschen versucht, dieses Hindernis zu meistern. Da seine Umgehung die Zurücklegung außerordentlich langer Wegstrecken bedingt hätte, sah man sich gezwungen, das Hindernis zu überschreiten. Damit ent= standen aus den ersten Anfängen, aus bescheidenen Saumpfaden überall dort, wo das Verkehrsbedürfnis größer wurde, im Lauf der Jahrhunderte nach und nach die Alpen= straßen.

Je weiter sich die Luftlinienentfernungen von Paß zu Paß spannten, um so größer waren die Umwege, die mit Straßenfahrzeugen zurückgelegt werden mußten, wollte man von einer Seite der Alpenkette auf die andere gelangen. Infolge der ausgedehnten und weitverzweigten Straßennetze, die beiderseits der Alpen bereits bestanden, be= mühten sich alle in Betracht kommenden Staaten, die Verbindung dieser Straßennetze über die Alpen hinweg möglichst innig zu gestalten.

Mit dem Bau der ersten Alpenbahnen trat in diesen Bestrebungen um das Jahr 1850 ein Stillstand ein, da die Eisenbahnen nun auch in den Alpen den Personen= und Güterverkehr von der Straße auf sich ablenkten. Erst die nachfolgende Entwicklung des Kraftwagens machte diesem Stillstand ein Ende. Sie führte um das Jahr 1910 zu neuerlicher Belebung des Alpenstraßenverkehres.

Am Beginn dieser neuen Periode steht der Bau der Großglockner=Hochalpen= straße. Von ihrer Projektierung im Jahre 1924 bis zu ihrer Vollendung im Jahre 1935 machte sie im wahrsten Sinne des Wortes die „Sturm= und Drangzeit der Umstellung des Straßenbaues auf den Kraftwagenverkehr" mit. In der Baugeschichte der bis= herigen Alpenstraßen gab es hierfür kein Beispiel. Diese Tatsache ist für das Ver= ständnis all dessen, was in den folgenden Abschnitten dieses Buches steht, von aller= größter Wichtigkeit. Nur wer diese Tatsache voll und ganz begreift, wird die unend= lichen Schwierigkeiten und Hindernisse verstehen können, die sprunghafter tech= nischer Fortschritt dem im Entstehen begriffenen Werk entgegenstellte. Zwangsläufig ergaben sich hieraus Situationen, die menschlicher Weitblick nie hatte vorausahnen können.

Als „Alpenstraßen" werden alle Straßen bezeichnet, die über Pässe der Alpen führen. Soweit es sich dabei um Straßen über den Alpenhauptkamm handelt, bestanden im Jahre 1924 Fahrstraßen über die in nebenstehender Übersicht aufgezählten Pässe.

Die mittlere Höhe dieser 25 Straßenpässe liegt bei 1677 Meter. Die mittlere Ent= fernung von Paß zu Paß beträgt rund 40.3 Kilometer.

In dieser Zusammenstellung fällt die große Luftlinienentfernung von 156 Kilo= meter zwischen dem Brennerpaß und dem Radstädter Tauernpaß besonders auf, die

Straßenübergang	Höhenlage des Scheitelpunktes in Metern	Luftlinienentfernung in Kilometern
1. Col di Tenda	1306 (im Tunnel)	
2. Col de Larche	1989	62
3. Col du Montgenèvre	1854	58
4. Col du Mont Cenis	2083	40
5. Kleiner St. Bernhard	2188	47
6. Großer St. Bernhard	2473	31
7. Simplon-Paß	2008	77
8. St. Gotthard-Paß	2112	55
9. Lukmanier-Paß	1919	18
10. St.-Bernhardin-Paß	2063	29
11. Splügen-Paß	2118	12
12. Maloja-Paß	1817	30
13. Bernina-Paß	2330	25
14. Ofenpaß	2155	32
15. Reschenscheideck	1510	28
16. Brenner-Paß	1370	79
17. Radstädter Tauernpaß	1738	156
18. Rottenmanner Tauernpaß	1265	72
19. Schober-Sattel	848	16
20. Präbichl	1227	22
21. Seebergsattel	1254	28
22. Niederalpel	1220	11
23. Lahnsattel	1006	12
24. Preiner Gscheid	1070	20
25. Semmering-Paß	980	8

rund das V i e r f a c h e der mittleren Entfernung von Paß zu Paß und nahezu das Doppelte der zweitgrößten Paßentfernung (Reschenscheideck—Brennerpaß) ausmacht.

So wird es denn auch aus g e s a m t e u r o p ä i s c h e m Interesse verständlich, daß mit dem steten Aufschwung des Kraftwagenverkehrs früher oder später die Idee auftauchen m u ß t e, das große Intervall zwischen dem Brennerpaß und dem Radstädter Tauernpaß durch Schaffung eines neuen Straßenzuges zu unterteilen.

Die beiden Projektsideen der Glocknerstraße und der Felbertauernstraße hätten diese Unterteilung in folgender Weise bewirkt:

Straßenübergang		Höhenlage des Scheitelpunktes in Metern	Luftlinienentfernung in Kilometern
Glocknerstraße	Brenner-Paß	1370	
	Hochtor	2506 (im Tunnel)	101
	Radstädter Tauernpaß	1738	55
Felbertauernstraße	Brenner-Paß	1370	
	Felbertauern	2566 (im Tunnel)	73
	Radstädter Tauernpaß	1738	83

Zu Gunsten einer Felbertauernstraße sprach die Tatsache, daß sie das vorhandene Intervall nahezu halbiert hätte, während eine Glocknerstraße es im Verhältnis 2 : 1 unterteilen mußte. Nur aus diesem Grunde war es verständlich, w a r u m der Kampf zwischen beiden Projektsideen heftig entbrannte. Andererseits ergab sich aber, daß nur beim Ausbau b e i d e r Straßen, der Glocknerstraße u n d der Felbertauernstraße, die neu entstehenden Luftlinienentfernungen zwischen den einzelnen Pässen k l e i n e r ausfallen konnten als die damals bestandene zweitgrößte Luftlinienentfernung zwischen dem Reschenscheideck und dem Brennerpaß:

Straßenübergang	Höhenlage des Scheitelpunktes in Metern	Luftlinienentfernung in Kilometern
BrennerPaß	1370	73
Felbertauern (Felberntauernstraße)	2566 (im Tunnel)	28
Hochtor (Glocknerstraße)	2506 (im Tunnel)	55
Radstädter Tauernpaß	1738	

Diese Überlegung mußte zu dem Schluß führen, daß eigentlich b e i d e Straßen auszubauen waren. Vorerst war daher eine grundsätzliche Entscheidung darüber zu treffen, w e l c h e r der beiden Projektsideen der Vorrang einzuräumen war.

Verkehrstechnisch genommen waren beide Linienführungen vollkommen gleichwertig. Sie verbanden die gleichen Einzugsgebiete im Norden und Süden und die gleichen an ihren eigentlichen Ausgangspunkten im Salzachtal (Bruck oder Mittersill) und Drautal (Dölsach oder Lienz) vorbeiführenden OstWestDurchzugsstraßen samt deren Zubringerstraßen miteinander.

Die Auserlesenheit der Naturschönheiten gab im Verein mit der Beurteilung der Baukostenfrage den Ausschlag zugunsten der Glocknerstraße.

Im Rahmen der fahrbaren Alpen h a u p t übergänge nimmt die GroßglocknerHochalpenstraße mit ihrer Scheitelhöhe von 2506 Meter den obersten Rang ein. Nur die Straßen über den Großen St. Bernhard (2473 m) und über den Berninapaß (2330 m) kommen ihr an Scheitelhöhe nahe. Alle anderen Alpenhauptübergänge sind niedriger als 2000 Meter. Es gibt zwar höhere Alpenstraßen als die GroßglocknerHochalpenstraße, wie die über den Col de l'Iseran (2769 m, eröffnet 1937), das Stilfserjoch (2758 m, eröffnet 1826), den Col du Parpeillon (2570 m im Tunnel, eröffnet 1900) und den Col du Galibier (2556 m im Tunnel).

Diese führen aber nicht über den Alpenhauptkamm, sondern über Gebirgszüge, die von ihm abzweigen.

Alle Alpenhauptübergänge, deren Scheitelpunkte bis zu 1500 Meter hoch liegen, sind im allgemeinen während des ganzen Jahres für Kraftfahrzeuge fahrbar. Höhere Alpenpässe sind jedoch während der kalten Jahreszeit verschneit und nicht befahrbar. Die alljährliche Benützungsdauer dieser Hochgebirgsstraßen ist um so kürzer, je höher ihr Scheitelpunkt liegt. Selbst umfangreiche Schneeräumungsarbeiten können nur in jenen Monaten eine Verlängerung der Benützungsdauer herbeiführen, in denen keine Schneeverwehungs und Lawinengefahr besteht. Wenn es aber doch einige hochgelegene Alpenstraßen gibt, die trotz bedeutender Schneelagen während des ganzen Winters offengehalten werden oder bei denen zumindest eine dauernde Offenhaltung versucht wird, so handelt es sich in diesen Fällen um Straßen, die entweder infolge der Beschaffenheit des umliegenden Geländes eine Gefährdung des Winterverkehrs ausschließen oder bei denen Lawinenschutzbauten und Galerien entsprechenden Schutz bieten.

Da der Scheitelpunkt der GroßglocknerHochalpenstraße mindestens 2500 Meter

Die große Verkehrslücke zwischen Brennerpaß und Radstädter Tauernpaß
und die Möglichkeiten ihrer Unterteilung

hoch liegen mußte, war von allem Anfang an damit zu rechnen, daß diese Straße nur während eines T e i l e s des Jahres befahrbar sein konnte. Auf Grund von Vergleichen mit den Erfahrungswerten anderer Hochgebirgsstraßen konnte bei entsprechender Nachhilfe durch Schneeräumung im Frühjahr und Herbst jährlich mit einer fast fünf* monatigen Benützungsdauer vom 1. Juni bis 31. Oktober gerechnet werden. In die Mitte dieses Zeitraumes, auf den 15. August, fällt der Kulminationspunkt des Sommerreiseverkehrs. Während der Hauptreisezeit, das ist vom 15. Juli bis zum 15. September, war daher unter allen Umständen mit einer Befahrbarkeit der neuen Straße zu rechnen. Diese Feststellung war deshalb von Wichtigkeit, da der Haupt* anziehungspunkt der Glocknerstraße n u r die Schönheit der Landschaft sein konnte, die dem Sommerreisepublikum durch die neue Straße bequem zugänglich gemacht werden sollte.

Erfuhr die mittlere Luftlinienentfernung zwischen den fahrbaren Pässen der Alpen* hauptkette mit Hinzutreten des neuen Überganges der Großglockner*Hochalpenstraße eine nur mäßige Verkürzung von 40.3 Kilometer auf 38.7 Kilometer, so mußte die mittlere Höhe aller dieser Alpenhauptübergänge infolge der großen Höhenlage des neu hinzutretenden Scheitelpunktes eine wesentliche Vermehrung erfahren. Tatsächlich stieg sie von 1676 Meter auf 1708 Meter an.

Es ist nun eine bekannte Tatsache, daß gerade in jenen Strecken, in denen nur wenige Straßen über den Alpenhauptkamm führen, Gebirgszüge mit außerordentlich hohen Pässen liegen. Darin liegt die Hauptursache der bestehenden großen Verkehrs* lücken. Wollte man diese hohen Paßlagen zugunsten einer erhöhten jährlichen Be* nützungsdauer herabmindern, dann bliebe nichts anderes übrig als lange, kostspielige Straßentunnels zu bauen.

In großen Höhenlagen verkürzt sich bei Alpenstraßen nicht nur die jährliche Benützungsdauer, sondern auch die jährlich zur Verfügung stehende Bauzeit ganz erheblich. Gleichzeitig erhöhen sich aber auch die durch die Natur gegebenen Schwierigkeiten und Hindernisse. Damit wachsen die Kosten eines solchen Bau* werkes, auf den Längenmeter fertiggestellter Straße bezogen, bedeutend an.

Da Tunnelstrecken je Längenmeter rund zehnmal teurer zu stehen kommen als offene Strecken, bringen Untertunnelungen meist bedeutend höhere Baukosten mit sich als Paßüberschreitungen. Und wenn man ganz allgemein den Satz aufstellt, daß ein Straßentunnel nur dann billiger kommt, wenn man durch ihn eine mindestens zehnmal so lange offene Straßenstrecke erspart, so hat man bei Gebirgsstraßen so ziemlich das Richtige getroffen.

Es ist daher einzusehen, daß neue Straßenzüge über den Alpenhauptkamm, mögen sie in irgend einer der heute bestehenden großen Verkehrslücken entstehen, ausnahms* los nur mit großem Kostenaufwand erstellt werden können. Aus diesem Grunde wird auch in der Zukunft die Schaffung solcher neuer Verkehrswege immer ein seltener E i n z e l f a l l, ein besonderes E r e i g n i s bleiben.

Diese Tatsache hat mich bewogen, das Buch der Großglockner*Hochalpenstraße zu schreiben. Vielleicht nütze ich damit Männern, die nach mir vor ähnliche Aufgaben gestellt werden. Vielleicht kann ich Menschen davon überzeugen, daß die Tatkraft des einzelnen mit der Größe der Aufgabe und mit den zunehmenden Schwierigkeiten d a n n wächst, wenn im innersten Herzen des Verantwortlichen die unerschütterliche Gewißheit fest verankert ist, daß die gestellte Aufgabe gelöst werden m u ß und daß die gewählte Lösung die einzig richtige ist.

3. Alte und neue Technik beim Bau von Alpenstraßen

Die Alpenstraßen zu Ende des 18. Jahrhunderts sind dadurch gekennzeichnet, daß auf ebene oder schwach ansteigende Strecken solche mit übermäßigen Steigungen bis zu 25 Prozent und 30 Prozent folgten, die nur in seltenen Fällen durch kurze eingeschaltete Raststrecken unterbrochen waren. Auch Gegensteigungen in den Anstieg= strecken waren keine Seltenheit.

Schnee= und Lawinengefahren, die Hindernisse tiefer Bergschluchten, die Scheu vor größeren Brückenbauten und die durch den Mangel an geeigneten technischen Hilfsmitteln bedingten unermeßlichen Schwierigkeiten bei der Anlage von Tunnels kamen in der Art der Linienführung dieser Verkehrswege zum Ausdruck. Man legte eine Alpenstraße so an, wie es sich eben am leichtesten bewerkstelligen ließ. Man meisterte die Schwierigkeiten, ohne darauf Rücksicht zu nehmen, ob die Förderleistung der Straßenfahrzeuge dadurch eine Einbuße erlitt oder nicht.

Die Straßen der damaligen Zeit, die über die Alpenhauptkette führten, waren größtenteils sehr schmal. Sie waren meist nur bis zum Beginn der eigentlichen Berg= strecke wirklich fahrbar. Die Verbindung über den Gebirgskamm hinweg bildeten mehr oder weniger breite, meist schlecht ausgebaute und auch schlecht erhaltene Saum= wege, auf denen die Frachten auf dem Rücken von Saumtieren über das Gebirge geschafft werden mußten.

Betrachtet man die Alpenstraßen nicht nur als W e g e, die dem Güter= und Per= sonenverkehr über die Alpen dienen, sondern als S t r a ß e n, d i e a u c h n a c h u n s e r e n h e u t i g e n B e g r i f f e n f ü r S t r a ß e n f a h r z e u g e a l l e r A r t f a h r b a r s i n d, dann müssen in ihrer Entwicklungsgeschichte d r e i Zeitabschnitte unterschieden werden.

Schon in der Zeit vor 1800 waren einzelne Alpenpässe, besonders in Österreich (Brenner, Loibl, Semmering u. a. m.) fahrbar gemacht worden. Der Ausbau dieser Straßen hatte die Bewunderung der Zeitgenossen erweckt. Aber erst die Jahre von 1800 bis 1854 können als „E r s t e r A b s c h n i t t" in der Entwicklungsgeschichte des Alpenstraßenbaues bezeichnet werden. In diesem Zeitraume wurde die durch= gängige „Chaussierung" der Straßen in allen Ländern, die an den Alpen Anteil haben, in größtem Umfang in Angriff genommen. Seinen Abschluß fand dieser Abschnitt mit dem Aufschwunge eines neuen Verkehrsmittels, der E i s e n b a h n, die sich auch im Gebirge ihren Weg siegreich erkämpfte und damit auch in den Alpen erstmals einen neuen Gesichtspunkt in den Vordergrund des Interesses rückte: Die rasche Be= förderung großer M a s s e n.

Als ein Musterbeispiel dieses ersten Zeitabschnittes, an dessen Beginn der Bau einer, auch heute noch in jeder Beziehung die Bezeichnung „Kunststraße" verdienen= den Alpenstraße steht, muß die Simplonstraße genannt werden. Sie wurde am 25. Sep= tember 1805 dem durchgehenden Verkehr übergeben.

Welchen Schwierigkeiten ein Alpenstraßenbau damals begegnete, will ich hier kurz andeuten.

Der Vorläufer der Simplonstraße war der „Simplonweg" zwischen Domodossola und Brig, der schon in der Römerzeit begangen und angeblich 196 nach Christo erbaut wurde. Dieser „Simplonweg" dürfte schlechter gewesen sein als die heute in den Alpen üblichen Saumpfade. Strategische Gründe bewogen Napoleon im Mai 1797, den

Ausbau der Simplonstraße „pour faire passer le canon" anzuregen. Am 6. September wurde der Bau dieser „Militärstraße von Paris nach Mailand" beschlossen.

Der Bau der Simplonstraße war ein außerordentlich kühnes Unternehmen. Mangels jeglicher Vorarbeit und im Hinblick auf die primitiven damaligen Arbeitsmethoden wurde er von den Zeitgenossen mit Recht als Wagnis bezeichnet. Unter militärischer Verwaltung, ohne Plan und ohne einheitliche Idee, wurde noch im Dezember 1800 in Brig und Domodossola mit den Arbeiten begonnen. Diese Arbeiten, die bestenfalls als Bauversuche bezeichnet werden konnten, führten unweigerlich zum Zusammenbruch. Was im Winter 1800/1801 auf den beiden Rampen im Norden und Süden geschaffen wurde, mußte im Frühjahr 1801 wieder abgebrochen und teilweise in gänzlich geänderter Linienführung neu angelegt werden. Ingenieur Nikolaus Céard, hervorgegangen aus der Ecole des ponts et chaussées, wurde nach dem ersten Fehlschlage mit der Oberleitung betraut und damit begann eigentlich erst am 25. März des Jahres 1801 die zielbewußte planmäßige Anlage dieser Straße.

Nachdem sich Céard durch Begehungen des ganzen Gebietes einen Überblick über die Möglichkeiten der Linienführung verschafft hatte, machte er die allernötigsten Aufnahmen und brachte sie zu Papier. Erst im Februar 1802 konnte er einen brauchbaren Bauplan für den ganzen Straßenzug von Glis (in der Nähe von Brig) bis Domodossola vorlegen.

Der Erbauer dieser Straße konnte sich nicht die Erfahrungen früherer Zeiten zunutze machen! Es war der e r s t e große Alpenstraßenbau, der unter Einsatz einer Höchstzahl von Arbeitskräften mit aller Beschleunigung durchgeführt wurde. Es war auch der erste Alpenstraßenbau, bei dem Sprengpulver in erheblicher Menge zum Lockern des Gesteins in Verwendung kam. 6000 Arbeiter, Walliser und Piemonteser, waren dabei im Frondienst tätig. Unter ihnen befanden sich viele Abenteurer, die fremdes Leben wenig achteten, und denen das Messer locker in der Tasche saß. Zur Unterbringung der Arbeiter wurden behelfsmäßige Holzbauten errichtet, die nur notdürftig Schutz vor den Witterungsunbilden gewährten. Der Taglohn war kärglich, die Sicherheitsvorkehrungen zum Schutze der Arbeiter nach unseren heutigen Begriffen vollständig unzureichend. Viele Hunderte Werktätiger mußten bei diesem Bau ihr Leben lassen.

Die zu bewältigenden technischen Aufgaben und die Schwierigkeiten aller Art, die sich so nebenbei noch einstellten, waren außerordentlich groß. Einmal fehlte es an Werkzeug und an Sprengpulver, ein andermal wieder an Geld für die Auszahlung der Arbeitslöhne. Daß es Céard trotzdem gelang, diesen durch wilde Felsschluchten bis in eine Meereshöhe von 2008 Meter hinaufführenden Straßenbau in kürzester Zeit fertigzustellen, stellt seinen Fähigkeiten als Bauleiter ein glänzendes Zeugnis aus.

Die Gesamtlänge der Straße von Glis bis Domodossola beträgt 63 Kilometer, die Baukosten sollen acht Millionen Franken, nach anderen Angaben achtzehn Millionen Franken betragen haben. Die Straße führt aus einer Höhe von 708 Meter (Glis) auf 2008 Meter (Paßhöhe) und fällt dann wieder auf 278 Meter (Domodossola). Ihre technischen Schwierigkeiten gehen aus der Anlage von 611 teils hölzernen, teils steinernen Brücken verschiedener Spannweite und aus dem Bau von gemauerten Tunnels und Galerien in einer Gesamtlänge von 525 Meter hervor.

Die durchschnittlichen Steigungen liegen um sieben Prozent, die Höchststeigung beträgt elf Prozent. Die Breite des Straßenkunstkörpers schwankt je nach den Geländeschwierigkeiten zwischen 7.0 Meter und 8.5 Meter, die der befestigten Fahrbahn zwischen 5.0 Meter und 6.0 Meter. Die Fahrbahn liegt auf einer etwa 30 Zentimeter starken Bruchsteinschichte, die mit kleinem Steingeröll überdeckt war.

In einzelnen Strecken wurde die Fahrbahn seitlich mit zubehauenen Steinen eingefaßt. In den schwierigen Baustrecken wurde der Straßenkörper entweder auf hohe Stützmauern aus Trockenmauerwerk aufgesetzt oder zur Gänze aus dem Felsen ausgesprengt. Die Talseite der Fahrbahn ist teils durch Wehrsteine, teils durch Brüstungsmauern gesichert. In Lawinenstrichen wurden Galerien gebaut, von denen die 180 Meter lange, in Tag- und Nachtarbeit entstandene Gondogalerie allein mehr als 100 tödliche Arbeitsunfälle forderte.

Die Linienführung der Straße ist verhältnismäßig gestreckt. Die wenigen Spitzkehren haben, in Straßenmitte gemessen, ungefähr fünf Meter Halbmesser bei gleichzeitiger Verbreiterung der Wendeplatten auf zehn Meter. Nur der erste Anstieg der Nordrampe der Straße ist überaus kurvenreich, ansonsten muß die Linienführung auch heute noch als vorbildlich bezeichnet werden.

Für die Straßeninstandhaltung sorgten Wegmacher, die in kleinen steinernen Schutzhütten (Refuges) untergebracht waren. Die Reise über den Paß mit schwer beladenen Pferdefuhrwerken nahm ziemlich viel Zeit in Anspruch. Geräumige Hospize mit großen Stallungen boten Mensch und Tier Unterkunft. Kleinere Stallungen entlang der Straße dienten zur Aufnahme der Vorspannpferde. Wer heute über die Simplonstraße fährt, kommt zu der Überzeugung, daß ihr Bau auch in unserer Zeit keine leicht zu bewältigende, sondern eine überaus schwierige Aufgabe wäre, und daß ihre Anlage richtunggebend für den Bau späterer Alpenstraßen geworden ist.

Dem Bau der Simplonstraße schloß sich in unmittelbarer Folge der Bau weiterer Alpenstraßen an.

Bei der Planung eines Gebirgsstraßenzuges um das Jahr 1800 erfolgte die Festlegung des Linienzuges ausschließlich auf Grund örtlicher Begehungen, da die Kartenwerke der damaligen Zeit für eine Entwurfsverfassung auf dem Papier völlig ungeeignet waren. Für die Vorlage an die Behörde genügte eine b e i l ä u f i g e Darstellung des Straßenverlaufes. Gegen alle Planverfassungen, die den örtlichen Verhältnissen Rechnung trugen und allen technischen und wirtschaftlichen Ansprüchen genügten, bestand meist die größte Abneigung. Nur in den seltensten Fällen wurde der Linienzug vor Baubeginn am Zeichentisch festgelegt. Meistens erwiesen sich die auf dem Papier zustande gekommenen Entwürfe, sobald man an ihre Ausführung schritt, als unbrauchbar.

Die Gründe hiefür lagen in der schlechten Verwendbarkeit von Meßtisch und Kippregel bei Aufnahmen in gebirgigem Gelände. Winkelspiegel, Winkelrohr, Winkeltrommel, einfache Nivellierinstrumente, Höhenmeßapparate mit Fernrohr und Mikrometerschraube waren technische Hilfsinstrumente, mit deren Handhabung nur wenige vertraut waren. So blieben denn die hauptsächlichsten Meßbehelfe: Meßkette, Schrittzähler, Wasserwaage, Bussole, einfache Winkelscheiben, Neigungsmesser und Höhenbarometer. Es gab keine Karten mit eingezeichneten Schichtenlinien. Auch wurden besondere Schichtenpläne zur Ermittlung der Linienführung nicht angefertigt.

Die Herstellung des Straßenkunstkörpers erfolgte ausnahmslos in Handarbeit. Schon machte sich das Bestreben geltend, nur zweckentsprechende Werkzeuge und Fördergefäße in Gebrauch zu nehmen. Zweirädrige Kippkarren, die ein Vielfaches des Förderinhaltes gewöhnlicher Schiebekarren aufnehmen konnten, kamen in Verwendung. Sie wurden entweder durch Zugtiere oder von Menschen fortbewegt. Die

Sprenglöcher wurden von Hand aus in den Stein gebohrt, denn es gab noch keine Bohrmaschine.

Das Trockenmauerwerk bestand aus möglichst großen, lagerhaften, zubearbeiteten Steinen. Die Mauerwerksfugen wurden mit Sand, Moos oder Rasen ausgefüllt. Besonders gut gefügte Mauern blieben auch ohne Fugenausfüllung. Für die Bemessung der Mauerwerksstärke bestanden Faustregeln, die sich dadurch auszeichneten, daß sie allerorts verschieden waren. Daß der gute Verband der Steine untereinander fast immer nur an der Sichtfläche und nicht im Innern der Mauerwerkskörper zu finden war, war schon damals ein unausrottbares Übel, das sich hartnäckig bis in unsere Tage erhalten hat. Nur in seltenen Fällen wurde Bruchsteinmauerwerk unter Verwendung von Kalkmörtel als Bindemittel hergestellt. Solche Ausführungsarten beschränkten sich auf größere Kunstbauten und die Bögen der Gewölbe, auf deren wasserdichte Abdeckung keine besondere Sorgfalt verwendet wurde. Der vordere Anzug schwankte bei Stütz- und Futtermauern zwischen 3:1 und 5:1, war aber manchmal auch wesentlich steiler. Die Tragkonstruktionen der Brücken bestanden entweder aus hölzernen Spreng- oder Hängewerken, die manchmal zum Schutz gegen Fäulnis auch mit Dächern versehen waren, oder aus halbkreisförmigen Steingewölben. Die Widerlager und Pfeiler der Brücken waren entweder aus Holz hergestellt oder in Stein gemauert.

Die Straßenfahrbahn erhielt als Unterlage fast durchwegs einen Grundbau aus größeren Steinen. Nur in felsigen Strecken lag der Schotter direkt auf dem gewachsenen Fels auf. Das verschieden starke Schotterbett wurde aus handgeschlägeltem Schotter mit einer Korngröße von etwa 5 Zentimeter hergestellt. Während im Flachland schon von Pferden gezogene Straßenwalzen in Verwendung standen, mußten auf Gebirgsstraßen die Räder der Fuhrwerke der Straßenbenützer das Einfahren der Schotterbahn besorgen.

Die Wahl der Fahrbahnbreite war von verschiedenen Umständen, nicht zuletzt von den zu überwindenden Bauschwierigkeiten abhängig. Nach Möglichkeit wurde dem Grundsatz Rechnung getragen, daß Pferdefuhrwerke an jeder Stelle einander ausweichen konnten. Die Mindestbreite der Alpenstraßen betrug etwa 5 Meter, in Galerien und Tunnels rund 4 Meter. Auf der Talseite der Fahrbahn waren ungefähr einen Meter breite Bankette angeordnet, auf denen Wehrsteine oder Geländer standen. Auf der Bergseite sorgten mehr oder weniger tiefe Gräben für den Ablauf der Niederschlagswässer, die in verschiedenen Abständen in gedeckte Durchlässe geleitet und unter der Straßenfahrbahn zur Talseite abgeführt wurden.

Die Fahrbahnoberfläche selbst wurde gesattelt angelegt, um den raschen Abfluß der Niederschlagswässer zu erleichtern. Querneigungen der Fahrbahn von 8 Prozent bis 10 Prozent waren keine Seltenheit. Die durchschnittlichen Steigungen der Gebirgsstraßen betrugen in den eigentlichen Bergstrecken etwa 8 bis 10 Prozent, manchmal auch weniger, manchmal aber auch bedeutend mehr. Die Höchststeigungen bewegten sich meist um 14 Prozent.

Die Baudurchführung wurde an Unternehmer vergeben. Vom Bauunternehmer verlangte man den Nachweis eines genügend großen Betriebskapitals, allenfalls die Stellung einer Bürgschaft für die Güte der zu leistenden Arbeit. Grundsätzlich vergab man alle Bauten nicht nach Einheitspreisen für die verschiedenen Arbeitsgattungen, sondern im Pauschale. Immer wurde das niedrigste Anbot angenommen. Daß unter solchen Umständen die Güte der Arbeit dieser „Entreprisebauten" litt, ist begreiflich. Erst nach und nach wurde die Bauschvergebung auf solche Teilarbeiten beschränkt, bei denen nichts verdorben werden konnte.

Ganz allgemein galt der Grundsatz, daß die Anrainer einer Straße zu bestimmten Leistungen im Robot verpflichtet waren. Sie mußten Straßenarbeiter und Baufuhrwerk gegen geringe Vergütung beistellen. Das führte dazu, daß meist mit ungeschulten Arbeitskräften gebaut wurde. Bauern, Handwerker, von den Gemeinden beigestellte Bettler, Zuchthäusler und Landstreicher bildeten in buntem Durcheinander den stets veränderlichen und jeder Schulung entbehrenden Stand an Straßenbauarbeitern. Hiezu kam noch der weitere Umstand, daß die Leistungspflichtigen grundsätzlich nur jene Leute zu Straßenbauarbeiten schickten, die für alle anderen Arbeiten überhaupt unverwendbar waren. Damals war der Militärdienst ein Beruf. Er nahm die widerstandsfähigsten Menschen für sich in Anspruch und entzog sie dauernd ihrer Verwendung als Straßenbauarbeiter. Nur in ganz vereinzelten Fällen wurde Militär zu Straßenarbeiten herangezogen.

Diese Verhältnisse dauerten in den einzelnen Staaten verschieden lang. Im österreichischen Kronland Krain z. B. wurde die Straßenfron erst 1830 aufgehoben und durch Aufnahme der Straßenarbeiter im Geding ersetzt.

Die Jahre 1820 bis 1840 brachten eine Blütezeit des Straßenbaues in den Alpen. In diese Zeit fällt auch der Bau der Stilfserjochstraße, deren 49 Kilometer lange Bergstrecke in den Jahren 1820 und 1825 unter der Leitung des österreichischen Ingenieurs Carlo Donegani ausgeführt wurde.

Der „Zweite Abschnitt" in der Entwicklungsgeschichte des Alpenstraßenbaues fällt in die Zeit von 1854 bis 1900 und wurde stark vom Eisenbahnbau beeinflußt.

Mit dem zunehmenden Ausbau der Eisenbahnnetze gingen die technisch gut ausgebildeten Ingenieure des Straßenbaues zum größten Teil zum Eisenbahnbau über, der einen schier unerschöpflichen Bedarf an Bauingenieuren hatte. Doch immer noch bildeten die Alpen für die Eisenbahnen ein unbezwungenes Hindernis. Noch schien die Überschreitung der Alpen den Alpenstraßen allein vorbehalten zu bleiben. Da wurde im Jahre 1848 in Österreich mit dem Bau der ersten Alpenbahn — der Semmeringbahn — durch Ingenieur Ghega begonnen. Ihre Vollendung und Inbetriebnahme im Jahre 1854 erbrachte den Beweis, daß es auch mit Eisenbahnen möglich war, die Gebirgswälle zu meistern. Von diesem Zeitpunkt an stand der Alpenstraßenbau im Wettbewerb mit dem Bau der Alpenbahnen. Dies bewirkte, daß nun auch dem Straßenbau im Gebirge in technischer Hinsicht erhöhtes Augenmerk zugewendet wurde.

Man war nun bestrebt, auf einen Ausgleich der Abtrags- und Auftragsmassen hinzuarbeiten. Man bemühte sich, Gegensteigungen in den Anstiegsstrecken zu vermeiden sowie scharfe Richtungswechsel mit kleinen Krümmungshalbmessern und ganz besonders die gefürchteten Spitzkehren auszuschalten. Auf eine zweckmäßige Formgebung der Straßenfahrbahn wurde besonderer Wert gelegt und die wassergebundene Schotterdecke (Macadamdecke) auf kräftiger Grundbauunterlage zur Regel erhoben. Um in der Bergfahrt den Vorspann beim Pferdefuhrwerk zu ersparen und in der Talfahrt den Gebrauch des Radschuhes auszuschalten, vermied man es, neue Straßen mit starken Steigungen zu bauen. Man machte die gewählte Steigung von der ohne Vorspann zu befördernden Höchstlast abhängig. Dementsprechend wurden die durchschnittlichen Steigungen mit sieben Prozent bis acht Prozent festgesetzt. Steilere Strecken in bereits bestehenden Straßenzügen wurden umgebaut, wobei oftmals Verlegungen

der Linienführung auf lange Strecken erforderlich wurden. Die Sattelung der Straßen=
fahrbahn wurde auf Querneigungen von fünf bis sechs Prozent ermäßigt.

War die Planverfassung in früheren Zeiten überaus stiefmütterlich behandelt wor=
den, so wurde ihr nun besonderer Wert beigemessen. Die Meßinstrumente und Auf=
nahmsweisen wurden vervollkommnet. Alle Bauteile wurden v o r ihrer tatsächlichen
Ausführung auf dem Papier einwandfrei zur Darstellung gebracht. Die Erforschung
aller für die Baudurchführung maßgebenden Einzelheiten wurde mit größter Gewissen=
haftigkeit betrieben und der wirtschaftlichen Baueinteilung höchstes Augenmerk zu=
gewendet.

So wurde im Alpenstraßenbau in verhältnismäßig kurzer Zeit ein hoher Grad der
Vervollkommnung erreicht. Bis an die Jahrhundertwende wurden aus wirtschaftlichen
und strategischen Gründen eine große Zahl weiterer Alpenstraßen fahrbar gemacht
und neue Alpenstraßen nur an solchen Stellen gebaut, wo der Bau von Alpenbahnen
unwirtschaftlich erschien.

In diesen langen Zeitraum fällt die erstmalige Verwendung hochwirksamer Spreng=
stoffe, von Straßendampfwalzen, Steinbrecheranlagen, Bohrhämmern, Kompressoren,
elektrisch und wärmetechnisch angetriebenen Maschinen aller Art, Rollbahnen, Misch=
maschinen, Bauaufzügen u. dgl. mehr. Alle diese Erfindungen waren dazu berufen, die
Maschinenkraft der Handarbeit helfend zur Seite zu stellen, die Bauzeit abzukürzen
und wirtschaftlich besser ausnützen zu können. Neben Holz und Stein wurden Eisen,
Beton und Eisenbeton für die Kunstbauten verwendet. Man bemühte sich, in der An=
wendung der verschiedenen Baustoffe die richtige Auswahl zu treffen, prüfte sie, bevor
man sie in Gebrauch nahm und behandelte schließlich den Straßenbau auch vom fach=
wissenschaftlichen Standpunkt. Hand in Hand damit ging die Ausbildung eines ge=
schulten Straßenbaupersonals und die ständige Heranbildung von Facharbeitern. So
wurde der Gebirgsstraßenbau, wenngleich er durch den Bau der Gebirgsbahnen an
Bedeutung eingebüßt hatte, zumindest vom technischen Standpunkte aus betrachtet,
dem Eisenbahnbau ebenbürtig.

D e r „D r i t t e A b s c h n i t t" i n d e r E n t w i c k l u n g s g e s c h i c h t e d e r
A l p e n s t r a ß e n fällt in die Zeit n a c h 1 9 0 0. Er wurde durch die im Jahre
1866 gemachte Erfindung des Benzinkraftwagens ausgelöst. Mit der Vervollkommnung
dieses Straßenfahrzeuges begann um 1910 eine neue Belebung des Alpenstraßen=
verkehres, die stetig anstieg und zu Beginn des Weltkrieges im Jahre 1914 schon be=
achtlich zu werden begann. Diesem Vorkriegs=Kraftwagenverkehr, der infolge der
hohen Anschaffungs= und Betriebskosten sowie nicht allzu großer Betriebssicherheit
der Fahrzeuge eigentlich als Luxusverkehr zu bezeichnen war, waren die für den Pferde=
fuhrwerksverkehr gebauten Alpenstraßen größtenteils gewachsen. Soweit eine tech=
nische Verbesserung erforderlich schien, konnte sie mit der anfänglich nicht ungestüm
fortschreitenden Entwicklung des Kraftwagens Schritt halten.

Der Weltkrieg brachte den ersten außerordentlich starken Lastkraftwagenverkehr
auf einer Reihe von Alpenstraßen mit sich. Die Instandhaltung dieser Straßen während
der Kriegszeit war eine schwer zu erfüllende Aufgabe. An ihre weitere Ausgestaltung
war zu dieser Zeit überhaupt nicht zu denken. Das Jahr 1918 sah daher die meisten
Alpenstraßen in einem Zustand, der höchstens gleich gut, meistens aber bedeutend
schlechter war als zu Kriegsbeginn.

Dieses Zurückbleiben in der Weiterentwicklung des Alpenstraßenbaues in den
Jahren 1914 bis 1918 konnte die Nachkriegszeit nicht so rasch aufholen. Der immer

sprunghafter sich zu einer „Eroberung der Straße" gestaltende Siegeszug des Auto=
mobils hat auch vor den Alpenstraßen nicht haltgemacht. Aus einem ehemaligen
Luxusfahrzeug hatte sich der Kraftwagen zum Gebrauchsfahrzeug, zum Massen=
verkehrsmittel entwickelt.

Alle Staaten, die an den Alpen Anteil haben, führten nun einen verzweifelten
Kampf, der die neuzeitliche Ausgestaltung ihrer Gebirgsstraßen und die Schaffung
neuer, verkehrstechnisch notwendig gewordener Alpenstraßen zum Gegenstand hatte.
War doch der Umbau oder die Neuanlage von Straßen im Gebirge mit unverhältnis=
mäßig höheren Kosten verbunden als im Flachland oder Hügelland! Die Geldbeschaf=
fung für die nun plötzlich ins Ungemessene anwachsenden Erfordernisse der Straßen=
ausgestaltung und der Bekämpfung der Staubplage begegnete allerorts den größten
Schwierigkeiten. So ist es verständlich, daß der neuzeitliche Straßenausbau zuerst dort
einsetzte, wo die vorhandene Verkehrsdichte dies am dringlichsten erforderte. Straßen=
züge, deren Verkehrsdichte geringer war — und zu diesen gehörten die Alpenstraßen
— mußten, vorläufig wenigstens, zurückstehen.

Alte und neue Technik im Alpenstraßenbau lassen sich nicht ohneweiteres einander
gegenüberstellen. Abgesehen von der Anwendung allgemein gültiger Straßenbauregeln
bildet der Bau jeder einzelnen Alpenstraße einen Sonderfall, der durch die Verschieden=
heit der Natur und der örtlichen Verhältnisse bedingt ist.

Konnte ich im Vorhergehenden nur einen kurzen Überblick der Entwicklungs=
geschichte der Alpenstraßen geben, die nie still gestanden ist, sondern stets im Fort=
schreiten begriffen war, so will ich im Nachfolgenden kurz erörtern, wie h e u t e
Alpenstraßen gebaut werden. Dabei ist zu bedenken, daß der heutige Stand der
Straßenbautechnik a u c h nur ein Augenblicksbild im Zeitlauf der Jahrhunderte dar=
stellt, daß kommende Zeiten neue Verbesserungen und neue Gesichtspunkte bringen
werden und daß unsere heutigen Kenntnisse, mögen sie uns selbst noch so beachtlich
erscheinen, wieder nur dem weiteren, planmäßig fortschreitenden Alpenstraßenbau
kommender Zeiten als Bausteine dienen können.

Die wissenschaftlichen Grundlagen des Straßenbaues werden heute immer mehr
erforscht und ausgebaut. Bei der Planung neuer oder beim Umbau bestehender Alpen=
straßen werden nun Umstände berücksichtigt, die früher nur gefühlsmäßig oder über=
haupt nicht beachtet wurden. Für den e r s t e n E n t w u r f der Linienführung stehen
uns Kartenwerke zur Verfügung, deren Maßstäbe die Hauptformen des Geländes
meist mit genügender Deutlichkeit erkennen lassen. Ganz besonders vorzügliche
Dienste leisten jene Karten, die auch den Verlauf der Höhenschichtenlinien zur Dar=
stellung bringen. Solche Karten bringen das natürliche Gelände im Grund= und Auf=
riß in verkleinertem Maßstab auf den Zeichentisch und ermöglichen damit die unge=
störte Betrachtung aus der Vogelschau. Es stehen uns aber auch Karten zur Verfügung,
die, mehr oder weniger ins Einzelne gehend, den geologischen Aufbau der Erdrinde
zeigen. Mit Hilfe all dieser Kartenwerke können jene Möglichkeiten der Linien=
führung, die der Bodengestaltung und dem geologischen Aufbau Rechnung tragen,
schon vor der genauen Festlegung der Straßenführung im Gelände studiert werden.

Bei dieser ersten, rein w i s s e n s c h a f t l i c h e n E r k u n d u n g der Linien=
führung darf im Alpenstraßenbau ein Grundsatz nicht außer acht gelassen werden,
den schon die Römer als richtunggebend erkannten: Die möglichste Wahl sonnseitig
gelegener Hänge für die Straßenentwicklung. Diese Wahl verfolgt zwei Zwecke.
Einerseits verbürgt sie durch ausgiebige Sonnenbestrahlung, besonders in großen

Höhenlagen, ein rasches Abschmelzen der Schneedecke und gewährleistet damit die Schneefreiheit während eines größtmöglichen Teiles des Jahres. Andererseits macht sie sich die Tatsache zunutze, daß sonnseitige Hänge weniger lang dem steten Wechsel von Frost und Wärme ausgesetzt sind als schattige Hänge. Damit wird die Stein⸗ schlag⸗ und Lawinengefährdung des Verkehres auf einen möglichst kurzen Zeitraum des Jahres beschränkt und die Benützungsdauer der Straße verlängert.

Die früher weit verbreitete Ansicht, daß sonnseitige Hänge unter allen Umständen infolge ihrer meist günstigeren Geländebeschaffenheit dem Straßenbau weniger Schwierigkeiten entgegenstellen als schattseitige Hänge, trifft jedoch durchaus nicht für alle Fälle zu. Wo ein Straßenzug in der Ost⸗West⸗Richtung verläuft, bietet die Fest⸗ stellung des sonnseitigen Hanges keine Schwierigkeit. Wenn es sich hingegen um Straßenentwicklungen in Nord⸗Süd⸗Tälern handelt, ist diese Frage schon schwieriger zu lösen. Sie bedarf einer genauen Prüfung im Gelände, in dem die Verschiedenheit im Artenreichtum des Pflanzenwuchses die sichersten Aufschlüsse zu geben vermag.

Soweit es sich um eng begrenzte Möglichkeiten einer Straßenführung handelt, mag mit der Berücksichtigung der sonnseitigen Lage das Auslangen gefunden werden. Wenn aber die Bodengestaltung nicht nur die Möglichkeit verschiedener Linien⸗ führungen der Anstiegsstrecken, sondern auch die Wahl verschieden hoher Paßüber⸗ gänge offen läßt, dann wird die Erkundung der klimatischen Verhältnisse in den ver⸗ schiedenen Höhenlagen — als ausschlaggebender Umstand für die alljährlich zu er⸗ wartende schneefreie Benützungsdauer der Straße — zu einer wichtigen Grundbedin⸗ gung für die erste Entwurfsverfassung.

So werden nach eingehender Überprüfung der Bodengestaltung, der geologischen und klimatischen Verhältnisse die Grundzüge der Trassenführung festgelegt. Trotz allerbester Behelfe sind das aber doch nur Grundzüge, die erst in der Natur auf ihre Stichhältigkeit überprüft werden müssen.

Damit beginnen für den Ingenieur die A r b e i t e n   i m   G e l ä n d e. Es ist eine alte Regel des Gebirgsstraßenbaues, daß der Bauentwurf nur d a n n entsprechen kann, wenn der Ingenieur das ganze Straßengebiet aus eigenem Augenschein kennt und durch Begehungen nach allen Richtungen durchforscht hat. Wenn auch die wissen⸗ schaftlichen Vorarbeiten die Lösung der gestellten Aufgabe heute wesentlich erleich⸗ tern, so bleiben dem Ingenieur doch bei der Durchführung der Trassierung große körperliche Anstrengungen nicht erspart, die sich mit dem Wachsen der Entfernungen von besiedelten Gebieten und mit der Zunahme der absoluten Höhenlage des Arbeits⸗ gebietes steigern.

Bei der Erkundung im Gelände muß festgestellt werden, welche Hänge wegen Lehnenrutschgefahr zu vermeiden sind, wo sich die günstigsten Überschreitungsstellen von Wasserläufen, Seitengräben und Schluchten befinden, welche Plätze sich am besten für die Anlage von Kehren eignen, welche Gebietsteile wegen Lawinen⸗ oder Stein⸗ schlaggefahr zu meiden sind oder wie diesen Gefahren straßenbautechnisch begegnet werden kann, auf welche Weise Strecken, die langandauernde Schneebedeckung zeigen, umgangen werden können und dergleichen mehr.

Gleichzeitig müssen gesteinskundliche Aufnahmen gemacht und das Streichen und Fallen der Schichten mit Rücksicht auf die zur Ausführung geplanten Kunstbauten, Galerien, Balmen und Tunnels untersucht werden. Die im Bereich der Linienführung anstehenden Gesteinsvorkommen sind auf ihre Verwendbarkeit für die Zwecke des Straßenbaues zu prüfen. Die Überlagerung der Berglehnen mit Hangschutt und eis⸗

zeitlichem Schutt wird festgestellt und aus vorhandenen Quellaustritten auf die Hang=durchfeuchtung geschlossen. Der Ableitungsmöglichkeit der Quellen und der zweck=mäßigsten Art der Abhaltung der Tagwässer vom künftigen Straßenkörper ist be=sonderes Augenmerk zuzuwenden. Auch der voraussichtlich zweckmäßigsten Art der Befestigung der künftigen Straßenböschungen und der Einfügung der Straße in das Landschaftsbild wird die notwendige Beachtung geschenkt. Nicht immer wird für die Wahl der Linienführung günstiges Gelände angetroffen. Die Entscheidung über die endgültige Linienwahl ist oft erst nach langwierigen Vergleichsstudien möglich.

So soll der Ingenieur in der unberührten Landschaft den Weg für die neue Straße suchen. Erst mit dem bloßen Auge und dann mit den Meßinstrumenten. Und während er sucht und mißt, soll er im Geiste schon das Werden des Werkes vor Augen haben. Die Ausführung, die Verwirklichung seiner Gedanken soll ihm so selbstverständlich erscheinen, daß er schon dort das Fertige sieht, wo es noch gar nicht begonnen ist. Nur eine enge Verbundenheit mit der Natur, unterstützt durch ausgeprägtes tech=nisches Vorstellungs= und Einfühlungsvermögen, sind imstande, zu einer möglichst vollendeten Lösung der Entwurfsfrage zu führen.

Für die Verfassung des e r s t e n E n t w u r f e s, des sogenannten G e n e r e l l e n P r o j e k t e s, steht dem Ingenieur technisches Rüstzeug zur Verfügung, das eine rasche und einwandfreie Planverfassung ermöglicht. Der in früheren Zeiten als wich=tigstes Hilfsmittel im Gebirgsstraßenbau verwendete Gefällsmesser steht in verbes=serter Form auch heute noch bei der ersten Festlegung der Linie hoch in Ehren. Präzisions=Höhenbarometer werden wohl nur dort zur Entwurfsverfassung heran=gezogen, wo die Höhenangaben der vorhandenen Kartenwerke unverläßlich sind.

Ist die Linienwahl nach dem generellen Projekt erfolgt, dann schließen die Auf=nahmen für den E i n z e l e n t w u r f, das D e t a i l p r o j e k t, an. Die eigentliche Geländeaufnahme, die die Gestaltung der Erdoberfläche nicht nur in der Straßenlinie, sondern auch in einem entsprechend breiten Streifen beiderseits des Straßenzuges zeigen soll, wurde noch vor wenigen Jahren meist tachymetrisch durchgeführt. Heute gelangt immer mehr das stereophotogrammetrische Verfahren zur Anwendung, das die Herstellung von Schichtenplänen mit beliebigem Schichtenabstand bei größtmöglichster Genauigkeit gestattet und den geringsten Zeitaufwand erfordert. Das ist bei Arbeiten im Hochgebirge von allergrößter Bedeutung. Da auch die Auswertung stereophoto=grammetrischer Aufnahmen viel rascher zu bewerkstelligen ist als jene tachymetrischer Aufnahmen, kann auf diese Weise eine wesentliche Beschleunigung der Entwurfs=bearbeitung erzielt werden. Nur in Hochwäldern, tiefen Schluchten und versteckt liegenden Mulden, die durch das photogrammetrische Verfahren nicht erfaßt werden können, greift auch heute noch die tachymetrische Geländeaufnahme ergänzend ein.

Auf den im Maßstab 1:1000 oder 1:500 hergestellten Schichtenplänen, die die Grundlage der ganzen weiteren Planverfassung bilden, wird der endgültige Linienzug der Straße mit allen Kunstbauten entworfen und eingetragen. Längenschnitte werden in den Maßstäben 1:1000 für die Längen und 1:200 für die Höhen hergestellt. Auch wird eine Sammlung von Querschnittplänen verfaßt, die alle Straßenquerschnitte ent=hält, in denen die Geländebeschaffenheit oder der Zug der Linienführung Änderungen in den Abtrags= und Auftragsmassen mit sich bringen. Auf den Kilometer Straßen=länge können im Gebirge leicht 200 Querprofile entfallen, so daß die Querschnitt=sammlung für eine Straße ohneweiters zehntausend gezeichnete Profile enthalten kann.

Für alle größeren Kunstbauten werden Einzelentwürfe in den zu ihrer klaren Dar*
stellung geeigneten Maßstäben verfaßt.

Von besonderer Wichtigkeit ist die Aufstellung einwandfreier Massenpläne, die
über die Verteilung der Abtrags* und Auftragsmassen aller Art den einzig brauchbaren
Aufschluß bieten und die Grundlage der Baukostenermittlung und Baueinteilung
bilden. Die in früheren Zeiten beim Alpenstraßenbau als grundlegend hingestellte
Regel, daß sich Abtrags* und Auftragsmassen möglichst in jedem einzelnen Quer*
schnitt das Gleichgewicht halten sollen, ist im neuzeitlichen Alpenstraßenbau, der eine
gestrecktere Linienführung verlangt, unanwendbar. Man strebt möglichsten Massen*
ausgleich auf nicht zu lange Strecken an, wobei alle Förderungen bergauf nach Tun*
lichkeit eingeschränkt, Förderungen bergab möglichst auf Längen unter 200 Meter be*
schränkt werden, um noch im Rahmen einer wirtschaftlichen Fördermöglichkeit zu
bleiben. Im Massenplan werden alle jene Massen besonders berücksichtigt, die für
Straßenbauzwecke in Form von Bruchstein, Schotter und Sand bei der Errichtung der
Kunstbauten und zur Herstellung des Straßenunterbaues und der Fahrbahndecke Ver*
wendung finden können.

Unter Umständen kann zu Zwecken der Steingewinnung ein tieferes Anschneiden
von Felspartien und eine bergseitige Verlegung der Straßenlinie, trotz der damit ver*
bundenen erheblich größeren Abtragsmassen, bedeutend billiger zu stehen kommen
als die Erschließung von Steinbrüchen an Orten, die nicht unmittelbar neben dem
künftigen Straßenkörper liegen. Ein übersichtlicher Massenplan beantwortet dem In*
genieur viele sonst schwierig zu lösende Fragen und ist auch bei der Bauausführung
sein ständiger Berater.

Die Richtlinien für die t e c h n i s c h e A u s g e s t a l t u n g von Alpenstraßen
tragen den jeweils zu überwindenden Geländeschwierigkeiten und der zu erwartenden
Verkehrsart und Verkehrsdichte Rechnung. Für die nutzbare Fahrbahnbreite gilt heute
sechs Meter als Mindestmaß, das in den Krümmungen je nach Krümmungshalbmesser
und Bogenlänge eine Vergrößerung erfährt. Der Fahrgeschwindigkeit und der Über*
sichtlichkeit der Linienführung Rechnung tragend, finden Krümmungshalbmesser unter
fünfzig Meter nur in Ausnahmsfällen in sehr schwierigem Gelände Anwendung. An
der Übergangsstelle von Kreisbögen und Geraden werden Übergangsbögen, zwischen
verschieden gerichteten Bögen Zwischengerade eingeschaltet. Je nach der Steigung und
der dadurch bedingten mittleren Fahrgeschwindigkeit der Kraftfahrzeuge werden alle
Krümmungen einseitig überhöht. Überhöhungen von mehr als zehn Prozent Quer*
neigung werden jedoch vermieden, da sie leicht zu einem Abgleiten der Fahrzeuge bei
vereister Fahrbahn führen.

Die K e h r e n werden so angelegt, daß sie von den größten Kraftfahrzeugen, ohne
zurückstoßen zu müssen, durchfahren werden können. Die Krümmungshalbmesser
ihrer Wendeplatten, auf die Mittellinie der Straße bezogen, werden möglichst nicht
unter fünfzehn Meter gewählt. Zur Senkung der Baukosten können jedoch in schwie*
rigerem Gelände auch kleinere Abmessungen zugelassen werden, deren unterste Grenze
bei acht Meter bis zehn Meter liegt. In den Wendeplatten werden die Steigungen auf
etwa ein Viertel, in den zu beiden Seiten anschließenden Übergangsstrecken auf die
Hälfte der unmittelbar an die Kehren anschließenden Straßensteigung ermäßigt, die
Gefällsbrüche ausgerundet und die Fahrbahn verbreitert und entsprechend überhöht.
Alle die Sicht einschränkenden Hindernisse werden nach Möglichkeit beseitigt.

Die Wahl der durchschnittlichen S t e i g u n g einer Alpenstraße ist einerseits von dem zwischen bestimmten Punkten zu überwindenden Höhenunterschied, andererseits von der für die Straße erstrebten mittleren Fahrgeschwindigkeit abhängig. Die Wahl der mittleren Fahrgeschwindigkeit hat auf die Länge der durch sie beeinflußten Straßen-entwicklung und auf die wirtschaftlich gerechtfertigte Grenze der Baukosten Rücksicht zu nehmen. Die oberste Grenze der durchschnittlichen Steigung liegt bei zehn Prozent. Zur Überwindung besonderer Geländeschwierigkeiten werden über kürzere Strecken Höchststeigungen bis zu zwölf Prozent zugelassen.

Der R o h k ö r p e r der Straße wird durch Querschlitze, die mit Bruchsteinen aus-geschlichtet werden, entwässert. Im durchfeuchteten Gelände werden Entwässerungen sowohl im Rohkörper als auch im beiderseits anschließenden Geländestreifen in der Längs- und Querrichtung in so ausreichender Zahl angeordnet, daß eine verläßliche Trockenhaltung des Straßenkörpers erzielt wird. Auf die unschädliche Ableitung der Berg- und Tagwässer wird besondere Sorgfalt verwendet.

Für die Herstellung der M a u e r w e r k s k ö r p e r wird nur dort Trockenmauer-werk verwendet, wo geeigneter lagerhafter Stein vorhanden ist und die Mauerwerks-höhen sich in bescheidenen Grenzen, etwa bis zu vier Meter, halten. In Mörtel ver-legtes Bruchsteinmauerwerk findet weitestgehende Anwendung, während Betonmauer-werk möglichst auf die Gründung in schwierigen Baugruben beschränkt bleibt.

Als Baustoff für die B r ü c k e n dient in erster Linie Naturstein und Eisenbeton, bei sehr großen Spannweiten auch Eisen. Die gleichen Baustoffe finden auch bei sonstigen Kunstbauten im Zuge der Straße Verwendung.

Auf dem gut gefestigten, mitunter auch vorgewalzten oder sonst künstlich ver-dichteten Rohkörper der Straße liegt der S t r a ß e n u n t e r b a u, der aus einer etwa fünfundzwanzig Zentimeter starken Packlage aus kantigen Bruchsteinen besteht. Die Packlage, die über die ganze nutzbare Fahrbahnbreite verlegt wird, erhält in ihrer Oberflächenform bereits die gleiche Querneigung oder Sattelung wie die künftige Fahrbahnoberfläche. Die talseitige Begrenzung der Packlage wird durch Erdkörper gebildet, die bis in die Höhe der Fahrbahnoberfläche reichen und eine Kronenbreite von einem halben Meter bis ein Meter erhalten.

Auf der Packlage liegt der S t r a ß e n o b e r b a u in Form von wassergebundenen, gewalzten Schotterdecken mit oder ohne Fahrbahnbelägen der verschiedensten Art. In den Geraden wird die Fahrbahn gesattelt. Bei nicht befestigten Walzdecken beträgt die Querneigung der Sattelung drei Prozent bis fünf Prozent, bei Belägen ein Prozent bis drei Prozent. Auf die Griffigkeit der Fahrbahnoberfläche wird bei Alpenstraßen ganz besonderer Wert gelegt und die Arbeitsweise, die Zusammensetzung des Mineral-gerüstes und die Art des Bindemittels nach der Steigung und den klimatischen Ver-hältnissen gewählt.

Mit der Verringerung der Krümmungshalbmesser nimmt bei gleichbleibender Fahr-geschwindigkeit der Kraftfahrzeuge die Beanspruchung der Fahrbahnoberfläche infolge Vergrößerung der Fliehkraft zu. Dieser verstärkten Beanspruchung wird durch Klein-steinpflasterungen mit Fugenverguß oder durch Betondecken, besonders in den Kehren, Rechnung getragen. Eine durchgängige Ausstattung von Alpenstraßen mit Betondecken kann nur dort in Erwägung gezogen werden, wo dunkelfarbige Zuschlagstoffe zur Verfügung stehen. Helle Fahrbahnoberflächen werfen das Sonnenlicht zurück und er-wärmen sich nur oberflächlich. Sie geben daher die geringe Menge an aufgespeicherter Wärme rasch wieder ab. Dunkle Fahrbahnoberflächen saugen die Sonnenwärme in sich ein, erwärmen sich tiefgehend und kühlen sich nur langsam ab. Für das Liegen-

bleiben dünner Neuschneelagen und die dadurch leicht eintretende Vereisung der Fahrbahn sowie für die rasche Ausaperung im Frühjahr kommt der Farbe der Fahrbahnoberfläche auf Alpenstraßen daher ganz besondere Bedeutung zu.

Der Ableitung der Niederschlagswässer von der Fahrbahn dienen in
Bruchstein und Beton ausgeführte, etwa sechzig Zentimeter breite Spitzgräben. Sie
müssen für die Straßenfahrzeuge befahrbar sein, erhalten daher, genau so wie die Fahrbahndecke, eine Unterlage durch Packlage. Ihr Quergefälle wird so bemessen, daß das
abfließende Niederschlagswasser die eigentliche Fahrbahn nicht überfluten kann. Dem
Schutz der bergseitigen Böschungen, gleichzeitig aber auch der bergseitigen Begrenzung
der Fahrbahn, dienen etwa zwanzig Zentimeter hohe Bordleisten aus Stein oder Beton.

Das in den Spitzgräben zur Abfuhr gelangende Niederschlagswasser wird den Ein-
fallsschächten der gemauerten oder aus Zementrohren bestehenden Durchlässe zuge-
führt, deren Einläufe außerhalb der Fahrbahn, also auch außerhalb der befahrbaren
Spitzgräben, liegen müssen. Die Entfernung von Durchlaß zu Durchlaß ist vom Fas-
sungsraum des Spitzgrabens, der zu erwartenden größten Niederschlagsstärke und
dem Straßengefälle abhängig.

Der talseitigen Begrenzung der Fahrbahn dienen Randsicherungen in Form
naturbelassener Wehrsteine, oft auch Geländer und Brüstungsmauern, je nach der
Ausgesetztheit der Straße. Diese Randsicherungen stehen auf dem bereits früher erwähnten, dem Abschluß der Packlage dienenden Erdkörper, der als Bankett bezeichnet
wird.

Die Regel, daß keine Straßenböschung ungesichert bleiben darf, hat auch
für den Gebirgsstraßenbau Geltung, da hier die Böschungen besonders stark den zer-
störenden Witterungseinflüssen ausgesetzt sind. Humusierung und Besämung der
Böschungen führt nur in Höhenlagen bis zu 1800 Meter zum Erfolg. In höher gelegenen Strecken werden die Böschungen zur Gänze mit an Ort und Stelle gewonnenen
Rasenziegeln belegt oder mit Steinen rolliert. Kann eine ausreichende Menge von
Rasenziegeln nicht beschafft werden, dann begnügt man sich mit dem Auflegen einzelner Rasenziegelbänder. Aus diesen Bändern fällt der Grassamen auf die daneben-
liegenden nicht bepflanzten Stellen und bewirkt so deren Besämung mit boden-
ständigem Pflanzenwuchs.

Nicht zu umgehende Bergvorsprünge und schwer zu übersteigende oder klimatisch
ungünstig liegende Wasserscheiden werden in Tunnels durchfahren. Wo das Gestein auch nur im geringsten Maß zur Verwitterung neigt, werden die Tunnels — zumindest in dem über der Fahrbahn liegenden Bereich — ausgemauert, um eine Gefährdung der Fahrzeuginsassen durch herabfallende Steine zu verhüten. Bei der Anlage
von Tunnels und Galerien werden die Lichtraummaße der größten in Betracht kommenden Fahrzeuge berücksichtigt. Die Fahrbahn wird seitlich so abgegrenzt, daß ein
Anstreifen der Fahrzeuge an der Tunnellaibung unmöglich gemacht wird. In langen
Tunnels wird für deren künstliche Beleuchtung Vorsorge getroffen. In sehr hochgelegenen Tunnels wird der Gefahr der Schneeverwehung und Vereisung durch möglichst dicht schließende Tunneltore vorgebeugt, die bei Schneestürmen oder während
der Wintermonate geschlossen gehalten werden. In lawinengefährdeten Strecken werden Schutzgalerien und Lawinenverbauungen, an Wildbächen — soweit sie die Straße
gefährden — Wildbachverbauungen ausgeführt.

Der moderne Alpenstraßenverkehr verlangt aber auch Einrichtungen für
die Straßenbenützer, die früher an Alpenstraßen nicht notwendig waren.

Diese Einrichtungen müssen schon beim Entwurf berücksichtigt werden. Hierher ge=
hört in erster Linie die Anlage von Parkplätzen seitlich der Straße, die das Abstellen
der Fahrzeuge ohne jede Beeinträchtigung des Verkehrs ermöglichen. Aber auch die
Aufstellung von Straßenfernsprechern für den Straßenhilfsdienst, von Zapfstellen für
die Betriebsstoffergänzung und die Einrichtung des Wasserdienstes zur Ergänzung des
Kühlwassers erheischen entsprechende Vorsorge. Mit der Forderung einer möglichst
unbehinderten Verkehrsabwicklung auf der Straße ist auch die Notwendigkeit ver=
bunden, das Weidevieh im Bereich der Almen von der Straße abzuhalten. Die Weide=
gründe müssen daher eingezäunt und die Viehtriebwege in eigenen Durchlässen unter
der Straße hindurch geführt werden.

Die im Vorstehenden erläuterten Richtlinien erheben durchaus keinen Anspruch
auf Vollständigkeit. Der Ingenieur, der die Bedürfnisse des Kraftfahrers kennt und
selbst Kraftfahrer ist, wird am besten in der Lage sein, in allen auftretenden Sonder=
fragen die richtige Lösung zu finden. Auch für die Unterbringung der Belegschaften,
die mit der künftigen Straßeninstandhaltung betraut werden sollen, wird er die zweck=
mäßigsten Baulichkeiten an den hiefür geeignetsten Punkten vorsehen.

Der bis ins Letzte ausgearbeitete Einzelentwurf bildet die Grundlage für den
B a u, der grundsätzlich nur auf Abmaß vergeben wird. Nun zeigt sich erst, ob der
Einzelentwurf allen Anforderungen wirklich voll entspricht.

Die A b s t e c k u n g des Straßenzuges und die gewissenhafte Aufnahme genau
eingemessener Querschnitte, die die einwandfreie Grundlage der künftigen Bau=
abrechnung zu bilden haben, gehen den Bauarbeiten in jeder einzelnen Teilstrecke
voraus.

Besonderes Augenmerk muß auf eine zweckmäßige B a u v o r b e r e i t u n g und
B a u s t e l l e n e i n r i c h t u n g gerichtet sein. Entlang den künftigen Baustellen
werden zunächst jene Örtlichkeiten ausgewählt, die sich infolge Geländebeschaffenheit
und Zugangsmöglichkeit für die Anlage von Unterkunftsstätten für die Belegschaften,
für Baustofflager und für maschinelle Hilfsanlagen eignen. Von der glücklichen Aus=
wahl dieser Punkte hängt oft der Baufortschritt der ganzen künftigen Arbeit ab. Die
Hauptarbeitslager werden möglichst an solchen Stellen errichtet, die durch leistungs=
fähige Verkehrswege erreichbar sind. Von diesen Hauptlagern werden dann die höher
und entfernter liegenden Arbeitslager mit allen Bedarfsgegenständen, Baustoffen und
Geräten versorgt.

In allen Lagern sind nicht nur Gesundheits= und Sicherheitsvorkehrungen für die
Arbeiter zu treffen, auch den kulturellen Bedürfnissen der Belegschaften muß Rech=
nung getragen werden. Einwandfreie Führung der Arbeiterküchen, Errichtung von
Waschräumen, Wäschereien und Verkaufsläden, von Arzt= und Spitalsunterkünften,
die Organisation der Zu= und Abbeförderung der Arbeiter, des Nachschubes der Bau=
stoffe und Verpflegung sowie die Einrichtung eines Sicherheits= und Seelsorgedienstes
ist in allen Lagern erforderlich. Der Beheizung, Beleuchtung, Winddichtheit und der
wohnlichen Ausstattung der Unterkünfte ist um so größere Aufmerksamkeit zu=
zuwenden, je weiter sie von menschlichen Siedlungen entfernt sind und je höher sie
liegen.

Die Heranbringung der Baustelleneinrichtung ist meist äußerst schwierig. Auf
schmalen, möglichst im Zuge der künftigen Straßenlinie anzulegenden Fahrwegen
werden die schweren Baumaschinen, oft in viele Teile zerlegt, durch Trägerkolonnen,
Pferdegespanne, Raupenschlepper und Lastkraftwagen, je nach Wegbeschaffenheit, an

ihre Aufstellungsplätze gebracht. Bremsberge und Seilbahnen werden dort errichtet, wo auf kurze Entfernungen zwischen den Baulagern große Höhenunterschiede zu überwinden sind, oder wo die Anlage mehrerer Kehren übereinander diese Art der Baustellenerschließung vorteilhaft macht. Der Kraftbeschaffung können Wärmekraftanlagen oder Wasserkraftanlagen dienen, die behelfsmäßig errichtet werden. Es kann aber auch manchmal der Anschluß an Fernleitungen bestehender Kraftwerke hergestellt werden, um die benötigten Energiemengen für die Baulager und größeren Baustellen heranzuführen. Trink und Nutzwasserleitungen sind zur Versorgung der Baulager und Baustellen anzulegen. Die Baulager müssen mit der nötigen Inneneinrichtung ausgestattet und das ganze Handwerkszeug sowie der ortsfeste und fahrbare Maschinenpark nach einheitlichem Bauplan angeliefert und verteilt werden.

Rollbahnmaterial mit vielen Kilometern Gleis, Kipper und Lokomotiven, Seilwinden, Kompressoren mit vielen Kilometern Preßluftleitungen, Ausgleichswindkesseln und Bohrhämmern, Schotterbrechanlagen, Sortieranlagen, Sandmühlen, Mörtel und Betonmischanlagen u. dgl. mehr sind auf ihre Plätze zu schaffen. Vorratsräume, Werkstätten und Sprengmittellager müssen angelegt werden und schließlich ist der an das Vorhandensein einer ersten Fahrbahn gebundene Fahrpark zur Höhe zu schaffen, der aus Dampf und Motorstraßenwalzen, aus Straßensprengwagen, Geländelastwagen, Lastkraftwagen und sonstigen Fördermitteln besteht.

Der B a u p l a n muß einerseits der Höhenlage der Baustellen und damit der in jedem einzelnen Abschnitt zur Verfügung stehenden jährlichen Arbeitsmöglichkeit Rechnung tragen. Andererseits muß er darauf Rücksicht nehmen, daß in jedem einzelnen Unterabschnitt verschieden große Leistungen zu vollbringen sind, die möglichst gleichzeitig ihrer Vollendung zuzuführen sind. Während in Höhenlagen bis zu 1000 Meter auch die Wintermonate für Felssprengungen, Schottererzeugung und Förderleistungen ausgenützt werden können, eine Arbeitsmöglichkeit daher das ganze Jahr über vorhanden ist, sinkt sie mit zunehmender Höhenlage der Baustellen wesentlich herab und beträgt z. B. in 2500 Meter nur mehr fünf Monate. Länger andauerndes Schlechtwetter kann diese Arbeitszeit aber noch wesentlich einschränken. Bauarbeiten gleichen Umfanges bedingen daher in größeren Höhenlagen entweder erhöhten Arbeitseinsatz oder längere Bauzeit. Eine Ausnahme hievon bilden Tunnelbauten dann, wenn für den einwandfreien Betrieb der Arbeitsstellen, für gesicherten Nachschub und für eine ständige verläßliche Verbindung der Baustellen mit dem Tale — auch bei höchsten Schneelagen — vorgesorgt wird.

Während in früheren Zeiten die Handarbeit und tierische Zugkraft das Arbeitsfeld im Alpenstraßenbau beherrschten, steht heute die Maschinenkraft der Handarbeit helfend zur Seite. Sie trägt wesentlich zur Verkürzung und zur haushälterischen Ausnützung der ohnedies nur kurzen Bauzeit bei. Weitestgehende Sicherheitsvorkehrungen zum Schutze des Lebens der Arbeiter bewirken eine wesentliche Verringerung der Zahl der Bauunfälle. Wenn ihre gänzliche Beseitigung auch nie gelingen wird, ihre Ermäßigung auf den hundertsten Teil der am Beginne dieses Kapitels erwähnten Verlustsätze beim Bau der Simplonstraße bedeutet zweifellos auch in dieser Hinsicht einen bemerkenswerten Fortschritt.

So wie in früheren Zeiten bedeutet auch heute ein A l p e n s t r a ß e n b a u einen unerhörten Kampf mit den Naturgewalten, der mit dem ersten Spatenstich beginnt und bis zur Verkehrsübergabe andauert. Er setzt alljährlich im Frühjahr mit dem Ausschaufeln der Baulager und Baustellen ein und wird nur durch die Einwinterung aller

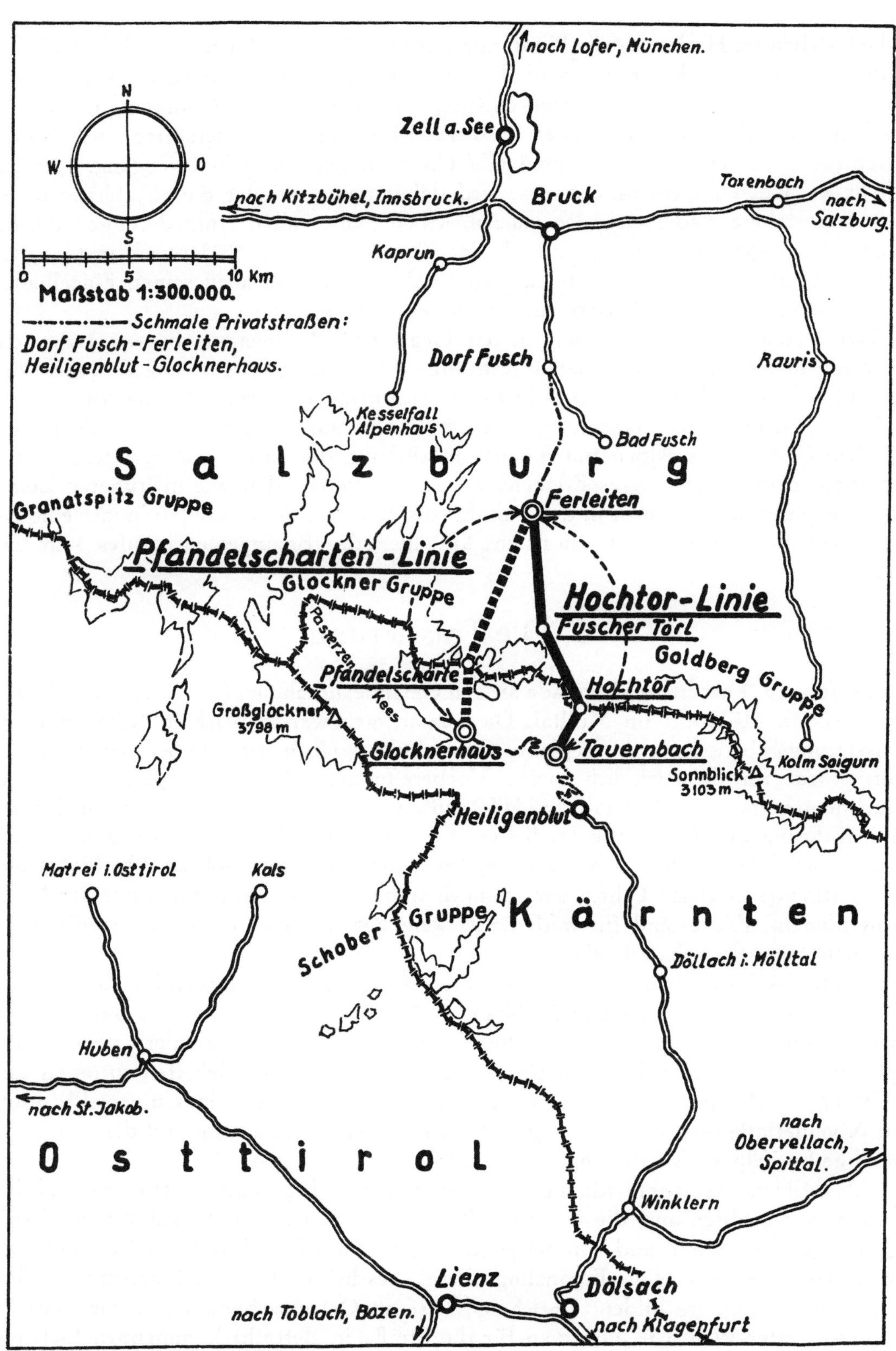

Der Grundgedanke der Großglockner-Hochalpenstraße

Arbeitsstellen im Herbst für die Wintermonate unterbrochen. Genau so wie in früheren Zeiten tauchen auch heute während der Bauzeit immer wieder neue Fragen für den Ingenieur auf, die rasch und zweckentsprechend gelöst werden müssen. Unvorhergesehene Bauschwierigkeiten, aber auch Erleichterungen, Wetterstürze und Naturereignisse bedingen oft ganz bedeutende Umstellungen im Arbeitsvorgang. Der Erfolg jedes neuen Alpenstraßenbaues wird daher immer wieder davon abhängen, ob das vielgestaltete Räderwerk des ganzen Arbeitsplanes allen Anforderungen bis ins Letzte zu entsprechen vermag und ob der Kopf, der dieses Räderwerk in Gang zu setzen und andauernd in flottem Lauf zu erhalten hat, es in allen seinen Einzelheiten und Zusammenhängen beherrscht und zu leiten vermag.

Der Vergangenheit haben wir in der Gegenwart das weitaus bessere technische Rüstzeug und in allen Facharbeiten geschulte Arbeitskräfte voraus. Die Zukunft wird neue Hilfsmittel und weitere Fortschritte mit sich bringen, deren nützliche Anwendung anderen obliegen wird. Unsere Urteilskraft bleibt auf d e n technischen Fortschritt auf dem Gebiete des Alpenstraßenbaues beschränkt, den uns die Vergangenheit und die kurze Zeitspanne unseres Erlebens vor Augen führt. Aber wie in früheren Zeiten und wie heute, so wird auch in der Zukunft der Bau von Alpenstraßen immer eine der verantwortungsvollsten und schönsten Aufgaben des Bauingenieurberufes sein und bleiben.

4. Die Trassierung

Im Juni 1924 arbeitete ich gerade an den Geländeaufnahmen für ein großes Wasserkraftwerk in Mühldorf im Mölltal. Da anzunehmen war, daß ich in Kürze mit den Trassierungsarbeiten für die geplante Großglockner-Hochalpenstraße betraut werden würde, traf ich diesbezüglich meine Vorbereitungen. Auf den Spezialkarten des Glocknergebietes im Maßstab 1:25.000 untersuchte ich die Möglichkeiten für die Linienführung der Straße. Leider ließen diese Karten vieles zu wünschen übrig. Sie zeigten den Verlauf der Höhenschichtenlinien meist nur von 100 zu 100 Meter und dieser stimmte in vielen Fällen, wie ich mich später überzeugen konnte, mit der Natur nicht überein. Es bestand für mich daher kein Zweifel, daß dieses Vorstudium mit manchen Mängeln behaftet sein mußte.

Alles, was für die Durchführung der Trassierung erforderlich war, lag schon bereit: Gefällsmesser, Meßschnüre und Meßbänder, Meßtisch mit Diopter und Bussole, zwei Präzisionsaneroide, Staffelzeug, geologischer Kompaß und Hammer, zwei Photoapparate samt den erforderlichen Kassetten, Platten und allen Behelfen zu deren Entwicklung, Zeichenpapier, Schreibpapier und Aufnahmebücher, ein Universaltheodolit mit Nivellierlatte und Trassierstangen, zwei komplette Militärzelte und die ganze notwendige hochalpine Ausrüstung.

Als Mitarbeiter suchte ich mir zwei widerstandsfähige und bestens ausgebildete Trassierungsgehilfen aus, die mit mir schon viele Touren und Aufnahmen im Hochgebirge gemacht hatten und von denen ich wußte, daß ich mich in jeder Beziehung auf sie verlassen konnte. Die Ergänzung dieses bescheidenen Aufnahmetrupps sollten Träger und Tragtiere bilden, die ich fallweise an Ort und Stelle aufnehmen konnte.

Mein erster Plan war, von dem für die Straße in Betracht kommenden Geländestreifen eine tachymetrische Aufnahme zu machen. Diese Aufnahmsmethode wäre in Anbetracht der geringen Verläßlichkeit des Kartenmaterials sehr zweckmäßig gewesen.

Sie hätte aber einen großen Aufwand an Zeit und Geld erfordert. Das waren die Gründe, weshalb der Ausschuß meinen diesbezüglichen Vorschlag ablehnte. Die Frist, die mir am 28. Juni 1924 für die Erstellung des „Generellen Projektes" bewilligt worden war, wäre auch viel zu kurz gewesen, um nur einen bescheidenen Teil einer tachymetrischen Aufnahme unterzubringen. Sie war so knapp, daß ich mit aller Beschleunigung an die Arbeit gehen mußte, wollte ich den ersten Entwurf für den Straßenbau nach den bisher allgemein üblichen Aufnahmsmethoden noch in diesem Jahr fertigstellen.

So standen die Dinge, als ich mich am 29. Juni früh von den Mitgliedern des Ausschusses in Heiligenblut verabschiedete. Ich fuhr mit der Bahn nach Mühldorf und holte dort meine Trassierungsgehilfen und das sehr umfangreiche Gepäck ab. Schon am 1. Juli in aller Frühe saßen wir im Eisenbahnzug nach Lienz. Es war ein strahlend schöner Sommertag. Wir fuhren im Auto weiter über den Iselsberg nach Heiligenblut, wo gerade Hochbetrieb herrschte. Da wir hier kein Quartier auftreiben konnten, machte ich von der Erlaubnis der Alpenvereinssektion Klagenfurt Gebrauch, in der Talherberge auf der „Unteren Gollmitzen" zu wohnen. Wir luden daher unser Gepäck auf ein Bauernfuhrwerk auf und marschierten hinter diesem auf der alten, schmalen Glocknerhausstraße zu unserem beabsichtigten Standquartier, eine halbe Wegstunde oberhalb Heiligenblut, hinauf.

Da wollten wir wohnen, solange mich meine Arbeiten auf der Südseite des Tauernhauptkammes festhielten. Hier sollte der gerade nicht benötigte Teil unserer Ausrüstung eingelagert und alle von uns gesammelten Gesteinsproben aufbewahrt werden. Während unser Gepäck ins Haus gebracht und geordnet wurde, ging ich auf der alten Glocknerhausstraße weiter hinauf bis zu jener Stelle, an der sie den Tauernbach überschreitet. Diesen Punkt hatte ich schon früher als die günstigste Abzweigstelle für die neue Straße ins Auge gefaßt. Ich durchwanderte den steilen Hang, der zum 1913 Meter hohen Kasereck hinaufführt und für die Entwicklung des untersten Teiles der Straße in Betracht kam. Erst spät abends kam ich zum Standquartier zurück, stellte den Wecker auf 2.30 Uhr und ging müde zu Bett.

Am nächsten Morgen nahmen wir einen Teil unserer Ausrüstung auf den Rücken und im ersten Tagesgrauen marschierten wir los. Konnte man sich ein schöneres Arbeitsgebiet denken? Der schüttere Fichten- und Lärchenwald war von blumenreichen Alpenmatten durchzogen, auf denen der frische Tau wie Perlen glänzte. Die Umrahmung bildeten hohe, steil aufragende Berge von ernsten Formen, wie sie nur im Urgebirge anzutreffen sind. In flüssiges Gold getaucht leuchteten die Berggipfel in den ersten Sonnenstrahlen auf. Es war ein Prachttag, wie er schöner nicht sein konnte.

Ich hatte mir für die Trassierung den Grundsatz zurechtgelegt, möglichst den Weg des kleinsten Widerstandes zu gehen. Für die künftige Bauausführung ließen sich dann die geringsten Bauschwierigkeiten erwarten. Aber gerade in diesem ersten Abschnitt war der Weg des kleinsten Widerstandes nicht leicht zu finden. Der Hang war ziemlich steil, stark durchfeuchtet und im Westen durch die tiefe Schlucht des Tauernbaches, im Osten durch steile Felsabstürze abgegrenzt. Eine Reihe von Kehren mußte daher eingelegt werden, um den fast 200 Meter betragenden Höhenunterschied zwischen dem Ausgangspunkt an der alten Glocknerhausstraße und dem Kasereck zu überwinden. Es begann bereits zu dunkeln, als ich den schwersten Teil der Arbeit hinter mir hatte.

Während wir unser Aufnahmsgerät zusammenpackten, entdeckte ich eine kleine

Almhütte, die ich sofort auf ihre Eignung als Nachtquartier untersuchte, um uns den langen Anmarschweg von der „Unteren Gollmitzen" zum Arbeitsgebiet zu ersparen. Über einem winzigen Raum mit einer Feuerstelle befand sich ein kleiner Heuboden, in dem wir drei gerade Platz finden konnten. Es gelang mir, mit der mehr freundlichen als jugendlichen Sennerin einen Wohnvertrag abzuschließen. Wir ließen daher unsere Instrumente gleich da und wanderten schließlich in tiefer Finsternis hinunter auf die „Untere Gollmitzen".

Am nächsten Tag bepackten wir uns mit einem weiteren Teil unserer Ausrüstung und erreichten das Arbeitslager Nr. 1 in der Morgendämmerung. Wir kochten ab, nahmen dann unsere Arbeit auf und erreichten ohne weitere Schwierigkeiten das Kasereck. Auf dieser Rückfallkuppe hielten wir bei der kleinen steinernen Kapelle Mittagsrast. Wir entledigten uns unserer Rucksäcke, breiteten ein Zeltblatt als Tisch über den Rasen und packten unseren gemeinsamen Proviant aus.

Aus Gründen der Zeitersparnis kochten wir mittags nie ab. Warme Mahlzeiten, aus Milch und Polentasterz bestehend, gab es nur zum Frühstück und zum Abendessen.

Eigentlich hätte ich meine Arbeit vom Kasereck gleich weiter zur Höhe fortsetzen sollen. Da mich aber der unterste Teil des Anstieges von der Abzweigstelle an der Glocknerhausstraße herauf nicht voll befriedigte, gingen wir wieder den Abhang hinunter. Den ganzen Nachmittag versuchte ich, die Linie in dieser Teilstrecke flüssiger zu gestalten, aber alles Bemühen erwies sich als vergeblich. Schließlich stellte ich die Arbeit ein, sammelte noch bis zum Einbruch der Dunkelheit Gesteinsproben und suchte dann unsere Almhütte auf.

Wir nächtigten noch mehrmals in dieser Hütte. Unser Arbeitsprogramm war immer das gleiche. Tagwache hielten wir vor dem Morgengrauen. Dann wurde rasch abge= kocht und noch im Finstern, spätestens aber in der ersten Morgendämmerung, wan= derten wir zur Arbeitsstelle. Sobald es hell genug war, begann ich mit der Arbeit, die nach Unterbrechung durch die kurze Mittagsrast erst dann ihr Ende fand, wenn die Abenddämmerung hereinbrach. Änderungen in dieser Einteilung gab es nur dann, wenn uns die Witterungsverhältnisse dazu zwangen.

Der eigentlichen Trassierung ging immer die Erkundung im Gelände auf einer Entwicklungslänge der Straße von etwa drei Kilometer voraus. Was dabei alles zu berücksichtigen war, ist schon im vorhergehenden Abschnitt beschrieben. Ich will hier nur erwähnen, daß ich mich bei der Trassierung hauptsächlich des Gefällsmessers be= diente und die Höhenlage weit voneinander entfernter Punkte mit Hilfe zweier Ane= roide bestimmte. Von Standpunkten, die einen guten Überblick über einen größeren Teil der Linienführung gaben, machte ich photographische Aufnahmen, in die ich dann später die Linie der Straße einzeichnete. Die Festlegung des Linienzuges erfolgte mit dem Meßtisch.

Ich hatte aber auch einem besonderen Umstand bei der Trassierung Rechnung zu tragen. Die Straße sollte sich nicht nur harmonisch in das Landschaftsbild einfügen, sie sollte gleichzeitig auch möglichst viele schöne Aussichtspunkte direkt berühren. Diese im Interesse des Fremdenverkehrs und der Touristik gelegene Forderung sollte der Leitstern der ganzen Trassierung sein. Wie weit es mir gelang, diese Bedingung zu erfüllen, das konnte sich erst bei der späteren wirklichen Ausführung des Projekts zeigen, denn dann hatte das gewaltige Auditorium der Straßenbenützer sein unbe= einflußtes Urteil hierüber abzugeben. Es gab daher für mich mehr als genug zu über=

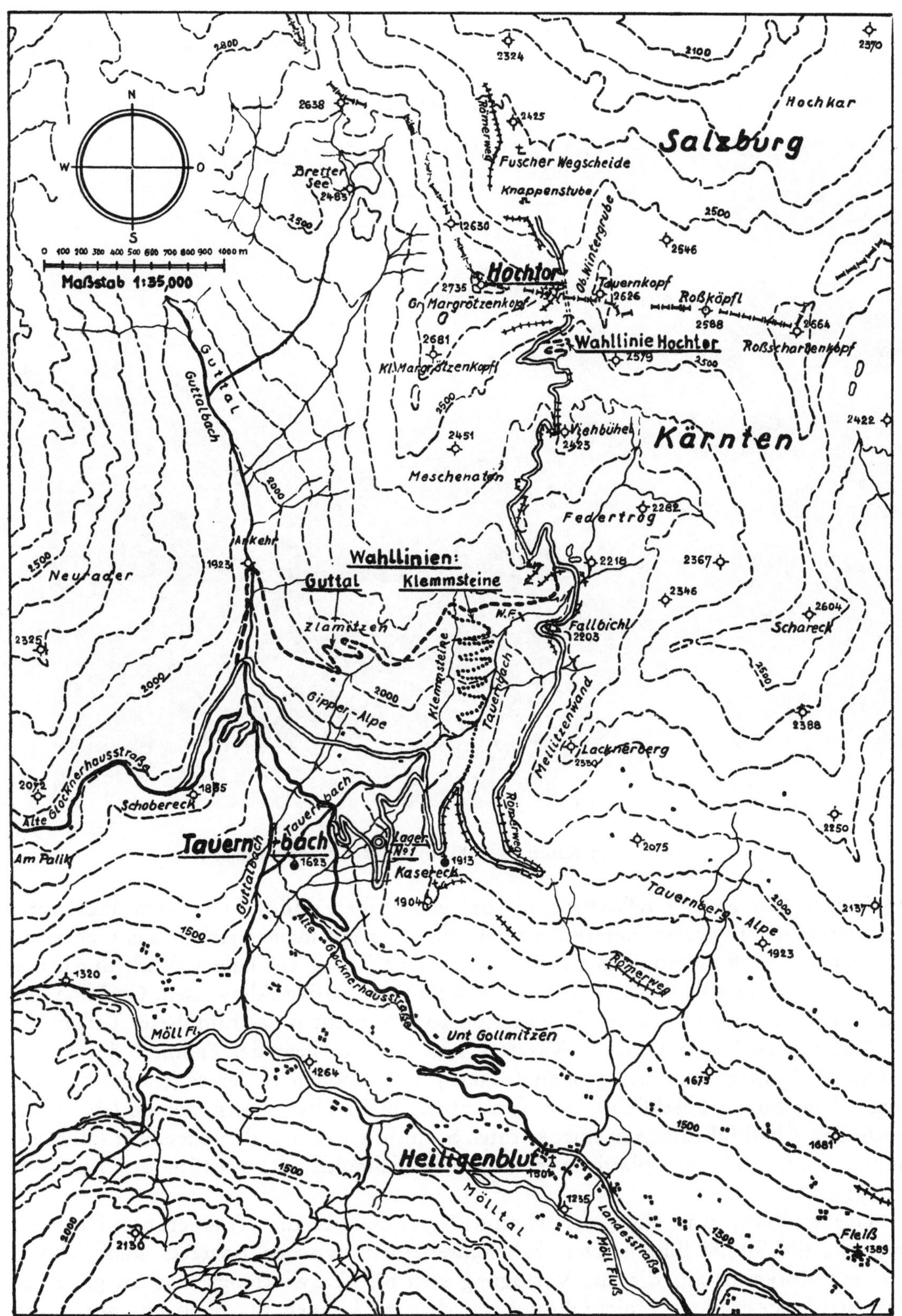

Die Trassierung des Südanstieges: Tauernbach—Hochtor

legen und gegeneinander abzuwägen, wollte ich allen an mich gestellten Anforderungen
gerecht werden.

Am Kasereck mündete zur Eiszeit ein vom Hochtor kommender Gletscher in den

Ausblick vom Kasereck (1913 m) auf den Großglockner

gewaltigen Strom der Ur=Pasterze, die das ganze obere Mölltal mit ihren ungeheuren
Eismassen ausfüllte. Am Kasereck verließ ich daher mit meiner Arbeit das Gebiet der
Rückzugs= und Randmoränen der Ur=Pasterze und stieg ein langes Stück durch eine
Zone auf, die niemals von Gletschereis bedeckt war. Saftige Almwiesen, Geröllhalden,
nackte Felswände und schutterfüllte Felsrunsen beherrschten das Bild dieser Teilstrecke.

Auf halbem Wege zwischen Kasereck und Hochtor liegt der Fallbichl. Es ist dies
ein flacher Rücken, der einen großen, trogartigen Almboden — den sogenannten Feder=
trog — im Süden abschließt. Der Tauernbach fließt über diesen Almboden, durch=
bricht den Abschlußrücken in einer seichten Schlucht und stürzt dann in einem 150 Meter
hohen Wasserfall über plattigen Fels in eine Talmulde, die westlich des Kaserecks
vorbeizieht.

Der Fallbichl war einer der Haupトrichtpunkte für die Trassierung. Über ihn
m u ß t e die Straße führen. Der Höhenunterschied zwischen Kasereck und Fallbichl
war mit Rücksicht auf die zur Verfügung stehende Entwicklungslänge zu groß, um
das Ziel in gestreckter Linienführung erreichen zu können. Es blieb mir also nichts
anderes übrig, als Kehren einzuschalten. Da waren nun d r e i Lösungen möglich.
Entweder trassierte ich vom Kasereck in der Talmulde des Tauernbaches bis in die

Nähe des Wasserfalles, überquerte dort den Bach und suchte dann am westlichen Hang der Klemmsteine mit einem Bündel von mindestens zehn Kehren die Höhe des Fallbichls zu gewinnen. Diese Lösung war deshalb abzulehnen, weil die Klemmsteine altes Bergrutschgebiet sind, das stark durchfeuchtet ist und künftige weitere Abwärtsbewegungen befürchten läßt.

Oder ich wandte mich mit der Linienentwicklung vom Kasereck zuerst nach Westen zum Guttalbach und stieg dann über die Zlamitzen mit mehreren Kehren in die Nähe des Fallbichls auf. Bei dieser Lösung mußte ich auf eine Länge von rund einem Kilometer entlang des Westufers des Guttalbaches trassieren, um die günstigste Überquerungsstelle in der „Ankehr" zu erreichen. Mit dem Guttalbach hat es nun eine eigene Bewandtnis. Der Bach heißt nicht deshalb G u t t a l b a c h, weil er g u t ist, sondern weil dort einst in den Hängen des Wasserradkopfes, Kloben und Brennkogels Goldbergbaue betrieben wurden, die guten Ertrag lieferten. Und zu dem Namen W a s s e r r a d k o p f kam der westlich des Baches steil aufragende Bergklotz nicht deshalb, weil da oben einmal ein Mühlrad ging, sondern weil an seinem Fuße im Guttal das W a s s e r r a d eines Pochwerkes lief, das die abgebauten Erze zerkleinerte. Wann das war, weiß man nicht. Jedenfalls sind viele Jahrhunderte seither vergangen. Damals lag die Sohle des Guttales vielleicht um hundert Meter tiefer als heute und war vom ehemaligen Guttalgletscher tief im Felsuntergrund ausgeschürft. Dann kam die Katastrophe. Am Osthang des Wasserradkopfes löste sich ein etwa eineinhalb Kilometer breiter Hangstreifen bis auf 2300 Meter hinauf und stürzte ins Guttal ab. Hunderte Millionen Kubikmeter Gestein schütteten die tiefe Erosionsfurche des Guttales zu, drängten den Guttalbach nach Osten und hoben ihn gleichzeitig um mehr als hundert Meter, alles unter sich begrabend, was Menschenhand einst dorthingestellt hatte. Und Jahrzehntausende werden vergehen, bis der heutige Guttalbach, sich immer tiefer und tiefer in diese Schuttmassen eingrabend, wieder die gleiche Talsohle erreichen wird, auf der er einst dahinfloß; Jahrzehntausende wird es dauern, bis die Bergschuttmassen, der absinkenden Bachsohle nachstürzend, als Geschiebe durch die Möll und Drau und als Schlamm in die Donau und bis ins Schwarze Meer gelangen werden. Heute ist also der Guttalbach alles eher als g u t zu nennen, denn die ständige Eintiefung seiner Sohle macht den untersten Teil einer Straßenentwicklung an seinem Westufer zu einer teueren, vielleicht in der späteren Erhaltung auch kostspieligen Angelegenheit.

Vergebens habe ich mich bemüht, das Dunkel zu lüften, das über dem Zeitpunkt des katastrophalen Bergsturzes im Guttal liegt. Überlieferungen wissen nichts davon. Und d o c h muß dieses Ereignis in historischer, gar nicht soweit zurückliegender Zeit stattgefunden haben, denn beim Ausschachten eines Fundamentes der späteren Guttalbrücke fanden wir in sechs Meter Tiefe unter der Bachsohle einen hölzernen Milchzuber, friedlich und ziemlich unversehrt im Schutt eingebettet, daneben ein primitives verrostetes eisernes Türschloß. Wer mag diese handwerklichen Erzeugnisse einer längst vergangenen Zeit einmal benützt haben?

Die dritte Lösung bestand darin, daß ich mit der Linienentwicklung am östlichen Ufer des Tauernbaches blieb und den Südfuß des Lacknerberges zu einer großzügigen Kehrenentwicklung ausnützte. Das war der s i c h e r s t e Weg, den ich gehen konnte, und ich schlug ihn daher auch ein. Leider kam er später n i c h t zur Ausführung.

Mit Zuhilfenahme zweier, am Südfuß des Lacknerberges eingeschalteter Kehren gelang es mir, 160 Höhenmeter zu gewinnen. Damit erreichte ich die Mellitzenwand,

den Westabbruch des Lacknerberges. Am Fuße dieser Wand weitertrassierend, ge=
langte ich mühelos auf den Fallbichl.

Bei dieser Trassierung erlebte ich etwas Merkwürdiges. Als ich, wenige hundert
Meter von der Kasereckkapelle entfernt, die erste Kehre in die Straßenlinie einlegen
mußte, entdeckte ich, daß hier schon einmal eine Wegkehre gelegen hatte. Ihre Spuren
waren zwar schon stark verwischt, aber das geübte Auge des Straßenbauers konnte
sie ohneweiters als solche erkennen. Als ich dann in südöstlicher Richtung weiter=
trassierte, arbeitete ich haargenau auf den Überresten einer alten Weganlage, die in
der gleichen Steigung führte. Und die zweite Kehre, die ich schließlich anlegen mußte,
lag wieder genau auf den Überresten einer alten Wegkehre und bot überdies einen
prachtvollen Tiefenblick ins Obere Mölltal. Als ich von hier wieder die Richtung zum
Fallbichl nahm, lag meine Linie noch immer genau auf der Spur des mit Rasen über=
überwucherten, an manchen Stellen bis zu vier Meter breiten, alten, verfallenen Weg=
körpers. Unter den Steilabstürzen der Mellitzenwand fehlten die Wegspuren. Am Fall=
bichl aber zeigten sie sich wieder als geschlossene Linie.

Diese Beobachtungen regten mich zum Nachdenken an. Vor vielen Jahrhunderten,
vielleicht sogar vor Jahrtausenden, hatte schon ein anderer vom Kasereck zum Fallbichl
trassiert, hatte sich dabei von den gleichen Überlegungen leiten lassen wie ich und mit
primitiven Instrumenten die Aufgabe in derselben Weise gelöst. Diesem anderen bin
ich dann in den folgenden Wochen noch oftmals in den sichtbaren Überresten seiner
bewundernswerten Arbeit begegnet. Bewundernswert war sie allerdings nicht in Bezug
auf die Art der Ausführung, denn die war herzlich primitiv. Sie bestand aus einem
geschütteten Erdkörper ohne jede Steinunterlage. Mauern, ja selbst die kärglichsten
Überreste solcher, fand ich nur am Nordabstieg vom Mittertörl gegen die Fuscherlacke
zu, sonst fehlten sie gänzlich. Das besagt allerdings nicht, daß sie zu jener Zeit, als der
Weg noch benützt wurde, nicht vorhanden gewesen sind. Wahrscheinlich sind diese
Trockenmauern, nur flüchtig erstellt, im Laufe der Zeit den Weg alles Irdischen ge=
gangen und über die Steilhänge durch Lawinen und Steinschlag in die Tiefe gerissen
worden. Bewundernswert war die Arbeit aber d o c h in Bezug auf den großen Ge=
danken der Linienführung, die in groben Zügen der heutigen Scheitelstrecke der Groß=
glockner=Hochalpenstraße entspricht.

Am Fallbichl betrat ich wieder alten Gletscherboden, diesmal aber nicht vom Möll=
gletscher, sondern vom Hochtorgletscher herrührend, der ehemals das ganze weite
Rund vom Kleinen Margrötzenkopf im Westen bis zum Schareck im Osten ausfüllte
und die Mulde des Federtroges mit einer 60 bis 100 Meter dicken Eisschicht bedeckte.
In mächtigen Eisbrüchen muß dieser Gletscher die 200 Meter hohe Geländestufe am
Südrand des Fallbichls hinabgestürzt sein, um sich dann breit und ruhig in der Höhe
des Kaserecks mit der Ur=Pasterze zu vereinigen. Eine geraume Zeit später müssen am
Federtrog schöne Zirbenwaldungen gestanden haben. Der Bauernhof Thurner in der
Nähe von Heiligenblut besitzt Deckentrame, die aus einem Wald beim Hochtor
stammen sollen. Heute ist von bescheidensten Sträuchern, geschweige denn von
Bäumen, auf dem 2200 Meter hohen Fallbichl nichts zu sehen. Die Goldbergbaue in
den Hohen Tauern haben hier, genau so wie an vielen anderen Orten, zur Gewinnung
des Holzes für die Stollenzimmerungen mit den Waldbeständen so gründlich aufge=
räumt, daß sich ihr ehemaliger Bestand nur mehr vermuten läßt.

Westlich des Federtroges steigt das Gelände in einzelnen Stufen, die durch kleinere
Felswände und Moränenwälle unterbrochen sind, zum Hochtor an. Die erste, größte

Hauptstufe führt die Bezeichnung „Meschenaten", die zweite wird Viehbühel genannt. Die dritte bäumt sich vom Fuße des Hochtors zu den Wänden des Großen Marg‑ rötzenkopfes und Tauernkopfes auf, zwischen denen die Einsattlung des Hochtors liegt.

Vom Fallbichl bis zur Einsattlung des Hochtors betrug die zu bewältigende Höhen‑ differenz nur mehr 370 Meter. In Anbetracht der Übersichtlichkeit des Geländes und der Einfachheit seiner Formgebung konnte die Trassierung in diesem Abschnitt in wenigen Tagen beendet sein. Tatsächlich ging die Arbeit anfänglich auch recht flott vonstatten. Aber am Nachmittag des sechsten Trassierungstages trübte sich der Himmel ganz verdächtig ein. Bald fielen die ersten schweren Regentropfen und wir beeilten uns, unser Zelt auszupacken und aufzustellen. Als es dann unter Blitz und Donner ausgiebig zu hageln begann, saßen wir bereits unter dem schützenden Zeltdach auf dem Gras des Almbodens.

Immer dunkler wurde es, immer greller zuckten die Blitze. Aus dem anfänglich nur drohend grollenden Donner wurden knallende Peitschenhiebe und ohrenbetäubendes Krachen mit nicht endenwollendem Widerhall von den Felswänden der umliegenden Berge. Zu allem Überfluß machten wir noch die unangenehme Entdeckung, daß wir im Wasser saßen, das überall über den Almboden, auch im Innern des Zeltes, zu Tal floß.

Als das Unwetter nach Verlauf von anderthalb Stunden vorübergezogen war und es nur noch schwach regnete, verließen wir unser Gefängnis. In allen Mulden und Runsen lagen die Hagelkörner schuhtief. An ebenen Stellen des Almbodens stand das Wasser im dichten Grase wie in einem vollgesoffenen Schwamm. Mächtig tönte das Brausen des Wasserfalles zu uns herauf, der jetzt Hochwasser führte. Nebelschwaden zogen über den Almboden hin und hüllten uns immer dichter und dichter ein. Dann brach die Sonne für einen Augenblick durchs Gewölk und dann wurde es wieder finster und ein neues Unwetter, das dem ersten aufs Haar glich, entlud sich über unseren Köpfen.

Mehrmals hatte ich das Gefühl, daß der Regen schwächer geworden sei und ich versuchte weiterzuarbeiten. Aber jedesmal zeigte es sich, daß es immer noch nieselte, daß sich das Schreibpapier erweichte, daß der Bleistift nicht mehr griff und daß wir selbst schließlich ganz gründlich durchnäßt wurden. So blieb uns nichts anderes übrig, als am Abend unsere Sachen zusammenzupacken und bei strömendem Regen im Lauf‑ schritt unserer Almhütte zuzueilen. Dort angekommen, legten wir uns gründlich trocken und wärmten uns am qualmenden Herdfeuer.

Am nächsten Tage regnete es noch immer weiter. Da an ein Arbeiten im Freien nicht zu denken war, suchte ich mir in der Hütte eine finstere Stelle zum Entwickeln der bisher gemachten Photoaufnahmen. Viel Auswahl gab es da nicht und nach Ver‑ stopfen aller Ritzen wurde der Milchkeller zur Dunkelkammer. Gegen Mittag hellte sich das Wetter auf. Es sah danach aus, als ob es nachmittags vielleicht ein paar schöne Stunden abgeben würde, an denen die Weiterarbeit möglich war. Wir zogen daher im Regen zu unserer Arbeitsstelle hinauf, stellten das Zelt auf und warteten — leider ver‑ geblich. Es regnete immer weiter. Schließlich stolperten wir in völliger Finsternis, wieder reichlich durchnäßt, zu unserer Hütte zurück.

Der nächste Tag begann mit einem schönen Morgen. Der Regen hatte völlig auf‑ gehört. Als wir im ungewissen Dämmerlicht abermals den Berg hinaufzogen, brauten noch dichte Nebel. Wir kamen mit der Arbeit ausgezeichnet vorwärts. Als wir in den ersten Nachmittagsstunden die Geländestufe der Meschenaten hinter uns gelassen hatten, begann es sich schon wieder einzutrüben. Vorsichtshalber stellten wir jetzt gleich das Zelt auf, noch b e v o r es zu regnen begann. Und gleich darauf erlebten wir wieder ein schönes Hochgewitter.

Das Schlechtwetter, das nun zur Regel zu werden schien, machte die Trassierung zwischen der Meschenaten und dem Hochtor zu einer Qual. Es war eine kalte und nasse Angelegenheit, die stets nach wenigen hundert Metern mit der Flucht in das schützende Zelt endete. In größeren und kleineren Windungen schraubte ich die Trassierung bis in die Höhe des Viehbühels hinauf. Oftmals kreuzte ich dabei die alten Wegspuren. Manchmal konnte ich über kurze Strecken ihrem Verlauf folgen, dann mußte ich wieder gänzlich von ihnen abweichen. Endlich gelangte ich trotz des herrschenden Schlechtwetters bis an den Fuß des Hochtors, wo der sanft geneigte Almboden unvermittelt in einen Steilhang übergeht, der sein oberes Ende im Hochtorsattel findet. Östlich des Sattels stehen die hellen Marmorwände des Tauernkopfes, westlich die dunklen Schieferabstürze des Großen Margrötzenkopfes. Das Hochtor — im Alpenhauptkamm gelegen — stellt daher nicht nur eine Wasserscheide zwischen Nord und Süd, zwischen den Flußgebieten der Salzach und der Drau, sondern gleichzeitig auch eine scharfe, in der Nord-Süd-Richtung verlaufende Trennungslinie zwischen zwei gänzlich verschiedenen Gesteinsvorkommen dar.

Vom Südfuß des Hochtors mußte ich mit der Straßenlinie möglichst hoch aufsteigen, damit der Tunnel, der durch das letzte Gratstück zu schlagen war, möglichst kurz ausfiel. Dies ging entweder mit Einschaltung nur einer Kehre, für die ich etwa 400 Meter westlich des Hochtorsattels einen geeigneten Platz fand, oder mit Zuhilfenahme eines Bündels von vier Kehren, das auf dem weniger steil geneigten Hangteil unterhalb des Hochtorsattels liegen mußte. Ich entschied mich für die erste Lösung. Ungefähr siebzig Meter unterhalb der aus dem Hangschutt aufsteigenden Gratwand erreichte ich einen Punkt, von dem aus kein Weiterkommen möglich war. Hier mußte also künftighin das Südportal des Hochtortunnels liegen.

Hoffentlich fand sich auf der Nordseite des Hochtors ein gleichguter und möglichst gleichhoher Punkt für das Nordportal des Tunnels. Nach den damals verfügbaren Spezialkarten war dies keineswegs zu beurteilen, denn deren Unverläßlichkeit war hier geradezu haarsträubend. Diese gewaltigen Fehler hat erstmals die im Jahre 1928 vom Alpenverein im Maßstab 1:25.000 herausgegebene Karte der Glocknergruppe vermieden, die den Schichtenverlauf in vorbildlicher Weise in Höhenabständen von 20 zu 20 Meter zeigt. Leider schrieb man damals, als ich trassierte, erst das Jahr 1924.

Wollte ich die Höhenkoten der beiden Tunnelanstichpunkte kontrollieren, dann mußte ich mich meiner beiden Präzisionsaneroide bedienen, mit deren Hilfe ich den Höhenunterschied selbst sehr weit von einander entfernter Punkte, auf zwei Meter genau, feststellen konnte. Die Beobachtung des Standaneroides übernahm meine Gattin, die mir inzwischen in das Arbeitsgebiet nachgekommen war.

Ich stieg also auf der Nordseite des Hochtorsattels ein Stück hinunter und suchte dort nach einem günstig gelegenen Tunnelanstichpunkt, der die weitere Straßenentwicklung, gegen das Fuschertörl zu, ohne Schwierigkeit ermöglichte. Nach längerem Herumsteigen fand ich knapp unter dem Schneefeld der „Oberen Wintergrube" eine geeignete Stelle. Nun nahm ich die barometrische Höhenbestimmung dieses Punktes vor. Das Resultat ergab, daß das Nordportal genau gleichhoch wie das Südportal auf 2505 Meter lag. Damit war die Tunnelfrage vom geodätischen Standpunkt aus gelöst.

Da in nächster Nähe der Tunnelachse ein völliger Gesteinswechsel vorliegt, hatte ich noch festzustellen, welches Gestein die Tunnelröhre durchörtern würde. Bei der nun anschließenden geologischen Aufnahme zeigte sich, daß höchstens ein Drittel der gesamten Tunnellänge in dunklem, leicht verwitterbarem Glimmerschiefer, der Haupt‹ teil aber in festem, hartem, hellem Marmor liegen würde. Spätere geologische Gut‹ achten, die unmittelbar vor Inangriffnahme des Tunnelbaues erstattet wurden, kamen zu wesentlich ungünstigeren Ergebnissen. Als wir den Bau dann tatsächlich durch‹ führten, ergab sich, daß ich mit meiner Vorhersage nicht nur recht behalten hatte, daß vielmehr die angetroffenen Verhältnisse günstiger waren, als ich sie vermutet hatte.

Photo: Wallack

Der Hochtorsattel (2575 m) vom Süden mit der Tauernwand

Die Frage, ob statt der Durchfahrung des Hochtors in einem Tunnel die Über‹ schreitung in der Paßhöhe von 2575 Meter überhaupt in Betracht zu ziehen sei, war leicht zu entscheiden. Zweifellos hätten die Baukosten bei Fortfall des Tunnels eine erhebliche Senkung in dieser Teilstrecke erfahren können. Die klimatischen Verhält‹ nisse sprachen jedoch eindringlich g e g e n eine solche Linienführung, denn im Sattel selbst lagen, nach Süden vorgebaut, die Reste einer mächtigen Schneewächte, die nur in außerordentlich warmen Sommern für kurze Zeit verschwindet. Nördlich schließt an den Sattel unmittelbar das weitgespannte Schneefeld der „Oberen Wintergrube" an, das fast bis zum nördlichen Tunnelportal hinabreicht und nur Ende August jedes Jahres einigermaßen ausapert. Die Beurteilung der Tunnelfrage und die Frage offener Übergang o h n e Tunnel gab mir einen ganzen Tag lang Arbeit, an dem ich ziemlich viel herumklettern mußte. Meine Untersuchungen schlossen mit der Feststellung, daß die gewählte Tunnellösung die beste war und daß die Länge der eigentlichen Tunnelröhre ohne die beiderseits anzuschließenden überwölbten Voreinschnitte rund 255 Meter betragen würde.

Als ich im Sattel des Hochtors stand und bald nach Süden, bald nach Norden hinunterblickte, sah ich schon im Geiste das Straßenband vor mir, das von Süden heraufführend, später einmal dem Hochtor zustreben würde. Im Norden sah ich in ziemlicher Entfernung das Fuschertörl, den zweiten Scheitelpunkt der Straße, zu dem mich nun meine weitere Arbeit führen mußte.

Auf dem weiten Almboden, der sich von der Meschenaten bis zum Südfuß des Hochtors erstreckt, konnte mein Auge deutlich die Spuren des alten Verkehrsweges sowie die Spuren einer ganzen Reihe von schmalen Saumwegen erkennen. Alle diese Wege waren verfallen und mit Rasen überwuchert. Nur hölzerne Schneestangen, in kleinen Steinmandeln befestigt, bezeichneten die Richtung, die der Viehtrieb aus dem Mölltal auf die Almen nördlich des Hochtors zu nehmen hatte.

So weit das Auge reichte, war kein Mensch zu sehen. Obwohl in Heiligenblut Hochsaison herrschte und Touristenkarawanen durch das Mölltal oder über die Pfandlscharte der Pasterze und dem Großglockner zuströmten, war es hier am Hochtor einsam. Die ganze Linie, nach der ich trassierte, führte über eine weltferne Insel, die vom Fremdenstrom stürmisch umbrandet, aber ängstlich gemieden war.

Und d o c h mußte einst reger Verkehr hier über die Hohen Tauern geflutet sein. Wenn die Heiligenbluter Bauern den Überresten des alten Verkehrsweges die Bezeichnung R ö m e r s t r a ß e gaben, hatten sie damit recht? War in den Überlieferungen, die sich durch Generationen von Mund zu Mund vererbt hatten, ein wahrer Kern?

Oben am Hochtorsattel steht die Steinruine eines ganz kleinen Baues. Gleiche Überreste habe ich auch am Südfuß des Hochtors knapp neben der alten Wegspur gefunden. Was bezweckten diese Bauten? Stammten sie aus der Blütezeit der Goldbergbaue oder waren sie älteren Ursprungs? Am Hochtorsattel steht auch ein Wegmal. Der kleine, schrankartige hölzerne Aufbau birgt einen urwüchsig geschnitzten Christus am Kreuz. Öffnet man den Schrank, dann prallt man unwillkürlich zurück, denn die bleiche Christusgestalt ist je nach der Jahreszeit mit einem oder mehreren grobleinenen Hemden bekleidet, die ihr die Bauern anlegen, wenn sie mit ihrem Vieh über den Hochtorsattel ins Salzburgische hinüberziehen. Sie tun dies, damit der Herrgott da oben nicht frieren soll!

Wie viele stumme Gebete wurden hier schon für den glücklichen Übergang über die Tauern verrichtet? Und in der Zeit, ehe Christus die Welt erlöste, stand hier oben vielleicht etwas anderes, das die Menschen damals in ähnlicher Weise verehrten und auch in kommenden Jahrtausenden immer wieder verehren werden, wie wir es heute tun: Das große Unfaßbare, das in ewiger Jugend alles Vergängliche überdauert und dessen Unendlichkeit wir nur ahnen, aber nie begreifen können?

Wer mag die sogenannte Römerstraße gebaut haben? Wie viele Menschen mögen dabei ihr Leben gelassen haben? Wie viele Frachten hatten schon ihren Weg über diesen Paß genommen? Oder waren es Krieger, die einst hier heraufzogen, Krieger des mächtigen Rom? Schriftliche Überlieferungen melden nichts von einer Römerstraße über das Hochtor, während der westlich gelegene Felbertauern und der weiter östlich liegende Mallnitzer Tauern als Saumwege der Römerzeit bekannt sind.

Dem Gold der Tauern mag die alte Straße vielleicht ihre Entstehung verdankt haben und Salz mag aus dem Salzburgischen auf ihr nach dem Süden verfrachtet worden sein. Alte Bergbücher berichten von einem Saumweg, der aus dem Mölltal über das Hochtor ins Seidelwinkeltal gebaut wurde. Die Überreste des alten Weges, die i c h vorfand, zeigen jedoch, daß hier kein Saumweg, sondern ein F a h r w e g bestand, der von Heiligenblut über das Hochtor nicht ins Seidelwinkeltal, sondern weiter über das Fuschertörl und Piffkar ins Ferleitental führte.

Für alte, schmale Saumwege, von denen man in den ganzen Tauern Überreste in reicher Zahl findet, mag ja leicht eine treffende Erklärung gefunden werden. Über diesen alten Fahrweg aus dem Mölltal ins Salzachtal konnten jedoch nur Funde Aufschluß geben, die vielleicht d a n n gemacht wurden, wenn es einmal wirklich zum Bau der Straße über das Hochtor kam. Bis dahin blieben die Überreste und die Entstehungsgeschichte des alten Fahrweges über das Hochtor ein dunkles Rätsel.

Mit der Überschreitung des Hochtors verändert sich das Landschaftsbild vollständig. Südlich des Hochtors liegen weite grüne Matten, die von mehr oder weniger formenreichen Bergen umrahmt sind. Nördlich des Hochtors wechseln bis in die Gegend der Fuscherlacke Steinwüsten und Geröllhalden mit dürftig berasten Schutthängen ab, die im Westen an die schroffen Felswände des Brennkogels anschließen, und nach Osten zu terrassenförmig in die tiefe Erosionsschlucht des Seidelwinkeltales abfallen. Diese öde Karlandschaft, die erst im Anstieg zum Fuschertörl wieder in grüne Alpenmatten übergeht, mußte in den nächsten Tagen mein Arbeitsgebiet sein.

Der Anstieg vom Arbeitslager Nr. 1 zum Hochtor erforderte zwei Stunden. Dieser Weg wurde für uns immer länger, je weiter wir mit der Arbeit kamen. Ich mußte daher ein neues, günstiger gelegenes Quartier suchen, von dem aus ich die Arbeitsstellen zwischen Hochtor und Fuschertörl in möglichst kurzer Zeit erreichen konnte. Die Litzelhofer-Almhütte, die im obersten Seidelwinkeltal in dem von hohen Felswänden eingeschlossenen Talgrunde auf 1718 Meter Höhe liegt, entsprach dieser Anforderung einigermaßen. Gleich am nächsten Tag wurde in das Arbeitslager Nr. 2, in die Litzelhoferalm, übersiedelt.

Von dieser Almhütte führt ein Saumweg, dem immer kleiner werdenden Bachlauf folgend, hinauf zur Fuscher Wegscheide, die ungefähr in der Mitte zwischen dem Hochtor und dem Mittertörl liegt. Damit man ihn auch bei Schneefall oder Nebel nicht verfehlt, ist er, so wie der Weg über das Hochtor, mit Steinmandeln, in die hohe Stangen eingefügt sind, bezeichnet. Ein zweiter, kaum kenntlicher Fußsteig führt von der Litzelhoferalm durch die Felswände auf das Plateau der Vorderen Weißtüchelalpe hinauf. Von dieser bereits 2000 Meter hoch liegenden Alpe kann man ohne Schwierigkeit zum Mittertörl oder zum Fuschertörl gelangen.

Im Arbeitslager Nr. 2 wurde stets um 2 Uhr 30 Tagwache gehalten. In völliger Finsternis stiegen wir die etwa 700 Meter betragende Höhendifferenz zu unserer jeweiligen Arbeitsstelle hinauf. Neben einem kleinen Wässerlein machten wir dann Rast, kochten Tee und frühstückten. Dann stellten wir das Zelt auf und verstauten darin alle gerade nicht benötigten Teile unserer Ausrüstung. Den Standpunkt unseres Zeltes wählten wir so, daß wir es immer von allen Punkten unserer Tagesarbeit aus erblicken konnten. Bisher hatten wir entlang unserer ganzen Arbeitsstrecke keinen einzigen Menschen getroffen. Es war jedoch nicht ratsam, unsere wertvolle Ausrüstung auch nur einen Augenblick unbewacht zu lassen. Diese Vorsichtsmaßnahme verhütete auch tatsächlich einmal eine Beraubung unseres Zeltes. Besonderes Augenmerk richtete ich

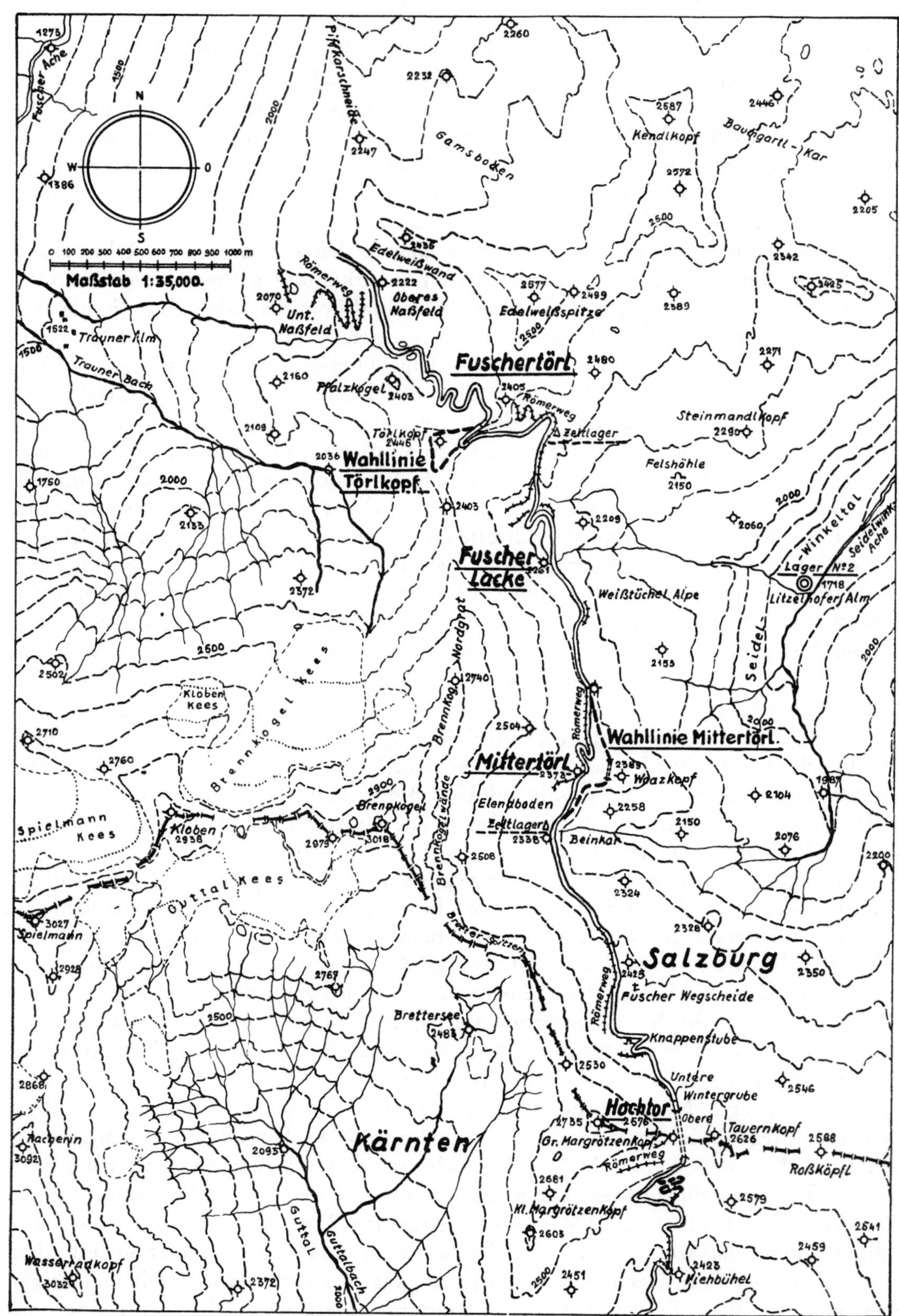

Die Trassierung der Mittelstrecke: Hochtor—Fuschertörl—Oberes Naßfeld

auch immer auf die Auskundschaftung von Unterstandsmöglichkeiten unter großen Felsblöcken oder in kleinen Höhlen, die uns bei überraschend hereinbrechenden Hoch= gewittern Schutz bieten konnten.

Vom Nordportal des künftigen Hochtortunnels trassierte ich nun in nördlicher Richtung weiter. Gleich unterhalb des Tunnels mußte ich die „Untere Wintergrube" umgehen. Unmittelbar neben einem Schneefeld sah ich die halbverschütteten Eingänge alter Bergwerksstollen. Kleinere und größere Halden tauben Gesteins bewiesen, daß ich mich in einem weitverzweigten aufgelassenen Bergbaugebiet befand.

Die Gesteinstrümmer eines vor vielen Jahren niedergebrochenen gewaltigen Berg= sturzes und die Schneereste schwerer Lawinen ließen es ratsam erscheinen, dem Nord= osthange des Margrötzenkopfes nicht zu nahe zu kommen. Ich legte daher zwei Kehren ein, um eine tiefere, sicher liegende Geländestufe zu erreichen. Daß der Bergsturz historischer Zeit entstammte, ersah ich daraus, daß er die alte „Römerstraße" voll= ständig verschüttet hatte.

Die Stelle, auf der beide Kehren lagen, heißt „Knappenstube". Neben der künf= tigen Straßenlinie war auch tatsächlich die Ruine einer kleinen gemauerten Hütte zu sehen. Neben ihr befand sich der Eingang zu einem langen, finsteren Stollen, den ich sofort zum Aufbewahrungsort für das entbehrliche Aufnahmegerät und für die in Säcken verstauten Gesteinsproben benützte. In dem recht engen unterirdischen Gang standen an einzelnen Stellen noch Reste der hölzernen Zimmerung. Der Stollen war nach einer kurzen begehbaren Strecke verbrochen. Obertags zeigten sich in seiner Ver= längerung verschiedene Einbruchstellen, die den weiteren Verlauf deutlich erkennen ließen. An einer Stelle war es mir sogar möglich, in den Stollen hinunterzuturnen, der dort verhältnismäßig geräumig war. Spuren von Malachit und Lazulit deuteten darauf hin, daß hier einst Kupfererze abgebaut wurden, die vielleicht auch goldhältig waren.

Die Trassierung ging flott vorwärts. Vor der Fuscher Wegscheide kam ich wieder auf die Reste der vier Meter breiten Straße, die hier besonders gut erhalten waren. Nun folgte ich einer ziemlich schwach geneigten Geländestufe und näherte mich den Ostabstürzen des Brennkogels. Größeres Kopfzerbrechen gab es erst wieder am so= genannten „Elendboden". An die überaus steilen Brennkogelwände schließt ein weites Schuttkar an, das eine große Mulde ausfüllt. An der tiefsten Stelle dieser Mulde fließt ein kleines, unscheinbares Bächlein, das von Schneefeldern und Lawinenresten im Brennkogelkar gespeist wird. Der Ostrand der Mulde geht in einen Steilabsturz über, der 150 Meter tiefer in dem flachen Boden des „Beinkares" endet.

Die nördliche Begrenzung der Mulde bildet ein weit gegen das Seidelwinkeltal vorspringender Bergrücken, der „Woazkopf", der an jener Stelle, an der er aus dem Hange heraustritt, eine Einsenkung, das „Mittertörl" trägt. Das Mittertörl liegt fünf= undvierzig Meter höher als der tiefste Punkt des Elendbodens.

Die brüchigen Steilwände des Woazkopfs ließen seine Umfahrung auf der dem Seidelwinkeltal zugekehrten Seite nicht zu. Andererseits wäre es vermessen gewesen, die Trasse im Brennkogelkar so hoch hinauf zu verlegen, daß der Sattel des Mitter= törls ohne Einschaltung einer Gegensteigung hätte erreicht werden können. Dies hätte eine ganz außerordentliche Gefährdung der Straße durch Steinschlag und Lawinen zur Folge gehabt. Es kamen daher nur zwei Lösungen in Betracht. Auf jeden Fall über= querte ich den Elendboden an seiner sichersten Stelle, möglichst weit vom Schuttkar entfernt, also an seinem östlichen Rande, und stieg von dort entweder zum Mittertörl auf, oder ich vermied diese Gegensteigung, trassierte im Gefälle weiter und entschloß mich zu einer Untertunnelung des Woazkopfes. So verlockend die Tunnellösung auch war, zur Vermeidung allzu hoher Baukosten mußte ich sie außer acht lassen. Zudem bot die Überschreitung des Mittertörls im Südanstieg überhaupt keine, im Nord=abstieg nur geringe Schwierigkeiten.

Am Elendboden hielten wir auch unser erstes Biwak, das bei schönem Wetter und nicht zu kalter Nacht in dem aus vier Blättern zusammengesetzten geräumigen Zelt ganz erträglich war. Es bot den Vorteil, daß wir uns am Abend dieses Tages den Ab=stieg zum Arbeitslager Nr. 2 und am nächsten Morgen den Wiederaufstieg zur Arbeits=stelle ersparten.

Am folgenden Tag traf ich im Sattel des Mittertörls mit einem Bauern aus Heiligen=blut zusammen, der auf dem Wege zu seiner Schafherde auf der Weißtüchelalpe war; von ihm erhielt ich Auskunft über manche Fragen, die mich besonders interessierten, so insbesondere über die zu erwartende Schneelage in den einzelnen Strecken meines Arbeitsgebietes. Seinen Antworten konnte ich mit Befriedigung entnehmen, daß ich in diesem schneereichsten Teil der künftigen Straße die richtige Linie gewählt hatte.

Diesem Manne verdanke ich auch eine Erklärung der Benennung jener Örtlich=keiten, die ich im Vorstehenden angeführt habe. Der in einer Höhenlage von fast 2400 Meter schwer erklärbare Name „Woazkopf" soll daher kommen, daß einst ein Hüterbube ein Weizenkorn dort spielerisch, ohne eine besondere Absicht damit zu verbinden, eingrub. Im nächsten überaus warmen Sommer soll aus dem Korn ein Halm mit einer Weizenähre gewachsen sein. Sollte das nicht so gewesen sein, dann ist die Geschichte zur Deutung des Bergnamens zu mindest gut erfunden.

Der Elendboden soll daher seinen Namen haben, daß eine jener Prozessionen, die seit Hunderten von Jahren immer zur Zeit der Sommer=Sonnenwende aus dem Pinzgau über das Fuschertörl und Hochtor zum Grabe des seligen Briccius nach Heiligenblut wandern, an dieser Stelle in Bergnot geriet. Im schweren Schneesturme verirrte sich ein Teil der Pilger und stürzte vom „Elend"=boden in das tiefer gelegene „Beinkar" ab, wo man noch viele Jahre später die gebleichten Gebeine der Verunglückten ge=sehen haben soll.

Der Gedanke, vom Mittertörl ohne Gefällsverlust auf das nahezu gleichhohe Fuschertörl zu trassieren, war naheliegend. Eine vom Mittertörl nordwärts ziehende Geländestufe schien eine solche Lösung zu begünstigen. Noch vor der Fuscherlacke bricht diese Stufe jedoch jäh ab. Sie geht in Schuttkare und steile brüchige Schiefer=wände über, die vom Brennkogel=Nordgrat gegen die Fuscherlacke abstürzen. Diesen, im Frühjahr von Lawinen und im Sommer von Steinschlag heimgesuchten Hang durch eine Straße zu queren, wäre nur bei Errichtung einer ununterbrochenen Kette langer Schutzbauten und Galerien möglich gewesen.

Die sichere Straßenlinie lag abseits dieser Wände auf einer tieferliegenden Gelände=stufe, die einem kleinen Wassertümpel, der Fuscherlacke, zustrebte. Wollte ich auf diese Geländestufe gelangen, dann mußte ich im Abstieg vom Mittertörl zwei Kehren einlegen. Das tat ich auch, traf dabei wieder auf die „Römerstraße" und dann gab es keine Schwierigkeiten mehr bis zur Fuscherlacke, dem tiefstgelegenen Straßenpunkt zwischen Hochtor und Fuschertörl, 2261 Meter über dem Meeresspiegel.

An dieser Stelle kamen wir am Abend in ein furchtbares Hochgewitter. In wolken=bruchartigem, mit schweren Hagelkörnern vermischtem Regen eilten wir über die Vordere Weißtüchelalpe. Dann kletterten wir schon in der Finsternis auf schmalem

Steige über die von grellen Blitzen erleuchteten Felswände zur Litzelhoferalm hinunter. Ein Regentag unterbrach die Arbeit.

Dann machte ich mich an die Bezwingung der Anstiegstrecke von der Fuscherlacke zum 2404 Meter hohen Fuschertörl. Bezüglich Geländeform und Witterung ähnelte diese Arbeit der Trassierung zwischen der Meschenaten und dem Hochtor. Immer wieder wurden wir bis auf die Haut durchnäßt und Tag für Tag kamen wir nur um wenige hundert Meter vorwärts.

Ausblick vom Sattel des Fuschertörls (2404 m) auf Törlkopf (2455 m),
Glocknergruppe und Fuscher Eiskar

In einer geräumigen Felshöhle, ungefähr 120 Meter tiefer als die Fuscherlacke, hatten wir unseren Warteposten bezogen. In dieser Höhle stellte sich auch das auf der Hochweide befindliche Vieh unter, doch vertrugen wir uns mit ihm ganz gut. Hatte es den Anschein, daß der Regen aufhören würde, dann stapften wir zu unserem Zelt hinauf, das bei der Fuscherlacke stand, und versuchten weiterzuarbeiten. Wenn wir aber die Aussichtslosigkeit unseres Beginnens einsahen, verstauten wir wieder alle unsere Meßgeräte im Zelt und liefen zur Höhle zurück.

Das untätige Herumsitzen übte eine verheerende Wirkung auf unseren Proviant aus. Wir mußten unseren Mundvorrat früher ergänzen, als wir gedacht hatten. Zu diesem Zweck schickte ich den einen meiner Begleiter nach Heiligenblut, den zweiten ins Seidelwinkeltal hinaus.

Ich selbst durchstreifte inzwischen bei unfreundlichstem Wetter das Gelände zwischen Fuscherlacke und Fuschertörl, das verschiedene Entwicklungsmöglichkeiten zuließ. Ich wählte eine Linie, die zuerst der Römerstraße folgte, weiter oben aber nicht dem eigentlichen Sattel des Fuschertörls zustrebte, sondern ungefähr 300 Meter westlich davon den zum Törlkopf führenden Grat überschritt. Es wäre auch möglich gewesen, den Törlkopf in einer groß angelegten Schleife zu umfahren, um von seinem Westhange aus den künftigen Straßenbenützern die herrliche Aussicht auf die Glocknergruppe zu erschließen. Dies hätte aber eine Mehrlänge der Straße von ungefähr 600 Meter in teilweise sehr schwierigem Gelände erfordert und damit die Straßenbaukosten wesentlich erhöht. Kam es einmal zum Bau der Straße, dann konnte man dieser Möglichkeit noch immer besonderes Augenmerk zuwenden, vorausgesetzt, daß die verfügbaren Geldmittel dies gestatteten.

Am Abend kamen meine beiden Begleiter mit vollen Rucksäcken von ihrer Einkaufstour zurück. Bei der Fuscherlacke stellten wir unser Zelt genau auf der Spur der alten Römerstraße auf und nächtigten dort. Ein wunderschöner Tag brachte uns dann in eifriger Arbeit bis auf die Höhe des Fuschertörls und im letzten Abendschimmer eilten wir wieder zum Zelte zurück.

Ein weiterer herrlicher Tag folgte. Noch waren eine Menge von Gesteinsproben in der Strecke zwischen Hochtor und Fuschertörl zu sammeln, noch waren photographische Aufnahmen zu machen und eine Reihe von barometrischen Höhenkontrollmessungen durchzuführen. Einer meiner Begleiter half mir dabei. Der andere stieg indessen zur Litzelhoferalm ab, räumte das Arbeitslager Nr. 2 und trug unser Gepäck in zwei Raten aufs Fuschertörl hinauf. Damit hatte ich die Trassierung im Abschnitt zwischen Hochtor und Fuschertörl abgeschlossen. Die Nacht verbrachten wir nochmals im Zelt bei der Fuscherlacke.

Am nächsten Morgen packten wir alles zusammen und marschierten aufs Fuschertörl. Durch die Mulde des Oberen Naßfeldes, die im Süden durch den vom Törlkopf zum Pfalzkogel führenden Grat, im Norden durch die an die Edelweißspitze anschließende Piffkarschneide begrenzt wird, trassierte ich hinunter. Unterhalb der Piffkarschneide lag noch reichlich viel Schnee. Außerordentlich vorsichtig war hier die alte Römerstraße trassiert, die allen Schneelöchern auswich und in vielen Kehren und Bögen dem Rande der Steilstufe zwischen Oberem und Unterem Naßfeld zustrebte. Tiefe Racheln durchfurchen hier den Almboden und knapp vor der Steilstufe liegen in zwei tiefen Dolinen kleine kreisrunde Wassertümpel. Sie sind durch einen Moränenwall voneinander getrennt, der anzeigt, daß vom Nordhange des Pfalzkogels einmal ein Gletscher herabfloß, der die Tröge der beiden Lacken mit Eis ausfüllte und bei einem Rückzugs-Stillstand den Moränenwall liegen ließ. Auf diesem Moränenwall konnte ich das alte Gletscherbett mühelos mit der Straße überqueren und befand mich damit am Rande der Steilstufe zum Unteren Naßfeld.

Schon früher hatte ich mir vorgenommen gehabt, für die Trassierung in der Strecke zwischen Oberem Naßfeld und Ferleiten eine bescheidene Almhütte als Arbeitslager zu benützen, die unterhalb der Piffkarschneide in einer Seehöhe von 1624 Meter lag. Die Übersiedlung in diese Almhütte wollte ich sogleich vornehmen. Schwerbepackt machten wir uns auf den Weg dorthin.

Diese Almhütte, unser geplantes Arbeitslager Nr. 3, lag in herrlicher Hochgebirgsumrahmung auf einer kleinen, ebenen Grasfläche am östlichen Hange des Ferleitentales. Gegenüber strebt das Große Wiesbachhorn unwahrscheinlich steil zum Himmel, beiderseits flankiert von einer Kette von Dreitausendern mit zahlreichen Eisfeldern.

Schütterer Lärchen= und Fichtenwald zieht sich oberhalb der Almhütte noch ein Stück hinauf, überragt von grotesk geformten Felskuppen und Felszacken, zwischen denen ein Wildbach über eine hohe Felswand herabstürzt.

Um die Almhütte herum lag eine gemächlich wiederkäuende Rinderherde. Bald kam auch der Senne herbei, um uns gebührend anzustaunen. Das Erstaunen lag aber mehr auf unserer Seite. Mit Entsetzen mußten wir feststellen, daß Mensch und Vieh die Maul= und Klauenseuche hatten. Unter solchen Umständen konnten wir hier nicht bleiben.

Kurz entschlossen brachen wir nach Ferleiten auf, um von dort aus mit der Tras= sierung in entgegengesetzter Richtung im Anstieg zu beginnen. Es herrschte zwar gerade Hochsaison und da war zu befürchten, daß die beiden großen Gasthöfe mit Fremden überfüllt sein würden. Aber irgendein Nachtlager würden wir für uns schon auftreiben. Wählerisch waren wir in dieser Hinsicht ja nicht. In der Abenddämmerung erreichten wir Ferleiten und belegten gerade noch die letzten freien Betten. Höchlichst überrascht empfing mich dort meine Frau, die uns noch in der Gegend des Fuscher= törls vermutet hatte, und zeigte mir stolz ihre lückenlosen Barometeraufschreibungen.

Es war ein wohliges Gefühl, wieder einmal an einem sauber gedeckten Tisch essen und in einem wunderbaren Bett schlafen zu können.

Zeitig am nächsten Morgen begannen wir wieder mit der Arbeit. Ich hatte an den Endpunkt der schmalen Fahrstraße, die durch das Fuschertal nach Ferleiten herauf= führte, anzuschließen. Die Linienentwicklung zum Oberen Naßfeld mußte am öst= lichen Berghang erfolgen. In diesen Berghang haben vier Wildbäche tiefe Schluchten eingegraben, denen im Talboden große Schuttkegel vorgelagert sind. Der erste Wild= bach, der Oberstattgutbach, stürzt aus einer Schlucht über eine hohe Felswand als Wasserfall herunter und geht dann fast unvermittelt in seinen Schuttkegel über. Er war nahe dem Wasserfall, am obersten Rande des Schuttkegels, am günstigsten zu überschreiten. Der zweite, der die vielversprechende Bezeichnung Pfierselbach führt, was soviel wie L u d e r s b a c h heißt, hat sich in einer tiefen bewaldeten Schlucht sein Bett gegraben. An einzelnen Stellen hat er den gewachsenen Fels bloßgelegt, meist aber ziehen sich gewaltige Lehnenbrüche im Moränen= und Hangschutt vom Bachbett bis hoch die Hänge hinauf. Nur schwer fand ich hier eine geeignete Überquerungs= stelle, an der der Fels sowohl in einem Teile des Bachbettes als auch knapp oberhalb am Hang in kleineren Wandeln anstand.

Der dritte Wildbach, der Schupferbach, führt an der als Arbeitslager Nr. 3 in Aus= sicht gestandenen Almhütte vorbei und geht unterhalb derselben in eine an Lehnen= brüchen reiche Schlucht über. Knapp oberhalb der Almhütte war für die Straße die günstigste Linie zu legen. Der letzte Wildbach schließlich hat sein Einzugsgebiet im Oberen Naßfeld knapp unterhalb des Fuschertörls, durchzieht das Untere Naßfeld und stürzt über zahlreiche Steilstufen zutal. Dieser Wildbach begrenzte gleichzeitig das für den Straßenzug in Betracht zu ziehende Gelände in der Südrichtung gegen Brennkogel und Kloben zu, da sich im weiteren Verlauf keine geeignete Entwicklungs= möglichkeit mehr finden ließ, auf der ich das Obere Naßfeld hätte erreichen können. Bei den ersten drei Wildbächen hatte ich also die Überbrückungsstellen für die künftige Straße nach den in der Natur gegebenen Verhältnissen einwandfrei fest= gelegt. Beim vierten Bach war es vorläufig überhaupt noch fraglich, ob seine Über= schreitung notwendig werden würde.

Bis zur Überquerungsstelle des Pfierselbaches ging die Arbeit an sehr steilem Hang

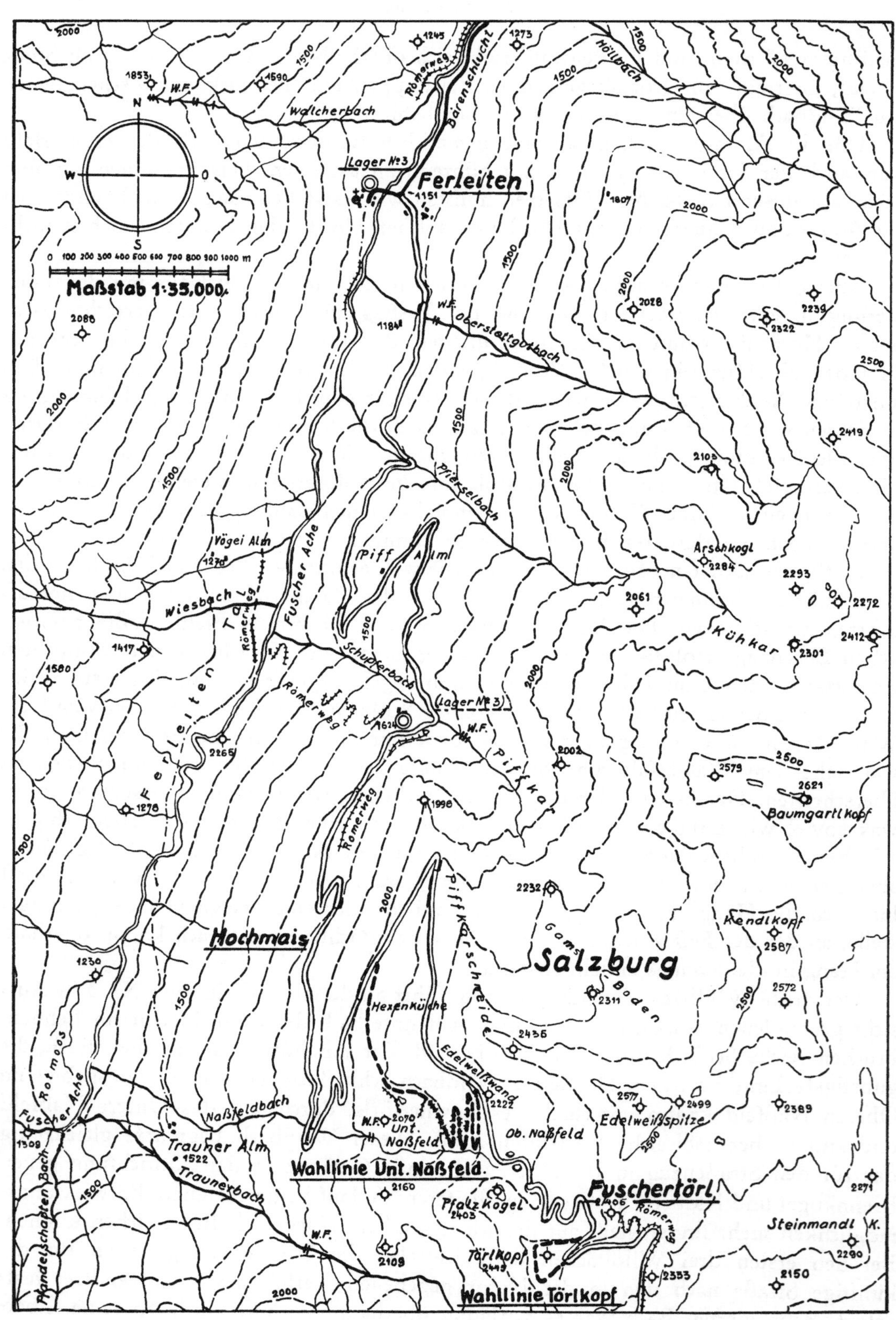

Die Trassierung des Nordabstieges: Oberes Naßfeld—Ferleiten

ohne zu große Schwierigkeiten vor sich. Dann aber wurde die Einschaltung von Kehren notwendig, denn bis zum dritten Bach war eine Höhendifferenz von 300 Metern auf eine Luftlinienentfernung von nur eineinhalb Kilometer zu überwinden. Im ersten Teil der Strecke, die dicht bewaldet war, erschwerte grobes Blockwerk das Vorwärtskommen. Dann folgte fast undurchdringlicher Jungwald. Schließlich lichtete sich der Baumbestand und wechselte mit kleinen und größeren Waldlichtungen und Almflächen ab. Natürlich gestuftes Gelände begünstigte die Anlage der Kehren auf der Piffalm und in wenigen Tagen eifrigster Arbeit hatte ich den dritten Bachlauf erreicht.

Die noch zu bewältigende Trassierungslänge wurde immer kürzer und die Arbeit näherte sich rasch dem Ende. Allerdings wurde der tägliche Anstieg von Ferleiten zur Arbeitsstelle immer weiter. Wir fanden aber überall geeignete Verstecke, wo wir unser Arbeitsgerät bis zum nächsten Tag zurücklassen konnten. Leider folgten nun wieder Regentage, die uns nur geringe Fortschritte brachten. Merkwürdigerweise regnete es in den Nächten nicht und wir kamen auch immer fast trocken bis zur Arbeitsstelle hinauf. Dann aber setzte der Regen sofort ein und hörte erst spät abends wieder auf.

Zu allem Überfluß wurde schließlich aus dem Regen Schnee. Tief herunter waren die Hänge beschneit. Aber auch das ging vorbei. Für mich jedoch war es eine dringende Mahnung, möglichst rasch den noch fehlenden hoch oben gelegenen Teil der Trassierung im Anschluß an das Obere Naßfeld unter Dach zu bringen. Bei dreißig Zentimeter Neuschnee stapften wir zum Oberen Naßfeld hinauf.

Auf dem Steilhang zwischen dem Oberen und Unteren Naßfeld zeichneten sich die Serpentinen der alten Römerstraße im Neuschnee besonders deutlich ab. Da lag eine Möglichkeit für die künftige Straßenentwicklung. Eine andere bestand darin, nicht den Steilhang hinabzusteigen, sondern die westlich anschließende Edelweißwand zu umfahren. Auf diese Weise konnte der unter der Piffkarschneide sich hinziehende Hang erreicht werden, in dem die notwendigen Kehren mit wesentlich größeren Zwischenlängen bequem unterzubringen waren. Ich folgte daher zuerst dieser zweiten Möglichkeit und gelangte in gleichmäßigem Gefälle bis auf den Grat der sich immer mehr senkenden Piffkarschneide. Dort wendete ich in die Südrichtung und kam schließlich an eine Stelle, die bereits tief unterhalb des Unteren Naßfeldes lag.

Dann trassierte ich die erste Linie, die im wesentlichen der kehrenreichen Entwicklung der alten Römerstraße folgte, überquerte den fast ebenen, teilweise versumpften Boden des Unteren Naßfeldes und stieg dann weiter auf sehr schwierigem Steilhang so weit ab, bis ich auf die Linie des zuerst trassierten Straßenzuges über die Piffkarschneide traf. Diese Arbeit zeigte mir deutlich, daß die Straßenentwicklung über die Piffkarschneide jener in der Richtung der alten Römerstraße nicht nur straßenbautechnisch, sondern auch landschaftlich bedeutend überlegen war. Nach Einschaltung weiterer Kehren erreichte ich eine günstige Geländestufe, die eine Überschreitung des vom Naßfeld kommenden Wildbaches voraussichtlich überflüssig machte und im weiteren Abstieg eine möglichst gestreckte Linienführung ermöglichte.

In 1900 Meter Höhe wuchsen die obersten verkümmerten, vom Sturm zerzausten Lärchen. Große Hangflächen waren mit Legföhren bewachsen, zwischen denen das Blockwerk eines alten Bergsturzes hervorsah. In dieser Zone war es recht unangenehm zu arbeiten, denn zwischen den einzelnen Felsblöcken gähnten tiefe Löcher, die teilweise mit Neuschnee ausgefüllt waren und in die man oft unvermutet tief einbrach.

Dieser bisher unbenannten Steinwüste habe ich später den Namen H e x e n k ü c h e
gegeben.

Im Hochmais stand der erste schüttere Lärchenwald. Zwei Kehren ermöglichten
den Abstieg auf eine nach Norden zu fallende Geländestufe. Die weitere Entwicklung

Photo: Braila, Bruck an der Glocknerstraße

Blick aus dem Piffkar gegen den Fuscherkarkopf

bis zum Anschlußpunkt beim dritten Wildbach im Piffkar war einfach und bot keine
Schwierigkeit mehr.

Nur an wenigen Stellen zeigten sich in dieser Strecke Reste der Römerstraße.
Knapp vor der Almhütte im Piffkar konnte ich einwandfrei feststellen, daß sie von
hier in zahlreichen Kehren direkt zur Talsohle hinunterführte. Im Tale verlor ich dann
ihre Spur, sie dürfte aber mit dem ersten Teil des von Ferleiten gegen die Trauneralm
führenden Fahrweges identisch sein. Erst unterhalb Ferleiten, in der Bärenschlucht,

sind ihre Reste am linken Talhange, hoch über der Fuscher Ache, wieder deutlich zu erkennen, um schließlich am unteren Ende der Schlucht im kultivierten Boden gänzlich zu verschwinden.

Höhenaufnahmen, gesteinskundliche Untersuchungen und photographische Aufnahmen ergänzten auch in diesem Teil die für das generelle Projekt erforderlichen Unterlagen. Damit war die Trassierung auf der Nordseite des Tauernhauptkammes beendet.

Am 3. August packten wir unsere Sachen in Ferleiten zusammen und schickten alles, was irgendwie entbehrlich war, auf dem Umwege über die Tauernbahn nach Heiligenblut. Am 4. August morgens wanderten wir zeitig früh das Ferleitental aufwärts zur Traueralm und stiegen zur Unteren Pfandlscharte auf, um auf diesem Wege das Glocknerhaus zu erreichen.

Während der Durchführung der Trassierungsarbeit zwischen Oberem Naßfeld und Hochmais hatte ich es nicht verabsäumt, auch den Nordhang des Klobens auf eine Entwicklungsmöglichkeit der Straße gegen die Pfandlscharte zu in Augenschein zu nehmen. Das Ergebnis war, wie schon das Kartenstudium vermuten ließ, in keiner Weise befriedigend. Die nur wenig der Sonnenbestrahlung ausgesetzten Nordhänge waren trotz der vorgeschrittenen Jahreszeit noch immer mit großen Schneeflächen bedeckt. Beim Übergang über die Pfandlscharte überzeugte ich mich nun auch in der Natur, daß ohne einen mindestens zweieinhalb Kilometer langen Straßentunnel ein Anschluß vom Norden her an den Endpunkt der Alpenvereinsstraße beim Glocknerhaus nicht zu erreichen war. In tiefem Neuschnee stapften wir zur Scharte in 2663 Meter Höhe hinauf und stellten fest, daß auch auf der Südseite des Tauernhauptkammes bedeutende Neuschneemengen bis in die Höhe des Glocknerhauses gefallen waren. Nachdem wir noch einen Abstecher auf die Franz=Josephs=Höhe gemacht hatten, nächtigten wir im Glocknerhaus.

Am nächsten Morgen stiegen wir zum Kasereck ab, wo ich noch eine Ergänzung des ersten Teiles der Trassierung durchführen wollte. Diese verfolgte den Zweck, vom Kasereck eine nahezu horizontale Verbindung zur alten Glocknerhausstraße beim Schobereck herzustellen. Damit wollte ich den von Norden kommenden Fahrzeugen, die das Glocknerhaus besuchen würden, das Gefälle vom Kasereck bis zur Einmündung in die Glocknerhausstraße beim Tauernbach und die anschließende Gegensteigung bis zum Palik ersparen. Ich trassierte also noch diesen fast ebenen Straßenzug, der die Übersetzung des Tauernbaches und des Guttalbaches durch größere Brücken notwendig machte und am „Schobereck" die alte Glocknerhausstraße erreichte.

Am Abend des 6. August saß ich mit meiner Frau auf der Terrasse des Hotels Post in Heiligenblut. Es war ein angenehmes Gefühl, die Arbeiten im Gelände unter Dach gebracht zu haben. Dabei hatte ich die innere Überzeugung, daß ich meine Aufgabe in befriedigender Weise gelöst hatte.

Ich war nicht von dem Grundsatz ausgegangen, durch gewaltige Kunstbauten die Wucht des Straßenbaues im Hochgebirge besonders hervorzuheben. Ich hatte das Ziel verfolgt, mich weitestgehend der Natur anzuschmiegen und Kunstbauten auf jenes Mindestmaß zu beschränken, das die gegebenen Geländeverhältnisse unumgänglich notwendig machten. In dieser erhabenen Bergwelt wäre es eine Vermessenheit gewesen, hätte ich mit den Mitteln der Technik der Natur den Rang ablaufen wollen. Die ungeheure Großartigkeit ihrer Umgebung gab der Straße ja einen derart unvergleichlichen, durch nichts zu überbietenden Rahmen, daß jeder Versuch, auftretende technische Schwierigkeiten anders als auf die einfachste Weise meistern zu wollen, anmaßend und abstoßend wirken mußte.

Immer tiefer sank der Abend herab. Weiß leuchtete das Eis des Großglockners auf das kleine Alpendorf herab, das sich nach dem Trubel eines herrlichen Hoch= sommertages nun der Ruhe erfreute. Als die letzten Gäste fortgegangen waren, saß ich mit meiner Frau noch immer auf der Terrasse. Wir sprachen davon, welches Leben mit dem Bau dieser Straße wohl in den Tälern und auf den Bergeshöhen seinen Ein= zug halten wird und ergingen uns in Mutmaßungen, ob und wann die Straße wohl gebaut werden würde und wer sie wohl bauen würde. Und dann träumte ich von der fertigen Straße und von der Zukunft, die meinen Traum tatsächlich Wirklichkeit werden ließ.

Am nächsten Tag sammelten wir unser ganzes Gepäck in Heiligenblut. Wir räumten unsere Depots im Stollen der Knappenstube am Hochtor und auf der Unteren Goll= mitzen und machten uns zur Abfahrt bereit. Zu unserem ursprünglichen Gepäck waren nun zahlreiche Säcke hinzugekommen, in denen die gesammelten Gesteinsproben ver= staut waren. Dann luden wir alles auf einen Autobus, winkten Heiligenblut ein letztes Lebewohl zu und fuhren das Mölltal hinaus nach Winklern und über den Iselsberg nach Lienz. Dort verabschiedete ich meine braven Gehilfen, und wenige Stunden später traf ich mit meiner Frau in Klagenfurt ein, wo meiner nun die Ausarbeitung des Pro= jektes harrte. Schon der nächste Tag sah mich bei dieser Arbeit.

5. Das erste generelle Projekt und die Versuche zu seiner Verwirklichung

Als Termin für die Ablieferung des Projektes war mir der 26. September vor= geschrieben worden. Es standen mir also insgesamt nur sieben Arbeitswochen zur Verfügung. In Anbetracht der zu bewältigenden großen Aufgabe war das ein sehr kurzer Zeitraum. Ich war daher gezwungen, auch einen Teil der Nächte für die Arbeit heranzuziehen.

Meine Privatwohnung wurde zum Arbeitsbüro. Zug um Zug kamen die bei der Trassierung gemachten Aufnahmen auf das Zeichenpapier, ordneten sich die gesammel= ten vielfältigen Erhebungen zu einer geschlossenen Einheit. Plan auf Plan wurde fertiggestellt, von tüchtigen Zeichnern ausgefertigt und vervielfältigt. Die aufgenomme= nen Profile wurden aufgetragen, der Straßenkunstkörper eingelegt, die zu bewältigen= den Erd=, Fels= und Baustoffbewegungen ermittelt und deren Kosten berechnet. Die gesammelten Gesteinsproben wurden geordnet und in saubere Kästchen verstaut. Von den bei der Trassierung gemachten photographischen Aufnahmen wurden ungezählte Kopien hergestellt und in jede einzelne der Verlauf des projektierten Straßenzuges eingetragen.

Der Umfang des generellen Projektes war ziemlich groß. Jedes Gleichstück bestand aus einer Reihe von Plänen, Berechnungen und Berichten und enthielt eine Übersichts= karte der Alpenstraßen östlich des Stilfserjoches, eine geologische Karte des Straßen= gebietes, einen Übersichtsplan der Straße im Maßstab 1:12.500 und die Original= aufnahmen des Straßenzuges im Maßstab 1:5000. Außerdem waren der Längenschnitt der Straße, eine große Sammlung von Geländequerschnitten mit eingezeichnetem

Straßenkörper, Regelpläne über die Ausgestaltung des Straßenkunstkörpers, der Kehren, Brücken, Galerien und Tunnels, die Massenberechnungen über die zu erwartenden Erd=, Fels= und Materialbewegungen, ein Kostenvoranschlag, ein ausführlicher technischer Bericht und schließlich 31 photographische Beilagen angeschlossen.

Dabei war die ganze Projektsausarbeitung eigentlich eine doppelte. Nach dem erhaltenen Auftrag hatte ich ja die Straße sowohl mit drei Meter breiter Fahrbahn und Ausweichstellen auf Sichtweite als auch mit durchgängig fünf Meter breiter Fahrbahn bei Beibehaltung der gleichen Linienführung zu projektieren.

Die gesamte, neu auszubauende Straßenstrecke hatte eine Länge von 27.55 Kilometer. Der südliche Beginn der Neubaustrecke lag sechs Kilometer von Heiligenblut entfernt auf der alten Glocknerhausstraße. Der nördliche Anschlußpunkt lag am Ende der schmalen Fahrstraße in Ferleiten. Zwischen diesen beiden Punkten folgte die Straße dem Linienzuge, den ich im Kapitel über die Trassierung geschildert habe.

Als Unterbau des Straßenkörpers war eine 25 Zentimeter starke Packlage aus Bruchsteinen vorgesehen, auf der die 15 Zentimeter starke Schotterfahrbahn aufliegen sollte. Eine Walzung dieser Schotterdecke war nach dem Muster der alten Glocknerhausstraße nicht vorgesehen und hätte auch zuviel Geld gekostet. Die Einfahrung des Schotters sollte durch den Baufuhrwerksverkehr erfolgen. An der Bergseite der Straße war ein 40 Zentimeter tiefer Graben für den Wasserabfluß zur Ausführung geplant. Die Ableitung der in diesem Graben gesammelten Wässer besorgten gedeckte Durchlässe, die in entsprechenden Abständen eingeschaltet waren.

Alle Mauern sollten, wie auf der Glocknerhausstraße, in Trockenmauerwerk aufgeführt werden. Innerhalb der Baumwuchszonen waren in beiden Anstiegsrampen alle Brückentragwerke in Holzkonstruktion gedacht, während die wenigen oberhalb der Baumwuchsgrenze erforderlichen größeren Durchlässe in Stein ausgeführt werden sollten. Für den Hochtortunnel, dessen Länge mit 255 Meter ermittelt war, war nur in einem Drittel seiner Länge eine leichte Ausmauerung vorgesehen, während jene zwei Drittel, die in festes Gestein zu liegen kamen, unausgekleidet bleiben sollten. Die Randsicherungen der Straße bildeten ausnahmslos unbearbeitete Wehrsteine aus Naturstein.

In den Anstiegstrecken lagen die durchschnittlichen Steigungen zwischen 9.0 und 9.5 Prozent, die Höchststeigungen über kurze Strecken um 11 Prozent. Die kleinsten Krümmungshalbmesser waren mit 30 Meter, in den Kehren mit 10 Meter, gemessen in der Straßenmitte, angenommen. Das höchste zugelassene Gewicht für beladene Fahrzeuge sollte nur acht Tonnen betragen.

Im Zuge der Trassierung hatte ich auch jene Örtlichkeiten festgestellt, die späterhin für die Errichtung von Schutzhütten und Hotelbauten in Frage kommen konnten. Für die Versorgung dieser Bauten mit Trinkwasser aus guten Quellen und elektrischer Energie aus kleinen Wasserkraftanlagen enthielt der technische Bericht die erforderlichen Anhaltspunkte.

In diesem technischen Bericht waren den Fragen der zu erwartenden Benützungsdauer der Straße und ihrer voraussichtlichen Frequenz besondere Kapitel gewidmet. Ich will hier nur erwähnen, daß nach den von mir eingezogenen Erkundigungen bei Ortsansässigen und nach den Erfahrungen, die mir aus dem Verkehr auf der Alpenvereinsstraße zum Glocknerhaus zur Verfügung standen, in Durchschnittsjahren mit einer Benützungsdauer von Mitte Mai bis Mitte Oktober, also durch fünf Monate, zu rechnen war. Dabei war Voraussetzung, daß im Frühjahr und im Herbst die Offen=

haltung der Straße durch entsprechende Schneeräumungsarbeiten unterstützt wurde. In Jahren besonders günstiger Witterung war eine Verlängerung, in Jahren mit schlechter Witterung eine Verkürzung der Benützungsdauer zu erwarten, die jedoch keinesfalls unter drei Monate herabsinken konnte.

Die angestellten Berechnungen ergaben für den Fall, daß die Straße im Jahre 1924 schon bestanden hätte, eine Befahrung durch 1500 Autobusse, 3000 Personenkraftwagen, 150 Lastkraftwagen und 1500 Motorräder mit zusammen 40.000 Besuchern. Mit Fertigstellung der Straße, deren Bauzeit ich mit drei Jahren einschätzte, war eine Steigerung der Besucherzahl auf 80.000 und in späteren Jahren, mit immer mehr zunehmendem Kraftwagenverkehr, eine weitere Erhöhung auf 120.000 Fahrgäste als nicht unwahrscheinlich zu bezeichnen.

Auch der Frage der Anschlußstraßen an die nächstgelegenen, im Norden und Süden der Hohen Tauern in der Ost—West-Richtung vorbeiführenden Bundesstraßen war besondere Erwähnung getan. Die Straße von Bruck im Salzachtal nach Ferleiten hatte in ihrem unteren Teil nur eine vier Meter breite Fahrbahn, die sich im oberen Teil auf dreieinhalb Meter verringerte. Die Straße aus dem Drautal über den Iselsberg nach Heiligenblut hatte auf lange Strecken nur vier Meter Fahrbahnbreite, oft aber war sie bedeutend schmäler. Die Alpenvereinsstraße von Heiligenblut zum Glocknerhaus war an vielen Stellen überhaupt nur drei Meter breit.

Baute man den neuen Straßenzug über die Hohen Tauern mit drei Meter Fahrbahnbreite bei Schaffung entsprechender Ausweichstellen aus, dann konnten die Zufahrtsstraßen im Norden und im Süden vorläufig so bleiben, wie sie waren. Baute man die neue Straße aber mit fünf Meter Breite, dann blieb nichts anderes übrig, als auch die Zufahrtsstraßen auf die gleiche Fahrbahnbreite zu bringen. Und faßte man schließlich die im Laufe der Jahre zu erwartende Verkehrsentwicklung ins Auge, dann war eine Errichtung der neuen Straße mit drei Meter Breite und Ausweichstellen auf Sichtweite überhaupt zu verwerfen. Dann kam nur der sofortige Ausbau auf fünf Meter Breite in Frage.

Geologisch waren die Verhältnisse für den Straßenbau nicht günstig. Das Urgestein — der Gneis — trat nirgends im Verlauf des Straßenzuges zutage. Zwischen der östlich gelegenen Sonnblickgruppe und der im Westen des Glocknermassivs aufragenden Granatspitzgruppe taucht der Gneis tief unter die Erdrinde unter. Er ist von einer mächtigen Schieferhülle überlagert, aus der sich die ganze Glocknergruppe aufbaut. Trotzdem konnte in dem von der Straße durchzogenen Gebietsstreifen eine gerade ausreichende Menge von Gesteinsvorkommen erkundet werden, die für Straßenbauzwecke gut verwendbar war.

Die zu erwartenden Baukosten waren zum Zeitpunkt der Projektsverfassung schwer zu ermitteln. Damals war die Geldinflation auf ihrem Höhepunkt angelangt und der Wert der Goldkrone mit 14.000 Papierkronen amtlich festgelegt. Der dem generellen Projekt angeschlossene Kostenvoranschlag ermittelte als Bausumme für die reinen Straßenbauarbeiten bei einer Ausführung mit durchwegs fünf Meter breiter Fahrbahn den Betrag von 26.8 bis 29.3 Milliarden Kronen, je nachdem, welche der im Zuge der Projektsverfassung untersuchten Wahllinien in einzelnen Teilstrecken der Straße zur Ausführung gelangen sollten. Bei einer nur drei Meter breiten Ausführung mit der entsprechenden Anzahl von Ausweichstellen waren die Kosten mit 21.1 bis 22.7 Milliarden Kronen ermittelt worden.

Als am 26. September 1924 der „Ausschuß zur Erbauung einer Großglockner-

Hochalpenstraße" in Klagenfurt zu einer Sitzung zusammentrat, konnte ich ihm das fertiggestellte Projekt in sechs Gleichstücken vorlegen und über meine Arbeit aus= führlichen Bericht erstatten. Der Ausschuß war mit meiner Arbeit zufrieden. Er gab seinem Namen nunmehr eine eindeutige Auslegung, indem er sich hinfort als „Aus= schuß zur Erbauung d e r Großglockner=Hochalpenstraße" bezeichnete. Er faßte den Beschluß, auf Grund des Projektes sofort eine Ausschreibung zu dem Zweck zu er= lassen, vorläufige Anbote für den Bau u n d seine Finanzierung zu erhalten. Da der Ausschuß der Ansicht war, daß gleichzeitig mit der Straße auch eine Reihe von Unter= kunftsstätten errichtet werden sollte, waren auch die Kosten dieser Unterkünfte nähe= rungsweise zu ermitteln und in den Finanzierungsvorschlag mit einzubeziehen.

Die Anbote sollten nach folgenden Gesichtspunkten gegliedert sein:

1. Anbot für den Bau der fünf Meter breiten Straße mit fünf kleinen Straßen= wärterhäusern, wobei die Möglichkeit offen gelassen werden sollte, den Bau nach Einheitspreisen oder im Bausch zu vergeben.

2. Anbot für den Bau von Unterkunftsstätten und Hotels, und zwar einer Hotel= gruppe mit 800 Betten auf der Südseite der Straße am Kasereck, eines Hotels mit 200 Betten auf der Nordseite im Piffkar und einer Schutzhütte mit 50 Betten in der Scheitelstrecke bei der Fuscherlacke.

3. Vorschläge über die Finanzierung des Baues und der künftigen Erhaltung der S t r a ß e sowie über die Finanzierung, den Bau und den Betrieb der H o t e l s .

4. Aufstellung eines Arbeitsplanes und Vorschläge für die Art der Baudurch= führung.

Es war an die Gründung einer Gesellschaft gedacht, die nicht nur den gesamten Bau durchführen, sondern späterhin auch die Erhaltung der Straße und den Betrieb der Hotels bis zu jenem Zeitpunkt übernehmen sollte, in dem Straße und Hotels in die Verwaltung des Bundes oder einer öffentlichen Körperschaft übergehen würden. Die Finanzierungsvorschläge sollten sich mit der Frage der Aufbringung des erforder= lichen Baukapitals durch Aktien oder anderweitige Geschäftsanteile, durch Schuldver= schreibungen, durch eine Losanleihe, allenfalls auch durch Sammlungen, und mit der Frage der Aufbringung der Verzinsung und Tilgung des Baukapitals durch Einhebung von Mauten für die Benützung der Straße und durch das Erträgnis aus dem Betrieb der Hotels befassen. Auch war daran gedacht, allenfalls ein Monopol zum ausschließ= lichen Betrieb von Hotels an der Straße und für die Führung von Kraftwagenlinien über die Straße zu erstreben.

Man wollte alles daransetzen, um für die zu gründende Gesellschaft Steuererleichte= rungen, Gebührennachlässe, das Enteignungsrecht für die in Anspruch zu nehmenden Grundflächen und sonstige außerordentliche Begünstigungen zu erlangen. Soweit die Erteilung dieser Begünstigungen an die Erlassung besonderer gesetzgeberischer Maß= nahmen gebunden war, wollte sich der Ausschuß ihre Durchsetzung angelegen sein lassen. Der Ausschuß war sich jedoch bewußt, daß mit einer Bereitstellung von öffent= lichen Mitteln durch den Bund oder durch die Länder in absehbarer Zeit entweder überhaupt nicht oder doch nur in außerordentlich bescheidenem Umfang gerechnet werden konnte.

Die Anbote sollten ohne jede Verbindlichkeit für den Ausschuß bis zum 1. Dezember 1924 eingereicht werden. Nach ihrer eingehenden Beurteilung wollte dann der Ausschuß die ihm geeignet erscheinenden Maßnahmen beschließen. Auch wollte er sich in der Zwischenzeit bei der Bundesregierung um die kostenlose Beistellung von militärischen Abteilungen, insbesondere für die Durchführung aller Mineur-, Spreng- und Steinarbeiten bemühen.

So lagen also die Verhältnisse am 26. September 1924. Ob die gefaßten Beschlüsse zu einem brauchbaren Ziel führen würden, war fraglich; ebenso fraglich war es, ob sich überhaupt eine Bauunternehmung finden würde, die auf Grund der Ausschreibung innerhalb kurzer Frist ein ernstzunehmendes Anbot stellen würde. Jedenfalls war der Ausschuß entschlossen, den einmal beschrittenen Weg energisch weiterzugehen. Führte er nicht gleich zum Erfolg, so war er doch dazu geeignet, die Aussichten für eine Verwirklichung des Projektes zu klären.

Schon am 28. September veranstaltete die Stadtgemeinde Zell am See eine Pressefahrt nach Ferleiten, bei der ich Vertretern der In- und Auslandspresse das Straßenprojekt an Hand der ausgearbeiteten Pläne und die Entwicklung des Nordanstieges der Straße im Ferleitental in der Natur erläutern konnte. Mein Bericht wurde mit großer Begeisterung aufgenommen. Die gleiche Begeisterung spiegelte sich auch in allen Aufsätzen wider, die das Straßenprojekt in den Tageszeitungen eingehend besprachen.

Anfangs Oktober wurde das Projekt gelegentlich der Wiener Herbstmesse in der Hauptstelle der „Landesorganisation für Fremdenverkehr in Österreich" in der Hofburg in Wien ausgestellt. Der Besuch dieser Ausstellung war ein sehr reger; er trug wesentlich dazu bei, das allgemeine Interesse für die Glocknerstraße zu verstärken und das besondere Interesse einzelner Baufirmen zu erwecken. Eine Reihe von Bauunternehmungen äußerte den Wunsch nach einer Begehung der ganzen Straßentrasse, um an Ort und Stelle einen Überblick über das Baugelände zu gewinnen. Trotz der vorgeschrittenen Jahreszeit entschloß ich mich, diese Begehung noch zur Durchführung zu bringen.

Am 4. November 1924 versammelten sich neun Ingenieure verschiedener Bauunternehmungen und eine Reihe von Journalisten in Zell am See, die sich meiner Führung von Ferleiten über das Fuschertörl und das Hochtor nach Heiligenblut anvertrauten. Die Witterungsverhältnisse waren wider Erwarten günstig und die gesamte Trasse mit Ausnahme eines ganz kurzen Stückes am Nordfuß des Hochtores vollkommen schneefrei. Hätte die Straße damals schon bestanden, dann hätte man ohne weiteres mit einem Kraftwagen auf schneefreier Fahrbahn über die Hohen Tauern fahren können. Alle Teilnehmer an der Begehung waren von dem Gesehenen außerordentlich befriedigt. Am 6. November wurde noch die alte Glocknerhausstraße begangen, die ja als M u s t e r für die Ausführung der neuen Straße dienen sollte. Dann wurde die Heimreise angetreten.

Am 1. Dezember trafen auf Grund der erfolgten Ausschreibung tatsächlich von fünf Baufirmen Anbote ein. Diese Anbote bewegten sich in der Preiserstellung bezüglich des Straßenbaues zwischen 28.0 und 41.9, bezüglich der Hotelbauten zwischen 28.0 und 73.1 Milliarden Kronen.

Mitte Dezember trat der Ausschuß zu einer Sitzung in Salzburg zusammen, um auf Grund der eingelangten Anbote darüber schlüssig zu werden, was nun weiter geschehen sollte. Daß die Finanzierung des Bauvorhabens den größten Schwierigkeiten begegnen würde, darüber bestand kein Zweifel. Die Firmenanbote hatten zwar Vorschläge für die Durchführung der Finanzierung gebracht. D a s aber, was sich einzelne Ausschußmitglieder von den Firmenanboten erhofft hatten, d e n G e l d g e b e r, hatten sie nicht gebracht. Selbst wenn man die Durchführung der Hotelbauten, die mit

73.1 Milliarden Kronen veranschlagt waren, aus dem Programm strich und auf einen späteren Zeitpunkt verschob, blieben noch etwa 40 Milliarden Kronen zu beschaffen, deren Aufbringung damals unmöglich erschien.

Österreich stand ja bezüglich seiner Finanzwirtschaft unter der Kontrolle des Völkerbundes. Eine Finanzierung durch den österreichischen Bundesstaat hätte daher nur mit Zustimmung des Völkerbundes erfolgen können. Die Bundesregierung hatte aber damals gar nicht die Absicht, der Finanzierung dieses Bauvorhabens näherzutreten. Noch weniger hatte sie die Absicht, die Angelegenheit der Großglockner-Hochalpenstraße zu ihrer eigenen Sache zu machen. Denn hätte sie es getan, dann wäre sofort eine ganze Reihe anderer volkswirtschaftlich wichtiger Projekte aufgetaucht, für die das gleich positive Interesse der Bundesregierung gefordert worden wäre.

Für die Länder Kärnten und Salzburg war es unmöglich, der Frage der Finanzierung des Glocknerstraßenbaues irgendwie näherzutreten. Sie hatten kein Geld und konnten sich auch für viel dringendere Arbeiten keines beschaffen. Die privaten Interessenten zeigten wohl Interesse für die Baudurchführung, zeigten aber gar kein Interesse daran, Aktien oder Obligationen zu zeichnen, deren Unterbringung im vorgesehenen Ausmaß von allen Bankfachleuten als aussichtslos bezeichnet wurde. Auf dem von den Bauunternehmungen vorgeschlagenen Weg war also ein Erfolg nicht zu erwarten. Es mußten daher andere Wege zur Verwirklichung des Projektes gesucht werden.

Da war aber guter Rat teuer. Der Ausschuß erwog den Gedanken, sich um die Erlangung eines Völkerbundkredites in der Höhe von vierzig Milliarden Kronen zu bewerben, der möglichst rasch in einen anderweitigen billigen Auslandskredit umgewandelt und innerhalb 25 Jahren rückgezahlt werden sollte. In diesem Falle sollten der Bund und die Länder Kärnten und Salzburg eine Straßenkonkurrenz bilden und für die Rückzahlung nach einem festzusetzenden Verteilungsschlüssel haften. Die Beschreitung jedes anderen Weges schien augenblicklich zwecklos. Es wurde daher beschlossen, bei den maßgebenden Stellen der Bundesregierung und bei den Landesregierungen im vorerwähnten Sinne zu intervenieren.

Für alle Fälle sollte jedoch eine zielbewußte Werbung einsetzen, die in eindringlicher Form die Notwendigkeit der Durchführung des Straßenbaues im Interesse der österreichischen Volkswirtschaft klarlegen und das Projekt weiten Kreisen bekanntmachen sollte.

Damit begann meine publizistische Tätigkeit in Tageszeitungen, illustrierten Zeitschriften und Fachzeitschriften, mit der ich für den Projektsgedanken warb. Besser als der schönste Aufsatz vermochte jedoch das gesprochene Wort zu wirken, wenn es von heller Begeisterung für die Sache erfüllt war. So fertigte ich aus der großen Zahl meiner photographischen Aufnahmen eine Serie Lichtbilder an und hielt in der folgenden Zeit im Inland und Ausland eine große Zahl von Werbevorträgen.

Das Jahr 1924 ging zu Ende. Wenn auch der damalige Bundeskanzler Dr. R a m e k wegen der Erlangung eines Völkerbundkredites seine tatkräftigste Vermittlung beim Generalkommissär Dr. Z i m m e r m a n n zugesagt hatte, so war die Aussicht auf einen Erfolg dieser Bemühungen schon deshalb mehr als fraglich, weil die Länder Kärnten und Salzburg sich inzwischen außerstande erklärt hatten, für die Rückzahlung eines gewährten Kredites irgendwelche Haftungen übernehmen zu können.

Im März 1925 fand im Bundesministerium für Handel und Verkehr in Wien eine interministerielle Konferenz statt, bei der eindeutig zum Ausdruck kam, daß seitens des Bundes an eine Beistellung budgetärer Mittel für die Durchführung des Glockner straßenbaues n i c h t zu denken sei. Gleichzeitig mußte auch die Hoffnung auf die Erlangung eines Völkerbundkredites endgültig begraben werden, da eine Bewilligung hiefür nicht zu erlangen war. Bei dieser Konferenz wurde wieder die Frage der Errichtung einer Aktiengesellschaft angeregt, die diesmal ein Drittel des erforderlichen Baukapitals durch Aktienzeichnung aufzubringen hatte. Für die restlichen zwei Drittel sollten Obligationen begeben werden, deren Verzinsung und Tilgung gemeinsam vom Bund und von den Ländern Kärnten und Salzburg garantiert werden sollte.

Dieser Vorschlag, der seitens der Vertreter des Ministeriums unterstützt wurde, war von allem Anfang an zum Scheitern verurteilt, da ja die Länder Kärnten und Salzburg wenige Monate vorher schon erklärt hatten, keinerlei Haftung übernehmen zu können.

Das einzig Positive dieser Konferenz war die Erklärung der Vertreter der Ministerien, daß die Aktiengesellschaft die Befreiung von der Gründungsabgabe, von Stempel- und Rechtsgebühren, von Immobiliargebühren und von der Körperschaftssteuer erlangen könnte, daß die Straße als öffentliche Straße erklärt und als solche mit dem Enteignungsrecht für die Durchführung des Grunderwerbes und mit den Rechten für die Einhebung einer Mautgebühr für die Befahrung der Straße ausgestattet werden könnte.

Dieser interministeriellen Konferenz schloß sich eine Sitzung des Ausschusses an, die einstimmig feststellte, daß auf Grund der gegebenen Sachlage vorläufig weder die Aufbringung von einem Drittel des Baukapitals durch Aktienzeichnung noch die Unterbringung von Obligationen denkbar sei. Es wurden die verschiedensten Vorschläge gemacht, auf welche Weise die Aufbringung des Aktienkapitals erleichtert werden könnte. Es wurde vorgeschlagen, die Automobilklubs des In- und Auslandes zur Zeichnung von Beiträgen aufzufordern und eine allfällige Überschreitung der Baukosten dadurch zu verhindern, daß bei der Heeresverwaltung auf unentgeltliche Beistellung von P i o n i e r a b t e i l u n g e n für den Straßenbau zu dringen sei, und vieles andere mehr.

Die Ratlosigkeit war groß. Ein Erfolg in naher Zukunft war nicht zu erwarten. Daher beschloß der Ausschuß, einen für die Finanzierung günstigeren Zeitpunkt abzuwarten und die Zwischenzeit zu benützen, das Projekt weiter zu studieren und möglichst zu vervollkommnen.

Wie ich schon früher erwähnt habe, hatte sich der Ausschuß entschlossen, die Verwirklichung der Großglockner-Hochalpenstraße als zweibahnigen Straßenzug mit fünf Meter Fahrbahnbreite anzustreben. Durch diesen Beschluß ergab sich die Notwendigkeit, die alte einbahnige Glocknerhausstraße des Alpenvereines zumindest in den ersten sechs Kilometern bis zur Abzweigstelle der projektierten Großglockner-Hochalpenstraße ebenfalls zweibahnig auszubauen. Da diese Strecke mit ihrer Kehrenanlage auf der Unteren Gollmitzen in schwerem Rutschgelände lag, das schon im Jahre 1916 eine bedeutende Abwärtsbewegung mitgemacht hatte, ging mein Vorschlag dahin, den unteren Teil der Glocknerhausstraße überhaupt auszuschalten und den Anschluß an die neu projektierte Straße am Kasereck durch Legung eines neuen Linienzuges von Heiligenblut über das Fleißtal zu erreichen.

Aber noch eine zweite Frage war zu erwägen. Der obere Teil der alten Glocknerhausstraße war in Bezug auf die neue Durchzugsstraße zu einer Seitenstraße geworden. Diese Seitenstraße führte aber zum schönsten Punkt des Glocknergebietes, der den stärksten Besuch an sich zog. Es mußte daher der obere Teil der Glocknerhausstraße von der Abzweigstelle bis zum Glocknerhaus zweibahnig ausgebaut werden, sollte dieses Straßenstück imstande sein, den zu erwartenden starken Verkehr aufzunehmen.

Ehemals erstreckte sich der Pasterzengletscher viel weiter nach Osten und führte noch unterhalb des Glocknerhauses vorbei. Im Laufe der letzten Jahrzehnte war jedoch der Gletscher immer weiter zurückgegangen, sodaß schließlich vom Glocknerhaus nur mehr seine Zunge zu sehen war. Dadurch hatte der früher so berühmte Ausblick vom Glocknerhaus auf den untersten Teil des Pasterzengletschers eine bedeutende Einbuße erlitten. Fast alle Besucher, die zum Glocknerhaus hinauffuhren, traten dann den Fußmarsch auf die Franz-Josephs-Höhe an, von wo aus man nicht nur den Pasterzengletscher in seiner ganzen Länge überblicken, sondern auch den Großglockner selbst mit allen Bergspitzen und Gletschern seiner Umgebung aus viel größerer Nähe sehen kann. Verlängerte man die Alpenvereinsstraße über das Glocknerhaus hinauf bis auf die Franz-Josephs-Höhe, dann war damit ein Aussichtspunkt von ganz besonderer Anziehungskraft für den Fremdenverkehr erschlossen, der der Schönheit des Ausblickes vom Glocknerhaus turmhoch überlegen war.

Diese beiden Überlegungen hatten mich bewogen, dem Ausschuß den Vorschlag zu machen, eine Projektsergänzung im vorstehend angeführten Sinn durchzuführen. Der Ausschuß griff meine Anregungen auf und beauftragte mich, die notwendigen Projektierungsarbeiten im Sommer des Jahres 1925 durchzuführen. Um aber auch für die Planung allfälliger Hotelbauten die erforderlichen Unterlagen zu schaffen, sollte ich gleichzeitig das Gelände an den in Betracht kommenden Hotelbauplätzen aufnehmen.

Ich machte dem Ausschuß aber noch einen dritten Vorschlag. Aus dem Studium der einschlägigen Literatur waren mir alle Straßen der Alpen bekannt. Aus eigener Anschauung kannte ich aber nur einen Teil derselben. Wollte sich der Ausschuß die auf anderen hochalpinen Straßen gesammelten Erfahrungen zunutze machen, dann war es angezeigt, wenn ich eine Studienreise unternahm, die mich über jene wichtigen Alpenstraßen von Rang und Namen führte, die ich bisher noch nicht aus eigenem Augenschein kannte. Nur auf diese Weise konnte ich mir selbst ein Urteil darüber bilden, welche Rangstellung die neue Straße unter allen Alpenstraßen einnehmen würde und wie die so sehr vom Ausschuß in den Vordergrund gerückte Frage der Hotelbauten auf anderen Alpenstraßen gelöst war. Ich erklärte mich bereit, diese Studienreise auf eigene Kosten durchzuführen, wenn mir seitens der Kärntner Landesregierung, in deren Dienst ich ja ununterbrochen stand und von der ich mit einer ganzen Reihe anderer technischer Aufgaben betraut war, ein Urlaub in der erforderlichen Dauer bewilligt werden würde. Selbstverständlich hatte der Ausschuß dagegen nichts einzuwenden.

Ich suchte also bei der Kärntner Landesregierung um die Urlaubsbewilligung nach. Anfangs standen einer solchen Urlaubserteilung scheinbar unüberwindliche Schwierigkeiten im Wege. Schließlich konnte ich aber meine Absicht doch durchsetzen und zu meiner Überraschung erhielt ich anfangs August 1925 nicht nur den erbetenen Urlaub, sondern überdies zur Bedeckung eines Teiles meiner Reiseauslagen einen Studienbeitrag der Länder Salzburg und Kärnten. Der Österreichische Automobil-Club gab mir eine Reihe von Empfehlungsbriefen an die Automobil-Clubs der Schweiz, Frankreichs und Italiens mit, und am 15. August fuhr ich von Klagenfurt ab.

6. Die Studienreise im Sommer 1925 und ihr Ergebnis

Die Studienreise führte mich über dreizehn Alpenhauptübergänge, und zwar über den Brenner, Ofenpaß, Bernina, Maloja, Splügen, St. Bernardino, Lukmanier, St. Gotthard, Simplon, Großer St. Bernhard, Kleiner St. Bernhard, Mont Cenis und Col di Tenda. An sonstigen Alpenstraßenpässen befuhr ich den Fernpaß, die Mieminger Höhe, den Jaufen, Tre Croci, Misurina, Passo Bianco, Falzarego, Pordoj, Sellajoch, Grödnerjoch, Campolungo, Karerpaß, Stilfserjoch, Umbrail, Albula, Julier, Oberalp, Klausenpaß, Furka, Grimsel, Col de Braus, Col de la Garde, Col de la Cayolle, Col de Vars, Col d'Izouard, Col du Lautaret, Col du Galibier, Col du Mégève, Col de Montets, Col de la Forclaz. Das sind weitere dreißig Alpenpässe.

Ich besuchte aber auch die Autostraße Como—Mailand und ihre Abzweigung nach Varese, ferner an berühmten Touristen=Bergbahnen die Kohlernbahn, den Ritom= see= Aufzug, die Jungfraubahn, Gornergratbahn, die Zahnradbahn zum Mer de Glace, die damals fertiggestellte erste Teilstrecke der Personen=Seilschwebebahn auf die Aiguille du Midi, die Pilatusbahn, die Rigibahnen und schließlich die Baustellen der Zugspitzbahn. Nebenbei besichtigte ich auch eine Reihe besonders interessanter Wasserkraftanlagen, wenn mich mein Weg in ihre Nähe führte.

Die vorstehend angeführten Alpenstraßen waren ausschließlich für den Pferde= fuhrwerksverkehr gebaut worden. Die verhältnismäßig geringe Breite bespannter Fahrzeuge brachte es mit sich, daß Straßen, die für den Pferdefuhrwerksverkehr zur Not noch als zweibahnig bezeichnet werden konnten, den Kraftwagenverkehr nur ein= bahnig zuließen. Nur die wichtigsten strategischen Straßen wiesen Fahrbahnbreiten auf, die auch den Kraftwagenverkehr zweibahnig ermöglichten.

Die breiteste Alpenstraße, die ich zu sehen bekam, war die über den Mont Cenis, die auf kurze Strecken bis zu zehn Meter Fahrbahnbreite hatte. Die schmalsten Straßen waren jene über den Col de Vars und den Col d'Izouard mit Breiten von etwa zwei= einhalb Meter. Alpenstraßen mit durchwegs gleichbleibender Fahrbahnbreite bekam ich nicht zu Gesicht. Die Breite richtete sich vielmehr nach den zu bewältigenden Geländeschwierigkeiten, und es gab in ein und demselben Straßenzuge oft schmälere Stellen, oft aber auch bedeutende Überbreiten. Schmale Straßen hatten Ausweich= stellen, die nach den verschiedensten Grundsätzen angelegt zu sein schienen. Manche hatten aber überhaupt keine Ausweichen, wie z. B. die Straße über den Col d'Izouard.

Die Straßensteigungen schwankten bei älteren Straßen oft ganz beträchtlich und bewegten sich zwischen sechs Prozent und zwanzig Prozent. Moderne Straßen wiesen bedeutend gleichmäßigere Steigungsverhältnisse auf, was wohl in erster Linie den Fortschritten in der Sprengtechnik bei der Anlage tiefer Felseinschnitte und großer Felsanschnitte sowie bei der Anlage von Tunnels, Kehrtunnels und Felsgalerien zu verdanken war. Gegensteigungen gab es auf einer großen Zahl von Alpenstraßen, ein Beweis dafür, daß nicht immer technische Großzügigkeit, sondern auch die Kosten= frage für die Wahl der Linie maßgebend war.

In den Straßenkehren waren die Halbmesser, gemessen in Straßenmitte, je nach der Bedeutung der Straße und den Geländeverhältnissen, verschieden groß. Sie betrugen in Ausnahmsfällen bis zu vierzig Meter auf der Klausenpaß=Ostrampe, schwankten jedoch in den meisten Fällen zwischen zehn Meter und vier Meter. Die Verbreiterung der Fahrbahn in den Wendeplatten der Kehren war durchaus unein= heitlich. Oft war überhaupt keine Verbreiterung vorhanden, wie auf verschiedenen

Dolomitenstraßen, oft war sie derart übermäßig, daß sie von den Fahrzeugen praktisch gar nicht befahren wurde und wie eine Wiese dicht mit Gras bewachsen war, so zum Beispiel auf der italienischen Seite des Malojapasses.

Die Sicherung der Talseite der Fahrbahn erfolgte durch Randsteine, Geländer, Brüstungsmauern u. dgl. in allen möglichen Abarten und Formen. Die am häufigsten vorkommende Form war aber die, daß Randsicherungen überhaupt fehlten. Naturstein, Beton, Eisenbeton, Bruchsteinmauerwerk, Holz und Eisen wechselten miteinander ab. Eisen fand in Form von Flach-, T-, I-, Winkel-, Zores-, Rundeisen, Röhren und Drahtseilen Verwendung. Ich fand wahre Mammutgeländer und Parapete bis zu zwei Meter Höhe am Mont Cenis und andererseits wieder überaus filigrane und zierliche Spielereigeländer auf einer Reihe französischer Alpenstraßen.

In Lawinenstrichen waren die Randsicherungen meist zerstört. Waren ursprünglich solche aus Stein vorhanden, so waren sie samt den hölzernen Überlagen hinweggefegt worden. Waren sie aus Eisen, dann waren sie geknickt und niedergebogen. Am besten bewährten sich hier Naturwehrsteine, die nur vierzig bis fünfzig Zentimeter aus dem Straßenbankett herausragten und entsprechend kräftig bemessen waren. Aber selbst solche Wehrsteine waren auf der Furkastraße in allen Lawinenstrichen glatt abgeschlagen. Ganz besonders fielen mir auf einigen Bergstraßen im französischen Teil Savoyens etwa einhalb Meter hohe Erddämme auf, die das Straßenplanum gegen die Talseite zu abgrenzten und damit Geländer oder Wehrsteine überflüssig machen sollten.

Über das Mauerwerk im Alpenstraßenbau ließe sich sehr viel sagen. Ich will hier nur erwähnen, daß ich in Mörtel verlegte Bruchsteinmauern nur in den tiefer gelegenen Zonen unterhalb der Baumwuchsgrenze fand, während oberhalb der Baumwuchsgrenze fast ausschließlich Trockenmauerwerk Anwendung fand. Trockenmauern, deren sichtbare Höhe bis zu zwanzig Meter betrug, waren oft in staunenswerter Sauberkeit als Zyklopen-Mauerwerk aus sehr großen Steinen hergestellt. Ein Schulbeispiel hiefür bot die Südrampe der Splügenstraße, die nächst ihrem Ausgangsort Chiavenna durch mächtiges, von einem Bergsturz herrührendes Blockwerk führt, das ausgezeichneten Baustein für die Mauerungen lieferte.

Ich fuhr über Straßenbrücken aus Stein, Beton, Eisenbeton, Eisen und Holz. Die größten steinernen Brücken fand ich im Zuge der Straße über den Col de la Cayolle mit vierzig Meter Spannweite und darüber. Die größten eisernen Brücken mit gleich großer Spannweite sah ich auf der Splügenstraße, die am weitesten gespannten hölzernen Brücken auf verschiedenen italienischen Bergstraßen und am Col de Vars. Beton und Eisenbeton als Brückenbaustoff war wieder nur am Fuß der Straßenrampen anzutreffen. Höher hinauf herrschte die Stein-, Eisen- und Holzbauweise vor.

Aus diesen Beobachtungen konnte ich die Erfahrung ableiten, daß für hochgelegene Straßenteile, die während einer langen Zeit des Jahres dem steten Wechsel von Frost und Wärme ausgesetzt sind, eine große Abneigung in der Verwendung von Mörtel und Beton bestand. Fast überall, wo man sich über diese Abneigung hinweggesetzt und Mörtel und Beton d o c h angewendet hatte, waren schwere Frostschäden zu beobachten. Das hatte nun zweifellos seine Ursache n i c h t in der Bauweise, sondern in mangelnder Entwässerung der Mauerwerkskörper und in der Verwendung ungeeigneter Baustoffe.

An vielen Alpenstraßen fand sich kein für die Mörtel- oder Betonbereitung geeigneter Sand, Kies oder Schotter vor. Der Zutransport dieser Zuschlagstoffe während der Bauzeit war infolge der großen Entfernungen äußerst schwierig und praktisch oft gar nicht durchführbar. Die Mauern mußten ja schon fix und fertig dastehen, b e v o r man an die Herstellung der Fahrbahn schreiten und damit den Fuhrwerksverkehr für den Zutransport von Baumaterial in die Wege leiten konnte.

War lagerhafter Bruchstein in nächster Nähe der Baustelle vorhanden, dann verwendete man ihn fast ausschließlich zur Trockenmauerherstellung. Wo er aber fehlte, nahm man d e n Sand zur Mörtelbereitung, den man gerade vorfand, auch wenn er mitunter sehr ton=, lehm= und glimmerreich oder stark verunreinigt war. Bei solchen Zuschlagstoffen war naturgemäß die Haltbarkeit der Mörtelmauern eine begrenzte und daraus wird auch die Abneigung verständlich, die man im Hochgebirge gegen die Herstellung von Mörtel= und Betonmauern hat.

Fast überall fand ich bergseitig der Straßenfahrbahn mehr oder weniger tiefe Gräben für den Wasserabfluß, in die die Kraftwagen beim Ausweichen auf schmalen Straßen mit den bergseitigen Rädern hineinrutschten und nur schwer wieder flottgemacht werden konnten. Oft waren diese Gräben muldenförmig ausgebildet und gepflastert, seltener hatten sie die Form der jetzt üblichen Spitzgräben. Die auf österreichischen Bergstraßen damals ziemlich gebräuchliche Art der Wasserableitung durch Wasserrasten, die quer über die Straßenfahrbahn laufen, traf ich im Ausland fast nirgends an. Überall waren gedeckte oder Zementrohrdurchlässe unter der Fahrbahn angeordnet, die in Entfernungen von etwa hundert zu hundert Meter das Wasser aus dem Straßengraben abführten.

Eine große Zahl von Alpenstraßen meisterte besonders schwer zu umgehende Hindernisse durch die Anlage von Tunnels. Im gebrächen Gestein fand ich die Tunnels zum Teil ausgemauert. Meistens waren sie jedoch unverkleidet. Besonders schwierige Schluchten, an deren Lehnen vorspringende Bergrücken mit tiefen Runsen abwechselten, konnten mitunter die Anlage einer großen Zahl von Tunnels hintereinander erforderlich machen. Beispiele hiefür waren die Lukmanierstraße vor Disentis, deren letztes, 1680 Meter langes Stück, zehn Tunnels mit zusammen 480 Meter Länge aufweist, und die Straße über den Col de la Cayolle, die 21 Tunnels mit Einzellängen bis zu 200 Meter hat. Die Fahrbahnbreite in den Tunnels schwankte zwischen 4.30 und 5 Meter.

Waren die Geländeschwierigkeiten zu groß oder machten strategische Erwägungen es erforderlich, dann wurde der Gebirgskamm von der Straße nicht offen überfahren, sondern in einem Scheiteltunnel durchquert. Zur damaligen Zeit war der längste Straßentunnel jener durch den Col di Tenda mit 3182 Meter Länge, der 4.20 Meter nutzbare Fahrbahnbreite mit beiderseits anschließenden, je 0.50 Meter breiten Fußgängerbanketten hat. Von seinen beiden Portalen steigt die Fahrbahn zur Tunnelmitte an. In der Tunnelmitte befindet sich eine etwa fünfzig Meter lange Ausweiche. Dieser Tunnel hat sogar eine, wenn auch äußerst unzureichende, elektrische Beleuchtung. Der Scheiteltunnel der Straße über den Col du Galibier ist ungefähr 380 Meter lang, hat vier Meter Fahrbahnbreite und ist zur Gänze ausgemauert. Jener durch den Col de la Garde ist achtzig Meter lang und hat 4.20 Meter Fahrbahnbreite. Die beiden letztgenannten Tunnels haben keine künstliche Beleuchtung und keine Fußgängerbankette.

Der Tenda= und der Galibier=Tunnel zeigten ziemlich starken Sickerwasserandrang. Im Tenda=Tunnel wird das Wasser durch Wellbleche, die unterhalb der Firste angebracht sind, seitlich abgeleitet. Im Galibier=Tunnel berieselt es infolge ungenügender oder vielleicht auch fehlender Gewölbeabdichtung die Fahrbahn. Diese beiden Tunnels sind an ihren Portalen mit verschließbaren Toren ausgestattet. Auf der Tenda≠Straße werden sie wegen der herrschenden Zugluft geschlossen gehalten und nur beim Ein≠ fahren und Ausfahren der Fahrzeuge geöffnet. Am Galibier waren sie bei meiner Durchfahrt offen. Infolge der kalten Witterung (der Tunnel liegt 2593 Meter hoch) und der herrschenden Zugluft bildeten sich damals aus dem Sickerwasser Eiszapfen, die weit von der Firste herunterreichten und bei der Durchfahrt des Kraftwagens klirrend zerschellten. Kehrtunnels fand ich auf der Südrampe des Jaufen und auf der Westrampe des Falzarego vor.

Lawinengalerien waren auf einzelnen Straßen in bedeutender Länge anzutreffen, so am Splügen mit Einzellängen bis zu 618 Meter. Fünf Galerien folgen hier knapp aufeinander, von denen eine aus Holz ist, während alle übrigen gemauert sind. An gemauerten Galerien größerer Länge hat die Simplon≠Straße vier, der Kleine St. Bern≠ hard drei und die Mont≠Cenis≠Straße auf der italienischen Seite fünf. Während am Simplon und Splügen alle Galerien für zweibahnigen Verkehr gebaut sind, sind sie am Mont Cenis alle nur einbahnig. Bei den einbahnigen Galerien, oft auch bei den zwei≠ bahnigen, führt an der Außenseite derselben die sogenannte Sommerstraße vorbei. Viele der einbahnigen Galerien sind erst nach Fertigstellung der Straße nachträglich errichtet worden. Ohne Ausnahme waren alle Galerien naß mit schlüpfriger und aufgeweichter Fahrbahn.

Öfter traf ich auch kurze Tunnels an, die nur zu dem Zweck errichtet waren, um Wildbäche über die Straße hinwegzuführen. Manchmal allerdings wurden Bäche auch direkt über die Straßenfahrbahn, die an dieser Stelle gepflastert war, in einer Art Wasserrast abgeleitet. Solche Fälle traf ich auf der Südrampe des Splügen und der Westrampe des Malojapasses.

Lawinenschutzbauten auf Berghängen oberhalb der Straße gab es nur selten und nur bei solchen Straßen, die auch im Winter für den Verkehr offengehalten werden.

Die Güte der Fahrbahn war auf den französischen und schweizerischen Straßen eine ausgezeichnete. Je höher die Straßen hinaufführten, um so besser wurde die Fahrbahn. Reichliche Niederschläge und große Luftfeuchtigkeit, Nebel und Tau ver≠ hindern ein zu starkes Austrocknen der Fahrbahnoberfläche und setzen damit auch die Staubbildung wesentlich herab. Schlaglöcher und Wagengleise fand ich auf den ausländischen Alpenstraßen nicht. Alle Straßen hatten gewalzte, wassergebundene Macadam≠Decken. Nur in den Talstrecken der Mont≠Cenis≠Straße bis Modane, am Col de la Cayolle bis Guillaumes, am Col de Vars bis Chatélard und auf der Straße von Combloux über Sallanches nach Chamonix gab es schon Straßenölungen und leichte Teerungen der Oberfläche. Auf den eigentlichen Bergstrecken war dergleichen jedoch nirgends zu sehen.

Die am besten instandgehaltene Fahrbahn zeigte die Straße über den Col du Lautaret. Die schlechteste Straße, die ich überhaupt sah, war damals die Nordrampe der Brennerstraße, die sich in einem erbarmungswürdigen Zustand befand. Sie ver≠ diente überhaupt nicht mehr die Bezeichnung Straße. Eine Straße, die tagelang im Trommelfeuer leichter Artillerie gelegen war, sah jedenfalls bedeutend besser aus. Schlagloch reihte sich an Schlagloch, hinter≠ und nebeneinander, mit Tiefen von zehn bis dreißig Zentimeter. Die Kraftwagen konnten nur mit einer Geschwindigkeit von etwa fünf Kilometer in der Stunde fahren und liefen trotzdem noch Gefahr, sich die Achsen und Federn zu brechen. Die Ursache für diesen schlechten Straßenzustand lag darin, daß im Jahre 1918 der Rückzug des größten Teiles der österreichischen Süd≠

armee über die Brennerstraße geflutet war und daß viele Jahre hindurch keine Geld=
mittel für die Ausbesserung der hiebei entstandenen Schäden aufgebracht werden
konnten. Später ist die Fahrbahn dieser Straße wieder in einwandfreien Zustand ver=
setzt worden.

Die Straßenkehren waren durchwegs unbefestigt. Nur auf der italienischen Rampe
der Mont=Cenis=Straße waren die ersten Versuche einer Kehrenpflasterung gemacht
worden.

Die Offenhaltungsdauer der Alpenstraßen richtet sich in erster Linie nach ihrer
Höhenlage. Bei entsprechender Schneeräumung werden Pässe mit einer Scheitelhöhe
von etwa 2000 Meter Mitte Mai, von 2400 bis 2500 Meter anfangs oder Mitte Juni und
über 2500 Meter gegen Ende Juni fahrbar. Die Benützungsdauer erreicht ihr Ende
anfangs oder Mitte Oktober. Das gilt natürlich nur für das Durchschnittsjahr. Die
Witterungsverhältnisse können Verschiebungen im Beginn und Ende der Benützungs=
dauer bis zu einem Monat mit sich bringen und in schneearmen Wintern kann es vor=
kommen, daß Pässe noch Mitte Jänner für Kraftwagen befahrbar sind.

Im Verkehr auf den Alpenstraßen war das Pferdefuhrwerk schon fast vollständig
durch den Kraftwagen verdrängt. Nur einzelne Straßen der Schweiz waren für den
Kraftwagenverkehr noch gesperrt. Dort verkehrte noch immer die Pferdepost, die
im starken Gefälle nicht nur die Wagenbremse, sondern auch den Radschuh in Ge=
brauch nahm. In einer geradezu vorsintflutlich anmutenden Postkutsche bin ich auf der
Straße vom Stilfserjoch über den Umbrail nach St. Maria im Münstertal gefahren,
auf der der Autoverkehr noch nicht erlaubt war.

Am häufigsten traf ich auf Alpenstraßen Privatkraftwagen an. Während sonst in
den Alpen im allgemeinen der starke Tourenwagen gefahren wurde, war im französi=
schen Teil der Alpen der Kleinwagen vorherrschend. Motorrädern und Lastkraft=
wagen begegnete ich nur selten.

Dem Touristenverkehr dienten Autobusse der fahrplanmäßig verkehrenden Kraft=
wagenlinien und großer Reisebüros, die ihre Kurse über die Alpenstraßen führten.
Wollte man mit einer fahrplanmäßigen Linie fahren, dann mußte man sich natürlich
zuerst das Fahrbillett besorgen. Des Interesses halber will ich hier erwähnen, welche
Erfahrungen ich dabei machte. Wenn es sich vielleicht hie und da um Einzelfälle
handelte, die nicht verallgemeinert werden durften, so zeigten sie doch schlaglichtartig,
was man zu jener Zeit im Reiseverkehr unter D i e n s t   a m   K u n d e n verstand.

In Österreich wollte ich mir auf einem Postamt einen Platz in einem Autobus der
Postverwaltung vorausbestellen. Der Postautobus mußte in wenigen Stunden bei
diesem Postamt vorbeikommen. Der Beamte nahm eine Platzvormerkung nicht ent=
gegen, sagte mir aber, ich könne auf meine Kosten mit dem Ausgangspostamt der
Postkraftwagenlinie ein Ferngespräch führen und mir einen Platz sichern. Das tat ich
auch. Ich erhielt die Zusicherung, einen Platz in dem nun bald fällig werdenden
Postkraftwagen zu bekommen. Zwei Stunden später fuhr der Postkraftwagen voll
besetzt und ohne anzuhalten an dem Postamt vorbei, bei dem ich wartete. Alle
Reklamationen nützten nichts und ich mußte mir einen Lohnkraftwagen mieten, um
noch rechtzeitig ans Ziel zu gelangen.

In der Schweiz nahm jedes Postamt, gleichgültig, ob eine Postkraftwagenlinie
vorbeiführte oder nicht, die Ausgabe von Fahrscheinen für jeden beliebigen Postkurs
in der ganzen Schweiz an jedem gewünschten Tag und für jede beliebige Wegstrecke
vor. Man bezahlte hierfür zum Fahrpreis einen kleinen Zuschlag. Wenn man sich

an dem gewählten Tag zur festgesetzten Abfahrtszeit bei dem Postamt aufstellte, das als Antrittspunkt der Fahrt auf der Fahrkarte verzeichnet war, dann hielt der Autobus auch pünktlich an. Der Wagenlenker rief den Namen des neuen Passagiers aus und wies ihm die bestellten und auch wirklich freigehaltenen Plätze an.

Die Kraftwagenlinien in Italien wurden nur von Privatunternehmungen betrieben. Vor Abgang eines Autobusses quetschte man sich mit jenen Leuten am Schalter, die den gleichen Kurs benützen wollten. Das gleiche Gedränge wiederholte sich beim Einsteigen. Ein Zusteigen in Zwischenstationen war meist unmöglich, da kein Platz mehr vorhanden war. Aber mit Sitz= und Stehplätzen nahmen es die Italiener nicht genau und ich bin in Autobussen gefahren, die mehr als doppelt so viel Personen beförderten, als das Wageninnere eigentlich fassen sollte.

In Frankreich betrieb die französische Südbahngesellschaft Paris—Lyon—Méditerranée, kurz als P.L.M. bezeichnet, nicht nur eine Reihe von Bahnlinien, sondern auch die Kraftwagenlinien auf der R o u t e d e s A l p e s von Nizza bis zum Jura sowie eine Reihe großer Hotels. Als ich eines Tages in St. Jean de Maurienne in ein Büro dieser Gesellschaft trat, um mich über die Möglichkeit der Reservierung eines Platzes in einem drei Tage später von Nizza nach Chamonix abgehenden P.L.M.=Kurswagen zu erkundigen, wurde ich in höflichster Form um Angabe meines Namens und Vorweisung meines Reisepasses ersucht. Das war die ganze Formalität, die ich zu erfüllen hatte. Ich hatte weder etwas zu bezahlen, noch erhielt ich eine Platzanweisung ausgefolgt. Kopfschüttelnd entfernte ich mich und war davon überzeugt, daß die Sache nicht klappen würde. Als ich in Nizza ankam, ging ich zum dortigen P.L.M.=Büro, da ich annahm, daß der Autobus von diesem Büro abfahren würde. Von meiner Vorausbestellung wußte man nichts, doch erfuhr ich, daß der Autobus vom Bahnhof abfahren würde. Die Abfahrtszeit war zwar schon vorüber, aber ich versuchte doch mein Glück und eilte zum Bahnhof. Dort wartete der Autobus bereits seit mehr als einer halben Stunde auf mich mit meinem freigehaltenen Platz. Ich zahlte meine Fahrkarte und die Fahrt ging los.

Während die P.L.M.=Autobusse für die damalige Zeit luxuriös mit drei Reihen von Sitzplätzen — in jeder Reihe drei Klub=Fauteuils — ausgestattet waren, hatten die österreichischen Postautobusse achtzehn, die italienischen Reiseautobusse bis zu zweiundzwanzig und die Schweizer Postautobusse bis zu siebzehn Sitzplätze. Der gleiche Raum, der in Frankreich drei Fahrgästen zur Verfügung stand, mußte in Österreich, in der Schweiz und auf den Dolomitenstraßen für vier, auf verschiedenen anderen oberitalienischen Alpenstraßen für sechs bis acht und mehr Fahrgäste aus= reichen. Damals kostete der im Autobus zurückgelegte Kilometer je Person, in öster= reichische Währung umgerechnet, in der Schweiz 42 bis 56 Groschen, in Frankreich 11 bis 16 Groschen, in Italien 8 bis 25 Groschen und in Österreich 24 bis 26 Groschen.

Die einzige Alpenstraße, auf der eine M a u t eingehoben wurde, war die Straße über den Karerpaß zwischen Vigo di Fassa und Kardaun. Die Straßenkonkurrenz Eggenthal—Welschnofen besorgte dort die Straßeninstandhaltung, die zum Teil aus den Erträgnissen der Maut, zum Teil aus Zuschüssen der deutschen Gemeinden dieses Gebietes bestritten wurde. In Kardaun betrugen die Mautansätze, in öster= reichische Währung umgerechnet, für Kleinvieh 7 Groschen, Großvieh 28 Groschen je Stück, für Pferdefuhrwerk je Pferd 28 Groschen, bei Gesellschaftsreisewagen je Pferd 57 Groschen. Für land= und forstwirtschaftliche Erzeugnisse bezahlte man für je 100 Kilogramm 10 bis 28 Groschen Maut, für Personenkraftwagen, Autobusse und Lastkraftwagen je Wagen 1 Schilling 72 Groschen, je Motorrad 57 Groschen. In Vigo di Fassa hatte man an der Mautstelle die gleichen Beträge zu entrichten. Die Mautgebühr war bei jedesmaligem Überschreiten einer Mautstelle zu bezahlen. Für die Durchfahrt betrug sie also das Doppelte der vorangeführten Sätze. Das Hin= und Herfahren innerhalb der beiden Mautstellen war mautfrei.

In der Schweiz waren die Mauten schon abgeschafft worden. Die einzelnen Kantone hoben aber eine Steuer ein, die z. B. im Kanton Graubünden je nach der Aufenthalts= dauer abgestuft war und bei drei=, zehn= oder dreißigtägigem Aufenthalt 10, 20, be= ziehungsweise 40 Schweizer Franken je Auto betrug. Für Autobusse mußten bis zu dreißigtägigem Aufenthalt 200 Franken, für Motorräder bei dreißigtägigem Aufenthalt 5 Franken und für Lastkraftwagen bei gleichlangem Aufenthalt 30 Franken bezahlt werden. Nahezu die gleichen Taxen galten für die Kantone Bern und Uri. Im Kanton Wallis betrugen die Taxen etwa die Hälfte, im Tessin etwa drei Viertel vorstehender Ansätze. Fuhr man im Kraftwagen durch diese fünf Kantone und hielt man sich in keinem Kanton länger als höchstens drei Tage auf, so hatte man an Taxen insgesamt 43 Schweizer Franken zu entrichten.

Interessant war die Feststellung, daß in der Schweiz in einzelnen Kantonen für die Straßeninstandhaltung noch das Akkordsystem in Anwendung stand. Einem Straßenwärter war gegen eine feste jährliche Entschädigung ein Straßenstück bestimmter Länge in Erhaltung gegeben. Dieses System, das dem immer stärker werdenden Kraftwagenverkehr auf den Alpenstraßen nicht Rechnung trug, war jedoch gerade im Aussterben begriffen.

Was den V e r k e h r auf den Alpenstraßen anbetrifft, machte eine Reihe von Pässen jenen Alpenbahnen stärkste Konkurrenz, die fast in der gleichen Linie durch die Alpen führten. Zu diesen Pässen gehörten vor allem Brenner, Bernina, St. Gott= hard, Simplon, Mont Cenis und Col di Tenda. Über die Stärke des Verkehres gab es — mit Ausnahme der Aufschreibungen der Mautstelle Kardaun an der Karerpaß= Straße — nirgends verläßliche Anhaltspunkte. Wenn ich hier einige Zahlen einfüge, die mir maßgebende Stellen mitteilten, so betone ich ausdrücklich, daß ich mich für deren Richtigkeit nicht verbürgen kann. Die Zahlen geben aber doch wenigstens ein annäherndes Bild des damaligen Verkehrs auf den Alpenstraßen.

Die Gesamtzahl der Personenkraftwagen, Autobusse und Motorräder, die während des Jahres 1925 über die nachstehend angeführten Alpenstraßen gefahren sein s o l l e n , betrug:

	Personenkraftwagen	Autobusse	Motorräder
I t a l i e n i s c h e S t r a ß e n			
Passo Bianco	12.800	540	730
Tre Croci	11.900	980	1.100
Falzarego	17.100	1.580	1.560
Pordoi	15.600	1.300	1.500
Karerpaß	11.100	2.074	605
Jaufenpaß	3.200	380	800
Stilfserjoch	16.200	840	1.060

	Personenkraftwagen	Autobusse	Motorräder
Schweizer Straßen			
Ofenpaß	2.520	960	?
Julier	4.650	560	?
St. Bernardino	2.400	560	560
Lukmanier	1.590	520	500
Oberalp	1.440	840	?
St. Gotthard (Paßhöhe)	2.400	520	1.100
St. Gotthard (Schöllenenschlucht)	6.200	2.070	2.000
Furka	3.500	1.730	700
Grimsel	9.800	2.520	1.200
Klausenpaß	7.100	520	900
Grenzstraßen Italien—Schweiz			
Umbrail	860	0	0
Maloja	9.280	1.800	810
Splügen	3.540	940	920
Simplon	4.010	510	780
Großer St. Bernhard	6.800	1.200	580
Französische Straßen			
Col de la Cayolle	2.760	400	?
Col de Vars	5.500	820	400
Col d'Izouard	1.870	720	300
Col du Lautaret	7.200	2.700	450
Col du Galibier	2.880	1.320	300
Col de Mégève	15.600	3.340	950
Straße Sallanches—Chamonix	27.000	4.800	2.800
Grenzstraßen Frankreich—Italien			
Kleiner St. Bernhard	3.800	950	200
Mont Cenis	3.940	420	510
Col di Tenda	5.900	900	580
Grenzstraßen Österreich—Italien			
Brenner	1.800	240	280

Der Verkehr über den Brenner, dieser wichtigen Nord—Süd-Linie, war damals —
dem Straßenzustande entsprechend — als verheerend schwach zu bezeichnen. Die
höchste T a g e s f r e q u e n z auf der Karerpaß-Straße betrug nach den verläßlichen
Aufschreibungen der Mautstelle in Kardaun 208 Personenkraftwagen, 29 Autobusse,
19 Motorräder, 22 Lastkraftwagen und 5 Pferdekutschen.

Von privaten Gesellschaften war keine einzige Alpenstraße erbaut worden. Eine
Analogie zu der für den Bau der Großglockner-Hochalpenstraße in Aussicht ge-

nommenen Aktiengesellschaft ließ sich nirgends finden. In Oberitalien war allerdings eine private Gesellschaft unter besonders aktiver Beteiligung des italienischen Staates für den Bau von Autostraßen ins Leben gerufen worden, die einen Straßenzoll in der Höhe von 15 bis 25 Lire je Fahrzeug für die Benützung der „Autostrada" in der Strecke Como—Mailand und ihrer Abzweigung von Gallarate nach Varese einhob. Der überaus dichte Sommer= u n d Winterverkehr auf dieser Autostraße ließ sich aber in keiner Weise mit dem Verkehr auf einer Hochgebirgsstraße vergleichen und die Finanzierungsmethoden, die dort angewendet worden waren, kamen für eine Groß=glockner=Hochalpenstraßen=A.G. nie in Betracht.

Es würde zu weit führen, wollte ich hier alle jene Erhebungen festhalten, die ich bezüglich der Hotelbauten an Alpenstraßen machte. Über ihre Lage, Bauweise, Größe und Einrichtung, über die Preise für Nächtigung und Verpflegung, über die Be=nützungsdauer der Hotels und über ihre Frequenz hatte ich umfangreiches Material gesammelt. Die gleichen Erhebungen pflog ich auch für jene Hotelbauten, die nicht an Alpenstraßen, sondern an den Endpunkten von Touristen=Bergbahnen liegen.

Immer aufs neue hatte ich auf der Studienreise kritische Vergleiche zwischen den jeweils befahrenen Alpenstraßen und der projektierten Großglockner=Hochalpenstraße angestellt. Meine Reiseroute war mit Absicht und Überlegung zusammengestellt. So=wohl von den höchsten als auch von den schönsten Alpenpässen fehlte keiner.

Ich muß gestehen, daß ich mit einigem inneren Zagen und Bangen die Kraftwagen auf das Stilfserjoch, auf die Grimsel und Furka sowie auf den Col du Lauteret bestieg, immer darauf gefaßt, Ähnliches und landschaftlich Schöneres — vielleicht sogar weit=aus Schöneres — zu Gesicht zu bekommen, als es die Großglockner=Hochalpenstraße je zu bieten vermochte. Doch je weiter ich kam und je mehr ich sah, um so vorteil=hafter hob sich das Projekt der Großglockner=Hochalpenstraße von den anderen Alpenstraßen ab, am deutlichsten, als ich im unmittelbaren Anschluß an diese Reise wieder ins Glocknergebiet fuhr.

Österreich hatte wirklich keinen Grund, sich mit der Idee der Straßenüberquerung der Hohen Tauern nur schüchtern herauszuwagen. Österreich hatte allen Grund, die Möglichkeit der Herstellung eines solchen Überganges aller Welt kundzutun, denn das, was die projektierte Straße landschaftlich bot, zeigte von den bestehenden Alpen=straßen keine.

Keine der bestehenden Alpenstraßen hatte eine Entwicklung zur Höhe, die sich landschaftlich auch nur annähernd mit jener im Ferleitental vergleichen ließ. Keine Straße hatte zwei Scheitelpunkte mit dazwischenliegender aussichtsreicher Höhenfahrt. Keine Straße führte bis an einen Punkt, von dem aus man den überwältigenden Blick auf ein Meer von Eis von ähnlicher Ausdehnung wie die Pasterze genoß. Viele Straßen führten an Gletscherabbrüchen vorbei, über den Gletscherabbruch hinauf jedoch keine.

Den Ausblick auf den Gletscherabbruch und auf den tief unter der Straße vorbei=ziehenden Eisstrom der Pasterze, der zehn Kilometer lang vom Gipfel des vergletscher=ten Johannisberges breit herabströmt, den Anblick der unmittelbar neben dem Gletscher aufragenden imposanten Dreitausender des Glocknerhauptkammes mit dem König der Ostalpen, dem Großglockner, als Kulminationspunkt, diese gewaltigste Symphonie von Eis und Stein, konnte man nur an einer Stelle der ganzen Alpen von einer Straße aus bewundern.

Und diese e i n e Straße war die Großglockner=Hochalpenstraße.

So großartig auch der Anblick des Rhonegletscherabbruches von der Furka= und

Grimselstraße ist, so wuchtig der steile Madatsch=Ferner zur Stilfserjochstraße, der
Glacier de la Meije zur Lautaretstraße sich neigt, die Art und Gewaltigkeit des Aus=

Flugzeugaufnahme von Ulrich Fürst Kinsky

Der 10 Kilometer lange Eisstrom der Pasterze mit Großglockner
und Johannisberg (3460 m)

blickes von der Franz=Josephs=Höhe wurde von keinem Punkte dieser Straßen auch
nur annähernd erreicht.

Und so kam ich durch die Studienreise zu der Überzeugung, daß die Großglockner=
Hochalpenstraße nicht nur eine wichtige Nord—Süd=Alpenstraße von außerordent=
licher landschaftlicher Schönheit und verkehrstechnischer Bedeutung war, daß sie viel=
mehr durch die projektierte Abzweigung zur Franz=Josephs=Höhe noch eine Bereiche=
rung erhielt, die sogar der weltberühmten Bergbahn von Chamonix zum Mer de Glace
den Rang ablaufen konnte. Von diesen Gesichtspunkten aus betrachtet, verdiente es
die Großglockner=Hochalpenstraße, ausgebaut zu werden. Unter allen Alpenstraßen
würde sie kein Mauerblümchen, sondern der l e u c h t e n d s t e   S t e r n sein.

Selbstverständlich konnte die Vielfältigkeit des Gesehenen nicht ohne Einfluß auf
die Ausgestaltung der projektierten Großglockner=Hochalpenstraße bleiben. Wo ich
Gutes und Nachahmenswertes gesehen hatte, übernahm ich es gerne. Was sich aber
wenig eignete oder was sich nicht bewährt hatte, schaltete ich aus. Neuerlich stellte
ich Berechnungen über die zu erwartende Frequenz an und kam zu dem Schluß, daß
man für die Großglockner=Hochalpenstraße alljährlich mit einem Gesamtverkehr von

120.000 Fahrgästen in 15.570 Kraftwagen, 3570 Autobussen und 1000 Motorrädern rechnen mußte und daß das Mauterträgnis bei einem zwanzigprozentigen Aufschlag auf die damals üblichen Autobusfahrpreise mit rund einer halben Million Schilling anzunehmen war.

Sowohl der Bau der Straße als auch der zu erwartende Verkehr mußten sich auf das Wirtschaftsleben in ganz Österreich günstig auswirken. Das war ja schließlich der Hauptzweck, weshalb die Straße gebaut werden sollte. Die damals in Österreich vorhandenen Fremdenattraktionen waren nicht in der Lage, eine wesentliche Steigerung des Fremdenzustromes herbeizuführen. Es bedurfte eines kräftigen Impulses nach vorwärts, wollte man den gewaltigen Vorsprung, den die Schweiz in jahrzehntelanger Arbeit als Fremdenverkehrsland Österreich voraushatte, auch nur einigermaßen verkleinern oder gar einholen. Eine große Sache mußte geschaffen werden, die zwangsläufig auch weiterhin wieder bedeutende fremdenverkehrsfördernde Aufgaben auslöste. Und diese große Sache sollte die Großglockner-Hochalpenstraße werden.

Nicht nur den Bundesländern allein, durch die die neue Straße mit ihren Zufahrten führte, mußte nach und nach ein immer größerer Fremdenverkehr zuströmen. So wie ein ins Wasser geworfener Stein seine Wellenringe zieht, die immer breiter und flacher werden, je weiter sie sich von der Einschlagstelle entfernen, genau so mußten die zum Großglockner zuströmenden Fremden sich dann weit über ganz Österreich verbreiten. Da wäre es doch nur recht und billig gewesen, wenn der Bund als solcher die Finanzierung dieses Straßenbaues als seine eigene Angelegenheit erklärt hätte. Daher ging auch mein Standpunkt dahin, daß der B u n d   a l l e i n die Straße zu bauen hätte.

Konnte überhaupt noch jemand von dem Irrwahn befangen sein, daß sich ein Idealist finden würde, der die Straße aus Liebe zur Sache baute? Jeder Versuch der Gründung einer privaten Gesellschaft versprach nur dann zu einem Erfolg zu führen, wenn die Einnahmen aus dem Straßenverkehr ein Erträgnis lieferten, das nicht nur die Verzinsung und Tilgung des Anlagekapitals deckte, sondern auch entsprechenden G e w i n n abwarf. Dabei hätte in Fällen höherer Gewalt, Krieg, Katastrophen u. dgl. immer noch eine Ausfallshaftung seitens des Bundes und der Länder erfolgen müssen. Ganz ausgeschlossen war es aber, einem derartigen privaten Unternehmen auch noch die Instandsetzung der unzulänglichen Zufahrtsstraßen aufhalsen zu wollen, was ja schon verschiedentlich angeregt worden war.

Der Gedanke, daß die H o t e l b a u t e n von einer öffentlichen Körperschaft errichtet und betrieben werden sollten, war nach den gemachten Erfahrungen gänzlich von der Hand zu weisen. Für die Errichtung und Führung von Hotelbauten kamen n u r private Interessenten in Frage. Ob und in welchem Umfang sich solche einmal finden würden, das konnte nur die Zukunft zeigen. Die Ausscheidung der Hotelbauten aus dem Straßenbauprogramm mußte daher unter allen Umständen erfolgen. Am wichtigsten aber war es, nichts unversucht zu lassen, um beim B u n d den Bau der Großglockner-Hochalpenstraße als B u n d e s s t r a ß e   d u r c h z u s e t z e n.

7. Die Trassierung der Projektsergänzung im Jahre 1925

Am 25. September, also reichlich spät, fuhr ich zu neuerlicher Trassierungsarbeit ins Glocknergebiet. Nicht nur meine Ausrüstung, sondern auch meine Trassierungs=gehilfen waren die gleichen wie im Jahre 1924. Mein Standquartier schlug ich diesmal

Photo: E. *Fuchs, Zell am See*

Das Alpendorf Heiligenblut (1301 m) am Ausgangspunkt der Südrampe
der Großglockner=Hochalpenstraße

ungefähr zwei Kilometer östlich von Heiligenblut am Ausgang des Fleißtales beim Fleißwirt auf. Für die Arbeitsstrecke Heiligenblut—Fleißtal—Kasereck war dieser Standpunkt am günstigsten gelegen. Da die Jahreszeit schon weit vorgerückt war, mußte ich für mein Arbeitsprogramm eine zweckentsprechende Einteilung treffen. Zu=erst wollte ich jene Arbeiten in Angriff nehmen, die vom Standquartier am weitesten entfernt und in größerer Höhe lagen. Die Trassierung des neuen Linienzuges der Straße von Heiligenblut auf das Kasereck sollte als tiefstgelegenes Arbeitsgebiet (1301 bis 1913 Meter) den Abschluß bilden.

Am weitesten entfernt waren die geplanten Hotelbauplätze auf der Tauernnord=seite im Piffkar, am Oberen Naßfeld und bei der Fuscherlacke. Sie waren nur über das Hochtor und das Fuschertörl zu erreichen. Am 27. September machte ich mich auf den Weg dorthin. Mit meinen beiden Gehilfen und einem Tragtierführer, dessen Pferd unsere ganze Ausrüstung trug, zogen wir noch in finsterer Nacht aus und erreichten im Morgengrauen das Kasereck.

Der Himmel zeigte eine gleichmäßig bleigraue Färbung. Es war empfindlich kalt. Unterhalb des Hochtores kamen wir in starkes Schneetreiben, das im Hochtorsattel zu einem heftigen Schneesturm wurde. Dabei sank die Temperatur so tief, daß ich ernstlich befürchtete, wir würden uns schwere Erfrierungen zuziehen. Unsere Ohren waren mit Eiszapfen behangen und die Augenbrauen mit einer dichten Schneekruste überzogen. In immer stärker wirbelndem Schneetreiben überschritten wir das Mitter=törl und strebten dem Fuschertörl zu, das wir infolge der immer tiefer werdenden Schneelage, des dahinpeitschenden Sturmwindes und der herrschenden diffusen Be=leuchtung beinahe verfehlten. Je weiter wir dann ins Ferleitental hinabstiegen, um so schlechter wurden die Wegverhältnisse. Im Steilabsturz vom Oberen auf das Untere Naßfeld glitt unser Tragtier aus, kam ins Rutschen und kollerte schließlich mit an=gezogenen Beinen den Hang hinunter, wo es achtzig Meter tiefer liegen blieb.

Unser ganzes Gepäck, insbesondere aber die kostbaren Instrumente, hatten wir dem Pferdchen aufgepackt. Bangen Herzens stiegen wir zu ihm hinunter. Es lag wie tot da. Wir packten es ab und während ich mich über den Zustand der technischen Ausrüstung vergewisserte, brachte der jammernde Tragtierführer sein Pferd wieder auf die Beine, das sich seltsamerweise nur einige stark blutende Fleischwunden zu=gezogen hatte. Ein paar Trassierstangen waren abgebrochen, die leicht wieder zu=sammengenagelt werden konnten. Das Universalinstrument aber war intakt geblieben.

Ein neuerliches Bepacken des Tragtieres, das am ganzen Körper zitterte, schien nicht ratsam. Wir teilten uns daher in seine Traglast und stapften schwerbeladen im tiefen Schnee weiter zu der Almhütte im Piffkar, die im vorigen Jahr so schwer von der Maul= und Klauenseuche heimgesucht worden war.

Es schneite auch hier in einer Höhe von 1620 Meter noch immer weiter. Trotz des Schneetreibens machte ich mich daran, mit der tachymetrischen Aufnahme der als Hotelbauplatz ausersehenen Geländestelle und ihrer Umgebung zu beginnen. Nach kurzer Zeit mußte ich meine Arbeit einstellen, da dichte Nebelschwaden über den Alm=boden hinzogen und ich keine zehn Schritte weit sehen konnte. Wir verkrochen uns also in die Hütte und richteten unser Nachtlager so gut es ging her.

D i e Arbeit fing schlecht an. Ich hatte damit gerechnet, noch am gleichen Tage einen Teil der Aufnahme zu beenden und am Rückweg über das Fuschertörl und das Hochtor die bedeutend einfacher aufzunehmenden Hotelbauplätze am Naßfeld und bei der Fuscherlacke zu erledigen, so daß damit meine Aufgabe nördlich des Hochtors beendet gewesen wäre. Nun hing alles von der Witterung des nächsten Tages ab. Leider schneite es zum Erbarmen weiter.

Es blieb mir nichts anderes übrig, als sofort wieder umzukehren, denn die stets anwachsende Schneedecke hätte uns bei längerem Zuwarten unter Umständen den Rückweg über das Hochtor unmöglich machen können. So zogen wir also den gleichen Weg wieder zurück, den wir am Vortag gekommen waren. Im diffusen Licht stießen wir an dicht beschneite Steinblöcke an, die wir vom ebenen Boden nicht mehr unter=scheiden konnten. Bei der Fuscherlacke stöberten wir ein Rudel Gemsen auf, das uns beinahe über den Haufen rannte. Erst südlich des Hochtors ließ der Schneefall nach und als wir in die Höhe des Kaserecks kamen, schien die Sonne.

Kurz entschlossen schickte ich meine Gehilfen samt dem Tragtier und der Aus=rüstung zum Fleißwirt hinunter, während ich selbst über das Glocknerhaus zur Franz=Josephs=Höhe aufstieg. Von dort aus beging ich am nächsten Tag die Trasse zwischen der Franz=Josephs=Höhe und dem Glocknerhaus und suchte mir, soweit dies bei der

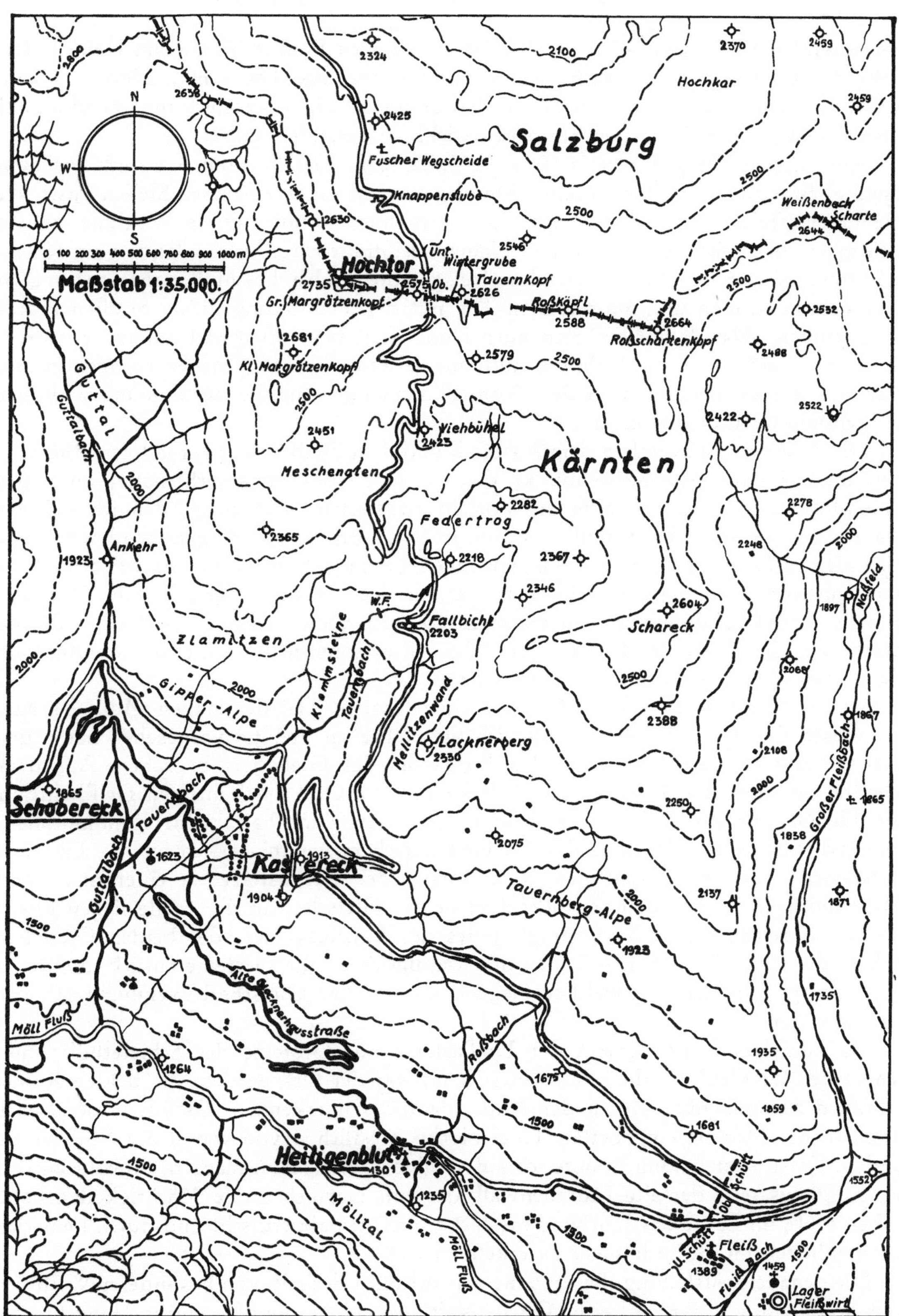

Die Trassierung Heiligenblut—Kasereck

herrschenden Schneelage möglich war, die günstigsten Punkte für die am Hang unter=
halb der Freiwand erforderliche Kehrenentwicklung aus. Dann marschierte ich zum
Kasereck zurück und besah mir genau den Hang zwischen Kasereck und Fleißtal, auf
dem der obere Ast der neuen Straßenentwicklung verlaufen sollte.

Auf diesem Hang führte in fast gleichmäßigem Gefälle vom Kasereck bis zum
Fleißtal ein etwa zwei Meter breiter Almweg, in dem ich an einzelnen Stellen unschwer
die Überreste der alten R ö m e r s t r a ß e erkennen konnte. Diese Weglinie eignete
sich ganz vorzüglich auch für den zu planenden Straßenzug. Das Gelände vom Kaser=
eck abwärts war bereits wieder schneefrei geworden. Ich beschloß daher, mein Pro=
gramm umzustoßen und am nächsten Tag mit der Trassierung dieses Straßenstückes
zu beginnen. Als ich mit einbrechender Dunkelheit beim Fleißwirt ankam, erwartete
mich dort außer meinen Gehilfen auch meine Frau, die mir hieher nachgekommen
war, um wieder die barometrischen Kontrollmessungen für die Bestimmung wichtiger
Höhenpunkte zu übernehmen.

Die Trassierung zwischen dem Kasereck und dem Fleißtal war verhältnismäßig sehr
einfach. Der günstigste Kehrenpunkt, den ich im Fleißtal ausgesucht hatte, sowie der
Anschlußpunkt an den bereits im Vorjahr trassierten Straßenzug, den ich bei der
Kasereck=Kapelle erreichen mußte, waren in der Luftlinie gerade genügend weit von=
einander entfernt, daß ich die zwischen ihnen liegende Höhendifferenz bei zehn Pro=
zent mittlerer Steigung ohne Einschaltung von Kehren bewältigen konnte. Weniger
günstig waren im untersten Teil dieser Strecke die geologischen Verhältnisse, da die
Straße aus der den Fels überlagernden Hangschuttzone in die Zone der Randmoräne
des eiszeitlichen Ur=Pasterzengletschers kam.

In der Eiszeit füllte die Ur=Pasterze einen großen Teil des langen Mölltales aus.
Zu dieser Zeit lag die Stelle, an der ich die Kehre im Fleißtal vorgesehen hatte, un=
gefähr hundert Meter tief unter den Eismassen des Gletschers begraben. Aus dem
Fleißtal mündete der damalige Ur=Fleißgletscher am Orte der künftigen Fleißkehre in
die Ur=Pasterze ein. Jeder dieser beiden Gletscherströme hatte seine Randmoränen.
Die rechtsufrige Randmoräne des Ur=Fleißgletschers vereinigte sich an der Einmün=
dungsstelle mit der linksufrigen Randmoräne der Ur=Pasterze zu einer mächtigen
Mittelmoräne, die mit dem Zurückgehen beider Gletscher an der Stelle liegen blieb,
die die Bezeichnung S c h ü t t trägt. Jedes der Einzugsgebiete der beiden Gletscher
ließ in den liegengebliebenen Teilen der Randmoränen die Gesteine zurück, die deut=
lich erkennen ließen, aus welcher Gegend sie mit der Gletscherbewegung talab ge=
strömt waren.

Da aus dem Einzugsgebiet der Ur=Pasterze nur Gesteine der Schieferhülle, aus
jenem des Ur=Fleißgletschers nur Gneis kam, war der Ort, an dem die beiden Rand=
moränen zusammenflossen, in der Natur deutlich zu erkennen. Östlich dieser Stelle
lagen in die Moräne eingebettete Gneisblöcke, westlich davon waren nur Schiefer zu
finden. Diese Feststellung konnte ich auf wenige Meter genau machen, obwohl an der
Vereinigungsstelle der alte Moränenwall, der eine ziemlich große Mächtigkeit gehabt
haben muß, im Laufe der Jahrhunderte fast zur Gänze abgerutscht und durch keinerlei
Unebenheiten im Gelände mehr zu erkennen war.

Die genaue Feststellung dieser Zone war für mich deshalb von besonderer Wichtig=
keit, weil gerade in ihr zahlreiche Quellaustritte erfolgten, die den ganzen Hang durch=
näßten. Im Frühjahr 1916, als eine Schneelage von drei Meter Höhe durch plötzlichen
Föhnwettereinbruch und niedergehenden Schlagregen innerhalb 24 Stunden weg=

schmolz, geriet der ganze Hang in gleitende Bewegung und rutschte samt dem darauf stehenden Wald und den Bauerngehöften sechs Meter tief ab. Die Blaiken, die sich dabei bildeten, zogen sich in einer einzigen Linie von der Vereinigungsstelle der beiden Randmoränen am Hang gegen das Mölltal hinunter und führten die Bezeichnung S c h ü t t. Und diese Zone mußte ich mit der Straßenlinie nicht nur oberhalb der Fleißkehre, sondern auch noch ein zweitesmal in jenem Straßenast durchqueren, der nach Heiligenblut hinunterführen sollte. Das waren zwei schwache Punkte der Linienführung. Ich wollte aber zuerst diese Strecke genau durchtrassieren, um über den Umfang der zu erwartenden Schwierigkeiten einen Überblick zu gewinnen. Erst später wollte ich dann versuchen, ob es überhaupt einen Weg gab, diesen Schwierigkeiten auszuweichen.

Als ich mit der Trassierung der Strecke KasereckFleißkehre fertig war, hatte die Sonne mit dem Neuschnee in den höheren Lagen bereits soweit aufgeräumt, daß es angezeigt schien, die Aufnahme der Hotelbauplätze auf der Nordseite jetzt unter Dach zu bringen. Ich machte mich daher neuerlich auf den Weg über das Hochtor und das Fuschertörl. Tatsächlich gelang es mir, diese Aufnahmen innerhalb zweier Tage durchzuführen und abzuschließen. Damit hatte ich wenigstens diesen Teil meiner Aufgabe erledigt. Dann schritt ich an die Aufnahme des Hotelbauplatzes am Kasereck, die bei schönstem Wetter ebenfalls in zwei Tagen beendet war. Inzwischen war der Schnee auch im Bereich des Glocknerhauses und der FranzJosephsHöhe weggeschmolzen. Nun übersiedelte ich rasch auf die FranzJosephsHöhe und trassierte das Straßenstück, das als Verlängerung der Alpenvereinsstraße vom Glocknerhaus bis auf die FranzJosephsHöhe hinauf gedacht war.

Auch bei dieser Arbeit war ich von der Witterung begünstigt. Ich trassierte vom Glocknerhaus zuerst in nördlicher Richtung bis zu jener Stelle, an der der alte Fußweg zur FranzJosephsHöhe den Pfandlschartenbach auf einer kleinen Holzbrücke überschritt. Dies war auch für die neue Straße die günstigste Überquerungsstelle des Bachlaufes. Das gestufte Gelände unterhalb der Ostabstürze der Freiwand begünstigte im oberen Teil die Anlage von Kehren. Im unteren Teil konnte ich einen Kehrenpunkt in geeigneter Höhe nicht finden. Ich mußte mich daher entschließen, einen gemauerten Kehrenturm zu projektieren. Mit vier weiteren Kehren erreichte ich den Fuß der Freiwand, an dem ich in gestreckter Linie zu einer Rückfallkuppe hinauftrassieren konnte, die schon in nächster Nähe, etwas unterhalb des Schutzhauses auf der FranzJosephsHöhe lag.

Hier versperrte eine nahezu lotrecht abfallende Felswand den Weiterweg. Jenseits der Felswand, auf ziemlich steil geneigtem Hang, war die einzige Möglichkeit gegeben, einen größeren Parkplatz anzulegen. Allerdings mußten dabei bedeutende Geländeschwierigkeiten überwunden werden. Es blieb kein anderer Weg übrig, als die Straße in die Felswand einzusprengen. Um den Kraftwagen auf dem geplanten Endparkplatz das Umkehren leicht zu ermöglichen, konnte ein Kehrtunnel angelegt werden. Nachdem ich auch diese Trassierungsarbeit beendet hatte, machte ich mich an die Detailaufnahme des Geländestreifens oberhalb des Endparkplatzes, der für die Errichtung eines großen Hotelbaues in Aussicht genommen werden konnte.

Am 13. Oktober hatte ich meine Aufnahmen im Bereich der FranzJosephsHöhe beendet. Dann marschierte ich wieder hinunter ins Fleißtal und machte mich an den letzten Teil meiner Aufgabe, die darin bestand, die Trassierung von der Fleißkehre nach Heiligenblut durchzuführen. Mit Ausnahme der Schüttstrecke, die ich wieder

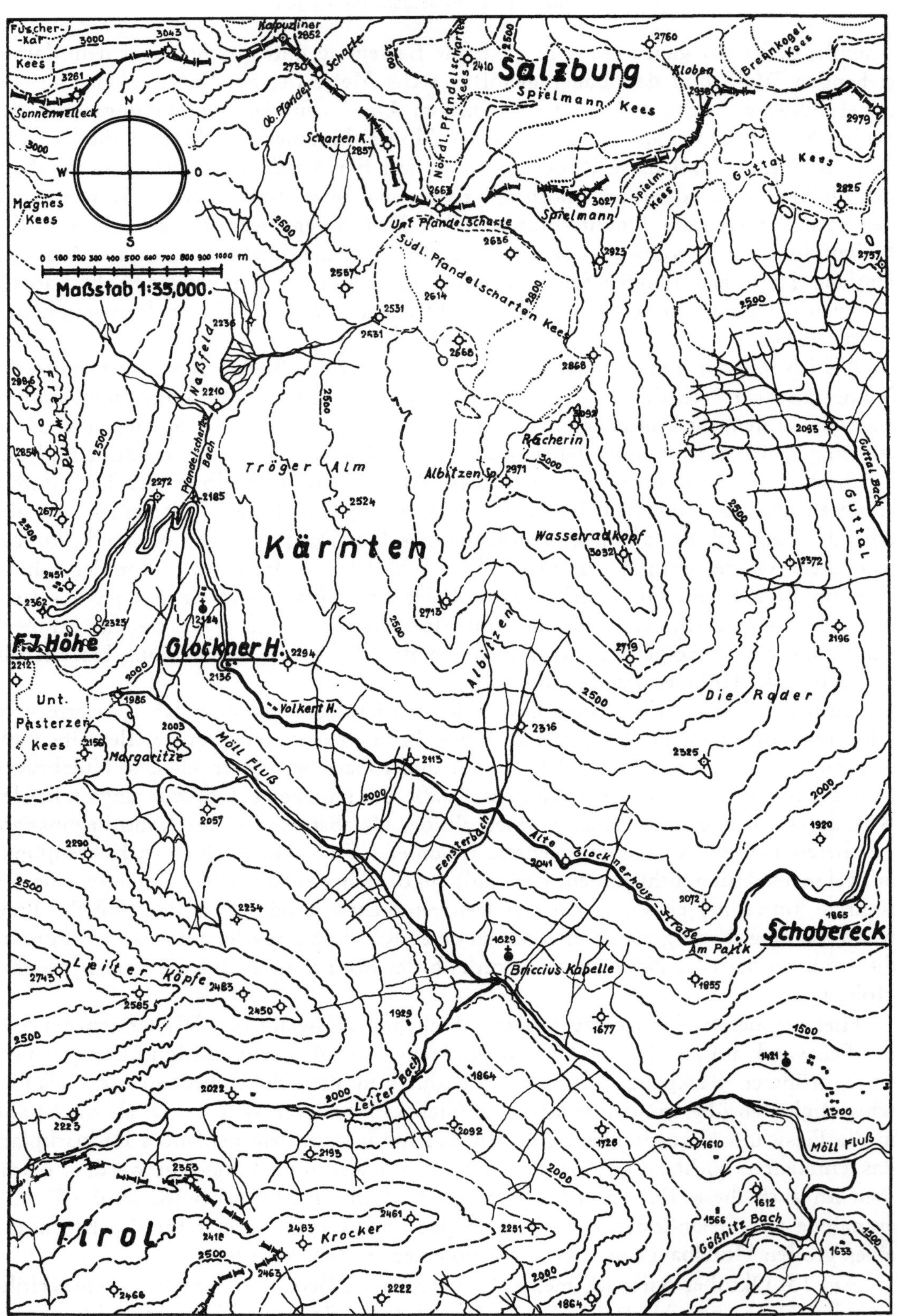

Die Trassierung Glocknerhaus—Franz=Josephs=Höhe

durchqueren mußte, gab es keine nennenswerten Schwierigkeiten. Im Orte Heiligen=
blut selbst, der mit Ausnahme seiner Kirche an einem steilen Hang liegt, war die Frage
zu lösen, an welcher Stelle ich in die einzige vorhandene Ortsstraße einmünden sollte.
Nach verschiedenen Versuchen entschloß ich mich für jenen Punkt, an dem der Roß=
bach den Ort durchfließt. So hatte ich auch diese Aufgabe hinter mir.

Ich hatte aber doch noch ein ungutes Gefühl wegen der Schüttstrecke. Ich wollte
daher auch noch andere Linienführungen untersuchen, durch die ich vielleicht der
Schütt ausweichen konnte.

Zuerst versuchte ich es in westlicher Richtung. Ich folgte von Heiligenblut der
alten Glocknerhausstraße bis zu ihrer ersten Kehre und trassierte von dieser Stelle
in der Richtung gegen das Guttal weiter. Vielleicht gelang es mir, die alte Glockner=
hausstraße mit Zuhilfenahme einer einzigen Kehre an einem Punkt wieder zu erreichen,
der schon oberhalb des alten Bergrutsches der Gollmitzen lag.

Daß der Linienzug der alten Glocknerhausstraße in der Gollmitzen für einen zwei=
bahnigen Ausbau nicht in Frage kam, habe ich schon am Ende des fünften Kapitels
angedeutet. Die Ursache lag darin, daß die Gollmitzen selbst ein einziger Rutschhang
war, der, so wie die Schütt, im Frühjahr 1916 talwärts gewandert war. Diesen Rutsch=
hang hatte die Kehrenanlage der alten Straße nicht weniger als fünfmal übereinander
angeschnitten. Überdies waren die Wendeplätze bei den einzelnen Kehren derart
beschränkt, daß ihr Ausbau für zweibahnigen Verkehr ausgeschlossen war.

Mit der nun untersuchten Entwicklungsmöglichkeit hatte ich diesen gefährlichen
Rutschhang zwar nur ein einzigesmal in seinem untersten Teil angeschnitten. In der
geradlinigen Fortsetzung, die sich ein Stück weit ganz gut anließ, ergab sich infolge
der Hangbeschaffenheit jedoch nur dann die Möglichkeit zu einer praktisch ausführ=
baren Linienentwicklung, wenn ich auf lange Strecken Steigungen bis zu achtzehn
Prozent einschaltete.

Nach dem Fehlschlag dieses ersten Versuches unternahm ich den weiteren Ver=
such, noch v o r Durchquerung der Schüttstrecke, also in der Richtung gegen das
Fleißtal, mehrere Kehren einzuschalten, um mit ihrer Hilfe den oberen Ast der Fleiß=
tallinie zu erreichen. Aber auch dieser Gedanke erwies sich als unausführbar. Der
ganze Hang zwischen den beiden Straßenästen westlich der Fleißkehre war derart
steil und mit einer so mächtigen, sandartigen Verwitterungsschwarte überdeckt, daß
jede Straßenanlage hier zu den schwersten Gleichgewichtsstörungen des Hanges führen
mußte.

Es blieb also doch nur die zuerst trassierte Linie von Heiligenblut durch das Fleiß=
tal auf das Kasereck mit zweimaliger Durchschneidung der Schüttstrecke übrig. In der
Schütt selbst mußten dann entsprechende Maßnahmen vorgekehrt werden, die die
starke Durchnässung des Hanges und die damit verbundene Neigung zu Rutschungen
beseitigten.

Mit dieser Feststellung schloß ich meine Arbeiten ab und am 18. Oktober trat ich
wieder die Rückfahrt nach Klagenfurt an. Ich war herzlich froh, daß ich den vom Aus=
schuß erhaltenen Auftrag noch vor Einbruch des Hochgebirgswinters im Gelände
erledigt hatte und machte mich sofort an die Ausarbeitung der Projektsergänzungen.

Besonders wertvoll war für mich der Eindruck, den die von der projektierten
Straße durchzogene Glocknergruppe nach all der Fülle des Schönen auf mich machte,
das ich auf der Studienreise gesehen hatte. Ich hatte die felsenfeste Überzeugung ge=
wonnen, daß das Konzept des Glocknerstraßenprojektes richtig und gut war.

Die Ausarbeitungen der Projektsergänzung waren Mitte Dezember beendet und am 22. Dezember 1925 überreichte ich sie dem Ausschuß.

Selbstverständlich war dieses Erweiterungsprojekt bereits für eine durchgängige Straßenbreite von fünf Meter ausgearbeitet. Nachdem die Bauweise der Straße jener der alten Glocknerhausstraße gleichen sollte, war auch im neuen Projekt alles Mauerwerk als Trockenmauermerk vorgesehen worden. Ich gab jedoch zu bedenken, daß hohe Trockenmauern keinesfalls die gleiche Belastung wie Mörtelmauern vertragen konnten, daß daher bei dieser Art der Ausführung das zulässige Betriebsgewicht der Fahrzeuge auf fünf Tonnen beschränkt werden müßte.

In der Schweiz, deren Alpenstraßen größtenteils aus einer früheren Zeit stammen, waren die Stütz= und Futtermauern meist in Trockenmauerwerk hergestellt. Dies zwang aber zu der Maßnahme, daß die schweren Postkraftwagen, ohne Rücksicht auf die Fahrordnung, überall b e r g s e i t s ausweichen mußten, um eine zu große Belastung der Trockenstützmauern zu vermeiden. Wollte man dieses bergseitige Ausweichen auf der Großglockner=Hochalpenstraße vermeiden, dann mußte man zumindest daran denken, den bergseitigen Graben, wie er im ersten Projekt vorgesehen war, durch einen befahrbaren Spitzgraben zu ersetzen, wodurch die nutzbare Straßenfahrbahn eine entsprechende Verbreiterung erfuhr. Eine derartige Anwendung von Spitzgräben statt der mehr oder weniger tiefen Abflußgräben hatte ich auf einigen südfranzösischen Alpenstraßen und auf der Jaufenstraße gesehen. Da der Vorteil dieser Ausführungsart einleuchtend war, hatte ich sie für die Großglockner=Hochalpenstraße übernommen.

Kehren mit zehn Meter Halbmesser, gemessen in Straßenmitte, gab es in ungünstigem Gelände fast auf keiner Alpenstraße. Die Kehrenhalbmesser waren zumeist erheblich kleiner. Aus diesem Grund hielt ich es für zulässig, in besonders ungünstigem Gelände auch bei der Großglockner=Hochalpenstraße auf Kehrenhalbmesser bis zu acht Meter herabzugehen. Die Beobachtungen, die ich bei den verschiedenen Alpenstraßentunnels gemacht hatte, veranlaßten mich, auch beim Hochtortunnel verschließbare Tore vorzusehen, womit in den Wintermonaten ein Hineinwehen des Schnees und eine Vereisung der Tunnelfahrbahn verhindert werden konnten.

Für die im Zuge der Großglockner=Hochalpenstraße allfällig zu errichtenden Hotelbauten stellte ich nach den auf der Studienreise gesammelten Erfahrungen besondere Richtlinien auf, die ich dem Projekt anschloß.

Auf Grund der Projektsergänzung wurde die unterste Teilstrecke des ersten Projektes, die von der alten Glocknerhausstraße beim Tauernbach abzweigte und zum Kasereck hinaufführte, nunmehr überflüssig. Die Glocknerhausstraße wurde ja nun in ihrer ganzen unteren Strecke ausgeschaltet. Die Neubaulänge des alten Projektes verringerte sich dadurch von 27.55 Kilometer auf 25.82 Kilometer. Neu kamen die Strecken Heiligenblut—Fleißkehre—Kasereck mit 6.55 Kilometer, die fast ebene Verbindungsstrecke vom Kasereck zur alten Glocknerhausstraße am Palik mit 1.8 Kilometer und die Verlängerung der Glocknerhausstraße vom Glocknerhaus auf die Franz=Josephs=Höhe mit 3.34 Kilometer, insgesamt daher 11.69 Kilometer hinzu. Dadurch erhöhte sich auf Grund des Erweiterungsprojektes die gesamte N e u b a u l ä n g e der Straße auf 37.51 Kilometer.

Die Ausführungskosten aller Neubaustrecken berechnete ich damals mit 4,955.000 Goldschilling. Die Kosten einer bescheidenen Verbreiterung der Zufahrtsstraße von Dölsach nach Heiligenblut an ihren notwendigsten Stellen waren mit 1,415.000 Schilling schätzungsweise angenommen. Gegenüber dem ersten generellen Projekt, das mit 29.3 Milliarden Kronen veranschlagt war, was nach dem amtlichen, allerdings viel zu niedrigen Umrechnungsschlüssel in die Schillingwährung 2.93 Millionen Schilling ausgemacht hätte, bedeuteten die Erweiterung des Projektes und die in der Zwischen= zeit eingetretenen Preissteigerungen eine Erhöhung der Baukostensumme, immer die Bauweise der alten Glocknerhausstraße als Muster genommen, um rund zwei Millionen Schilling.

Was nun weiter geschehen sollte, darüber sollte der Ausschuß entscheiden.

8. Tauernwerk=Projekt und Glocknerstraßen=Projekt

Die Grundidee des Tauernwerk=Projektes, das von der A.E.G. Berlin vertreten wurde, war die konzentrierteste Ausnützung der Wasserkräfte der Hohen Tauern zum Zwecke ihrer Verwertung in Österreich sowie zum Zwecke des Energieexportes ins Deutsche Reich. Das Gebiet, dem dieses Wasserkraftwerk seine Wassermengen entnehmen sollte, umfaßte die Gebirgszüge der Venediger=, Granatspitz=, Glockner=, Sonnblick=, Ankogel=, Hafner=, Virgen=, Schober= und Defreggengruppe.

Die Menge des natürlichen Niederschlages wächst in den Alpen bekanntlich mit zunehmender Höhenlage. Wenn man sich die vorerwähnten Gebirgsgruppen plastisch in Form eines Reliefs dargestellt denkt und dieses Relief durch horizontale Ebenen in verschiedener Höhenlage schneidet, dann ergibt sich für jede oberhalb einer solchen Schnittebene liegende Geländefläche das Maß der erzielbaren Rohwasserkraft, wenn man die auf sie fallende Niederschlagsmenge mit dem Gefälle — d. i. dem Höhen= unterschied zwischen einer solchen gedachten Ebene und dem tiefst gelegenen Punkt eines an die Ebene angrenzenden Talbodens — multipliziert. Je tiefer die gedachte Ebene liegt, um so größer ist die Niederschlagsmenge, die auf das gesamte darüber= liegende Gebiet fällt, um so kleiner aber gleichzeitig das Gefälle zum nächstgelegenen tiefsten Talpunkt. Je höher die Ebene gezogen wird, um so kleiner wird die gesamte Niederschlagsmenge in dem darüber noch verbleibenden Gebiete, um so größer wird das Gefälle zum Talpunkt.

Diesbezügliche Untersuchungen führten zu dem Ergebnis, daß die größte Wasser= kraftleistung dann erzielt werden kann, wenn die Schnittebene im Gebiet des Tauern= werkes in einer Höhe von 1900 Meter liegt und wenn es gelingt, die gesamte oberhalb dieser Ebene in Form von Niederschlägen fallende Wassermenge möglichst restlos zu erfassen. Das konnte in der Weise geschehen, daß man sich längs der Schnittlinie eine Dachrinne angelegt dachte, die in sanfter Neigung zu einem bestimmten Punkt am Umfange dieser vielfach gewundenen Schnittlinie führte. Die Funktion dieser Dachrinne versahen beim Tauernwerks=Projekt Hangkanäle und Hangstollen, die ihrerseits die gesammelten Wassermengen Sammelkanälen und Sammelstollen zu= führten. Diese Sammelstränge hatten das Wasser in große Speicher zu leiten, von denen aus die Wasserkraftnutzung erfolgen sollte.

Die Frage, ob das gesammelte Wasser durch ein Kraftwerk in Osttirol, Kärnten oder Salzburg ausgenützt werden sollte, war davon abhängig, wo sich in einer Höhe von etwa 1900 Meter günstige Möglichkeiten für die Errichtung von Wasserspeichern boten. In dieser Hinsicht waren die Länder Osttirol und Kärnten dem Lande Salzburg gegenüber im Nachteil, denn sie verfügen nicht über so günstige Speichermöglichkeiten

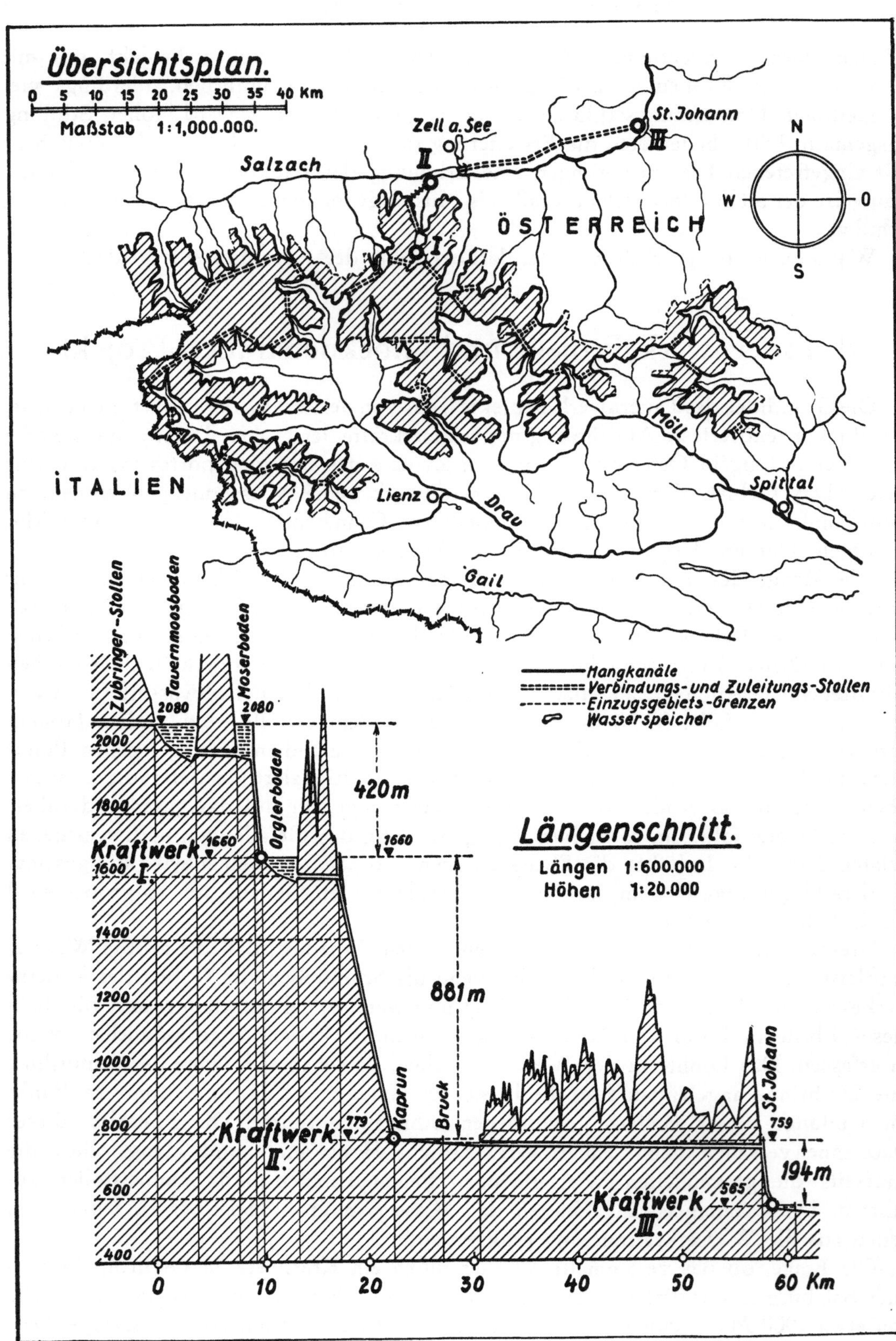

Der erste Entwurf des Tauernkraftwerkes

wie der Tauernmoosboden, der Moserboden und der Orglerboden. Diese Speicher-möglichkeiten liegen aber nicht auf 1900 Meter, sondern am Tauernmoosboden und Moserboden auf etwa 2060 bis 2080 Meter, am Orglerboden auf etwa 1680 Meter. Aus diesem Grund war das Tauernwerks-Projekt gezwungen, die Wasserfassungen für das gesamte Projekt nicht auf 1900 Meter, sondern höher hinauf, auf rund 2100 Meter zu verlegen, womit es der theoretisch günstigsten Fassungshöhe immer noch ziemlich nahe kam.

Dieses über 2100 Meter hoch liegende Einzugsgebiet umfaßte rund 2000 Quadrat-kilometer, von denen etwa 930 Quadratkilometer auf Tirol, 620 Quadratkilometer auf Kärnten und 450 Quadratkilometer auf Salzburg entfielen. Seine jährliche Abfluß-menge wurde mit 3.3 Milliarden Kubikmeter berechnet. Diese Wassermenge sollte in die Staubecken am Tauernmoosboden und Moserboden geleitet und der Inhalt beider Speicher, der 260 bis 350 Millionen Kubikmeter betragen sollte, durch einen Verbindungsstollen in ein kommunizierendes Gefäß verwandelt werden. Der tiefer liegende Orglerboden sollte zu einem Speicher von 40 bis 100 Millionen Kubikmeter ausgestaltet werden, so daß der Gesamtwasserinhalt aller drei Speicher etwa 300 bis 450 Millionen Kubikmeter betragen hätte.

Die Ausnutzung dieser nördlich des Tauernhauptkammes gelegenen Speicher nach Norden zu war von der Natur gegeben, weil einerseits die Luftlinienentfernung von diesen Speichern zum Salzachtale kleiner ist als zu irgendeinem tiefliegenden Talboden im Süden und weil die Salzach zwischen Bruck und St. Johann im Pongau noch ein Gefälle von 194 Meter aufweist, in dem das nach Norden abgeleitete Kraftwasser abermals ausgenützt werden konnte. Der Wasserabfluß aus den Speichern sollte so geregelt werden, daß im Sommer im Tagesdurchschnitt 80 Kubikmeter je Sekunde, im Winter 40 Kubikmeter je Sekunde zur Ausnützung gelangten.

Diese Ausnützung sollte in drei Gefällestufen erfolgen, von denen die oberste zwischen Moserboden und Orglerboden 420 Meter, die mittlere zwischen Orglerboden und Kaprun 881 Meter und die unterste zwischen Bruck und St. Johann im Pongau 194 Meter Gefälle aufwies. Die unterste Stufe war auch dazu berufen, zusätzlich die bedeutenden Wassermengen der Salzach zu verwerten. Der Ausbau der oberen und mittleren Stufe sollte auf eine Höchstwassermenge von 130 Kubikmeter je Sekunde, jener der unteren Kraftstufe auf 150 Kubikmeter je Sekunde erfolgen. Die untere **Stufe sollte an ihrem Beginne und Ende genügend große Kompensationsbecken er-**halten, um das täglich verbrauchte Kraftwasser gleichmäßig verteilt in die Salzach abzugeben.

Die Maschinengröße aller drei Kraftwerke zusammen sollte 1.5 Millionen Kilowatt oder rund 2 Millionen Pferdestärken betragen. Von der gesamten Jahresarbeit, die mit 6.6 Milliarden Kilowattstunden veranschlagt war, sollten 2.18 Milliarden auf die Wintermonate entfallen. Die tägliche Arbeit aller drei Kraftwerke zusammen sollte die gewaltige Zahl von 24 Millionen Kilowattstunden im Sommer und 12 Millionen Kilowattstunden im Winter erreichen.

Die technischen Schwierigkeiten, die sich der Ausführung des Projekts entgegen-stellten, lagen in der Herstellung von 1250 Kilometer Hangkanälen und Stollen, 280 Kilometer Sammelkanälen und Sammelstollen, 4.2 Kilometer Rohrdükern, drei Talsperren von je rund 100 Meter Stauhöhe über der derzeitigen Geländelinie, im Bau von Rohrleitungen für die einzelnen Kraftwerke und im Bau der Kraftwerke selbst.

Schwierig war die Frage des Zutransportes der Baustoffe zu den einzelnen, weit auseinanderliegenden Baustellen zu lösen. Für die Talsperren, die den Schwerpunkt der ganzen Bauarbeiten bildeten, sollte eine im Tunnel verlegte Standseilbahn von Kaprun auf den Moserboden führen. Vom Endpunkt dieser Bahn sollten zu den verschiedenen Baustellen Seilbahnen gebaut werden. Im Süden der Alpenhauptkette sollten ebenfalls Seilbahnen den Zubringerdienst versehen, als deren Ausgangspunkt einige Bahnstationen der durch das Drautal führenden Eisenbahn und der Tauern-bahn ausersehen waren.

Die Schwerpunkte der Arbeitsgebiete, in denen die Hangkanäle und Sammelkanäle geplant waren, sollten allenfalls auch durch Zubringerstraßen zugänglich gemacht werden. Als eine dieser Zubringerstraßen kam im Glocknergebiet der Bau der Groß-glockner-Hochalpenstraße in Betracht. Hilfskraftwerke in den Schwerpunkten der einzelnen Teilgebiete der projektierten Anlagen sollten die erforderliche Energie zum Antriebe der Baumaschinen liefern.

Die Gesamtkosten des Tauernwerkes waren von der A.E.G Berlin mit etwa 250 Millionen Dollar veranschlagt. Durch den Einzelausbau an und für sich ausbau-würdiger Kraftstufen konnte nie auch nur a n n ä h e r n d der Erfolg erzielt werden, der sich durch die konzentrierte Ausnützung im Zuge des Tauernwerkes erreichen ließ. Der Wirtschaftlichkeit der Ausführung hatte die Natur jedoch Grenzen gezogen, die sich auf Grund eingehender Studien und der am Moserboden bei den Versuchs-bauten gesammelten Erfahrungen rasch zeigen mußten.

Daß das Projekt ausführbar war und technisch einwandfrei gelöst werden konnte, stand außer Zweifel. Daß das Projekt ausgeführt werden würde, war damals wahr-scheinlich. Daß sein Umfang jedoch kleiner ausfallen würde, als er in großen Zügen generell geplant war, war so gut wie sicher. Durch den Bau dieses Werkes konnten viele tausend Arbeiter und eine Reihe von Industrien Beschäftigung und Verdienst finden, was in Anbetracht der ständig steigenden Zahl der Arbeitslosen in Österreich von höchster Wichtigkeit war. Die Ausführung des Projektes, das aus dem Strom-export laufend bedeutende Einnahmen nach Österreich gebracht hätte, war daher in jeder Hinsicht volkswirtschaftlich wünschenswert.

Das war ja auch der Grund, warum sich der Landeshauptmann von Salzburg mit besonderem Eifer für seine Verwirklichung einsetzte. Und im Rahmen der Ausführung dieses Projektes dachte Landeshauptmann Dr. Rehrl, den Bau der Großglockner-Hochalpenstraße als W e r k s s t r a ß e zur Erschließung wichtiger Baustellen des Tauernwerkes durchsetzen zu können.

Das war schon aus der Silvesterbotschaft des Jahres 1928 hervorgegangen, in der Landeshauptmann Dr. Rehrl schrieb: „Da natürlich auch das Einzugsgebiet auf der Südseite der Tauern miteinbezogen werden muß, muß an dem einen oder anderen geeigneten Punkt ein Stollen quer durch das ganze Tauernmassiv geführt werden. Es braucht nun nicht besonders viel Aufwand, einen dieser Stollen, der beim Glockner-massiv zu liegen kommen wird, zu einem fahrbaren Tunnel auszubauen, wodurch auch die Frage der Glocknerstraße gelöst erscheint.“

Daraus war zu entnehmen, daß die Scheitelstrecke der projektierten Straße also nicht durch den Hochtortunnel, der 2506 Meter hoch liegen sollte, sondern durch einen Tunnel in einer Höhe von etwa 2080 Meter führen sollte, da nur d a n n eine g l e i c h z e i t i g e Verwendung als Straßen- und Wasserkraftstollen für das Tauern-werk in Frage kam. Der etwa 255 Meter lange Hochtortunnel sollte daher durch einen etwa drei Kilometer langen Pfandlschartentunnel ersetzt werden, was eine gänzliche

Umlegung der Straßentrasse in der Scheitelstrecke bedingt hätte. Hierin lag der Keim eines viele Jahre während Wettstreites über die Frage der Linienführung der Scheitelstrecke, der sogenannte Variantenstreit, der viel Zeit, Arbeit und Geld ver=schlang und schließlich, nach Prüfung aller Umstände, d o c h dazu führte, daß die von mir im Jahre 1924 projektierte Linienführung über das Fuschertörl zur Aus=führung kam.

Schon in meinem im Jahre 1924 verfaßten generellen Projekt hatte ich die Frage der Möglichkeit und Zweckmäßigkeit einer Linienführung unter der Pflandlscharte hindurch erwogen und war zu dem Schluß gekommen, daß die H o c h t o r l i n i e die einzig richtige ist. Es konnte daher nicht wundernehmen, daß ich die Zweckmäßig=keit der Linienführung unter der Pfandlscharte hindurch bestritt und daß ich die Aus=führung eines solchen Projektsgedankens überhaupt nur dann als durchführbar be=zeichnete, wenn gleichzeitig das Tauernwerk t a t s ä c h l i c h gebaut wurde.

Dann wäre die Großglockner=Hochalpenstraße als Werksstraße für das Tauern=werk gebaut worden und hätte als solche späterhin Fremdenverkehrszwecken dienen können. Damit wäre aber die Linienführung der Straße aus wasserkrafttechnischen Gründen gewaltig verschlechtert worden, da dem Fremdenverkehrsinteresse erst in z w e i t e r L i n i e Rechnung getragen worden wäre. Aus diesem Grunde vertrat ich auch weiterhin den von mir verfaßten Entwurf über das Hochtor, der jeder anderen Linienführung, sollte der beabsichtigte Zweck als Fremdenverkehrsstraße erhalten bleiben, nach meiner unumstößlichen Überzeugung weit überlegen war.

9. Die Glocknerstraße soll tatsächlich gebaut werden

Bis in den Spätherbst des Jahres 1929 verfolgte Landeshauptmann Dr. Rehrl die Idee der Erbauung der Großglockner=Hochalpenstraße im engsten Anschluß an das Projekt des Tauernkraftwerkes. Als die Widerstände in den verschiedenen Ministerien, die sich gegen das Tauernwerksprojekt der A.E.G. Berlin erhoben hatten, immer größer wurden, die Verwirklichung des Tauernwerkes in allernächster Zeit daher nicht wahrscheinlich war, entschloß er sich, einen Weg zu suchen, der die Erbauung der Großglockner=Hochalpenstraße in die V o r a r b e i t e n für das künftig zu bauende Tauernwerk einbezog. Hierin fand er großes Verständnis bei Dr. Otto J u c h, dem damaligen Finanzminister, der ebenfalls den Bau der Großglockner=Hochalpenstraße zu ermöglichen suchte. Wenn auch die Referenten im Finanzministerium in Wien n e i n sagten, der Finanzminister selbst war fest entschlossen, den Bau zu ermöglichen und sagte j a.

Landeshauptmann Dr. Rehrl setzte nun im Salzburger Landtag den Beschluß zum Bau der Straße durch, der einstimmig gefaßt wurde. Die Beziehungen, die zwischen der Straße und dem Tauernwerk bestehen sollten, waren in folgender Weise geregelt worden:

„K o m m t e s z u r E r r i c h t u n g d e s T a u e r n w e r k e s, dann muß die Straße von der A.E.G. Berlin gebaut werden. In diesem Falle ist die Großglockner=Hochalpenstraße allerdings nichts anderes als eine Werksstraße und bleibt auf die Dauer der Bauarbeiten am Tauernwerk für den öffentlichen Verkehr gesperrt. Mit dem Bau ist sofort zu beginnen und zu diesem Zwecke ein eigenes Straßenunter=nehmen zu gründen. In dem Augenblick, in dem die A.E.G. Berlin die Konzession für die Errichtung des Tauernwerkes erhält, hat sie den Betrag, der bis dahin für die „Werksstraße" aufgewendet wurde, dem Straßenunternehmen zurückzuzahlen."

Was geschehen sollte, wenn es n i c h t zum Bau des Tauernwerkes kam, war vorläufig noch unklar.

Am 11. März 1930 erhielt ich in Klagenfurt folgendes Telegramm:

„Teile mit, daß Salzburger Landtag soeben beschlossen hat, gemeinsam mit Bund und Land Kärnten im Sinne meines seinerzeitigen Vorschlages und unter Zugrunde=legung Ihres technischen Entwurfes noch heuer an den Ausbau der Großglockner=Hochalpenstraße zu schreiten. Ich rechne damit, daß Sie sich führend an den tech=nischen Arbeiten beteiligen werden. Landeshauptmann Dr. Rehrl."

Daß diese Nachricht wie eine Bombe bei mir einschlug, wird jeder begreiflich finden. Mit Freuden war ich bereit, meine ganze Arbeitskraft der Verwirklichung des Projektes zu widmen, mit dem ich durch jahrelange Arbeit eng verwachsen war.

Schon am 14. März hatte ich in Wien eine informative Aussprache mit Finanz=minister Dr. J u c h , der zwei Tage später eine eingehende Besprechung mit Dr. R e h r l folgte.

Dr. Rehrl erläuterte mir an Hand einer Karte die von ihm in Aussicht genommene Linienführung der Scheitelstrecke der Straße, die jenen Gedanken wieder aufgriff, den ich bei der ersten Trassierung aus technischen und wirtschaftlichen Gesichtspunkten verworfen hatte. Nach dem Plane Dr. Rehrls sollte mein Projekt nur in der Linien=führung der beiden S t r a ß e n r a m p e n , im Norden von Ferleiten bis auf das Obere Naßfeld, im Süden von Heiligenblut bis auf die Franz=Josephs=Höhe, zur Ausführung kommen.

Die S c h e i t e l s t r e c k e aber sollte, vom Oberen Naßfeld abzweigend, zuerst den Pfalzkogel in einem 220 Meter langen Tunnel durchfahren, dann unter den Ab=stürzen des Brennkogels vorbei am Nordhange des Kloben bis zum Klobengrat weiterführen, den Klobengrat selbst in einem 270 Meter langen Tunnel durchstoßen und schließlich knapp unter der Gletscherzunge des nördlichen Pfandlschartenkeeses in den 1950 Meter langen Pfandlschartentunnel eintreten. Vom Südausgang dieses Tunnels, der am Rande des Pfandlscharten=Naßfeldes lag, sollte am Hange der Frei=wand in gestreckter Linie der Anschluß an den Endpunkt der von mir im Jahre 1925 trassierten Straße auf der Franz=Josephs=Höhe erreicht werden.

Gegen diesen Linienzug, den die mir vorgelegte Karte mit einer Großzügigkeit zeigte, die nichts zu wünschen übrig ließ und die natürliche Beschaffenheit des Ge=ländes und seine Eignung für die Anlage einer Straße nicht beachtete, sträubte sich mein Innerstes.

Ich machte daher Dr. Rehrl sofort auf eine Reihe schwerer Fehler einer derartigen Linienführung aufmerksam, die vor allem darin lag, daß ein Teil der Straße direkt auf den in steter Bewegung befindlichen End= und Randmoränen des Brennkogel=gletschers liegen würde und daß die Nordlage des ganzen Klobenhanges eine lang andauernde Schneebedeckung und damit eine Verkürzung der jährlichen Benützungs=dauer der Straße mit sich bringen müßte. Die Einbeziehung der von mir gedachten Abzweigung Kasereck—Glocknerhaus—Franz=Josephs=Höhe in die Durchzugsstrecke hätte auch auf der Südseite eine wesentliche Verkürzung der Benützungsdauer mit sich bringen müssen, da die Südhänge des Wasserradkopfes und die Osthänge der Freiwand zu den lawingefährdetsten Teilen des ganzen Straßenzuges gehören.

Dr. Rehrl meinte jedoch, daß man diese Fragen alle noch genauestens prüfen müsse,

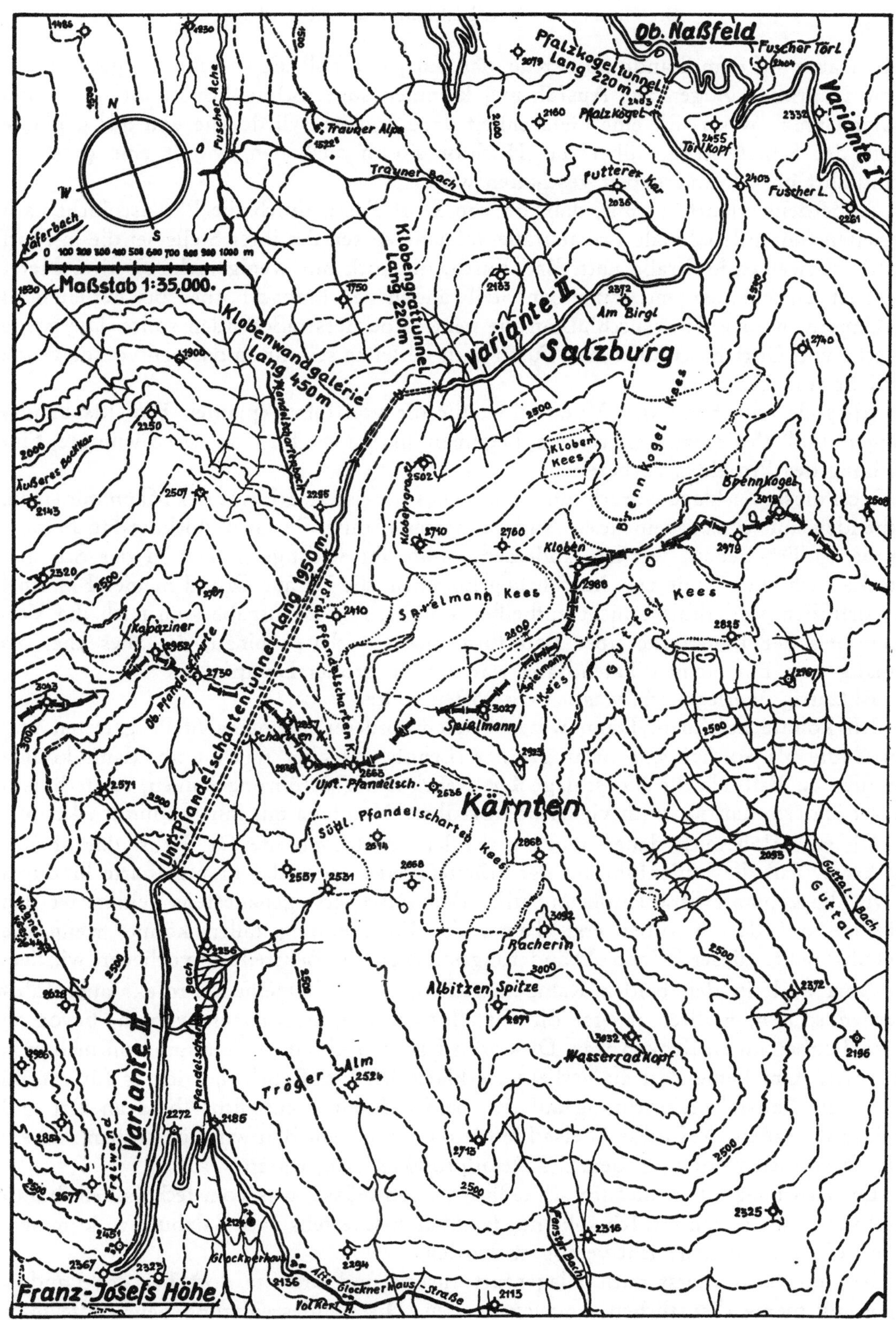

Der erste Entwurf der Variante II der Scheitelstrecke

daß er aber auf dem Standpunkt stehe, daß auf jeden Fall die von ihm vorgeschlagene Linie in großen Zügen zur Ausführung kommen solle. Schließlich könne man dann später einmal, wenn sich eine Gelegenheit dazu ergeben würde, die von mir geplante Linie der Scheitelstrecke über das Hochtor a u c h ausbauen, womit eine prächtige Rundfahrt im Glocknergebiet geschaffen würde.

Außerdem erklärte er mir, daß die von Dorf Fusch durch die Bärenschlucht nach Ferleiten führende schmale Privatstraße aufzulassen sei. An ihrer Stelle sei die in Dorf Fusch abzweigende Straße nach Bad Fusch, die auch nur wenig mehr als drei Meter breit ist, auszubauen und unter den Steilwänden des Embachhornes bis Ferleiten zu verlängern, wo sie den Anschluß an die neue Glocknerstraße finden sollte. Die ganze Strecke von Dorf Fusch über Bad Fusch nach Ferleiten sei nun in das neu vorzulegende Projekt einzubeziehen.

Ich solle sofort mit den Vorarbeiten für die von ihm geplanten Projektsabände= rungen und Projektserweiterungen beginnen und alles für eine beschleunigte Ein= reichung des Projektes vorbereiten.

Von dieser Sachlage war ich nun keineswegs begeistert. Ich war der Mann mit einem lachenden und einem weinenden Auge. Einerseits sollte die Großglockner=Hochalpen= straße endlich gebaut werden, anderseits sollte ihr wichtigster Teil in der Scheitel= strecke nach einer Linie zur Ausführung kommen, die ich auf Grund meiner Kenntnis der örtlichen Verhältnisse nicht gutheißen konnte. Als Draufgabe kam noch die Ver= längerung der Baustrecke über Bad Fusch nach Ferleiten hinzu, die alles eher als günstig war. Für meinen Tatendrang war das ein großer Dämpfer.

Blitzartig überlegte ich, was ich antworten sollte.

Ich konnte ablehnen. Dann wäre eben ein anderer an meine Stelle getreten und der Sache als solcher war nicht genützt. Lehnte ich aber n i c h t ab, dann konnte ich für den Fall, als die Vorschläge Dr. Rehrls zur Ausführung kamen, sie technisch derart ändern, daß ich mich vielleicht trotz ihrer Nachteile mit ihnen abfinden konnte.

Ich entschloß mich daher, n i c h t abzulehnen. Ich machte Dr. Rehrl darauf auf= merksam, daß die Linienführung der Scheitelstrecke unter der Pfandlscharte hindurch sowie die geplante Straßenführung über Bad Fusch erst genauestens geklärt werden müßten und daß hierüber erst d a n n die Entscheidung fallen könne, wenn die Detailprojekte dieser beiden Abänderungsstrecken zur Beurteilung vorliegen würden.

Aber auch in den beiden Rampenstrecken, die nach meinem Projekt ausgeführt werden sollten, mußten ja erst die Detailprojekte aufgenommen werden, bevor an einen Baubeginn zu denken war. Dies erforderte jedoch einen Zeitraum von mehreren Monaten. Um keine Zeit zu verlieren, erklärte ich Dr. Rehrl, daß ich es für ratsam hielte, die Baustelleneinrichtung auf den beiden Rampen möglichst bald an Ort und Stelle zu schaffen. Auf diese Weise könnte dann mit dem Bau wirklich in dem Augen= blick begonnen werden, in dem die Detailprojekte fertig wären.

Dr. Rehrl sagte mir, daß ich schließlich wissen müsse, was vom technischen Stand= punkt aus nun zu tun sei. Ich solle nur trachten, raschestens nach Salzburg zu kommen, damit die Vorarbeiten nicht verzögert würden.

Ich fuhr also zuerst nach Klagenfurt zurück und ordnete dort bei der Landes= regierung meine dienstlichen Angelegenheiten. Die Landesregierung beurlaubte mich für die Dauer der Bauvorbereitung und Baudurchführung und am 22. März 1930 meldete ich mich in Salzburg bei Dr. Rehrl. Er erteilte mir den Auftrag, sofort alles vorzukehren, damit die Projekteinreichung beim Bundesministerium für Handel und

Verkehr und im Bedarfsfalle auch die öffentliche Bauausschreibung raschestens durch=
geführt werden könnten.

Für die erste Einreichung des Projektes waren lediglich ein Lageplan mit dem Linien=
zug der Straße und ein Längenschnitt der Straße sowie ein ausführlicher technischer
Bericht erforderlich. Ich übertrug also den von mir projektierten Linienzug und die
von Dr. Rehrl geplanten Abänderungen in die im Jahre 1928 erschienene, vom Alpen=
verein herausgegebene Karte des Glocknergebietes im Maßstab 1:25.000.

Das Einreichungsprojekt zeigte also in der Scheitelstrecke die b e i d e n Linien=
führungsmöglichkeiten: Die Variante I, die als Projekt Wallack bezeichnet war, und
die Variante II, das Projekt Rehrl. Welche Verkomplizierung der Arbeiten sich hier=
aus ergab, zeigte die Zukunft.

Der Grundgedanke des P r o j e k t e s R e h r l bestand darin, den schönsten
Aussichtspunkt, den die Straße berührte, für die aus dem Lande Salzburg kommenden
Besucher auf einer möglichst kurzen Zufahrt erreichbar zu machen. Während bis zur
Franz=Josephs=Höhe über die Variante I von Ferleiten aus 34.5 Kilometer zurück=
gelegt werden mußten, waren es über die Variante II nur 20.5 Kilometer.

Der obere Teil der alten Glocknerhausstraße mit ihrer projektierten Fortsetzung
auf die Franz=Josephs=Höhe war nach dem Projekt der Variante I eine Nebenstraße,
eine reine Aussichtsstraße. Nach Variante II wurde sie in die Durchzugsstraße ein=
bezogen. Es ergab sich nun, daß bei der Durchfahrt von Ferleiten nach Heiligenblut
über Variante I 31.85 Kilometer, über Variante II 36.50 Kilometer zurückgelegt werden
mußten. Dabei hatte man über Variante I Höhendifferenzen von zusammen 1846 Meter
im Anstieg und 1352 Meter im Abstieg, bei Variante II nur 1607 Meter im Anstieg
und 1113 Meter im Abstieg zu bewältigen.

Nach Variante I lag der Scheitelpunkt der Straße im Hochtortunnel auf 2506 Meter,
nach Variante II auf der Franz=Josephs=Höhe mit 2361 Meter. Daß die Baukosten
der Variante II in erster Linie infolge der langen Tunnelbauten wesentlich höher aus=
fallen würden als jene der Variante I, stand von allem Anfang an fest.

Zwei Firmengruppen hatten inzwischen Dr. Rehrl Anbote für die Baudurchführung
nach Variante I gestellt und das Erfordernis mit zwölf Millionen Schilling ermittelt.
Über die Variante II gingen die Schätzungen weit auseinander und bewegten sich
zwischen sechzehn Millionen und vierundzwanzig Millionen Schilling. Am 31. März
ging das Einreichungsprojekt samt dem Ansuchen um Zuerkennung als begünstigter
Bau an das Bundesministerium für Handel und Verkehr.

Die Verfassung der Bauausschreibung stieß allerdings auf große Schwierigkeiten.
Wären die Detailprojekte der Variante I, deren Verfassung ich so oft, aber leider
immer erfolglos betrieben hatte, vorhanden gewesen, dann hätte man wenigstens
bezüglich dieser Variante stichhaltige Anhaltspunkte gehabt. Da sie aber fehlten,
mußte ich auf die im ehemaligen generellen Projekt ermittelten Erd=, Fels= und
Materialbewegungen zurückgreifen.

Seit dem Jahre 1925 hatten die Löhne Steigerungen von 32 bis 35 Prozent, die
Baumaterialkosten solche von 50 Prozent erfahren. Überdies waren die sozialen Lasten
des Arbeitgebers und Arbeitnehmers erheblich angestiegen. Die Forderung, daß die
Bauarbeiten ausnahmslos mit Arbeitslosen, die zum überwiegenden Teil erst an=
zulernen waren, durchgeführt werden sollten, mußte eine weitere Erhöhung der Bau=
kosten mit sich bringen.

Unter Berücksichtigung aller dieser Umstände und unter Beibehaltung der Aus=

führungsweise der neuen Straße nach d e r B a u w e i s e d e r a l t e n G l o c k n e r ⸗
h a u s s t r a ß e, errechnete ich die nun zu erwartenden Baukosten nach Variante I
mit 12,455.000 Schilling, während ich die Baukosten nach Variante II mit 26,465.000
Schilling schätzte.

Bei beiden Varianten konnten die Kosten der Verbreiterung bestehender Straßen⸗
strecken, also des oberen Teiles der Alpenvereinsstraße auf der Südrampe und des
Straßenstückes von Fusch nach Ferleiten, nur geschätzt werden, da Grundlagen hier⸗
für überhaupt nicht vorhanden waren. Niemand konnte sagen, ob die in diesen
Strecken als vorhanden behauptete Packlage unter der Straßenfahrbahn auch wirklich
da war, ob die Stütz⸗ und Futtermauern, die äußerlich oft ganz gut aussahen, sich
bei näherer Untersuchung auch wirklich als brauchbar erwiesen. Die diesbezüglichen
Feststellungen konnte man erst beim Umbau dieser Straßenstücke machen. Wenn
man ihre Baukosten mit der Hälfte der Kosten gleich langer neu herzustellender
Strecken annahm, so hatte dies einen gewissen Wahrscheinlichkeitsgrad für sich.

Die Bauausschreibung hatte ich ursprünglich so verfaßt, daß die Frage der Aus⸗
führung der Scheitelstrecke nach der einen oder anderen Variante und die Frage der
Linienführung zwischen Dorf Fusch und Ferleiten durch die Bärenschlucht oder über
Bad Fusch offen blieb. Da wurde am 15. April wenigstens die Frage der Trassen⸗
führung über Bad Fusch geklärt. Landeshauptmann Dr. Rehrl fuhr kurz entschlossen
mit dem Landesbaudirektor Hofrat Ing. Holter und mir nach Fusch. Wir besichtigten
vom Talboden aus das Schmerzenskind und legten es dann sanft, aber endgültig zu
Grabe. Dieser eine Schönheitsfehler konnte nun aus der Bauausschreibung ver⸗
schwinden, der andere, die beiden Varianten der Scheitelstrecke, blieb.

Am 14. April wurde die Bauausschreibung erlassen und die Frist für die Stellung
der Anbote mit 28. April bestimmt. Die Zwischenzeit bis zum Einlaufen der Anbote
verging mit Vorbereitungen für die durchzuführende Grundeinlösung und mit Ver⸗
handlungen mit jenen Baufirmen, die Anbote für den Straßenbau stellen wollten.

Auf Grund der von mir im Falle der Ausführung der Variante I berechneten Bau⸗
kosten von rund 12.5 Millionen Schilling, zu denen Finanzierungskosten in der Höhe
von 2.2 Millionen Schilling und ein Betrag von zehn Prozent für Unvorhergesehenes
mit etwa 1.3 Millionen Schilling hinzuzuschlagen waren, ergab sich ein Gesamt⸗
erfordernis von 16 Millionen Schilling. Die Bedeckung dieses Erfordernisses sollte
nach dem Plane Dr. Rehrls nunmehr in folgender Weise erfolgen:

Aktienübernahme des Bundes	6,050.000 S
Aktienübernahme durch die A.E.G. Berlin	3,300.000 S
Aktienübernahme durch die Bauunternehmungen	550.000 S
Aktienübernahme durch private Zeichner	100.000 S
Rückvergütungen aus der Arbeitslosenfürsorge	2,000.000 S
Garantieverpflichtung jenes Unternehmens, das die Monopol⸗ stellung zur Führung des periodischen Kraftwagenverkehres auf der Straße erhält	2,000.000 S
Bedeckung des Mehrerfordernisses durch Obligationsübernahme seitens der Baufirmen im Mindestausmaße von	2,000.000 S
	zusammen: 16,000.000 S

Überstieg das Erfordernis 16 Millionen Schilling, dann sollte die Bedeckung des

Mehrerfordernisses durch Ausgabe weiterer Obligationen, die die Bauunternehmungen zu übernehmen hatten, gedeckt werden.

Am 28. April trafen von Einzelfirmen und von Firmenkonsortien zehn Anbote ein, die ich einer genauen Durchsicht unterzog. Zwei Firmengruppen kamen in die engere Wahl. Es waren dies die Bauunternehmung Brüder Redlich & Berger, die Vianova Straßenbau A.G., die Bauunternehmung Z und die Allgemeine Baugesellschaft A. Porr, die sich zum Konsortium I vereinigt hatten, sowie die Bauunternehmungen Prokop, Lutz & Wallner und Ing. Leo Arnoldi, die das Firmenkonsortium II bildeten. Noch während ich mit den Baufirmen verhandelte, erklärte der Generaldirektor der Post- und Telegraphenverwaltung, daß die für die Gewährung einer Monopolstellung in der Führung des periodischen Kraftwagenverkehres in Aussicht genommene Zeichnung von Aktien des Glocknerstraßenunternehmens in der Höhe von zwei Millionen Schilling unterbleiben würde. Aus den Firmenanboten aber war hervorgegangen, daß sich die ursprünglich in Aussicht genommene Beteiligung der Bauunternehmungen an der Aktienzeichnung — wie vorauszusehen war — für den Bau verteuernd auswirkte. Es blieb daher nichts anderes übrig, als auf das Verlangen nach Aktienzeichnung durch die Baufirmen zu verzichten. Auch stellte sich heraus, daß mit Rückvergütungen aus der Arbeitslosenversicherung nicht zu rechnen war.

Damit war der Finanzierungsplan Dr. Rehrls auf 10 Millionen Aktienkapital zusammengeschrumpft, das zu 60.5 Prozent vom Bund, zu 33 Prozent vom Tauernkraftwerk und zu 6.5 Prozent von Privaten gezeichnet werden sollte. Die Bauunternehmungen sollten verpflichtet werden, Obligationen im Umfange des Mehrerfordernisses, für alle Fälle aber mindestens in der Höhe von zwei Millionen Schilling, zu übernehmen. Der A.E.G. Berlin blieb die Zustimmung zum Projekte vorbehalten, wobei festgesetzt wurde, daß nach Möglichkeit die Variante II ausgeführt werden sollte.

Sollte es wider Erwarten nicht zum Bau des Tauernwerkes kommen, dann war das Land Salzburg verpflichtet, die von der A.E.G. Berlin gezeichneten Aktien zum Nominale zu übernehmen. Diese Übernahmsverpflichtung war nur eine formelle, da inzwischen Finanzminister Dr. Juch erklärt hatte, im Bedarfsfalle an Stelle des Landes Salzburg Großbanken oder andere Interessenten zur Aktienübernahme heranziehen zu wollen.

Die A.E.G. Berlin machte die sofortige Zeichnung von Aktien davon abhängig, daß das Tauernwerk noch im Jahre 1930 als begünstigter Bau erklärt werden sollte, da nur dann eine Fortsetzung der von ihr auf dem Moserboden begonnenen Versuchsbauten gerechtfertigt sei. Mit dieser Begünstigungserklärung sollte die Generalidee des Tauernwerkes als Grundlage des zur Ausführung geplanten Wasserkraftprojektes anerkannt werden. Sollte diese Begünstigungserklärung jedoch im Jahre 1930 nicht ausgesprochen werden können, dann verlangte die A.E.G. Berlin zumindest eine klare Entscheidung über die Ablehnung ihres Gesuches. Kam es zur Ablehnung, dann war die A.E.G. Berlin berechtigt, die bisher auf ihren Aktienanteil an der Glocknerstraße eingezahlten Beträge sofort zurückzuverlangen.

Das Finanzministerium verlangte von mir Auskunft darüber, ob es wahrscheinlich sei, daß die präliminierten Baukosten überschritten werden würden. Ich erklärte, daß Straßen ähnlicher Art in Österreich in den letzten hundert Jahren (Stilfserjoch) nicht gebaut worden seien, daß daher aus neuerer Zeit Erfahrungswerte über tatsächliche Ausführungskosten nicht vorliegen. Das voraussichtliche Gelderfordernis sei auf

Grund der vorhandenen generellen Unterlagen ermittelt worden. Solange noch keine Einzelentwürfe vorliegen, sei jede genauere Kostenermittlung unmöglich. Größere Materialbewegungen, unvorhergesehene Schwierigkeiten, die sich erst beim Aufschluß des Geländes zeigen würden, und ungünstige Witterungsverhältnisse könnten die Baudurchführung nicht nur erschweren und zu einer Verlängerung der Bauzeit führen, sondern darüber hinaus auch die Kostenfrage e n t s c h e i d e n d beeinflussen.

Am 12. Mai berichtete ich dem Komitee ausführlich über die eingelangten Anbote und über das Ergebnis meiner Verhandlungen mit den Baufirmen. Danach waren die Baukosten bei Ausführung nach Variante I mit insgesamt 13 Millionen Schilling, nach Variante II mit 19,500.000 Schilling einzuschätzen, wenn man der Ausführung die am besten entsprechenden Anbote zugrunde legte. Es wurde beschlossen, aus allen anbietenden Firmengruppen die schon früher erwähnten beiden Firmenkonsortien I und II auszuwählen. Mit diesen beiden Firmenkonsortien verhandelte ich dann auf der Basis, daß das Konsortium I die Durchzugsstraße von Dorf Fusch über das Fuschertörl und das Hochtor nach Heiligenblut, das Konsortium II die Aussichts= straße vom Kasereck auf die Franz=Josephs=Höhe ausbauen sollte, falls die Variante I der Scheitelstrecke zur Ausführung kam. Entschied man sich jedoch für die Variante II, dann bliebe der Bauumfang für das Konsortium II unverändert und das Konsortium I hätte die Strecke von Dorf Fusch durch den Pfandlschartentunnel bis zur Franz= Josephs=Höhe sowie die Strecke Kasereck—Heiligenblut zu bauen.

Am 15. Mai berichtete ich neuerlich dem Proponentenkomitee über meine Ver= handlungen mit den beiden Firmenkonsortien. Nach längerer Wechselrede wurde mein Aufteilungsvorschlag angenommen, da der Versuch, beide Konsortien zu einem ein= zigen zu vereinigen, fehlgeschlagen war. Die Firmen mußten sich bereit erklären, einen Kredit in der Höhe von zwei Millionen Schilling vorzulegen und am Schlusse des Baues Obligationen in der Höhe von mindestens zwei Millionen Schilling zu über= nehmen. Überdies mußten sie sich zur Zeichnung von Aktien im Nominale von 550.000 Schilling verpflichten. Dies alles hatte zur Voraussetzung, daß die Bau= vergebung binnen kürzester Frist erfolgen würde.

Inzwischen war die Zeit schon so weit vorgeschritten, daß man an die Inangriff= nahme der Detailprojektsarbeiten an Ort und Stelle schreiten konnte. Mein Vorschlag ging dahin, sofort eine Reihe von Trassierungsgruppen aufzustellen, die mit aller Beschleunigung die Aufnahmen im Terrain durchführen und die Detailprojekte aus= arbeiten sollten. Das war aber nicht möglich. Wenn auch das Proponentenkomitee gegründet war, G e l d hatte es keines. Das Büro, das ich in Salzburg notdürftig eingerichtet hatte, bestand nur aus mir, meiner Frau als ehrenamtlicher Privatsekretärin und aus einem Zeichner.

So verging die erste Hälfte des Monates Juni damit, daß ich die Schlußbriefe durcharbeitete, die mit den Bauunternehmungen abzuschließen waren, daß ich für die durchzuführenden Grundeinlösungen die erforderlichen Erhebungen anstellte und mich allen Fragen der Organisation des kommenden Baues widmete.

Immer mehr und immer energischer drängte ich auf den Beginn der Detailprojek= tierungsarbeiten. Endlich erklärten sich die beiden Firmenkonsortien in der letzten Juniwoche bereit, mit diesen Arbeiten zu beginnen, obwohl eine Vergebung des Baues noch gar nicht erfolgt war. Viel kostbare Zeit war inzwischen verlorengegangen.

Sofort fuhr ich mit Firmeningenieuren hinaus und leitete die Trassierungsarbeiten ein. Bald war ich auf der Nordrampe, bald auf der Südrampe und vom frühen Morgen bis zum späten Abend war ich auf den Beinen. Am besten wäre es gewesen, ich hätte mich in so viele Teile spalten können, als Trassierungsabteilungen an der Arbeit waren. Jetzt mußte in wenigen Monaten d a s eingeholt werden, was mir trotz jahre= langem Bemühen nicht durchzusetzen geglückt war: die Beschaffung der baureifen Einzelentwürfe.

Späterhin war es ja sehr leicht, immer wieder die Frage zu stellen: w a r u m hat man denn den Bau der Großglockner=Hochalpenstraße beschlossen, o h n e s i c h v o r h e r durch einwandfreie Detailprojekte genaue Klarheit über den Kostenpunkt zu verschaffen?

Was jahrelang von vielen Seiten und insbesondere von den maßgebenden Stellen als U t o p i e bezeichnet worden war, wurde auf einmal vollster Ernst. Wofür früher kein Geld übrig war, fehlte ja selbst j e t z t im entscheidenden Augenblick noch immer das Geld oder der gute Wille, Geld herzugeben. Die immer mehr ansteigende Arbeitslosigkeit, die unabweisliche Notwendigkeit, endlich einmal mit einer G r o ß = a r b e i t zu beginnen, z w a n g e n dazu, auch das Projekt der Großglockner=Hoch= alpenstraße aufzugreifen, für deren Bau wenigstens die ersten Grundlagen, ein genereller Entwurf, vorhanden waren, Unterlagen, die für viele andere zur Durch= führung geplanten Bauten gänzlich fehlten.

Endlich einmal raffte man sich dazu auf, ernstlich Anstalten zu einer Hebung der Volkswirtschaft Österreichs zu treffen. Steine waren auf diesen Weg mehr als genug gewälzt, die ihn verrammelt und ungangbar gemacht hatten. Ohne die Tatkraft eines Dr. R e h r l und ohne den starken Willen eines Dr. J u c h, die wie Sturmböcke in die Tatenlosigkeit der damaligen Zeit vorstießen, ohne den Mut, auch in der Zukunft die Verantwortung für die Bauinangriffnahme der Großglockner=Hochalpenstraße auf sich zu nehmen und das Werk zu einem guten Ende zu führen, ohne die Begeisterung für eine gute Sache, die der eigenen Heimat zum Segen gereichen sollte, und ohne Freude am eigenen Schaffen und am Schaffen vieler tausender Arbeiter, die immer lauter nach Arbeit und Brot riefen, wäre die Großglockner=Hochalpenstraße n i e gebaut worden.

Saboteure umlauerten schon damals aus Neid, Unverstand oder Trägheit dieses Werk und wenn man erst darauf gewartet hätte, bis diese Saboteure das wenige Geld für die Detailprojektsverfassung bereitgestellt hätten, dann hätte man wahrlich graue Haare bekommen können und trotzdem die „vorherige Fertigstellung der Detail= projekte als Basis der Finanzierung" n i e erlebt.

Am 4. August 1930 kam zwischen dem österreichischen Bundesschatz und dem Proponentenkomitee der Tauernwerke A.G. ein Syndikatsvertrag zustande, in welchem festgelegt war, daß der österreichische Bundesschatz dafür hafte, für das vom Pro= ponentenkomitee der Tauernwerke A.G. zu übernehmende Aktienpaket einen anderen Partner zu bestimmen, falls die Erklärung des Tauernwerkes als begünstigter Bau bis 28. Februar 1931 n i c h t erfolgen sollte. Dieser Syndikatsvertrag erhielt am gleichen Tage die Genehmigung des M i n i s t e r r a t e s.

Der gleiche Ministerrat beschloß die Durchführung des Baues der Großglockner= Hochalpenstraße.

Am 6. A u g u s t fand die B a u v e r g e b u n g im Landtagssitzungssaale der Salzburger Landesregierung an die beiden schon früher erwähnten Firmenkonsortien und die Gegenzeichnung der Schlußbriefe statt.

Nach langem und schwerem Ringen hatte e n d l i c h die Stunde der Verwirk=

lichung des Projektes geschlagen. Und damit begann ein Arbeitskampf, wie ihn das Hochgebirge bisher nur selten gesehen hatte, ein Kampf mit den Naturgewalten, wie er erbitterter noch nie geführt worden ist. Aber es war wert, diesen Kampf bis ins Letzte mit aller Energie durchzufechten, denn sein Ziel war schließlich die in aller Zukunft nie wieder wegzuleugnende Tat:

Die Großglockner-Hochalpenstraße.

10. Vorarbeiten und Baustelleneinrichtung im Herbst 1930, der erste Spatenstich

In der letzten Juniwoche war seitens der Bauunternehmungen mit den Aufnahmen für die Verfassung der Detailprojekte durch mehrere Aufnahmeabteilungen begonnen worden. Jede solche Aufnahmeabteilung bestand aus einem leitenden und einer Anzahl zugeteilter Ingenieure samt Technikern und Meßgehilfen.

Die im Gelände durchgeführten Aufnahmen hielten sich möglichst genau an den von mir in den Jahren 1924 und 1925 trassierten Linienzug. Hätte ich diesen Linienzug damals mit Holzpflöcken versichert gehabt, so wären sie in der Zwischenzeit längst verfault und nicht mehr aufzufinden gewesen. Vorsorglicherweise hatte ich aber alle Standpunkte durch kleine Steinmännchen bezeichnet, die in den von mir verfaßten Lageplänen 1:5000 eingetragen und nun auch leicht wieder in der Natur aufzufinden waren.

In der Strecke von Dorf Fusch bis Ferleiten arbeiteten vier, in den Strecken von Ferleiten bis Piffkar und vom Piffkar bis Hochmais je zwei Aufnahmegruppen. Es waren dies jene Strecken, in denen auf der Nordseite zuerst mit den Bauarbeiten begonnen werden sollte. Auf der Südseite waren von Heiligenblut bis zum Kasereck drei, von dort bis zum Vereinigungspunkt mit der alten Glocknerhausstraße am Schobereck zwei, anschließend bis zum Glocknerhaus vier und weiter auf die Franz-Josephs-Höhe hinauf drei Aufnahmegruppen tätig. Damit waren alle jene Strecken besetzt, die sowohl bei der Linienführung nach der Variante I als auch nach der Variante II zur Ausführung kommen mußten.

In der Scheitelstrecke nach Variante I und in der Scheitelstrecke nach der Variante II waren je drei Aufnahmegruppen beschäftigt. Da die genaue Absteckung der Trasse in den Scheitelstrecken und die vollständige Detailaufnahme, wie sie für die Detailprojektsausarbeitung notwendig gewesen wäre, bis zum Wintereintritt nicht hätten vollendet werden können, beschränkten sich die letzterwähnten sechs Aufnahmegruppen auf das Aufstellen von zwei Meter hohen Signalen entlang der ganzen Straßentrasse und die Triangulierung dieser Punkte, die das Gerippe für die stereophotogrammetrischen Aufnahmen bilden mußten. Nach vollendeter Signalaufstellung begannen in beiden Scheitelstrecken die photogrammetrischen Aufnahmen durch sechs Arbeitsgruppen.

Die in den Strecken von Dorf Fusch bis Hochmais und von Heiligenblut bis auf die Franz-Josephs-Höhe tätigen Ingenieure legten die erforderlichen Polygonzüge und Nivellements, nahmen das Gelände in einem genügend breiten Streifen tachymetrisch auf und verfertigten Lagepläne mit Schichtenlinienabstand von Meter zu Meter. In diese Schichtenpläne wurde die Trasse Stück für Stück eingelegt. Hierauf erfolgten die Absteckung der Straßenachse in der Natur, die Aufnahme der Querprofile, das Auftragen derselben und das Einzeichnen des Straßenkunstkörpers, die Berechnung der Massen und die Anfertigung der Massenpläne zur Feststellung des Massenausgleichs.

Immer wieder mußte in einzelnen Teilstrecken die Straßenachse entweder zur Bergseite oder zur Talseite verschoben werden, um den günstigsten Massenausgleich zu erzielen. Zug um Zug wurde so das Projekt in seinen einzelnen Teilstrecken durchgearbeitet, überprüft und schließlich jene Teilstrecken, die voll entsprachen und noch im Jahre 1930 in Angriff genommen werden sollten, von mir zur Bauinangriffnahme freigegeben.

Diese Strecken umfaßten auf beiden Rampen zusammen schließlich 13.1 Kilometer. Für die restlichen Baustrecken, in denen ohnedies im Herbst 1930 mit den Bauarbeiten nicht mehr begonnen werden konnte, war die vollständige Aufnahme im Gelände so weit durchzuführen, daß die Projektsverfassung während der Wintermonate möglich war.

In den Scheitelstrecken, in denen die Auswertung der gemachten photogrammetrischen Aufnahmen mehrere Monate in Anspruch nahm, kam überhaupt nur die Detailprojektsverfassung während der Wintermonate in Frage.

Überall wurde mit Hochdruck gearbeitet. Die Aufnahmeabteilungen in den tiefer gelegenen Strecken der beiden Rampen quartierten sich in den wenigen vorhandenen Gaststätten und Schutzhütten ein. In den hochgelegenen Strecken hausten sie in Zelten. Tatsächlich gelang es, das ganze Aufnahmeprogramm fast lückenlos bis zum Wintereinbruch durchzuführen. Dabei ging es nicht ohne Zwischenfälle ab.

In der Scheitelstrecke nach Variante I war knapp unterhalb des Hochtors eine kleine Hütte für die Unterbringung der Aufnahmeabteilung in Aufstellung begriffen. Sie war noch nicht ganz fertig, als sie durch einen Sturm in ihre Bestandteile zerlegt und über den Hochtorsattel hinweg ins Seidlwinkeltal entführt wurde. Am Elendboden zwischen dem Hochtor und dem Mittertörl hatte schon die Aufnahmegruppe Pech, die die Signale aufstellte. Sie wurde von einem furchtbaren Hochgewitter überrascht, mußte das vom Wasser überflutete Zelt räumen und die Nacht im stärksten Unwetter im Freien verbringen.

Noch schlechter ging es dann der Abteilung, die nach ihr die photogrammetrischen Aufnahmen durchzuführen hatte. Gerade als die Aufnahmen dem Ende zugingen, schneite es die ganze Abteilung mitsamt ihrem Zelt ein. Als der Schneefall schon mehrere Tage angehalten hatte und keine Aussicht auf Wetterbesserung bestand, erkämpfte sie sich am 24. Oktober durch tiefen Schnee den Weg ins Tal hinunter und ließ ihre ganze Ausrüstung im Zelt zurück.

Am nächsten Tag, als sich das Wetter gebessert hatte, wurde eine Träger-Kolonne von acht Mann unter Führung eines Bergführers auf den Elendboden hinaufgeschickt, um die Instrumente, die sonstige Ausrüstung und die Zelte zu bergen. Die Kolonne erreichte auch tatsächlich das Zeltlager am Elendboden. Da der Marsch im tiefen Neuschnee sehr anstrengend gewesen war, krochen die Leute in die Zelte und stärkten sich an den dort zurückgebliebenen Vorräten, unter denen sich auch ein kleines Fäßchen Rum befand.

Am Nachmittag trat neuerlicher Schneefall ein und es begann zu stürmen. Statt das Unwetter abzuwarten, die Nacht in den schützenden Zelten zu verbringen und mit dem Aufbruch bis zum nächsten Morgen zuzuwarten, beschloß die Trägerkolonne — obwohl es schon 5 Uhr nachmittags war und dunkel zu werden begann —, den Rückmarsch sofort anzutreten. Mit vieler Mühe und Not fanden sie in der mittlerweile eingebrochenen Dunkelheit den Übergang über das Fuschertörl. Sie hatten aber die Unvorsichtigkeit begangen, sich in zwei Gruppen zu teilen. Ein Mann der zweiten Gruppe, der — wie sich später herausstellte — herzkrank war, erlitt am Fuschertörl einen Herzschlag und starb. Seine drei Begleiter bemühten sich, ihn talab zu tragen, mußten aber schließlich erschöpft hievon ablassen. Im Schneesturm stapften sie im Finstern den Hang hinunter über das Obere Naßfeld auf das Untere Naßfeld, wo sie schließlich nicht mehr weiter konnten und sich, vor dem herrschenden Sturm Schutz suchend, an ein paar große Felsblöcke anlehnten.

Inzwischen waren von der ersten Gruppe zwei Mann vorausgeeilt, um die in den Baracken am Hochmais untergebrachten Arbeiter zu alarmieren. Sofort brachen um 1 Uhr nachts unter der Führung von Ing. Goebel Rettungskolonnen mit Sturmlaternen auf, die zuerst die restlichen drei Mann der ersten Gruppe, die den Weg verfehlt hatten und am Steilhang im Finstern herumtappten, in Sicherheit brachten. Dann stiegen die Kolonnen immer höher hinauf und fanden endlich durch einen Zufall die drei an die Felsblöcke gekauerten erschöpften Träger, die bereits schwere Erfrierungen erlitten hatten. Von ihnen erfuhren sie auch vom Tode eines Mannes am Fuschertörl.

Nun wurden die drei Mann zu Tal geschafft und eine kleine Bergungskolonne holte auch noch den Toten vom Fuschertörl ab. Ganz unnotwendigerweise hatte der Glocknerstraßenbau auf diese Weise das erste Todesopfer gefordert. Die schweren Erfrierungen der anderen drei Mann sind schließlich in verhältnismäßig kurzer Zeit geheilt. Sie verdankten ihr Leben aber nur dem Opfermut der Rettungskolonne, die in stockdunkler Nacht bei stärkstem Schneesturm sich auf die Suche nach ihnen ge= macht hatte. Eine Woche später wurde dann die ganze Ausrüstung der photogram= metrischen Abteilung doch noch geborgen.

In der Schüttstrecke ober= und unterhalb der Fleißkehre waren die erforderlichen Maßnahmen für die Entwässerung des Moränenhanges zu treffen. Hier mußte ein besonderes Projekt ausgearbeitet werden. Die Wildbachverbauungssektion Villach mit ihrem Leiter Oberforstrat Ing. Steinwender hatte einen ausgezeichneten Ruf und hatte in nächster Nähe von Heiligenblut ähnliche Arbeiten bereits mit bestem Erfolg ausgeführt. Ich setzte mich daher mit dieser Abteilung in Verbindung, die schließlich auch die Projektsausarbeitung und die örtliche Bauleitung für die durchzuführenden Quellfassungen und Wasserableitungen übernahm.

Zu den wichtigsten Vorarbeiten, die überall beendet sein mußten, bevor die Bau= durchführung in Angriff genommen werden konnte, gehörte die Einlösung jenes Grundstreifens, auf dem die Straße gebaut werden sollte. Sobald die Trassenführung in einer Teilstrecke der Straße endgültig festlag, wurden sofort die Verhandlungen mit den Grundbesitzern aufgenommen, die oft ziemlich langwierig waren, aber schließ= lich dank der tatkräftigen Mitwirkung des Bundeswirtschaftsrates Gritschacher und der vorzüglichen Verhandlungstaktik des Regierungsdirektors Dr. Wallentin der Salz= burger Landesregierung doch immer zu einem gütlichen Einvernehmen über die Höhe des Ablösebetrages führten. Dabei ergaben sich zu beiden Seiten des Tauernhaupt= kammes gänzlich verschiedene Verhältnisse.

Während auf der Nordseite die höchsten Felder nicht über 1100 Meter hinauf= reichen, klettern sie auf der Südseite bis auf 1650 Meter. Das hat seine tieferen Ur= sachen, die einerseits in dem natürlichen Vegetationsunterschied zwischen Schattseite und Sonnseite, andererseits in Umständen begründet sind, die einer näheren Erläute= rung bedürfen.

Auf der Nordseite sind die Besitzer Bauern, deren Vorfahren auch wieder nichts anderes als B a u e r n waren. Sie betreiben seit jeher Land-, Vieh- und Forstwirtschaft und leben von deren Erträgnissen. Auf der Südseite sind nur wenige Besitzer Bauern. Die meisten sind Kleinkeuschler, die nur mit alleräußerster Anstrengung von d e m kärglich zu leben vermögen, was ihnen die dürftige Scholle bietet.

Die Vorfahren dieser Kleinkeuschler waren B e r g k n a p p e n, die in den Gold-bergbauen am Großglockner, im Guttal, am Hochtor und im Fleißtal arbeiteten und sich damit ihren Lebensunterhalt verdienten. Die Familien dieser Bergknappen siedel-ten sich in möglichster Nähe der Bergbaue an. Für sie waren die Bewirtschaftung und die Viehhaltung willkommene Zubußen zum Verdienst des Familienerhalters als Berg-knappe. Mit der Auflassung der Bergbaubetriebe verloren die Bergknappen ihren Verdienst. Nun blieb ihnen nur mehr d a s zum Leben, was sie aus ihren bescheide-nen Grundstücken und dem geringen Viehstand, den sie besaßen, herauswirtschaften konnten. Und das war herzlich wenig. Sie waren daher zu intensivster Bewirtschaftung des Bodens bis hoch hinauf gezwungen.

Für solche Kleinkeuschler bedeutete die Wegnahme auch der kleinsten Bodenfläche eine empfindliche Beeinträchtigung ihrer Lebenshaltung. Aus diesem Grunde erreichten die für Wirtschaftserschwernisse zu leistenden Entschädigungen oft ein Vielfaches des Ablösebetrages für den in Anspruch genommenen Grund und Boden. Die Folge davon war, daß für die Grundablösung auf der Südseite bei weitem höhere Beträge auf-gewendet werden mußten, als dies auf der Nordseite der Straße der Fall war.

Hiezu kam noch die Frage der Ablösung der obersten Strecke der Alpenvereins-straße zum Glocknerhaus, die vom Schobereck bis zum Glocknerhaus überhaupt verschwinden mußte und durch die neue Straße ersetzt werden sollte. Für die Alpen-vereinssektion Klagenfurt, die für die Benützung der alten Glocknerhausstraße von Heiligenblut bis zum Glocknerhaus eine Maut von fünf Schilling je Person einhob, bedeutete der künftige Fortfall des Straßenzolles einen Entgang an Einnahmen, die Außerdienststellung der alten Straße jedoch eine wesentliche Entlastung von allen Ausgaben für die Straßenerhaltung. Die unterste Strecke der Alpenvereinsstraße von Heiligenblut bis zum Schobereck, die dem Alpenverein verblieb, wurde jedoch gänzlich wertlos, da die neue Straße ja eine ganz andere Entwicklung über das Fleißtal und das Kasereck zur Höhe nahm. Die Verhandlungen über die Höhe des zu leistenden Ent-schädigungsbetrages führten vorläufig zu keinem Ergebnis.

So wie überall waren einige Grundbesitzer der Meinung, daß sie bei den Grund-ablösungsverhandlungen das große Los ziehen könnten und stellten daher ganz außer-gewöhnlich hohe Forderungen. Da das Straßenunternehmen kein Wohltätigkeitsverein war, mußten diese Forderungen abgelehnt und auf das gebührliche Maß herabgesetzt werden.

Am 12. August wurde das Bauvorhaben der Großglockner-Hochalpenstraße als b e g ü n s t i g t e r B a u erklärt.

In der Zeit vom 27. bis 29. August fanden seitens des Bundesministeriums für Handel und Verkehr informative Lokalverhandlungen in Heiligenblut und Ferleiten statt, bei denen jene Bedingungen festgelegt wurden, die aus öffentlichem Interesse beim Bau der Straßen zu beachten waren.

Bei dieser Verhandlung gab die Sektion Klagenfurt namens des Alpenvereins die Erklärung ab, daß sie eine Verlängerung der Straße über das Glocknerhaus hinaus, also die projektierte Fortsetzung vom Glocknerhaus auf die Franz-Josephs-Höhe, aus Gründen des Naturschutzes a b l e h n e. Die Gemeinde Fusch erklärte sich bereit, die alte schmale Gemeindestraße von Fusch nach Ferleiten unentgeltlich an das Straßenunternehmen abzutreten. Die Gemeinde Zell am See setzte sich besonders warm für die Linienführung der Scheitelstrecke nach der Variante II unter der Pfandl-scharte hindurch ein.

Nach Feststellung der Baubedingungen erteilte die Amtsabordnung dem Propo-nentenkomitee der Großglockner-Hochalpenstraße die vorläufige Bewilligung, in der Strecke von Dorf Fusch bis zum Hochmais auf der Nordrampe, und von Heiligenblut bis auf die Franz-Josephs-Höhe auf der Südrampe mit den Bauarbeiten unter der Voraussetzung zu beginnen, daß die Detailprojekte für die einzelnen Bauabschnitte sofort zu verfassen und zur behördlichen Genehmigung einzureichen seien.

Inzwischen war nicht nur die Ausarbeitung der Detailprojekte für einzelne kürzere Teilstrecken, sondern auch die Einrichtung der Baustellen so weit fortgeschritten, daß die Bauinangriffnahme erfolgen konnte.

Während in Fusch und in Heiligenblut mehrere hundert Arbeiter in Bauernhöfen und Gasthöfen einquartiert werden konnten, waren höher hinauf Vorkehrungen für die Unterbringung der Arbeitskräfte erst zu treffen. Zerlegbare Baracken, die innerhalb weniger Tage aufgestellt werden konnten, wurden herangeschafft und in nächster Nähe der Schwerpunkte der künftigen Arbeiten in Gruppen aufgestellt.

Die Anlieferung dieser Barackenteile gestaltete sich dort schwierig, wo keine Fahr-wege vorhanden waren. Mit Tragtieren, Trägerkolonnen und Traktoren wurden sie an die Aufstellungsplätze geschafft. Schon Ende August standen auf der Nordrampe in drei Baulagern Baracken für 454 Mann, auf der Südrampe in ebensoviel Baulagern Unterkünfte für 423 Mann nebst den erforderlichen Magazinen, Arbeiterkantinen, Verkaufsständen, Werkstätten, Ingenieur- und Bürohäusern für den Beginn der eigentlichen Bauarbeiten bereit. Kompressoren, Preßluftleitungen und Bohrhämmer, Schotterquetschen, Sandmühlen, Feldbahnmaterial und alles erforderliche Werkzeug waren an die einzelnen Baustellen geliefert worden und nächst dem Glocknerhaus befand sich eine kleine Wasserkraftanlage im Bau, die einen Teil der erforderlichen Antriebskraft für die verschiedenartigsten Baumaschinen liefern sollte.

Bei herrlichstem Wetter konnte am 30. August 1930 die Feier des e r s t e n S p r e n g s c h u s s e s in Ferleiten begangen werden. Viele Hunderte von Festgästen hatten sich eingefunden. Nach einer Ansprache des Landeshauptmannes Dr. Rehrl donnerten zum erstenmal Hunderte von Sprengschüssen entlang der untersten An-stiegstrecke der Straße. In mächtigem Widerhall antworteten die steilen Bergwände, die zu beiden Seiten des Tales aufragen. Gewaltige Felsblöcke lösten sich in Trümmer auf, die weithin durch die Luft flogen und den Steilhang herabkollerten.

Erst an diesem Tage, das fühlte ich, war das Schicksal der Glocknerstraße ent-schieden. Es wurde wirklich gebaut. D e r A n f a n g w a r g e m a c h t und nun galt es für mich nur eines: Die Verantwortung für die tatsächliche Bauinangriffnahme in aller Zukunft zu tragen und durchzuhalten bis ans Ende.

Ich stand mit meiner Frau etwas abseits von den Ehrengästen. Wir drückten uns stumm die Hand in dem Bewußtsein, daß soeben ein großes Werk aus der Taufe gehoben worden sei, daß wir nun durch Jahre hindurch keine andere Aufgabe haben würden, als in treuer Kameradschaft zusammenzustehen und alle kommenden Ent-behrungen und Sorgen gemeinsam zu tragen, um die mir gestellte Aufgabe in best-möglicher Weise durchzuführen und zu vollenden.

11. Die Bauarbeiten im Herbst 1930

Auf jeder der beiden Straßenrampen hatte ich die vorläufig in Betracht kommenden Baustrecken in mehrere Baulose unterteilt. Die gegenseitige Abgrenzung dieser Abschnitte trug sowohl den durch die Natur gegebenen Verhältnissen als auch dem Aufteilungsschlüssel Rechnung, der den Arbeitsumfang der einzelnen Baufirmen im Rahmen ihrer Konsortien regelte.

Die Einteilung war folgende:

Auf der N o r d r a m p e (Dorf Fusch—Hochmais):

B a u l o s 1 von D o r f F u s c h durch die Bärenschlucht nach F e r l e i t e n mit teilweiser Benützung der Linienführung des alten schmalen Fahrweges in dieser Strecke. Länge der Baustrecke 7.2 Kilometer, tiefster Punkt 805 Meter, höchster Punkt 1145 Meter, Höhenunterschied 340 Meter, durchschnittliche Steigung 4.7 Prozent, Höchststeigung 10.4 Prozent.

B a u l o s 2 von F e r l e i t e n über die Piffalm zum P i f f k a r. Länge der Baustrecke 4.8 Kilometer, tiefster Punkt 1145 Meter, höchster Punkt 1620 Meter, Höhenunterschied 475 Meter, durchschnittliche Steigung 9.9 Prozent, Höchststeigung 12.0 Prozent.

B a u l o s 3 vom P i f f k a r zum H o c h m a i s, das ist ungefähr jene Stelle, an der sich der Gabelungspunkt der beiden Varianten der Scheitelstrecke befand. Länge der Baustrecke 2.3 Kilometer, tiefster Punkt 1620 Meter, höchster Punkt 1850 Meter, Höhenunterschied 230 Meter, durchschnittliche Steigung 10.0 Prozent, Höchststeigung 11.1 Prozent.

Auf der S ü d r a m p e (Heiligenblut—Franz*Josephs*Höhe):

B a u l o s 4 von H e i l i g e n b l u t über das Fleißtal zum K a s e r e c k, das ist bis zu jener Stelle, an der nach dem ursprünglichen Entwurf die Scheitelstrecke nach Variante I zum Hochtor abzweigen sollte. Länge der Strecke 5.9 Kilometer, tiefster Punkt 1301 Meter, höchster Punkt 1913 Meter, Höhenunterschied 612 Meter, durchschnittliche Steigung 10.4 Prozent, Höchststeigung 11.8 Prozent.

B a u l o s 5 vom K a s e r e c k über das Guttal zum S c h o b e r e c k, das ist jener Punkt, an dem die alte Glocknerhausstraße, die über die Gollmitzen von Heiligenblut heraufkam, in die neue Straße einmündete. Länge der Strecke 2.7 Kilometer, tiefster Punkt 1859 Meter, höchster Punkt 1913 Meter, Höhenunterschied 54 Meter, durchschnittliche Steigung 2.0 Prozent, Höchststeigung 8.2 Prozent.

B a u l o s 6 vom S c h o b e r e c k bis zum G l o c k n e r h a u s mit angenäherter Benützung der Linienführung der bestehenden schmalen Glocknerhausstraße. Länge der Baustrecke 4.5 Kilometer, tiefster Punkt 1859 Meter, höchster Punkt 2148 Meter, Höhenunterschied 289 Meter, durchschnittliche Steigung 6.3 Prozent, Höchststeigung 11.5 Prozent.

B a u l o s 7 vom G l o c k n e r h a u s in die Talmulde des Pfandlschartenbaches und durch die Freiwand zum Parkplatz II auf der F r a n z * J o s e p h s * H ö h e, an welcher Stelle die Scheitelstrecke nach Variante II (durch den Pfandlschartentunnel) einmünden sollte. Länge der Baustrecke 2.9 Kilometer, tiefster Punkt 2148 Meter, höchster Punkt 2362 Meter, Höhenunterschied 214 Meter, durchschnittliche Steigung 8.0 Prozent, Höchststeigung 12.0 Prozent.

Diese sieben Baulose umfaßten auf der Nordrampe 14.3 Kilometer, auf der Süd=
rampe 16.0 Kilometer, insgesamt daher 30.3 Kilometer.

Der 30. August war für die Inangriffnahme eines Hochgebirgsstraßenbaues ein
reichlich später Zeitpunkt. In den untersten Baustrecken, die weniger unter der Un=
gunst der Witterungsverhältnisse zu leiden hatten, war ein einigermaßen befriedigender
Baufortschritt vielleicht noch zu erwarten. In größeren Höhenlagen erschien dies aber
von vornherein ausgeschlossen. Hier mußten sich die Arbeiten in erster Linie auf die
möglichst weitgehende V o r b e r e i t u n g aller jener Maßnahmen beschränken, die
im kommenden Jahr eine Bauinangriffnahme in großem Stil ermöglichten.

Zug um Zug wurden die Einzelentwürfe über kürzere Teilstrecken ausgearbeitet
und fertiggestellt. Sie wurden von mir eingehend überprüft und dann für den Bau frei=
gegeben. So groß das zu bewältigende Arbeitspensum auch war, konnte doch noch im
Herbst 1930 in insgesamt 13.1 Straßenkilometern mit den eigentlichen Bauarbeiten
begonnen werden.

Im Baulos 1 von Dorf Fusch nach Ferleiten waren die Bauschwierigkeiten unter=
halb und oberhalb der Bärenschlucht nur gering. Anders lagen die Verhältnisse in der
Bärenschlucht selbst, in der umfangreiche Felssprengungen und Mauerherstellungen
erforderlich wurden. Im Zuge des schon früher bestandenen Fahrweges durch die
Schlucht gab es eine Unzahl alter Trockenmauern, die nicht nur unsachgemäß her=
gestellt, sondern auch viel zu schwach dimensioniert waren. Für die neue Straße
konnten sie keine Verwendung finden, sie mußten daher zur Gänze abgebrochen und
neu erstellt werden.

Um den Bedarf an Steinen für Mauerwerk, Packlage und Straßenschotter zu decken,
ließ ich unmittelbar neben der Straße zwei große Steinbrüche aufschließen und neben
ihnen Steinbrecher mit Sortieranlagen und Vorratssilos aufstellen. Mit Einbruch des
Winters waren die Arbeiten am Straßenkunstkörper unterhalb der Bärenschlucht nahe=
zu beendet. In der Schlucht selbst blieb die Bautätigkeit jedoch auf Mauerherstellungen
und den Bau kleinerer Brücken über zahlreiche Wildbäche beschränkt.

Im B a u l o s 2 von Ferleiten zum Piffkar bildete die tiefe Schlucht des Pfiersel=
grabens ein Hindernis, dessen Bewältigung in kurzer Zeit unmöglich war. Der sich
immer mehr eintiefende Wildbach hatte zu starken Blaikenbildungen entlang seiner
steilen Ufer geführt und eine solide Verbauung im Bereich jener Stelle notwendig
gemacht, an der ihn die Straße überqueren sollte. Solange dies nicht geschehen war,
konnte auch mit den Bauarbeiten für die Pfierselgrabenbrücke nicht begonnen werden.
Die Baustrecke hatte also hier einen K n o t e n , der nicht mit einem Hieb durch=
schlagen, sondern erst verhältnismäßig spät gelöst werden konnte. Zwangsläufig
blieben daher die ersten Arbeiten im untersten Teil dieses Abschnittes auf die Hang=
strecke von Ferleiten bis zum Eingang des Pfierselgrabens und auf die Vorarbeiten für
die Verbauung des Wildbaches beschränkt.

Um aber auch oberhalb des Pfierselgrabens mit den Bauarbeiten einsetzen zu
können, wurde der in der Sohle des Fuschertales von Ferleiten zur Traueralm
führende Almweg behelfsmäßig verbessert. Ein ziemlich steiler Wirtschaftsweg, der
von diesem Almweg abzweigte, wurde so weit hergerichtet, daß mit Raupenschleppern
und kleinen Anhängekarren alles Erforderliche an Baustoffen, Maschinen, Geräten und
Werkzeug auf die Piffalm hinaufgeschafft werden konnte.

Auch oberhalb der Piffalpe war es notwendig, zuerst einmal in dem bis dahin weg=
losen Gelände einen Hilfsweg herzustellen, auf dem der Zutransport der gesamten

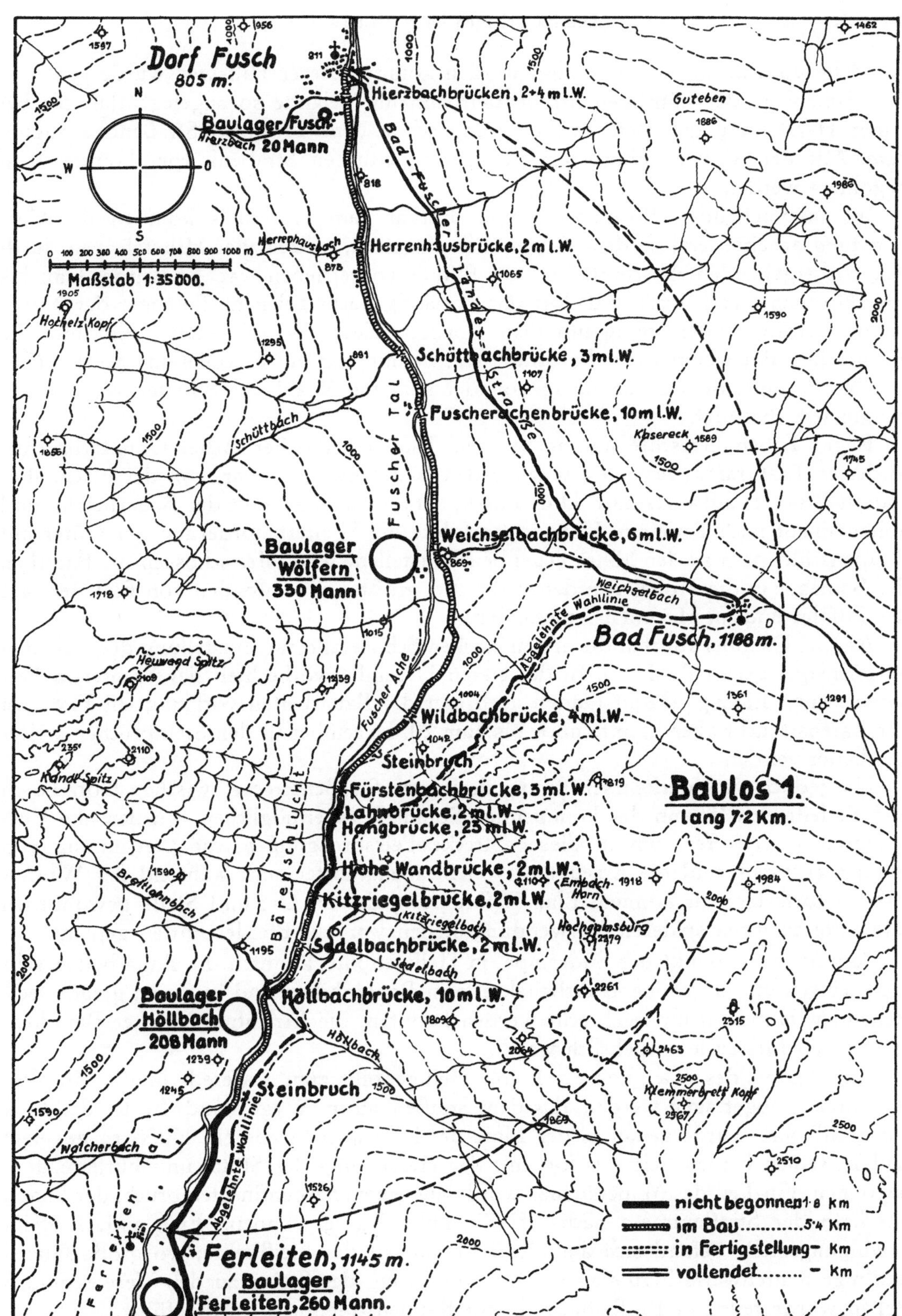

Das Baulos 1 im Spätherbst 1930

Baustelleneinrichtung bewerkstelligt werden konnte. Dieser Hilfsweg wurde genau in der Höhenlage der künftigen Straßenfahrbahn im Gelände so angelegt, daß die bei seiner Herstellung geleistete Erdbewegung schon dem künftigen Straßenbau zugute kam. Mit den Vollaushubarbeiten für den eigentlichen Straßenkörper konnte dann begonnen werden.

Im anschließenden B a u l o s 3 vom Piffkar zum Hochmais konnten die Vor= bereitungsarbeiten erst in dem Augenblick einsetzen, in dem der Hilfsfahrweg durch den vorhergehenden Abschnitt bis zum Piffkar vorgetrieben war. Er wurde dann bis zum Hochmais verlängert und dort das vorläufig höchstgelegene Baulager der Nord= rampe errichtet. Gleichzeitig mit dem Vortrieb dieses Weges setzten auch hier die eigentlichen Bauarbeiten für die Straße ein. Damit war die Erschließung jenes Teiles der Nordrampe, dessen Linienzug von der späteren Wahl der Scheitelstrecke unab= hängig war, beendet.

Reges Leben herrschte nun im ganzen Tale der Fuscher Ache. Ununterbrochen förderten Lastkraftwagen alles, was für den Bau notwendig war, von der Eisenbahn= station Bruck talaufwärts nach Dorf Fusch, dem Ausgangspunkt der Bauarbeiten, und höher hinauf nach Ferleiten. Von dort erfolgte die Weiterbeförderung der Güter mit Raupenschleppern zu den höher liegenden Baustellen. Wie Pilze schossen die Baracken der Baulager in die Höhe, von denen die drei größten im Talboden von Ferleiten, auf der Piffalm und im Hochmais entstanden.

Am 27. Oktober führten die ersten starken Schneefälle zur Einstellung der Arbeiten im höchstgelegenen Baulos 3. In der ersten Dezemberwoche hielt der Winter in Fer= leiten seinen Einzug. Damit fanden auch hier die Bauarbeiten vorläufig ein Ende. In der Bärenschlucht aber konnte noch bis zum 20. Dezember in den Steinbrüchen weiter gearbeitet werden.

Um jedoch eine Verkehrseröffnung der neuen Straßenstrecke zwischen Dorf Fusch und Ferleiten zu Beginn des kommenden Sommers zu ermöglichen, wurden alle Vor= bereitungen getroffen, um in dieser Strecke Felssprengungen, die Gewinnung von Mauerwerksstein und die Erzeugung von Straßenschotter auch während der Winter= monate fortsetzen zu können. Eine Beförderung der an Ort und Stelle gewonnenen Baustoffe zu ihren späteren Verwendungsstellen war mit Pferdeschlitten geplant.

Am Ausgangspunkt der Südrampe, in Heiligenblut, konnten die Bauarbeiten sehr rasch einsetzen, da genügend Arbeitskräfte in Bauernhöfen und in einem gerade leer= stehenden Hotelbau untergebracht werden konnten, die Errichtung eigener Baracken= lager somit fürs erste entbehrlich war.

Am Beginn des B a u l o s e s 4 von Heiligenblut zum Kasereck mußte ein altes Bauernhaus abgetragen werden, das dem Straßenbau im Wege stand. In der Richtung zur Fleißkehre wurde genau in der Linie der künftigen Straße ein Hilfsweg angelegt und zu seinen beiden Seiten sofort mit der Herstellung der Stütz= und Futtermauern begonnen. Ein Teil des Mauersteines wurde aus einem Serpentin=Steinbruch, der knapp oberhalb der Straßentrasse nächst Heiligenblut lag, gewonnen. Eine andere Stein= gewinnungsstelle befand sich am Fleißbach unweit der Fleißkehre, wo große Gneis= findlinge haufenweise herumlagen. Die Zulieferung der Steine zu den Verwendungs= stellen wurde teils mit Rollbahn, teils mit Raupenschleppern durchgeführt.

Da diese beiden Steinvorkommen aber nicht ausreichten, um den benötigten Stein= bedarf zur Gänze zu decken, mußte ich mich notgedrungen dazu entschließen, einen Teil der Mauern in Beton ausführen zu lassen. Vorzüglicher Betonschotter, den wir einer nicht verunreinigten Moränenablagerung im Zuge der Straße entnehmen konnten, stand für diesen Zweck zur Verfügung.

Auch in der untersten Teilstrecke d i e s e s Bauabschnittes befand sich ein K n o t e n. Es war dies die sogenannte S c h ü t t, in der der ganze Hang erst ent=wässert und gegen Rutschungen gesichert werden mußte, b e v o r mit den eigent=lichen Bauarbeiten begonnen werden konnte. In diesem etwa 200 Meter langen Straßenstück wurde vorläufig nur ein schmaler Weg angerissen und jegliche Bauarbeit bis zu dem Zeitpunkte zurückgestellt, in dem die Entwässerungsarbeiten beendet sein würden.

Es war geradezu erschreckend, wieviel Wasser dieser Hang, unmittelbar unter seiner Oberfläche, führte. Unser schmaler Hilfsweg drohte mehrmals den Hang hinunterzurutschen. Immer wieder mußten neue armdicke Quellaustritte abgefangen und abgeleitet werden.

Um die oberhalb der S c h ü t t liegende Baustrecke erschließen zu können, wurde ein Schrägaufzug errichtet, der ungefähr vom heutigen Mauthaus in der Fallinie des Hanges steil hinaufführte und einen Höhenunterschied von 280 Meter überwand. Er erreichte den oberen, von der Fleißkehre in der Richtung zum Kasereck führenden Straßenast in einer Höhe von etwa 1650 Meter. Am oberen Endpunkt des Schräg=aufzuges wurde sofort nach seiner Fertigstellung mit der Aufstellung von Baracken für ein größeres Baulager begonnen.

Zum B a u l o s 5 vom Kasereck zum Schobereck konnte man über die alte Glocknerhausstraße am Schobereck direkt zufahren. Von hier wurde ein Hilfsweg in der künftigen Straßenlinie bis zum Guttalbach vorgetrieben, an welcher Stelle im kommenden Jahr die Guttalbrücke gebaut werden sollte. Nächst der Guttalbrücke, im Schwerpunkt des Bauloses 5, wurde ein großes Baulager errichtet, das später noch durch ein kleineres am Kasereck ergänzt wurde.

Wesentlich einfacher lagen die Verhältnisse im angrenzenden B a u l o s 6 vom Schobereck zum Glocknerhaus. Über diese künftige Baustrecke konnte man ja in ihrer ganzen Länge auf der bereits bestehenden alten Glocknerhausstraße fahren. Es han=delte sich hier vorläufig nur darum, möglichst rasch ein großes Baulager am Palik und ein weiteres nächst dem Glocknerhaus zu errichten. Mit den eigentlichen Bauarbeiten wurde hier nicht mehr begonnen.

Unser ganzes Bestreben mußte vielmehr darauf gerichtet sein, noch vor Winter=einbruch einen möglichst großen Fortschritt in der Erschließung des nächstfolgenden, höchstgelegenen B a u l o s e s 7 vom Glocknerhaus auf die Franz=Josephs=Höhe zu erreichen.

Um für die hochgelegenen Teile der Südrampe die erforderliche Antriebsenergie für die Baumaschinen zu gewinnen, erwies sich die Erbauung eines Hilfskraftwerkes als zweckmäßig, das die Abflußmengen des Pfandlschartenbaches in einem Gefälle von etwa 140 Meter ausnützte und rund 200 Pferdestärken leisten konnte. Dieses Hilfs=kraftwerk wurde am 23. Oktober 1930 in Betrieb genommen. Es versorgte nicht nur das große Baulager nächst dem Glocknerhaus mit elektrischer Energie, sondern lieferte auch die Antriebskraft für eine Güterseilbahn, die die Verbindung dieses Baulagers mit dem Endpunkt der Baustrecke auf der Franz=Josephs=Höhe herstellte. Neben der Bergstation dieser Seilbahn entstand ein weiteres großes Baulager.

Nach diesen Vorarbeiten konnte zwischen dem Glocknerhaus und dem Pfandl=schartenbach noch im Spätherbst mit den eigentlichen Straßenbauarbeiten begonnen

werden. Umfangreiche Erdbewegungen, Felssprengungen und Mauerwerksherstel=
lungen wurden hier noch bis zum Einbruch des Winters ausgeführt.

In den beiden höchstgelegenen Baulosen 6 und 7 vom Schobereck bis zur Franz=
Josephs=Höhe mußten alle Arbeiten mit dem Einsetzen starker Schneefälle Mitte
November eingestellt werden. In den tiefer gelegenen Baulosen 4 und 5 konnte noch
bis Mitte Dezember gearbeitet werden. Schneefälle und starke Nachtfröste erzwangen
schließlich auch hier die Einwinterung der Baustellen.

Damit war auch auf der Südseite des Tauernhauptkammes die Erschließung der
Baustellen so weit durchgeführt, daß im nächsten Frühjahr die gleichzeitige Aufnahme
der Bauarbeiten in der gesamten Baustrecke gesichert war.

Alle Güter, die gebraucht wurden, waren auf dem weiten Wege von den Bahn=
höfen Lienz oder Dölsach im Drautal über den Iselsberg und durch das Obere Mölltal
vorerst bis Heiligenblut herangeschafft worden, bevor sie in der Richtung zum Fleiß=
tal oder Glocknerhaus weiter befördert werden konnten. In Anbetracht der durchwegs
sehr schmalen Zufahrtsstraßen war die Lösung dieses Transportproblems nicht immer
leicht.

Während des ganzen Herbstes arbeiteten Vermessungsabteilungen an der Detail=
trassierung für die noch nicht für den Bau freigegebenen Teile der beiden Straßen=
rampen und für die beiden Varianten über das Hochtor und durch die Pfandlscharte.
Die Fertigstellung dieser Aufnahmen im Gelände war besonders dringend, da die
Einzelentwürfe für sämtliche Baustrecken ja während des Winters zu Papier gebracht
und überprüft werden mußten.

Ich selbst befand mich in dieser Zeit ununterbrochen unterwegs. Bald war ich auf
den Baustellen der Nordrampe, bald auf jenen der Südrampe, dann wieder bei Grund=
einlösungsverhandlungen im Norden oder Süden, bei den verschiedenen Vermessungs=
gruppen auf beiden Straßenrampen oder in den Scheitelstrecken nach der Hochtor=
oder Pfandlschartenlinie. Immer wieder führte mich mein Weg zu jeder Tageszeit und
bei jedem Wetter über die Hohen Tauern. Immer eindringlicher kam mir zum Bewußt=
sein, daß n u r im Ausbau der V a r i a n t e I über das Hochtor und Fuschertörl die
richtige Lösung der Scheitelstrecke gegeben war.

Der Bau mußte zu ungefähr 80 Prozent mit zugewiesenen Arbeitslosen durch=
geführt werden. Schon in dieser ersten kurzen Bauperiode zeigte es sich, daß die
Arbeiterzuweisung viel zu wünschen übrig ließ. Friseure, Kellner und andere Erwerbs=
tätige, die noch nie eine Schaufel in der Hand gehabt hatten, vollkommen unzweck=
mäßig gekleidet und meist auch unterernährt waren, das waren nicht d i e Männer,
die den Grundstock der künftigen Glocknerstraßen=Arbeiter bilden sollten. Selbst der
beste Wille zur Arbeit nützte d a nichts, wo die körperliche Eignung fehlte. Es fand
denn auch ein ständiger Wechsel in den Belegschaften statt. Zwangsläufig schieden
alle jene aus, die den Anforderungen schwerer Arbeit im Hochgebirge nicht gewachsen
waren.

Eine gute und auskömmliche Verpflegung der Arbeiter wurde dadurch sicher=
gestellt, daß Güte, Menge und Preis aller Mahlzeiten verläßlichen Kantineuren vor=
geschrieben wurden. Um aber auch den Bedarf der Werktätigen an Bekleidung,
Wäsche, Beschuhung und dergleichen sicherzustellen, wurden eigene Verkaufs=
genossenschaften gegründet, die in bestimmten Baulagern ihre Verkaufsstellen unter=
hielten.

Für jede der beiden Straßenrampen wurde ein Arzt bestellt. In den höheren Lagern wurden Krankenzimmer eingerichtet, in den tiefgelegenen Spitalsräume geschaffen. Auch der Sicherheitsdienst wurde im ganzen Baubereich verstärkt und alle sonstigen Maßnahmen getroffen, die eine klaglose Abwicklung aller mit der Baudurchführung zusammenhängenden Fragen gewährleisten konnten.

Inzwischen hatte sich auch der Personalstand der Obersten Bauleitung an Ingenieuren und Bautechnikern vergrößert. Damit waren mir die notwendigen technischen Kräfte beigegeben, die ich zur Durchführung meiner Aufgaben benötigte. Die Landesregierung Salzburg stellte mir in allen juristischen Fragen den bewährten Landesamtsdirektor Hofrat Dr. Franz Wallentin zur Seite. Finanzminister Dr. Juch entsandte den Ministerialrat Ing. Emmerich Pascher Ritter von Ossenburg als seinen Vertrauens= mann in meine Bauleitung. Der Winter stand vor der Tür und mußte für die Vor= bereitung der Arbeitsschlacht im kommenden Jahr ausgenützt werden.

12. Der Winter 1930—1931

Dicht hüllten die in reicher Menge fallenden Schneeflocken das ganze Straßengebiet in ein prächtiges Winterkleid. Bald waren die Baustrecken unter einer mächtigen

Photo: Wallack

Tunnel durch eine Lawine in der Bärenschlucht im Winter 1930/31

Schneedecke verschwunden, aus der nur die Dächer der Baracken der Arbeitslager herauslugten. Tiefe Stille hatte im Hochgebirge wieder ihren Einzug gehalten. Wenn die eisigen Stürme über die Hänge fegten, dann trieben sie den Pulverschnee vor sich her und türmten ihn in den Geländemulden zu mächtiger Höhe auf.

Brausend schossen die Staublawinen über steile Hänge zutal, von Zeit zu Zeit riesige Schneestaubwalzen an allen jenen Stellen in die Luft hinausschleudernd, an denen der Widerstand der vor ihnen zusammengepreßten Luft ihre oberste Schnee= schichte von der Unterlage abhob. Bei hellstem Sonnenschein konnte es plötzlich stock= dunkel werden, wenn man in den Bereich einer solchen Lawine kam.

Glücklicherweise lösten sich die vom Hang des Embachhornes abgehenden Staub= lawinen während ihres 1000 Meter hohen Falles fast zur Gänze in Staubwalzen auf, sodaß die Bärenschlucht zwischen Embach und Ferleiten, in der wir auch während des Winters arbeiteten, nur die gewaltigen Schneemassen abbekam, die in die Luft geschleudert worden waren. Wenn eine solche Lawine niederging, dann konnte man kaum atmen, so dicht war die Luft mit den Eiskristallen des Pulverschnees gesättigt. Innerhalb weniger Minuten lag dann eine neue Pulverschneedecke von dreißig bis fünfzig Zentimeter Mächtigkeit über der Baustrecke.

Später, gegen das Frühjahr zu, gingen in verschiedenen Seitengräben schwere Grundlawinen ab, die den Verkehr in der Bärenschlucht an vielen Stellen durch hohe Schneewälle sperrten. Durch diese Lawinen mußten Tunnels gegraben werden, um den Schlittenfuhrwerken, die von den Steinbrüchen und Brecheranlagen die Bausteine und den Straßenschotter den späteren Verwendungsstellen zuführten, die Durchfahrt zu ermöglichen.

Es ist ja eigentlich selbstverständlich, daß wir die Winterarbeiten in der Bären= schlucht mit der größten Vorsicht und unter Beobachtung aller nur erdenklichen Vor= sichtsmaßnahmen durchführten. Bei Grundlawinengefahr ruhten alle Arbeiten und aller Fuhrwerksverkehr vollständig. Den besten Beweis dafür, daß die zur Sicherheit des Baubetriebes getroffenen Maßnahmen zweckentsprechend waren, gibt wohl die Tat= sache, daß sich während des ganzen Winters kein einziger Unfall ereignete.

In den höher gelegenen Baustrecken glitten an manchen Stellen Schneebretter über die Hänge, denen im Baulager auf der Piffalpe eine, im Baulager nächst dem Hoch= mais mehrere Unterkunftsbaracken zum Opfer fielen. Die Trümmer dieser Holzbauten wurden viele hundert Meter weit talab getragen. Durch das Zusammenbrechen meines Schlittens kam ich einmal beinahe unter die Kufen eines schwer mit Steinen beladenen, in rascher Fahrt zutal eilenden Pferdeschlittens, ein andermal erreichte ich mit knapper Not noch einen durch eine Lawine ausgeschaufelten Straßentunnel, als eine neue schwere Grundlawine niederging.

Auch der Firmenbauleiter der Bauunternehmung, die in der Bärenschlucht arbeitete, der im Hochgebirge besterfahrene und außerordentlich tüchtige Oberingenieur Richard Lumpp hatte in diesem Winter eine ganz außerordentliche Verantwortung zu tragen. Die Sicherheit der Arbeitskräfte erforderte, daß die Ingenieure immer auf der Arbeits= strecke sein mußten, um alle drohenden Gefahren rechtzeitig zu erkennen.

In diesen Wintermonaten hielt ich auch zahlreiche Vorträge in Österreich und im Ausland über den Bau der Großglockner=Hochalpenstraße.

Am 19. Februar 1931 k o n s t i t u i e r t e sich die G r o ß g l o c k n e r = H o c h = a l p e n s t r a ß e n A.G. und das früher bestandene Proponentenkomitee löste sich auf. Präsident der Aktiengesellschaft wurde Bundesminister a. D. Ferdinand G r i m m, der diese dornenvolle Stelle bis zur Entscheidung der Variantenfrage im Jahre 1933 bekleidete.

Die Hauptarbeit dieses Winters war jedoch in den Büros der mit der Bau= ausführung der Glocknerstraße beauftragten Baufirmen und an den Zeichentischen meines Büros zu bewältigen: die Ausarbeitung und Überprüfung der Detailprojekte für die beiden Varianten der Scheitelstrecke: Hochmais— Fuschertörl—Hochtor—Kasereck (Variante I) und Hochmais—Pfandlscharte—Kehre 5 nächst der Franz=Josephs=Höhe (Variante II). Hiezu kam noch die Ausarbeitung und Überprüfung der Bauentwürfe aller jener Teilstrecken der beiden Rampen, die im Herbst 1930 von mir noch nicht zum Bau freigegeben waren.

In den nunmehr geschaffenen Entwurfsunterlagen waren alle Erfahrungen und Auf= schlüsse bereits verwertet, die wir im Herbst 1930 gesammelt hatten. Nun war es end= lich möglich, über die Kostenfrage klare Anhaltspunkte zu gewinnen. Die Berechnungen ergaben, daß die gesamten Baukosten der Straße bei der Linienführung in der Scheitel= strecke nach Variante I mit etwa 21 bis 23 Millionen Schilling, bei Ausführung der Variante II mit etwa 30 bis 33 Millionen Schilling einzuschätzen waren. Gegenüber den vor Fassung des Baubeschlusses ermittelten überschlägigen Kosten von 13 Mil= lionen Schilling nach Variante I und 19.5 Millionen Schilling nach Variante II be= deutete dies Mehrkosten von 62 bis 77 vom Hundert für Variante I und 59 bis 69 vom Hundert für Variante II.

Worauf war diese gewaltige Kostenerhöhung zurückzuführen?

Ich habe in den vorhergehenden Kapiteln immer wieder darauf hingewiesen, daß der Bau der neuen Straße nach dem Muster der alten Glocknerhausstraße mit Trocken= mauern, Holzbrücken, ohne Fahrbahnanwalzung und so weiter geplant war.

Die Entwicklung des Kraftwagenverkehrs warf diese Grundsätze glatt über den Haufen. Es war gar nicht mehr daran zu denken, die Glocknerstraße in einer noch in den Jahren 1924 oder 1925 vertretbar gewesenen primitiven Bauweise zu errichten und sie dann später einmal entsprechend den anwachsenden Verkehrsbedürfnissen aus= zugestalten. Diese Bedürfnisse waren schon jetzt, viel früher als man dachte, ein= getreten. Nun, da man mit dem Bau einmal begonnen hatte, durfte man nicht in der Art und Weise, wie man baute, ängstlich stehen bleiben und mit Scheuklappen an den Notwendigkeiten vorbeisehen, die lawinengleich anwuchsen. Der Autoverkehr stand gerade im Begriff, sich auch die Alpenstraßen siegreich zu erobern, und da er in seinem Siegeszug nur vorwärtsschreiten, nicht aber stehenbleiben würde, durften auch wir nicht untätig zusehen.

Auch das Bundesministerium für Handel und Verkehr erkannte diese Notwendig= keiten. Sie fanden ihren Niederschlag in den Baubedingungen, die der Großglockner= Hochalpenstraßen A.G. zur Erfüllung vorgeschrieben wurden.

Weder ich noch der Landeshauptmann von Salzburg waren daher von der ein= getretenen Kostenerhöhung überrascht. Auch der Verwaltungsrat der Gesellschaft, dem ich fortlaufend über alle Einzelheiten Bericht erstattete, war sich darüber klar, daß Kostenüberschreitungen unvermeidbar waren.

Die Höhe der Gesamtbaukostensumme, welche die der Gesellschaft zur Verfügung stehenden Mittel erheblich überschritt, brachte aber doch im Verwaltungsrat große Aufregung hervor. Die Frage der Kostenbedeckung des Mehrerfordernisses begann wie eine dunkle Wolke drohend am Horizont heraufzuziehen. Wenn auch schlußbrief= mäßig vorgesehen war, daß die Mehrkosten durch Ausgabe von Obligationen zu decken waren, von denen die Bauunternehmungen zwei Millionen Schilling zu über= nehmen hatten, so war doch klar, daß nun entscheidende Schritte unternommen werden mußten, um den Fehlbetrag auf die eine oder andere Weise zur Gänze aufzubringen. Es stand jetzt fest, daß die bisher aufgebrachten Geldmittel wohl annähernd zur Fertigstellung der beiden Straßenrampen ausreichen würden, daß aber für den Bau der Scheitelstrecke eine eigene Finanzierung durchgeführt werden mußte.

Da bisher in der Frage der Linienführung der Scheitelstrecke noch keine Klärung eingetreten war, eine solche wegen der Gegensätzlichkeit der Anschauungen auch in Kürze nicht zu erwarten war, mußte man daher vorläufig alle Kräfte daransetzen, die begonnenen Rampen zu vollenden. Die Zwischenzeit bis zur Entscheidung über die Linienwahl der Scheitelstrecke wollte man dazu benützen, neue Geldquellen ausfindig zu machen.

Gleichzeitig sollte die Kostenfrage aber auch noch von einer Gruppe von Sachverständigen überprüft werden, der ein Straßenbauingenieur, ein Tunnelbauingenieur, ein Ingenieurgeologe und ein erster Fachmann auf dem Gebiet der Alpinistik angehören sollten. Überdies sollte die Bauleitung während des kommenden Sommers die Bauentwürfe nochmals eingehend durchsehen, um Gewißheit darüber zu erhalten, ob nicht d o c h Ersparungen in den Baukosten erzielt werden könnten. Diese Untersuchungen sollten in dem Augenblick einsetzen, in dem das Straßengebiet im Frühjahr schneefrei würde und Überprüfungen an Ort und Stelle zuließ.

Eine weitere, auch nicht gerade angenehme Frage war der endgültigen Klärung ernster Differenzen gewidmet, die ich mit einer der ausführenden Baufirmen noch vor Wintereinbruch auf der Südrampe hatte. Sie führte in den ersten Monaten des Jahres 1931 zur zwangsweisen Entfernung dieser Unternehmung aus dem Firmenkonsortium I.

Der Winter 1930/1931 wurde von mir auch dazu benützt, über die Schneeverhältnisse in beiden Varianten der Scheitelstrecke verläßliche Anhaltspunkte zu gewinnen. Das war schon aus dem Grunde notwendig, weil ja von den Verfechtern der Variante II behauptet wurde, daß die Schneeverhältnisse dort viel günstiger seien als in der Variante I. Bei der Durchführung der Vermessungsarbeiten für beide Varianten war im vorhergehenden Herbst eine große Zahl von Signalen aufgestellt worden. Diese Signale standen noch und sollten nun zur Feststellung der Schneehöhen herangezogen werden. Gleichzeitig sollte auch die Lage von S c h n e e l ö c h e r n, in denen sich der Schnee zu ganz besonderen Höhen anhäufte, festgestellt und die aller Lawinenstriche einwandfrei bestimmt werden.

Die Schneebegehungen wurden von Ingenieuren der eigenen Bauleitung, die gute Schifahrer waren, in Begleitung von Bergführern durchgeführt. Während diese Winterbegehungen über das Hochtor und Fuschertörl meist nur geringe Schwierigkeiten bereiteten, wurden sie im Gebiet der Pfandlschartentrasse zu einem Problem, das am Nordhang des Klobens überhaupt nicht gelöst werden konnte.

Die vom Klobengrat gegen die Schlucht des nördlichen Pfandlschartenbaches steil abfallenden Hänge und Felswände waren infolge Vereisung der Schluchten nicht gangbar und der östlich anschließende Hang derart mit gewaltigen Schneemengen bedeckt, daß ständig die Gefahr des Abgehens von Schneebrettern und Lawinen größten Ausmaßes bestand. Das Ergebnis der Messungen war daher ein ziemlich einseitiges und wurde von jenen, die ein Interesse an der Variante II hatten, dahin ausgelegt, daß ich natürlich die von mir entworfene Variante I bevorzugt hätte.

Eine Mehrarbeit verursachten auch die besonderen Bedingungen, an deren Einhaltung das Handelsministerium die Erteilung der Baubewilligung geknüpft hatte. Danach waren unter anderem sämtliche Brücken für schwerste Belastung wie bei den

Bundesstraßen zu berechnen und statt der vorgesehenen hölzernen Tragwerke durch=
wegs Eisenbetontragwerke oder gewölbte Steinbrücken auszuführen. Es mußten daher
die Entwürfe aller bisher berechneten Tragwerke umgearbeitet und Tragwerke einiger
bereits fertiggestellter kleiner Holzbrücken im kommenden Frühjahr wieder entfernt
und durch Eisenbetontragwerke ersetzt werden.

Schon im Herbst des Jahres 1930 hatten die Verhandlungen mit der Alpenvereins=
sektion Klagenfurt wegen Überlassung der alten Glocknerhausstraße in der Strecke
vom Schobereck bis zum Glocknerhaus begonnen. Der Landeshauptmann von Salz=
burg, Dr. Rehrl, vertrat die Ansicht, daß dem Alpenverein hiefür k e i n e Entschädi=
gung gebühre.

Er begründete seinen Standpunkt damit, daß die Straße zwar von der Alpenvereins=
sektion erbaut worden sei, daß die hiezu erforderlich gewesenen Geldmittel jedoch
zum weitaus überwiegenden Teil aus Spenden aufgebracht worden waren, unter denen
jene des Österreichischen Automobilklubs an erster Stelle stand. Die Erhaltung der
Glocknerhausstraße bedeute für die Sektion Klagenfurt nur eine schwere Belastung,
von der sie die Großglockner=Hochalpenstraßen A.G. in der Zukunft befreie. Der
Sektion würde dann für den Verkehr zum Glocknerhaus eine neue Straße zur Ver=
fügung stehen, die weitaus besser ausgebaut sei als die alte, wobei Erbauungs= und
Instandhaltungskosten die Sektion überhaupt nicht belasten würden.

Wenn die Alpenvereinssektion im Herbst 1930 zwar die Durchführung von tech=
nischen Vorarbeiten auf ihrer Straße gestattete, so machte sie die Inangriffnahme der
eigentlichen Bauarbeiten doch davon abhängig, daß v o r h e r die Frage der Ablösung
der Glocknerhausstraße in einem für sie annehmbaren Sinne gelöst werde. Das war
mit ein Grund, warum in der Strecke vom Schobereck zum Glocknerhaus mit den Bau=
arbeiten nicht schon im Herbst 1930 begonnen werden konnte. Dadurch geriet diese
Strecke im Rahmen des künftigen Baufortschrittes ins Hintertreffen.

Die Kärntner Landesregierung hatte dem Alpenverein auf seiner Straße die Be=
rechtigung zur Einhebung einer Mautgebühr erteilt, die je nach Art und Größe der
Fahrzeuge gestaffelt war und je Fahrgast ungefähr fünf Schilling betrug. Das Erträgnis
aus diesen Mauteinnahmen verwendete die Sektion sowohl für die Instandhaltung
dieser Straße als auch zur Durchführung sonstiger Vereinsaufgaben.

Im Kriegsjahr 1916, als der große Bergrutsch im Kehrengebiet der Unteren Goll=
mitzen oberhalb Heiligenblut eintrat, war die Sektion nicht imstande, den eingetretenen
Schaden aus eigenen Mitteln zu beheben. Erst im Jahre 1924 konnte die Glocknerhaus=
straße durch eine Beihilfe des Landes Kärnten wieder fahrbar gemacht werden.

Die Jahre 1925 bis 1930 brachten eine Steigerung des Reiseverkehrs und damit auch
eine Steigerung des Autoverkehrs auf der Glocknerhausstraße mit sich. Die Maut=
einnahmen bewegten sich in ständig aufsteigender Linie und aus dem Überschuß, der
der Sektion nach Abzug der Erhaltungskosten der Straße noch verblieb, konnte sie
im Rahmen des Gesamtvereines besonders ersprießliche Arbeit leisten. Das war der
Hauptgrund, warum die Sektion n i c h t bereit war, die alte Glocknerhausstraße ohne
Geldentschädigung abzutreten.

Über die Höhe des Ablösebetrages, der allenfalls der Sektion zugestanden werden
könnte, bestanden die verschiedensten Auffassungen, die sich zwischen mehreren
hunderttausend Schilling und Null bewegten. Ich vertrat den Standpunkt, daß der
Sektion eine Entschädigung gebühre. Wenn man ihr eine solche in Anbetracht der
Unzulänglichkeit der alten Straße nicht zugestehen wollte, so sollte man doch zu=

mindest den Umstand berücksichtigen, daß die Sektion in der Erschließung des Glocknergebietes auch für den Autoverkehr seinerzeit durch die Erbauung dieser wenn auch schmalen Straße eine anerkennenswerte Pionierarbeit geleistet hatte, die jetzt dem neuen Straßenunternehmen zugute kam.

Die Verhandlungen mit der Alpenvereins-Sektion schienen kein Ende nehmen zu wollen. Immer näher rückte das Frühjahr heran, in dem auch auf der Glocknerhausstraße zwischen Schobereck und Glocknerhaus mit den Bauarbeiten begonnen werden mußte. Ich habe damals viel Vorwürfe deshalb einstecken müssen, weil ich die Stellungnahme der Sektion zur Abtretungsfrage als berechtigt bezeichnete. Schließlich entschloß sich das Finanzministerium, einen Ausgleich der gegenseitigen Anschauungen in d e r Richtung herbeizuführen, daß dem Alpenverein eine bestimmte Summe als einmalige Ablöse angeboten wurde. Sollte dieses Anbot nicht angenommen werden, dann mußte das Enteignungsverfahren eingeleitet werden.

Ob auf Grund des Ergebnisses eines solchen Verfahrens der Sektion dann ü b e rh a u p t eine Entschädigung zugesprochen worden wäre, darüber waren die Ansichten geteilt. Es wurde nun ein Vertrag aufgesetzt, der am 6. Mai die Genehmigung des Finanzministeriums erhielt und in der Vollversammlung der Sektion Klagenfurt am 21. Mai 1931 auch tatsächlich angenommen wurde.

Nach diesem Vertrag hatte die Großglockner-Hochalpenstraßen A.G. eine Abfindungssumme von 50.000 Schilling sofort zu leisten, über die die Sektion frei verfügen konnte. Weitere 140.000 Schilling mußten gleichzeitig bei einer Bank zu Gunsten der Sektion hinterlegt werden. Das Verfügungsrecht über diesen zweiten Betrag erhielt die Sektion jedoch erst dann, wenn die neue Straße in der Strecke von Heiligenblut bis zum Glocknerhaus fertiggestellt und dem Verkehr übergeben war. Bis zu diesem Zeitpunkt verblieb ihr das Recht zur Einhebung der Maut auf ihrer Straße, aber auch gleichzeitig die Pflicht ihrer ordnungsmäßigen Instandhaltung. Unsere Fuhrwerke, die die Glocknerstraße während der Bauzeit befahren mußten, waren jedoch künftig von der Bezahlung der Maut befreit. Bis zur Eröffnung der neuen Straße sollte das Eigentumsrecht der Sektion an der alten Straße gewahrt bleiben. Die Eigentumsübergabe der Strecke vom Schobereck bis zum Glocknerhaus hatte gleichzeitig mit der Freigabe des bis dahin gesperrten Betrages von 140.000 Schilling zu erfolgen, wobei das dann überflüssig gewordene Straßenstück von Heiligenblut bis zum Schobereck mit einem Verkehrsverbot zu belegen war und weiterhin im Besitz der Sektion verblieb.

Ich habe diese Umstände hier absichtlich ausführlich behandelt, weil sie die Maßnahmen besser verständlich machen, die im Frühjahr 1932 erforderlich wurden.

13. Die Bauarbeiten des Jahres 1931

Der Hauptsache nach war der Spätherbst des Jahres 1930 zur Erschließung aller Baustellen der beiden Straßenrampen ausgenützt worden. Nur zwischen Dorf Fusch und Ferleiten, in welcher Strecke die Arbeiten auch während der Wintermonate nicht ruhten, war schon ein erheblicher Baufortschritt erzielt worden. In allen übrigen Strecken waren die Bauarbeiten nur soweit in Angriff genommen worden, als die Kürze der zur Verfügung stehenden Zeit und der erzielte Fortschritt in der Bearbeitung der Einzelentwürfe dies zuließen.

Mit Frühjahrsbeginn 1931 setzten die Bauarbeiten sofort in großem Umfang ein.

Gleichzeitig wurden auch die weitere Ausgestaltung der im Spätherbst errichteten Bau=
lager, die Vermehrung der Arbeiterunterkünfte und ihres Belagraumes sowie die Er=
gänzung der Baustelleneinrichtung durchgeführt. Wir waren zu einer starken Ent=
faltung des Käfteeinsatzes gezwungen, wollten wir einen möglichst großen Arbeits=
fortschritt erzielen.

Im Baulos 1 von Dorf Fusch nach Ferleiten waren immer noch umfangreiche
Bauarbeiten in kürzester Zeit zu bewältigen, wollten wir diese Strecke planmäßig am
15. Juli dem Verkehr übergeben. Die enge Bärenschlucht mit ihren Steilwänden und
zahlreichen Wildbächen erforderte nicht nur viel Sprengarbeit, sondern auch die Er=
richtung von achtzehn kleineren Brücken bis zu vierzehn Meter Spannweite und von
13.000 Kubikmeter Mauerwerk. Solange infolge der noch herrschenden hohen Schnee=
lage von Ferleiten aufwärts nicht mit den Bauarbeiten begonnen werden konnte, kon=
zentrierten wir daher unsere Kräfte auf diesen Abschnitt.

Rasch wurde der Winterschnee zu Wasser und alle Rinnsale waren von schmutzig=
braunen Bächlein durchflossen, die der Fuscher Ache zueilten und diese in einen
reißenden, hochaufschäumenden Wildfluß verwandelten. Mit dem Aufhören des
Frostes erweichte sich das Erdreich und in manchen Teilen der Baustrecke versank
man schuhtief im Morast. Dann kamen die ersten schönen warmen Frühlingstage, die
in der zweiten Aprilhälfte durch einen Wettersturz unterbrochen wurden, der in der
Bärenschlucht Neuschneemengen von einem halben Meter Höhe ablagerte. So schnell
dieser Neuschnee kam, so rasch war er auch wieder weggeschmolzen und damit war
die Herrschaft des Winters endgültig vorbei.

Überall wuchsen die Mauern entlang der Straße in die Höhe. Tiefe Baugruben
gähnten dort, wo die Ausschachtungen für die Widerlager der Brücken vorgenommen
wurden. Zahlreiche hölzerne Notbrücken ermöglichten an solchen Stellen die Aufrecht=
erhaltung des Baufuhrwerksverkehrs. Wo der Rohkörper der Straße schon fertig war,
wurde die Packlage verlegt und der während der Wintermonate erzeugte und zuge=
führte Straßenschotter aufgebracht. Schon begannen in Dorf Fusch die ersten Straßen=
walzen ihre Arbeit, die die fertige Fahrbahn schufen. In der Bärenschlucht wimmelte
es damals von Arbeitern wie in einem Ameisenhaufen, in dem die geschäftigen Tierchen
durch irgendeinen böswilligen Eingriff aufgescheucht werden.

Zielbewußt schritten die Bauarbeiten fort. Das Dröhnen der Sprengschüsse, das
anfänglich alle Augenblicke von den Schluchtwänden widerhallte, war immer seltener
zu hören und Ende Juni waren fast alle Mauern fertiggestellt und die Betonierung der
Brückentragwerke im Gange. Bis auf ein anderthalb Kilometer langes Straßenstück
war auch die Fahrbahn bereits fertig gewalzt. Wenn auch vorauszusehen war, daß
nicht a l l e Brücken rechtzeitig fertig werden würden, so stand doch fest, daß unter
Benützung einzelner Notbrücken der allgemeine Verkehr tatsächlich am 15. Juli auf=
genommen werden konnte.

Da trat am 29. Juni ein unerwartetes Ereignis ein, das alle Berechnungen über den
Haufen zu werfen drohte. Ein lang anhaltender Wolkenbruch verwandelte die klein=
sten Bäche in reißende Ströme, die gewaltige Geschiebemengen mit sich führten.
Zwischen Bruck und Dorf Fusch trat der Wachtbergbach aus seinen Ufern und unge=
heure Schutt= und Schlamm=Massen wälzten sich über seinen ausgedehnten Schutt=
kegel, die Bruck=Fuscher Landesstraße auf eine Länge von 600 Meter einen Meter
hoch zuschüttend. An der Stelle, an der die tiefe Schlucht des Hierzbaches in die Sohle
des Fuschertales bei Dorf Fusch einmündet, trat auch dieser Bach aus den Ufern. Er

führte so gewaltige Wasser= und Geschiebemengen mit sich, daß der ganze Ort Fusch und mit ihm die ganze Talsohle unter Wasser gesetzt und stark vermurt wurde, wobei auch der Beginn der neuen Straße in Dorf Fusch seinen Teil abbekam.

Zwischen Dorf Fusch und der Embachkapelle wurde die neue Straße durch zwei Muren auf 200 Meter Länge verschüttet, von denen die eine die Fuscher Ache aus ihrem Bette warf. In der Bärenschlucht führten alle Wildbäche Hochwasser. An jenen Stellen, an denen die neuen Brücken noch nicht fertig waren und die Lehrgerüste für die Schalung der Eisenbetonbrücken die Durchflußprofile einengten, traten Verklau= sungen durch entwurzelte Baumstämme und Geschiebe ein, die erheblichen Schaden anrichteten. Militärabteilungen, die ich zur Unterstützung der Straßenbauarbeiter heranzog, halfen, die aus den Ufern getretenen Bäche in wenigen Tagen in ihr ursprüng= liches Bett zurückzudrängen und die Schuttmassen wegzuräumen, die den Verkehr unterbanden.

Die Bauarbeiten in der Bärenschlucht gingen trotzdem ohne Unterbrechung weiter. Die durch das Hochwasser entstandenen Schäden wurden rasch ausgebessert und am 15. Juli 1931 konnte tatsächlich die erste Teilstrecke der neuen Straße von Dorf Fusch nach Ferleiten programmgemäß dem Verkehr übergeben werden.

Photo: Karl Haidinger, Zell am See

Der Talschluß von Ferleiten mit der Einsattelung der Unteren Pfandlscharte (2663 m)

In den letzten Apriltagen war auch mit den Bauarbeiten im B a u l o s 2 von Fer= leiten aufwärts wieder begonnen worden und in der zweiten Hälfte des Monates Mai waren die Baustellen zwischen Piffkar und Hochmais bereits soweit schneefrei, daß

auch hier die Arbeiten einsetzen konnten. Mit der Fertigstellung der Talstrecke von
Dorf Fusch nach Ferleiten wurden Arbeiterunterkünfte und Arbeitskräfte frei, die nun
in die höher gelegenen Abschnitte überstellt wurden. Bald herrschte an allen Stellen
der Nordrampe Hochbetrieb. Rasch wuchsen die Stützmauern zwischen Ferleiten und
dem Eingang zum Pfierselgraben in die Höhe und es dauerte nicht lange, dann war
das Rohplanum in diesem Teilstück fertiggestellt und die Packlage für den Straßen-
unterbau verlegt. Auf kilometerlangen Rollbahngleisen wurde der im Steinbruch beim
Schleierwasserfall gewonnene Baustein auf dem Straßenkörper mit Hilfe von Seilwinden talwärts und bergwärts befördert und an den Verwendungsstellen abgelagert,
um sofort vermauert zu werden.

Im Pfierselgraben wurde nach Schlägerung des von der Straße durchzogenen Wald-
streifens eine Notbrücke errichtet. Dann wurde hier mit der Verbauung des Wildbach-
gerinnes begonnen. Erst nach erfolgter Sicherung der Bachsohle konnten die Widerlager für die künftige Straßenbrücke ausgeschachtet und die beiderseits anschließenden
Stützmauern aufgeführt werden. Grobes Blockwerk, das von einem Bergsturz her-
rührte und überall im Walde verstreut umherlag, lieferte ausgezeichneten Baustein.

Vor dem Eingang zum Pfierselgraben wurde in der Talsohle ein Diesel-Hilfskraft-
werk errichtet, das die Baumaschinen mit elektrischer Antriebsenergie versah. Ein
Stück weiter oben standen die Kehren Nr. 1, 2, 3 und 4 auf der Piffalpe im Bau und
höher hinauf, oberhalb Piffkar und im Bereich der Kehren Nr. 5 und 6, verbreitete
sich der ursprünglich nur für das Baufuhrwerk angerissene Weg zusehends zum breiten
Straßenplanum, zu dessen beiden Seiten im steileren Gelände die Stütz- und Futtermauern aufgeführt wurden. 500 Meter südlich des Piffkares wurde an einer Felswand,
hoch über der Straße, ein Steinbruch eröffnet, der mit der Baustelle durch einen
Schrägaufzug verbunden wurde. Auch an einigen anderen, günstig gelegenen Stellen
wurden Steinvorkommen unmittelbar neben der Straße ausgebeutet.

Im Walde auf der Piffalpe wurde behelfsmäßig ein Vollgatter aufgestellt, das die
für Bauzwecke erforderlichen Mengen an Schnittholz an Ort und Stelle erzeugte,
dadurch wurden langwierige Zutransporte erspart und solche Möglichkeiten mußten
ausgenützt werden. Es mußten ja immer noch bedeutende Mengen an Baustoffen und
Maschinen aus dem Tal zur Höhe geschafft werden, die die Leistungsfähigkeit der
Wege und Transportmittel voll in Anspruch nahmen. Auf diesen beschwerlichen
Wegen wurden auch zwei schwere Straßenwalzen in zerlegtem Zustande durch
Raupenschlepper zur Höhe geschafft, von denen die eine im Piffkar, die andere knapp
unterhalb Hochmais wieder zusammengesetzt wurde, um für das Walzen der Fahrbahn
bereitzustehen.

Mit vieler Mühe und Not wurden auch schwere Lastautos mit Hilfe von Raupenschleppern in die hochgelegenen Baustellen des B a u l o s e s 3 gezogen, die dann zum
Stein- und Schottertransport auf dem der Fertigstellung entgegengehenden Straßenkörper Verwendung fanden. Zu Ende des Sommers wurde in verschiedenen Strecken
der hochgelegenen Baustellen mit der Walzarbeit begonnen und einzelne Teilstücke der
Straße nahezu völlig fertiggestellt. In anderen Strecken wieder, die besonders schwierig
zu bewältigen waren, blieben die Arbeiten noch im Rückstand.

Im Spätherbst 1931 war der Straßenkörper von Ferleiten bis zum Eingang des
Pfierselgrabens bereits vollständig fertiggestellt und mit der gewalzten Schotterdecke
versehen. Im Pfierselgraben sah es noch wüst aus. Beiderseits der künftigen Pfierselgrabenbrücke waren die Stützmauern der Straße zum größten Teil schon hochgezogen,

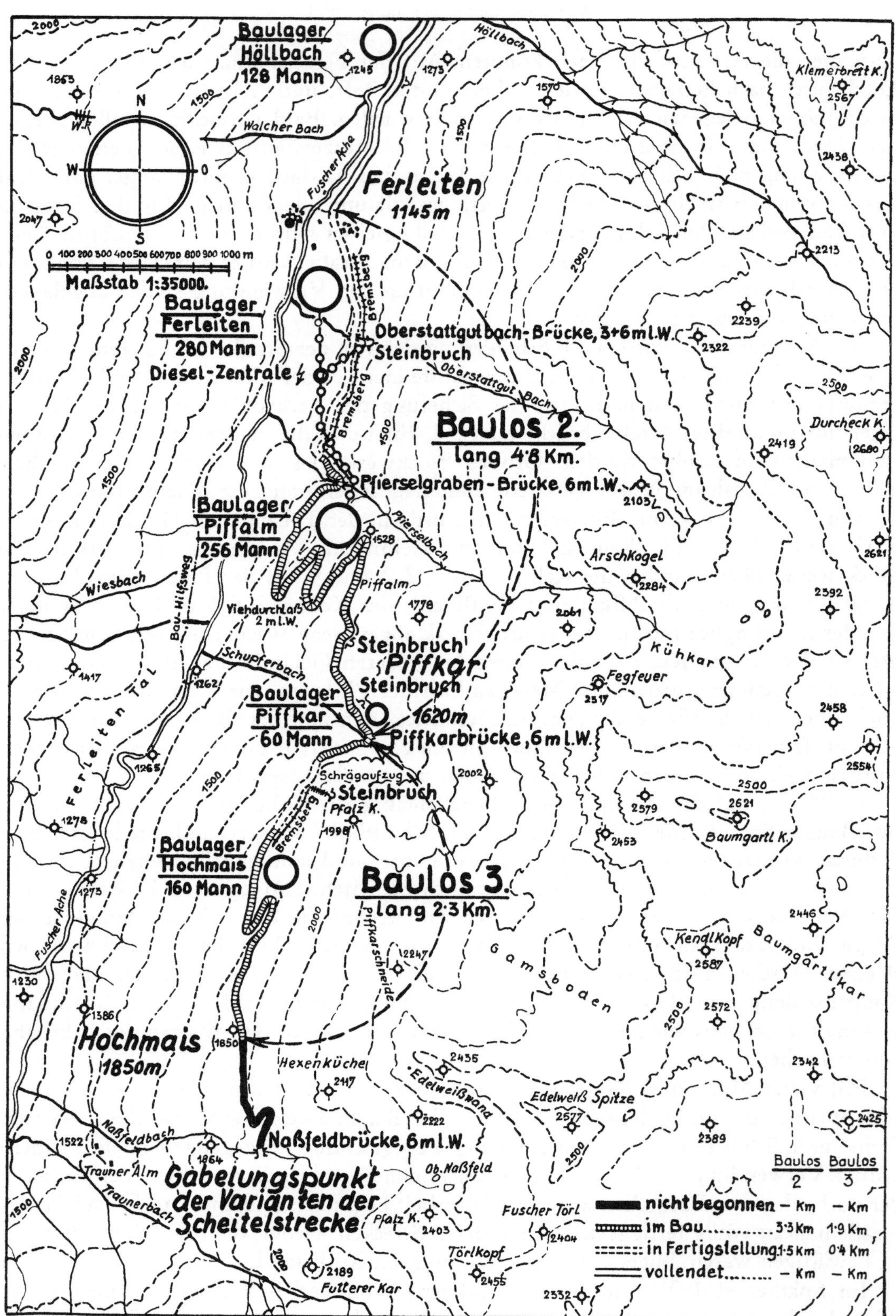

Die Baulose 2 und 3 im Spätherbst 1931

die Brückenwiderlager aber wurden gerade erst aus den Fundamenten herausgemauert. Der Bach wurde in einem langen Holzfluder über die Baustelle geleitet.

Hatte man diese Baustelle passiert, dann ging man bis zur Kehre Nr. 1 auf einem schmalen Fußsteig durch den Wald, der bereits durchgeholzt war. Dann kam man wieder über Baustellen, in denen die Mauerwerkskörper zum Teil schon fertig waren und das Rohplanum der Straße für die Aufnahme der Packlage bereitlag. Von der Kehre Nr. 1 über die Piffalpe bis zur Kehre Nr. 4 war die Straße im Unterbau fertig und größtenteils bereits mit der Packlage versehen. Weiter hinauf zum Piffkar fehlte meist noch die Packlage, auch waren hier noch nicht alle Erd= und Felsarbeiten beendet.

Oberhalb Piffkar war die Fahrbahn auf lange Strecken nahezu fertiggestellt und die Schotterdecke vorgewalzt. Bis zur Kehre Nr. 5 war das Rohplanum fertig und weiter hinauf bis zum Hochmais waren die Aushubarbeiten weit fortgeschritten und die wenigen Mauern, die dort aufzurichten waren, größtenteils vollendet.

In den Monaten Juni bis September herrschte kein besonders günstiges Bauwetter. Sie waren zur Hälfte verregnet und auch an den schönen Tagen gab es fast regelmäßig in den letzten Nachmittagsstunden schwere Hochgewitter. Aber selbst bei völlig klarem Wetter konnten sich schlecht geerdete, oft mehrere Kilometer lange Preßluft= leitungen, die frei am Hange verlegt waren, so stark aufladen, daß einmal eine ganze Arbeitergruppe durch einen elektrischen Schlag beiseite geschleudert und betäubt wurde.

In der zweiten Septemberhälfte setzten schwere Schneefälle ein, die auch den Tal= boden in eine Winterlandschaft verwandelten. Weitere starke Schneefälle folgten Ende Oktober und Mitte November. Sie erzwangen die Baueinstellung an den hoch= gelegenen Arbeitsstellen mit Ende Oktober und in der Strecke oberhalb Ferleiten mit Ende November. Immerhin waren die Arbeiten mit äußerster Kraftanstrengung soweit vorgetrieben worden, daß das Baulos 2 von Ferleiten zum Piffkar zu 78 Prozent, das Baulos 3 vom Piffkar zum Hochmais zu 72 Prozent fertiggestellt waren. Im Herbst 1930 waren im Höchststand 900 Arbeiter auf der Nordrampe beschäftigt, die insgesamt 64.000 Tagwerke leisteten. Ihre Zahl stieg im Jahre 1931 auf 1800 mit 222.000 Tag= werken an.

Aber auch südlich des Tauernhauptkammes wurde der Bausommer 1931 weitest= gehend zur Erzielung eines möglichst großen Baufortschrittes ausgenützt. Hier erhöhte sich der Arbeiterstand, der im Herbst 1930 nur 400 Mann mit 39.000 Tagwerken betrug, im Jahre 1931 auf 2250 Mann mit insgesamt 272.000 Tagwerken.

Eine Woche später als auf der Nordrampe, in den ersten Maitagen, setzten die Bauarbeiten in den B a u l o s e n 4 u n d 5 von Heiligenblut zum Schobereck, in der letzten Maiwoche im B a u l o s 6 vom Schobereck zum Glocknerhaus und in den ersten Junitagen im B a u l o s 7, der höchsten Teilstrecke auf die Franz=Josephs=Höhe, ein. Im untersten B a u l o s 4, von Heiligenblut gegen die Fleißkehre zu, hätte man zwar schon einen Monat früher mit den Arbeiten beginnen können, da diese Strecke schon lange schneefrei war. Hier waren Verhältnisse eingetreten, die mich dazu gezwungen hatten, der ausführenden Bauunternehmung den Bauauftrag zu entziehen. Die dadurch not= wendig gewordenen Verhandlungen mit den übrigen Baufirmen, die das Arbeitsgebiet der ausscheidenden Firma zu übernehmen hatten, beanspruchten jedoch längere Zeit. Damit verzögerte sich der Baubeginn im ganzen Baulos 4 von Heiligenblut bis hinauf auf das Kasereck.

Zuerst einmal handelte es sich darum, die Verbauung des Rutschgebietes der

S c h ü t t einer raschen und endgültigen Lösung zuzuführen. Da diese Verbauung nicht nur der Straße, sondern auch den nächstgelegenen Siedlungen zugute kam, beteiligten sich der Bund und das Land Kärnten an der Kostentragung. Die Wildbach= verbauungssektion Villach unter der Leitung von Forstdirektor Dipl.=Ing. Hans Steinwender, der die Entwurfsarbeit und die Bauausführung übertragen worden war, begann schon im ersten Frühjahr mit den erforderlichen Aufnahmen, um sofort nach der Erstellung des Bauentwurfes mit den Arbeiten einzusetzen.

Nicht nur die zahlreichen sichtbaren Quellen, die in und oberhalb der Schüttstrecke zutage traten, sondern auch die unterirdisch zutal fließenden Wässer wurden nach= einander gefaßt und in tief im Erdreich eingebetteten Zementrohrleitungen vorerst einem hölzernen Gerinne zugeleitet, das später durch ein gemauertes ersetzt wurde. Erst als alle Wässer der Schütt abgefangen waren, wurde mit der Ausschach= tung der Fundamente für die schweren Pfeiler und Mauern begonnen, die künftig an dieser Stelle die Straße tragen mußten. Selbst in diesen Fundamentgruben zeigten sich noch kleine Quellen, die wieder durch längere Rohrleitungen abgeführt werden mußten. An dieser Baustelle wurde dann Tag und Nacht in drei Schichten gearbeitet, um den Knoten, den sie im Zuge der Straße bildete, möglichst rasch zu beseitigen.

Gleichzeitig gingen die Arbeiten oberhalb der Schütt gegen die Fleißkehre zu weiter. Oberhalb der Fleißkehre war der Bausteinmangel empfindlich. Um ihm zu steuern, wurde in dem über der Fleißkehre sich hinziehenden Lärchenwalde an einer vorspringenden Felsrippe ein Steinbruch eröffnet, der durch einen Hilfsweg mit der künftigen Straße in der Oberen Schütt verbunden wurde.

Dieser in vielen Windungen am Steilhang verlaufende Hilfsweg war etwa 400 Meter lang und hatte ein Gefälle von 25 Prozent. Auf ihm wurde ein Feldbahn= gleis verlegt. Zwei besonders ausgestaltete Plateauwagen wurden von einem bergseitig vorgespannten Schlepper, dessen Raupen beiderseits außerhalb des Schienenstranges liefen, in der beladenen Talfahrt abgebremst und in der leeren Bergfahrt zum Steinbruch wieder hinaufgezogen. Auf diese Weise wurde der größte Teil des Steinbedarfes zwischen der Fleißkehre und dem Roßbach auf die Straßentrasse hinuntergebracht. Die Weiterbeförderung zu den Baustellen erfolgte nach Umladen auf zweirädrige Anhängekarren durch Raupenschlepper auf dem alten Tauernweg, der sich bald ober= halb, bald unterhalb der neuen Straßentrasse hinzog.

Alle sonst erforderlichen Baustoffe, die aus dem Tal heraufgeschafft werden mußten, nahmen ihren Weg auf der in Fertigstellung befindlichen Straße bis in die Gegend des heutigen Mauthauses und von dort über den Schrägaufzug zum oberen Straßenast hinauf. Von der Bergstation des Schrägaufzuges erfolgte ihre Weiter= beförderung talauf oder talab im Straßenplanum mit Raupenschleppern oder mit Rollbahn.

Vom Roßbach aufwärts gegen das Kasereck zu kamen die Bauarbeiten erst verhält= nismäßig spät in Schwung. Dies hatte seine Ursache darin, daß diese Strecke für jede Art von Baufuhrwerk völlig unzugänglich war. Von der Fleißkehre her sperrte die Schütt noch immer die Zufahrt, und der Schrägaufzug hatte mehr als genug zu leisten, um dem Materialbedarf zwischen Fleißkehre und Roßbach nachzukommen. Mit dem Bau der Brücke über den Roßbach war noch nicht begonnen worden und weiter hinauf führte kein brauchbarer Weg. Vom Westen her, also aus der Richtung der alten Glocknerhausstraße beim Schobereck, fehlte noch die Verbindung über die Schlucht des Guttalbaches. Auch sollte die zwischen dem Guttalbach und dem Kasereck gelegene

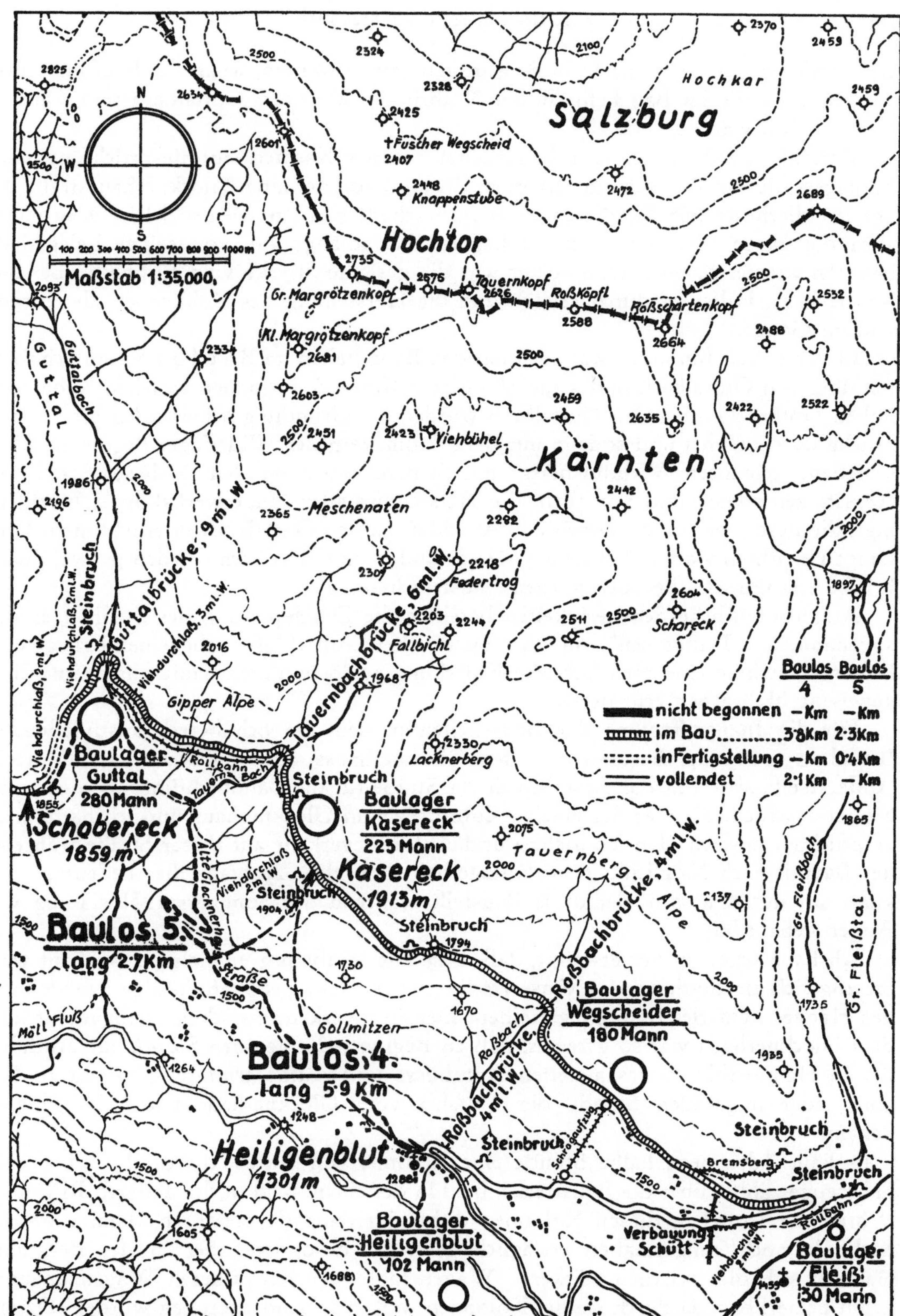

Die Baulose 4 und 5 im Spätherbst 1931

Baustrecke erst dann verstärkt in Angriff genommen werden, wenn der Baufuhrwerks=
verkehr über die im Bau befindlichen Notbrücken über den Guttalbach und Tauern=
bach möglich war.

Vorläufig beschränkten sich die Arbeiten auf dem Kasereck auf die Errichtung eines
Baulagers, dessen Baracken in zerlegtem Zustand von der alten Glocknerhausstraße bei
der Breidlerhütte mit Tragtieren zu Berg geschafft wurden. Den gleichen Weg nahm
auch die ganze Einrichtung dieses Lagers, das anfangs Juli von seiner Belegschaft
bezogen wurde. Einen Monat später war die gesamte Strecke vom Roßbach über das
Kasereck als Hilfsweg durchgerissen und die Herstellung des Rohkörpers der Straße
voll im Gange.

In den ersten Junitagen war auch mit den Bauarbeiten im B a u l o s 5 vom Schober=
eck über den Guttalbach und Tauernbach zum Kasereck begonnen worden. Neben der
hohen Notbrücke über den Guttalbach wurden die Gründungsarbeiten für die Guttal=
brücke durchgeführt und sodann mit dem Aufmauern der Widerlager begonnen. Ver=
schiedene gemauerte Viehdurchlässe mit Steingewölben wurden in dieser Strecke in
Angriff genommen und vor allem die Herstellung aller Mauerwerkskörper beschleu=
nigt, die besonders im beiderseitigen Anschluß an den Guttalbach in erheblichem Um=
fang zu errichten waren. Auf dem Kasereck und beim Guttalbach wurden je zwei Stein=
brüche erschlossen, die vorzüglichen Baustein lieferten.

Außerordentliche Schwierigkeiten bereitete die Durchquerung des Steilhanges der
sogenannten „Tschigosen“, in der zu rascher Aufschluß nebeneinanderliegender
Futtermauerringe eine oberflächliche Rutschung auslöste, deren Sanierung vermeidbar
gewesene Mehrarbeit erforderte.

Für die Inangriffnahme der Bauarbeiten in dem am Schobereck anschließenden
B a u l o s 6 war der Bestand der alten Glocknerhausstraße von besonderem Vorteil.
Andererseits aber war das Bestehen dieser Straße für die Baudurchführung wieder ein
großer Nachteil. Sie war der einzige Zubringer zum Glocknerhaus und ich hatte mich
verpflichten müssen, den Touristen= und Autoreiseverkehr auf dieser Straße während
der Bauzeit nach Möglichkeit aufrechtzuerhalten. Welche Aufgabe dies bedeutete, das
kann nur der ermessen, der diese Baustelle während des Sommers 1931 ständig vor
Augen gehabt hat.

Ich habe schon früher erwähnt, daß diese alte Straße nur eingleisig ausgebaut war.
Sie zog sich am Südhang des Wasserradkopfes hin und gestattete infolge der Steilheit
des Hanges keinerlei Bewegungsfreiheit. Der Autoverkehr zwischen Heiligenblut und
dem Glocknerhaus war so geregelt, daß zu Beginn jeder geraden Stunde die Auffahrt
der in Heiligenblut angesammelten Autobusse und Autos erfolgte, während zu Be=
ginn jeder ungeraden Stunde die Talfahrt vom Glocknerhaus nach Heiligenblut
begann.

Es kam daher jede halbe Stunde eine Kolonne von Autos, die oft bis zu vierzig
Fahrzeuge zählte, über die Baustrecke, bald in der einen, bald in der anderen Richtung.
Wären die Autos in diesen Kolonnen dicht hintereinander gefahren, dann wäre die
Sache ja noch einigermaßen erträglich gewesen. Besonders aber in der Bergfahrt
machten sich die zwischen stärkeren Wagen fahrenden schwächeren Wagen unange=
nehm bemerkbar, da durch sie die Kolonnen weit auseinandergezogen wurden. Da ein
Vorfahren auf der schmalen Straße unmöglich war, kamen die Autos jeder Kolonne
immer in einzelnen kleinen Trupps daher.

Neben dem Autoreiseverkehr war der Baufuhrwerksverkehr auf der gleichen Straße

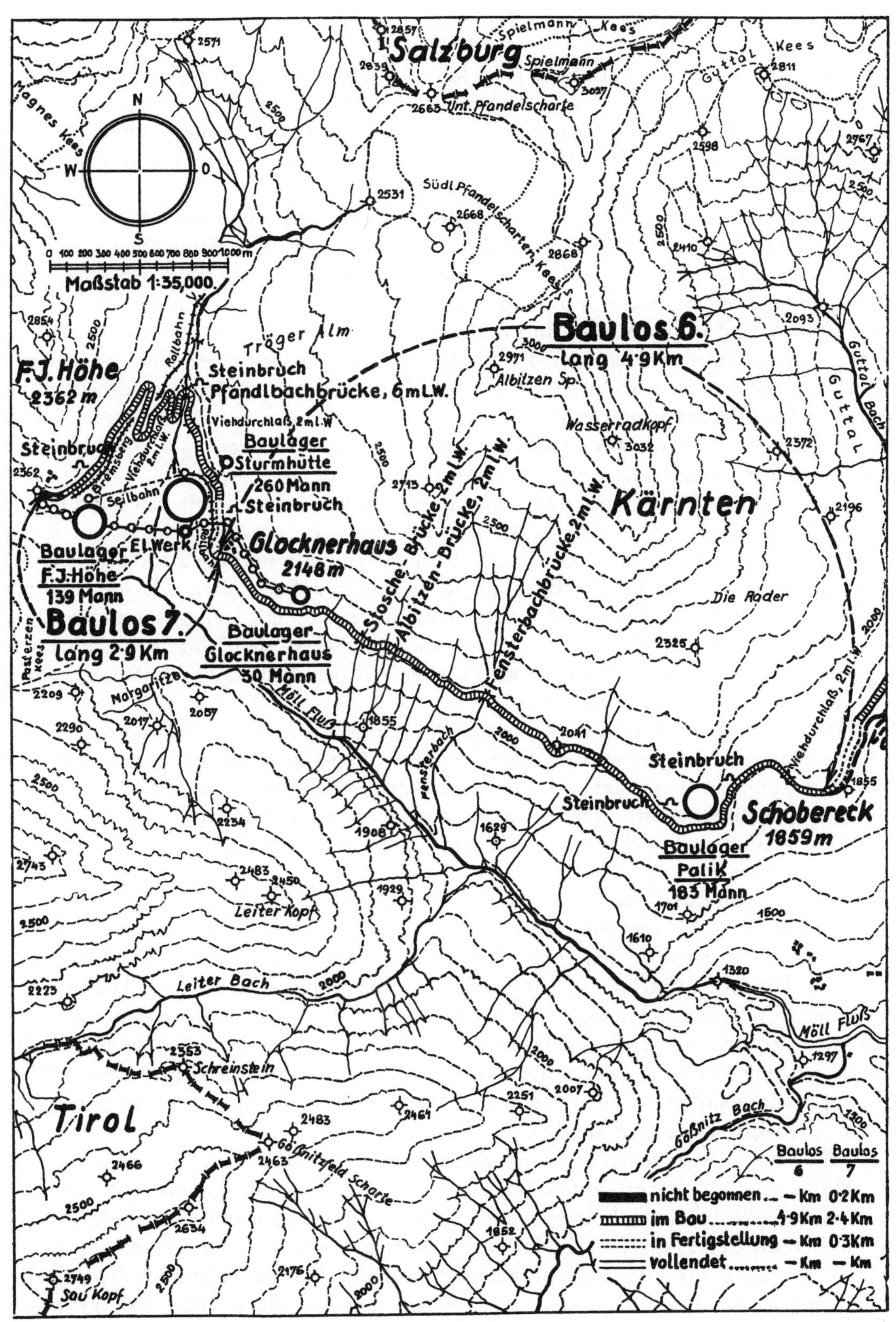

Die Baulose 6 und 7 im Spätherbst 1931

zu bewältigen. Wenn wir auch als Erstes kurze Ausweichstellen für die Baufuhrwerke schufen, so gab es doch oft genug Verkehrsstauungen, die weder rasch noch leicht zu beheben waren. Das war aber noch lange nicht das Ärgste. Es mußte ja auch in dieser Strecke gleichzeitig g e a r b e i t e t werden und dabei sollte die Arbeit noch flott vorwärtsgehen.

Da gab es beispielsweise in der Schmiedlwand unterhalb der alten Köhlerstätte am Palik eine Trockenmauer der alten Straße, die schon zum Teil eingefallen war. Tief unter dieser Trockenmauer mußte die Ausschachtung für eine neue überaus hohe Mauer vorgenommen werden, während der Verkehr über die alte wacklige Straße ging. Am Schöneck und in der Schönwand mußten außerordentlich umfangreiche Felssprengungen durchgeführt werden, um die an den Felsen geradezu angeklebte alte Straße gegen die Bergseite zu verbreitern zu können. Irgendeinmal mußte man schließlich an diesen Stellen Sprengungen größeren Umfanges durchführen und mehr als einmal kam es dabei vor, daß die alte Straße auf kurze Strecken im Abgrund verschwand und sofort wieder instandgesetzt werden mußte.

Vorerst mußten überall die Mauerungen hergestellt werden, damit sich das Planum der Straße langsam verbreiterte. Jedes auf diese Weise gewonnene halbwegs ebene Fleckchen wurde sofort zur Lagerung des für die Mauerung und die Packlage benötigten Bausteines ausgenützt. Schließlich lag so viel Stein auf der alten oder der neu geschaffenen Fahrbahn, daß man sich kaum mehr rühren konnte. Dabei war es ein Ding der Unmöglichkeit, in den kurzen Intervallen zwischen den einzelnen Fahrzeugkolonnen an die Verlegung der Packlage in jener Fahrbahnhälfte zu schreiten, die allein frei war und über die der Verkehr ging.

Diese Arbeiten mußten in die frühesten Morgenstunden und in die späten Abend- und Nachtstunden verlegt werden. Dann wurde sofort Grobschotter aufgebracht und über diesen mußten dann tagsüber die Kraftwagen, so gut oder schlecht es eben ging, fahren. Den Straßenschotter gewannen wir aus einem Steinbruch am Palik und einem weiteren nächst dem Glocknerhaus, wo auch große Brecheranlagen und Vorratssilos aufgestellt waren.

Bedeutend einfacher war es, die Bauarbeiten im B a u l o s 7 zwischen dem Glocknerhaus und der Franz-Josephs-Höhe in Schwung zu bringen. Zwar ergaben sich auch hier Behinderungen durch den regen Touristenverkehr, doch konnten sie durch Anlage eines Umgehungssteiges in erträglichen Grenzen gehalten werden. Unmittelbar neben der Straßentrasse wurden Steinbrüche bei der Überquerungsstelle des Pfandlschartenbaches und am Fuß der Freiwand in Betrieb genommen. Der Sand für die Mörtelbereitung wurde in dem nahezu ebenen Trog des mit Eiszeitschutt ausgefüllten „Pfandlscharten-Naßfeldes" gewonnen und durch eine Rollbahn zur Kehre Nr. 3 der letzten Anstiegstrecke zur Franz-Josephs-Höhe befördert.

Zwei Baulager, von denen eines unmittelbar neben den Sturmhütten und das andere am „Hohen Sattel" knapp unterhalb der Franz-Josephs-Höhe stand, beherbergten 400 Arbeiter, die in dieser hochgelegenen Strecke eingesetzt waren. Die Beförderung der im Bereich der Franz-Josephs-Höhe benötigten Baustoffe besorgte die Materialseilbahn, die die beiden Baulager miteinander verband. Da die Talstation dieser Bahn für Baufuhrwerke nicht erreichbar war, wurde eine Rollbahn zum Glocknerhaus angelegt. Die Antriebsenergie für die Seilbahn und die Baumaschinen wurde, soweit das Hilfskraftwerk am Pfandlschartenbach hiezu ausreichte, diesem entnommen.

In mehreren Schleifen gewinnt die Linie der neuen Straße am Fuß der Freiwand

an Höhe, um schließlich von der obersten Kehre Nr. 5 in gestreckter Linie der Franz=
Josephs=Höhe zuzustreben. Zwischen den Kehren Nr. 1 und 3 führte die Trasse über
eine stark durchfeuchtete alte Moränenablagerung, in der bei allen Mauern ausgiebige
Entwässerungen eingebaut werden mußten. Dann folgte bis zur Kehre Nr. 5 ein ver=

Photo: Schildknecht, Graz

Die Entwicklung der Straße vom Glocknerhaus (2148 m)
auf die Franz=Josephs=Höhe (2362 m)

hältnismäßig leicht zu bauendes Straßenstück, das in seinem obersten Teil nur dadurch
etwas unangenehm wurde, daß von dem darüberliegenden Straßenast alles Erd= und
Steinmaterial, das dort durchging, auf diese Baustrecke heruntersauste. Es war daher
nötig, die Bauarbeiten hier solange zurückzustellen, bis die Arbeiten in der höher
liegenden Zone soweit fortgeschritten waren, daß jede Gefährdung der tiefer unten
Arbeitenden vermieden wurde. In der obersten Anstiegstrecke mußte eine 554 Meter
lange Trockenstützmauer, die längste auf der ganzen Großglockner=Hochalpenstraße,
errichtet werden.

Unmittelbar oberhalb der Rückfallkuppe des „Hohen Sattels" wurde in einer
steilen, fast lotrecht abfallenden Felswand, die den Zugang zum beabsichtigten Straßen=
endpunkt auf der Franz=Josephs=Höhe sperrte, die Straße ausgesprengt. Bei diesen
Sprengarbeiten fielen gewaltige Mengen guten Bausteines an, die auch für die Erzeu=
gung des Straßenschotters Verwendung finden konnten, soweit sie nicht durchgingen
und auf die Pasterze hinunterstürzten. Solange wir durch diese Felswand nicht durch
waren, konnte mit den Bauarbeiten am Endparkplatz nicht begonnen werden. Da dies
infolge des großen Arbeitsumfanges in diesem Jahr nicht mehr erreicht werden konnte,

mußten die Arbeiten für die Anlage des Endparkplatzes auf das Jahr 1932 verschoben werden. Es war dies also das einzige, rund 200 Meter lange Stück der Südrampe, in dem — außer Sondierungsarbeiten — die Bauarbeiten im Sommer 1931 noch nicht in Angriff genommen werden konnten.

Die Baustrecke vom Glocknerhaus auf die Franz=Josephs=Höhe litt am meisten unter der Ungunst der Witterungsverhältnisse. Wenn es in den tiefer gelegenen Abschnitten regnete, fielen hier die Niederschläge meistens in Form von Schnee. Dazu kamen häufige, aus der Richtung der Pfandlscharte wehende Stürme, die das Arbeiten im Freien oft ganz unerträglich machten. Aber trotzdem ging es auch hier ganz befriedi= gend vorwärts, obwohl wir infolge vorzeitig einsetzender starker Schneefälle die Arbeiten um einen Monat früher als in den tiefer gelegenen Baustrecken — Ende Oktober — abbrechen mußten.

Noch im Sommer traten die ersten Straßenwalzen ihren Marsch von der Bahnstation Dölsach im Drautal über den 1264 Meter hohen Iselsberg ins obere Mölltal an. Alle über die Möll führenden schmalen Holzbrücken mußten erst verstärkt werden, bevor die Walzen darübergeführt werden konnten. Zwei Walzen wurden in der Strecke von Heiligenblut gegen die Fleißkehre eingesetzt. Weitere vier zogen in halsbrecherischer Nachtfahrt über die Kehren der alten Glocknerhausstraße ihren Weg zum Schobereck und zum Glocknerhaus hinauf, um in der Guttalstrecke, beziehungsweise im Bereich des Glocknerhauses, ihre Arbeit zu beginnen.

Mit dem Abflauen des Reiseverkehrs im Herbst setzte ich eine Beschränkung der Auf= und Abfahrten der Autokolonnen zwischen dem Schobereck und dem Glockner= haus auf täglich z w e i durch, um die ständige Behinderung der Bauarbeiten herabzu= mindern. Dieser Vorteil wurde aber fast zur Gänze durch Schlechtwetter wieder auf= gehoben, das im letzten Drittel des Monates September unverändert anhielt. Dafür gab es in den ersten drei Wochen des Monates Oktober fast durchwegs Schönwetter, das dem Arbeitsfortschritt trotz starker Nachtfröste sehr förderlich war. Nach neuer= lichem schwerem Wettersturz mit starken Schneefällen konnte in allen Baulosen ab= wärts des Glocknerhauses doch noch bis Ende November gearbeitet werden. Dann wurden die Arbeiten auch auf der Südrampe für das Jahre 1931 endgültig eingestellt.

Vor der Baueinstellung gab es in den Nachtstunden des 25. November noch eine große Aufregung. Es war schon lange stockdunkel, als plötzlich alle Glocken der Heiligenbluter Kirche Feueralarm läuteten. Wir stürzten ins Freie. In der Richtung des Baulagers am Palik sah man mächtigen Feuerschein. Turmhohe Flammen schlugen dort zum Himmel. Das konnte nur das Baulager am Palik sein, da andere Baulichkeiten dort oben nicht standen.

In finsterer Nacht stolperten die freiwilligen Helfer den weiten Weg zum Palik hinauf, wo wir nach eineinhalb Stunden eintrafen. Noch war das Feuer nicht ganz er= loschen, doch ließ sich der Schaden schon überblicken. Eine der Unterkunftsbaracken hatte durch Überheizung eines Ofens Feuer gefangen, das auch auf eine benachbarte Magazinsbaracke übergriff. Die Arbeiter und Ingenieure konnten sich noch rechtzeitig aus dem wie Zunder brennenden Holzbau flüchten. Mit Ausnahme des Verlustes von Kleidern und Wäsche, der leicht zu ersetzen war, hatte niemand Schaden erlitten.

Das im Lager vorhandene Wasser hatte nicht ausgereicht, die sofort einsetzenden Löschversuche erfolgreich zu gestalten. Auch der viele Schnee, der um die Baracken herum lag, konnte nur zum Schutz der vom Feuer nicht ergriffenen benachbarten Holz= bauten Verwendung finden, während die beiden in Flammen stehenden Baracken zur

Gänze niederbrannten. Glücklicherweise war die Nacht windstill gewesen und hatte damit das Lager vor seiner völligen Vernichtung bewahrt. An eine sofortige Neu=aufstellung von Ersatzbaracken war infolge der vorgeschrittenen Jahreszeit leider nicht mehr zu denken.

In unermüdlicher Arbeit war auf der Südrampe im Bausommer 1931 ein großer Baufortschritt erzielt worden. Von Heiligenblut bis zur Fleißkehre waren die Bau=arbeiten trotz der großen Bauschwierigkeiten in der Schütt zur Gänze fertiggestellt und die Straße für den Verkehr benützbar. Der Fertigstellungsgrad der anschließenden Strecke zum Kasereck betrug 64 Prozent; der Rohkörper der Straße war samt allen Mauerungen und Objekten nahezu vollendet, in einzelnen Strecken sogar schon die Packlage verlegt. Zwischen Kasereck und Schobereck waren die Brücken über den Tauernbach und den Guttalbach, die Viehdurchlässe und alle Mauerungen fast voll=endet und zwischen der Guttalbrücke und dem Schobereck war ein Teil der Straßen=fahrbahn schon fertig gewalzt. Der Fertigstellungsgrad in dieser Strecke betrug 80 Prozent.

Vom Schobereck aufwärts bis auf die Franz=Josephs=Höhe war der größte Teil aller Mauern und Brücken bereits fertig, das Rohplanum der Straße fast überall auf die ganze Straßenbreite vorhanden und auf weite Strecken, zumindest halbseitig, die Pack=lage verlegt. Im Bereich des Glocknerhauses war die Straße fertig gewalzt. Trotzdem blieben im ganzen Baulos 6 im kommenden Sommer verhältnismäßig noch umfang=reiche Arbeiten zu leisten übrig, denn der Fertigstellungsgrad betrug in dieser Strecke erst 60 Prozent.

Am Schluß der Bausaison 1931 waren auf beiden Rampen elf Straßenkilometer fix= und fertiggestellt. Zwanzig Kilometer standen noch im Bau und in einer Strecke von nur 200 Meter Länge auf der Franz=Josephs=Höhe war mit den Bauarbeiten noch nicht begonnen worden.

Damit waren die Arbeiten auf der Nordrampe zu 87.3 Prozent, auf der Südrampe zu 69.2 Prozent fertiggestellt. Es mußten daher im Frühsommer 1932 auf der Nord=rampe nur mehr 12.7 Prozent, auf der Südrampe noch 30.8 Prozent der zu leistenden Gesamtarbeit bewältigt werden, um beide Straßenrampen noch im gleichen Jahr zur Gänze dem Verkehr übergeben zu können. Der verhältnismäßige Rückstand, in dem **sich die Bauarbeiten** auf der Südrampe gegenüber jenen auf der Nordrampe befanden, war in erster Linie durch die größeren Höhen der Baustellen bedingt. Sie stiegen auf der Nordrampe von 805 auf 1850 Meter, auf der Südrampe aber von 1301 bis auf 2362 Meter an. Diese verschiedenen Höhenlagen bedingten verschiedene klimatische Verhältnisse, die naturgemäß die mögliche Arbeitsdauer während eines Kalenderjahres ganz erheblich beeinflussen mußten.

Für die beim Bau beschäftigten Arbeiter und Ingenieure brachte der Sommer 1931 große Anstrengungen und Entbehrungen mit sich, die aber jeder einzelne gerne auf sich nahm. Auch für mich selbst bedeutete die Leitung des Baues der beiden Straßen=rampen, die durch hohe Berge voneinander getrennt waren, eine ziemliche Rackerei. Immer wieder marschierte ich zu Fuß von Süden nach Norden oder in umgekehrter Richtung über das Hochtor und Fuschertörl oder über die Pfandlscharte. Mein Motor=rad konnte mir nur in den fahrbaren Strecken, also zwischen Dorf Fusch und Ferleiten im Norden und zwischen Heiligenblut und dem Glocknerhaus im Süden, gute Dienste leisten. Da ich aber meine Maschine nicht auf dem Rücken über die Hohen Tauern tragen konnte, benützte ich oft die Gelegenheit, die Entfernung zwischen den beiden

Talpunkten auf dem Wege über Bad Gastein mit Durchschleußung durch den Tauern=
tunnel oder auf dem Umwege über den Radstädter Tauernpaß, Katschberg und Isels=
berg zurückzulegen.

Immerhin erforderten diese Umwege trotz flotter Fahrt einen Zeitaufwand von vier
bis sechs Stunden und kam mir dadurch die mit Fertigstellung der Großglockner=
Hochalpenstraße eintretende Verkürzung der Wegstrecke besonders eindringlich zum
Bewußtsein. Zu Fuß gelaufen bin ich in diesem Jahr mehr als genug, und wenn mein
Körper dadurch besonders durchtrainiert wurde und jeder sich scheute, mich auf meinen
Übergängen zu begleiten, so ist das ziemlich verständlich.

Erinnere ich mich doch, daß ich einmal, als ich in Heiligenblut war, dringend auf
die Nordrampe gerufen wurde. Zufällig stand gerade ein Postkraftwagen vor dem
Hause, der eben zum Glocknerhaus fahren sollte. Ich sah auf die Uhr, stieg ein, fuhr
zum Glocknerhaus, ging von dort sofort über die Baustrecke weiter bis zum Pfandl=
schartenbach, dann hinein ins Naßfeld und über den Pfandlschartengletscher auf die
Pfandlscharte. Von zwei rüstigen trainierten Kollegen, die mich begleiteten, verlor ich
den ersten noch vor der Pfandlscharte. Dann lief ich den nördlichen Pfandlscharten=
gletscher hinunter, kürzte alle Serpentinen des anschließenden Fußsteiges immer sprin=
gend und laufend ab, verlor dabei den zweiten Kollegen, eilte zur Trauneralm und von
dort hinaus nach Ferleiten. Vor dem Gasthof Lukashansl angekommen, sah ich auf die
Uhr und stellte fest, daß ich von Heiligenblut bis hierher genau drei Stunden und
zwanzig Minuten gebraucht hatte.

Hatte ich aber etwas mehr Zeit zur Verfügung, dann bemühte ich mich, das Gebiet
der beiden Scheitelvarianten nach allen Richtungen zu durchstreifen, um immer neue
Wege zu suchen und meine Kenntnis der näheren und weiteren Umgebung der Straße
zu erweitern. Dabei kam es wohl vor, daß mir Gruppen von Touristen, deren es da=
mals ja genug in dem Gebiet gab, in der Meinung ein Stück des Weges folgten, daß
ich sicher den richtigen Weg gehe. Dann schaltete ich die „Vierte" ein und war bald
ihren Blicken entschwunden. Dies trug mir den Rat ein, mir eine Tafel umzuhängen,
auf der deutlich lesbar die Worte stehen sollten: „Warnung! Alleingeher! Nachlaufen
gefährlich und aussichtslos!" Nun, so arg war die Sache dann wieder auch nicht, und
wenn es darauf ankam, habe ich genug Gruppen von Sachverständigen und viele Kom=
missionen und Exkursionen über den Berg geführt, ohne daß sich auch nur ein ein=
ziger über mich zu beklagen gehabt hätte. Aber wenn ich allein ging, dann hatte ich
eben meine besonderen Absichten und das ging niemanden etwas an außer mich selbst.

Unvergeßlich bleiben mir schöne Hochgewitter, deren blaue Blitze in den Block=
halden zerstäubten, sowie Nachtwanderungen über die Berge, die ich unternahm, um
in aller Frühe auf den Baustellen der anderen Tauernseite nach dem Rechten zu sehen.
Oft gab es verdutzte Gesichter, wenn ich schon in aller Frühe auf einer weit entlegenen
Baustelle auf die Belegschaft und ihren Capo wartete. Dabei hatte ich vorher schon
die ganze Baustelle besichtigt. Wenn man mir gerne etwas verheimlicht hätte, dann
war es nun dazu zu spät.

Meist blieb mir ja gar nichts anderes übrig, als mit den Ingenieuren der Baufirmen
und der eigenen Bauleitung über die Baustrecken zu gehen, um an Ort und Stelle alle
wichtigen Fragen zu besprechen und zu entscheiden. Dann hörte ich da und dort den
Pfiff oder Ruf eines Schachtmeisters, der sich immer weiter fortpflanzte. Oder ich sah
an einem, scheinbar anderen Zwecken dienenden Schwenken eines Armes, daß mein
Kommen weiter signalisiert wurde. Waren aber diese Begehungen vorüber, dann war

keine Baustelle vor mir sicher, daß ich nicht plötzlich von irgendeiner anderen Seite unvermutet auftauchte. Und das war schließlich im Interesse des ganzen Baues recht heilsam.

Das Baujahr 1931 gab reichlich Gelegenheit, daß die Bauunternehmungen mich und daß ich die Bauunternehmungen kennen lernen konnte. Anfängliche Zurückhaltung gab immer mehr gegenseitigem Verständnis und Vertrauen Raum, je mehr beide Teile erkannten, daß alle Gedanken auf das Gelingen des Baues gerichtet waren. Damit waren die Vorbedingungen auch für ein gedeihliches Zusammenarbeiten in den folgen= den Jahren geschaffen. Bautechnisch war das Jahr 1931 der Prüfstein für den richtigen Arbeitseinsatz. Diese Prüfung hatten Bauleitung und Bauunternehmungen bestanden. Welche Prüfungen anderer Art das ganze Unternehmen noch erwarteten, die ebenfalls bestanden werden mußten, werden die folgenden Kapitel zeigen.

14. Die Variantenfrage

Seit Beginn des Glocknerstraßenbaues wurde immer und immer wieder von Fach= leuten und Laien an mich die Frage gerichtet: „Welche Linie der Scheitelstrecke wird nun eigentlich gebaut werden? Hochtor oder Pfandlscharte?“

Meine Antwort war stets die gleiche: „Die günstigere.“ Und wenn ich dann weiter gefragt wurde: „Und welche Linie halten Sie für die günstigere?“, dann antwortete ich, daß immer neue Gesichtspunkte auftauchten, die geprüft würden. Meinem Urteil in diesen vielfältigen Fragen würde nur wenig Bedeutung beigemessen, da es bisher noch immer zu Ungunsten der Variante II ausgefallen sei. Oft und oft hatte ich erklärt, daß ich sofort f ü r den Bau der Variante II eintreten würde, wenn ich die Überzeugung gewonnen hätte, daß sie die bessere Lösung oder daß sie der Variante I in technischer und wirtschaftlicher Beziehung zumindest ebenbürtig sei. Da mir jedoch alle vor= gebrachten angeblichen Vorteile diese Überzeugung nicht beibringen konnten, blieb ich eben bei der Variante I.

Die Variante II war vor Baubeginn der Glocknerstraße durch den Landeshaupt= mann von Salzburg als seine persönliche Idee zur Erörterung gestellt worden. Er ver= focht sie mit aller Energie, die ihm in reichem Maße eigen war. Da er wußte, daß meine Ansicht der seinen von allem Anfang an entgegengesetzt war, mißtraute er mir in dieser Beziehung. Und dies bekam ich auch mehr als einmal zu spüren.

Die Unternehmungen, die den Bau der ganzen Straße durchführen sollten, traten teils für die eine, teils für die andere Variante ein. Jene, deren Baulose nur auf den Straßenrampen gelegen waren, hatten keinen Grund, sich für die Idee des Landes= hauptmannes einzusetzen. Anders war es mit den Baufirmen, die auch in der künftigen Scheitelstrecke bauen sollten. Ihnen bot der Bau des etwa zweieinhalb Kilometer langen Pfandlschartentunnels und der erhebliche höhere Kostenaufwand der Variante II größere Beschäftigungs= und Verdienstmöglichkeiten.

Der Hauptgrund aber, der Dr. Rehrl bewog, am Bau des Pfandlschartentunnels festzuhalten, hatte eine ganz bestimmte Ursache. Sollte doch dieser lange Tunnel in großer Höhenlage dazu bestimmt sein, die nötigen Erfahrungen für den Bau der langen Wasserstollen zu sammeln, die im Zuge des Tauernkraftwerkes späterhin errichtet werden sollten, denn der Bau des Tauernwerkes war seine Lieblingsidee, die

er im Interesse der österreichischen Volkswirtschaft unter allen Umständen in die Tat
umsetzen wollte.

Der V a r i a n t e n s t r e i t beherrschte Jahre hindurch alle Fragen des Glockner=
straßenbaues. Er erschwerte im entscheidenden Augenblick die weitere Finanzierung
des begonnenen Baues ganz außerordentlich. Da sich die Großglockner=Hochalpen=
straßen A.G. nicht darüber im klaren war, welche Scheitelstrecke sie eigentlich bauen
sollte, hatte die Bundesregierung keine Veranlassung, sich mit der Bereitstellung wei=
terer Geldmittel zu befassen, solange eine Entscheidung in der Variantenfrage nicht
getroffen war. Eine Klärung dieser Frage war nur dadurch herbeizuführen, daß Sach=
verständige herangezogen wurden, denen der Landeshauptmann mehr Glauben
schenkte als mir. Die konnten dann die Variantenfrage leidenschaftslos nach allen
Seiten untersuchen und ihr Urteil fällen. Fiel es zu Gunsten der Variante I aus, dann
ging für mich die Sache in Ordnung. Trat aber das Gegenteil ein, dann oblag mir die
Pflicht, mit der gleichen Gewissenhaftigkeit den Bau der Pfandlschartenvariante zu
leiten, der ich mich beim Bau der Hochtorlinie befleißigt hätte. Meine gründliche
Kenntnis des Gesamtgebietes konnte dann auch zu Gunsten der Variante II verwertet
werden und es konnte immer noch das Bestmögliche geschaffen werden, was sich
aus ihr herausholen ließ.

Die Variantenfrage hatte aber auch ihre g u t e Seite. Noch bei keinem Hoch=
gebirgs=Straßenbau ist die Linienführung der Scheitelstrecke so unter die Lupe ge=
nommen worden, wie dies bei der Großglockner=Hochalpenstraße der Fall war. Als
später im Jahre 1933 die Entscheidung zu Gunsten der Variante I fiel, stand wirklich
eindeutig fest, daß man die beste und dabei auch am billigsten zu bauende Linie ge=
wählt hatte.

Die wichtigste Grundlage für eine zu treffende Entscheidung war eine v e r l ä ß =
l i c h e E r f a s s u n g d e r B a u k o s t e n der beiden Varianten. Die Möglichkeit
hiezu war gegeben, als die Einzelentwürfe vorlagen, wenngleich dieselben noch immer
gewisser Ergänzungen und Abänderungen bedurften. Die bis dahin leidenschaftlich
aber nutzlos am grünen Tisch geführten Debatten über das Für und Wider beider
Linien fanden damit ein Ende.

Der Einzelentwurf der V a r i a n t e I lehnte sich genau an meinen ersten Entwurf
an. Er erfuhr späterhin in kürzeren Strecken noch einige Abänderungen.

Der Einzelentwurf der V a r i a n t e II hatte mit dem ursprünglichen Projekts=
gedanken des Landeshauptmannes nur mehr den Pfandlschartentunnel und die Ein=
mündung in die Südrampe nächst der Franz=Josephs=Höhe gemeinsam. Die erste Idee,
vom Nordportal des Pfandlschartentunnels eine direkte Verbindung zur Linie der
Variante I am Oberen Naßfeld herzustellen, die ich von allem Anfang an als technisch
undurchführbar bezeichnet hatte, war endgültig fallen gelassen worden.

Die neue Linie der Variante II schwenkte schon ungefähr einen Kilometer ober=
halb Hochmais von der Linie der Variante I ab und führte ins Futtererkar, um von
dort in gestreckter Linie am Nordhang des Klobens zum 562 Meter langen Kloben=
grattunnel anzusteigen. Nach Durchfahrung dieses Tunnels gelangte die Straße in die
Steilwand des Klobengrates und weiter direkt zum Nordportal des Pfandlscharten=
tunnels, dessen Länge je nach der Ausführungsart nunmehr mit 2253 Meter, bezw.
2077 Meter, ermittelt war. Im Tunnel erreichte die Straße eine Höhe von 2272 Meter.
Vom Südportal des Tunnels erfolgte der weitere Anstieg durch das Pfandlscharten=
bach=Naßfeld zur obersten Kehre der Südrampe in der Freiwand.

Aus den Einzelentwürfen konnte man nun einwandfrei feststellen, daß die Kosten der Scheitelstrecke nach Variante II ungefähr doppelt so hoch waren wie jene der Variante I und daß die Tunnellängen in der Variante II rund z e h n m a l g r ö ß e r

Der Talschluß des südlichen Pfandlschartenbaches mit der Unteren Pfandlscharte
(2663 m, rechts) und Oberen Pfandlscharte (2730 m, links)

waren als in der Hochtorlinie. Das waren die sofort ins Auge springenden Nachteile der Variante II.

Die Variante II hatte aber auch ihre Vorteile. Im Ausflugsverkehr von Norden her brachte sie erhebliche Wegkürzungen mit sich. Auch waren die Höhenunterschiede, die man bei der Befahrung auf dieser Wahllinie zurückzulegen hatte, wesentlich geringer als bei Variante I.

D a s alles wußte man ja auch schon, b e v o r die Einzelentwürfe vorlagen, nur konnte man jetzt Vergleiche anstellen, die auf genauen Unterlagen fußten. So übersichtlich auch die Gegenüberstellung der Vor= und Nachteile der einzelnen Varianten war, die ich dem Verwaltungsrat vorlegte, zu einer einheitlichen Auffassung darüber, w e l c h e Scheitelstrecke zu bauen sei, konnte er sich nicht aufraffen. Die Vertreter Kärntens waren für die Variante I, jene von Salzburg für die Variante II. Die Vertreter der Bundesregierung aber vermieden es, sich für die eine oder andere Wahllinie festzulegen. Dr. Rehrl stellte daher den Antrag, das Gutachten unvoreingenommener Fachleute einzuholen.

Nach Annahme dieses Antrages betraute der damalige Bundeskanzler Dr. Ender

den Vorarlberger Regierungsoberbaurat Ing. R a t z mit der Überprüfung der zu er=
warten den Baukosten der Straßenrampen und der beiden Scheitelstrecken. Unabhängig
davon sollte meine Bauleitung sich mit der gleichen Aufgabe befassen. Mitte August
hatte Ratz die Rampenstrecken kostentechnisch überprüft. Nun konnte festgestellt
werden, daß sich seine Ergebnisse mit denen meiner Bauleitung fast völlig deckten.
Dann kam die Untersuchung der Scheitelstrecke an die Reihe.

Der Verwaltungsrat beschloß, zur Beurteilung dieser besonders wichtigen Frage
weitere drei Gutachter heranzuziehen. Noch im August 1931 wurden der Ingenieur=
geologe Ing. Dr. S t i n y, Professor an der Technischen Hochschule in Wien, und
Oberbergrat Dr. Ing. I m h o f aus Böckstein zur Beurteilung aller geologischen und
tunnelbautechnischen Fragen sowie der Alpinist Oberst B i l g e r i zur Beurteilung
der alpinen Gefahren in den Strecken der beiden Varianten aufgefordert.

In einer Reihe von Begehungen, die die Gutachter teils einzeln, teils gemeinsam
durchführten, verschafften sie sich den Einblick in die örtlichen Verhältnisse und in
den geologischen Aufbau des Geländes.

Am 24. September 1931 hatten die Gutachter ihre Arbeit abgeschlossen, die sie dem
Landeshauptmann von Salzburg überreichten. Die Kostenfrage war nun geklärt und
in eindeutiger Weise zu Gunsten der Variante I entschieden. Daß die Variante I bil=
liger zu bauen war als die Variante II, das hatte ja bisher auch niemand bestritten.
Alle Schwierigkeiten waren in dem Gutachten aufgezählt, die man beim Bau der einen
oder anderen Wahllinie zu erwarten hatte. Nur e i n e Frage, die Dr. Rehrl von den
Gutachten gerne beantwortet gehabt hätte, war unbeantwortet geblieben, und das war
die Frage, w e l c h e Wahllinie die Gutachter zum Ausbau empfahlen. Die Gutachter
hatten es leider ängstlich vermieden, in dieser Hinsicht ein entscheidendes Wort zu
sprechen und da sie sich über diesen Punkt ausschwiegen, schien es tatsächlich nur eine
r e i n e   G e l d f r a g e zu sein, ob man die billigere oder teuerere Variante bauen
sollte. Danach wären also beide Varianten einander gleichwertig gewesen. Wenn man
sich aber dann entschließen wollte, ausgerechnet die t e u e r e r e zu bauen, dann
mußte man hiefür schon g e w i c h t i g e   G r ü n d e ins Treffen führen können.

Der Entscheidung in der Variantenfrage war man damit um k e i n e n   S c h r i t t
näher gerückt. Daher entschloß sich Dr. Rehrl, die Automobilklubs von Salzburg und
Kärnten zur Beurteilung der Frage heranzuziehen, welcher der beiden Varianten in
verkehrstechnischer Hinsicht der Vorzug zu geben sei. Gleichzeitig sollten die Alpen=
vereinssektionen Klagenfurt und Salzburg, durch deren Arbeitsgebiet die Groß=
glockner=Hochalpenstraße führt, über das landschaftliche Moment der beiden Wahl=
linien ihr Gutachten abgeben. Das Ergebnis dieser Gutachten fiel genau so aus, wie
ich es von allem Anfang an erwartet hatte.

Der S a l z b u r g e r   A u t o m o b i l k l u b hielt die V a r i a n t e II aus Gründen
größerer landschaftlicher Schönheit und besserer Rentabilität für die v o r t e i l=
h a f t e r e. Der K ä r n t n e r   A u t o m o b i l k l u b erklärte sich g e g e n die An=
lage langer Tunnels auf Hochgebirgsstraßen und empfahl, nur d i e Linie zu wählen.
die einen möglichst kurzen oder überhaupt keinen Tunnel hatte, die größten land=
schaftlichen Reize bot und den Vorteil der niedrigsten Baukosten hatte. Und das war
die V a r i a n t e I. Die A l p e n v e r e i n s s e k t i o n   S a l z b u r g sprach sich ent=
schieden dafür aus, der V a r i a n t e II den Vorzug zu geben. Die A l p e n=
v e r e i n s s e k t i o n   K l a g e n f u r t erklärte, daß sie grundsätzlich gegen die Füh=
rung einer Straße in das alpine Ödland sei, daher in höherem Maße g e g e n eine

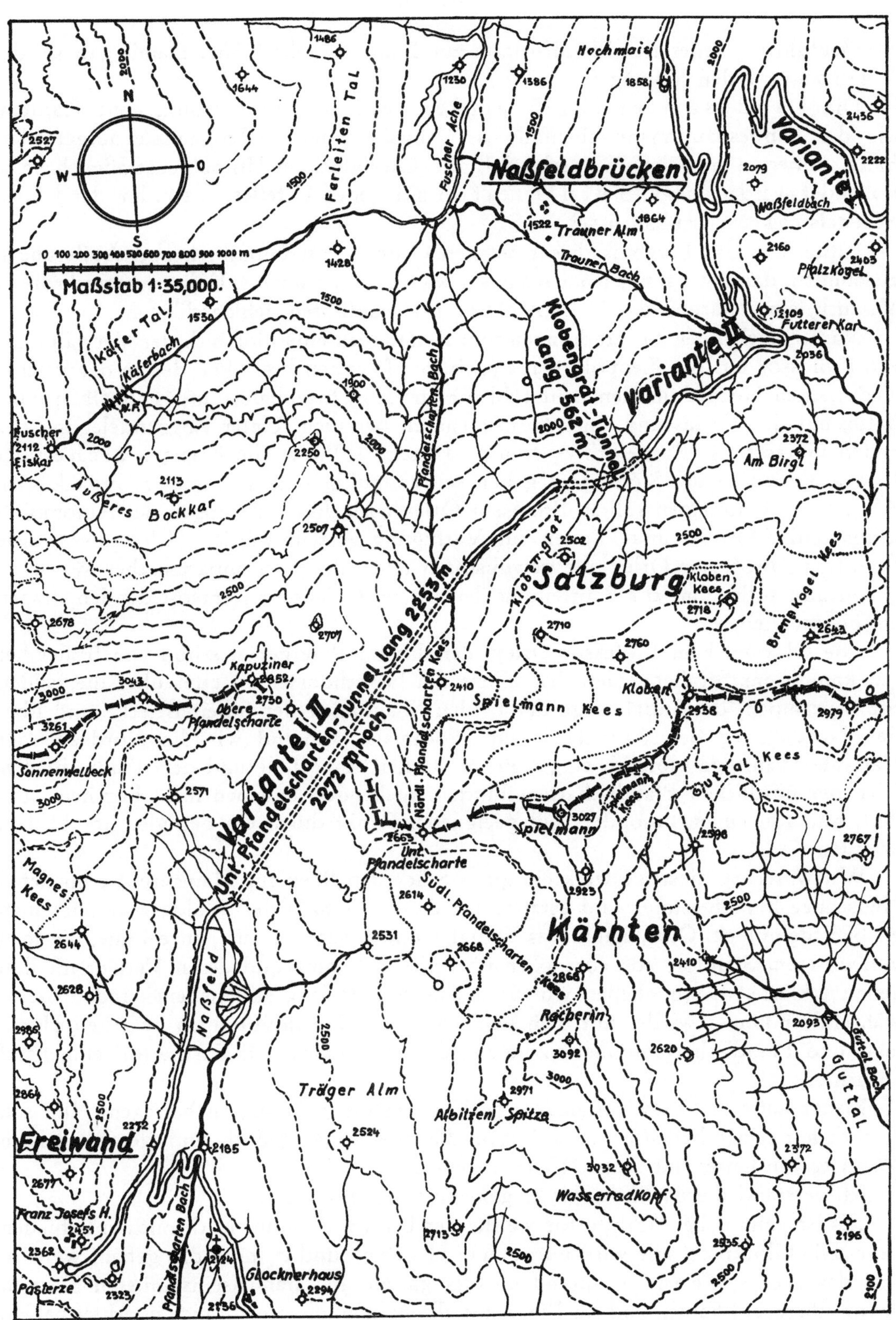

Der endgültige Entwurf der Variante II der Scheitelstrecke

Straßenführung unter der Pfandlscharte zur Franz=Josephs=Höhe. Damit gab sie der V a r i a n t e I den Vorzug.

Die L a n d e s ä m t e r f ü r F r e m d e n v e r k e h r in Salzburg und Kärnten, die der Landeshauptmann ebenfalls zur Abgabe einer Stellungnahme aufgefordert hatte, äußerten nur den Wunsch, daß die Großglockner=Hochalpenstraße ehestens vollendet werden möge. Sie e n t h i e l t e n sich jedes Urteiles, w e l c h e der beiden Scheitelstrecken auszubauen sei.

Faßte man das Ergebnis dieser zweiten Gruppe von Gutachten und Äußerungen zusammen, dann w a r m a n g e n a u s o k l u g a l s z u v o r . Daher war auch dieser Versuch, eine Klärung der Variantenfrage herbeizuführen, fehlgeschlagen.

Nach eingehenden Besprechungen und Beratungen entschloß sich der Verwaltungs= rat, Professor Dr.=Ing. Leopold Ö r l e y , einen erfahrenen Praktiker, der an der Wiener Technischen Hochschule den Lehrstuhl für Straßen=, Eisenbahn= und Tunnelbau inne= hatte, mit der Verfassung eines Gutachtens zu betrauen. Unter Zugrundelegung des ersten Gutachtens (Ratz—Stiny—Imhof—Bilgeri) sollte er die Frage, w e l c h e r der beiden Varianten der Vorzug zu geben sei, endgültig und in kürzester Frist klären. Als weitere Unterlagen sollten Professor Örley auch die Äußerungen der Automobil= klubs und Alpenvereinssektionen zur Verfügung gestellt werden. Ich selbst wurde beauftragt, Professor Örley alle gewünschten Aufschlüsse in unparteiischer Weise zu geben und sollte ihm zur Beurteilung der nur im Gelände zu entscheidenden Fragen als Führer dienen.

Ende Oktober kam Professor Örley, der das Glocknergebiet schon von früher her gut kannte, ins Straßengebiet. Ich führte ihn bei schönstem Wetter über die beiden Straßenrampen, die Südabstiege der beiden Wahllinien der Scheitelstrecke und über den Nordabstieg der Variante I zum Hochmais, während wir die Nordseite der Variante II infolge plötzlich eingetretener starker Schneefälle und der ständig im Be= reich der nördlichen Pfandlschartenschlucht abgehenden Lawinen nicht begehen, son= dern nur von einem besonders gut geeigneten Punkt durch ein Fernglas überblicken konnten.

Wir waren zu diesem Zweck ein gutes Stück den Weg zur Mainzerhütte im tiefen Neuschnee hinaufgestapft und setzten uns dann oberhalb der Waldgrenze auf einen großen Steinblock. Örley nahm das Fernglas und besah sich die ganze Linie, die man von unserem Standort aus vorzüglich überblicken konnte und deren Verlauf ich ihm genau erklärte. Dann blieben wir wohl eine Stunde lang still nebeneinander sitzen, während er immer wieder mit dem Feldstecher die Linienführungen zwischen Hoch= mais und Pfandlschartentunnel sowie zwischen Hochmais und Fuschertörl eingehend absuchte.

Bisher hatte es Örley vermieden, mich um meine Meinung zu befragen. Nun sah er mich mit seinen helleuchtenden Augen, die jedem unvergeßlich sind, der mit diesem Mann zu tun hatte, eine lange Weile fragend an.

Ich verstand diesen Blick, wie er gemeint war, und sagte:

„Es ist ganz nebensächlich, für welche der beiden Wahllinien ich mich entschieden habe. Die Glocknerstraße wird nur e i n m a l gebaut und da muß das gebaut werden, was das B e s s e r e ist. Während unseres ganzen Beisammenseins müssen Sie sich davon überzeugt haben, daß ich Ihnen auf alle Fragen, die Sie an mich gerichtet haben, völlig unparteiisch geantwortet habe. Es liegt mir vollkommen fern, Ihr fachmännisches Urteil auch nur im geringsten nach der einen oder anderen Richtung beeinflussen zu wollen. Würde ich das tun, dann würde ich das Vertrauen, das der Landeshauptmann in mich gesetzt hat, als er mich beauftragte, Ihnen als Führer zu dienen, schlecht be‹ lohnen."

Mitte Februar 1932 überreichte Professor Ö r l e y sein G u t a c h t e n, das ein‹ leitend hervorhob, daß mit voller Sicherheit ausgesprochen werden könne, daß über die M ö g l i c h k e i t des Ausbaues b e i d e r Varianten vom technischen Gesichts‹ punkt aus n i c h t d e r g e r i n g s t e Z w e i f e l bestehe. Im Zuge jeder der beiden Scheitelstrecken gab es hinsichtlich der Linienführung und der bautechnischen Lösunger. in einzelnen Strecken Teilvarianten, die schon das erste Gutachten erörtert hatte. Aus diesen Teilvarianten wählte er die in technischer und wirtschaftlicher Beziehung am besten scheinenden Lösungen aus und legte die solchermaßen rektifizierten Scheitel‹ strecken der Gesamtbeurteilung zugrunde.

In der V a r i a n t e I erkannte er die Gründe an, die zu einer Verlegung der Trasse in der Hexenküche mit Einschaltung zweier weiterer Kehren geführt hatten, wenngleich er die Linienführung mit nur einer Kehre auf der Piffkarschneide als die großzügigere bezeichnete. Beim Hochtortunnel sprach er sich entschieden gegen die Überschreitung des Sattels durch die Straße aus und empfahl, den vorgesehenen zwei‹ bahnigen Tunnel mit den bereits festgelegten Ansteckpunkten auch tatsächlich zu bauen.

Um den Bauschwierigkeiten des Abstieges auf der Südseite, die unter der Mel‹ litzenwand zu erwarten waren, auszuweichen, entschloß er sich, den landschaftlich sehr schönen Abstieg zum Kasereck zugunsten des Abstieges zum Guttal hauptsächlich d e s h a l b fallen zu lassen, weil durch ihn die Zufahrt von Salzburg aus zur Franz‹ Josephs‹Höhe um ein beträchtliches Stück v e r k ü r z t wurde. Zu diesem Abände‹ rungsvorschlag entschloß er sich aber erst auf Grund einer in meiner Begleitung durch‹ geführten Begehung, in der er sich durch eigenen Augenschein davon überzeugt hatte, daß man diese Linie ohne allzu große Erhöhung der Baukosten auch tatsächlich bauen konnte. Meinen Bedenken, die ich schon gelegentlich der Trassierung im Jahre 1924 gegen diese Linie hatte und die ich ihm mitteilte, schloß er sich an. Er hielt sie jedoch nicht für so schwerwiegend, wie ich sie beurteilte, und vertrat die Ansicht, daß durch eine zweckmäßige Wildbachverbauung der fortschreitenden natürlichen Eintiefung der Bachsohle Einhalt geboten werden könnte.

Ich will hier nur bemerken, daß dieser Abstieg vom Fallbichl ins Guttal heute, da ihn die fertige Straße durchzieht, verhältnismäßig recht einfach aussieht. Daß diese Linienführung aber nicht weniger als vierzehnmal von mir durchtrassiert werden mußte, bevor sie richtig lag und alle Tücken des oft recht nassen und an manchen Stellen auch rutschgefährlichen Geländes bestmöglich meisterte, ist Tatsache.

In der V a r i a n t e II empfahl er, den Pfandlschartentunnel mit einem einseitigen Gefälle nach Süden anzulegen, was eine bessere Übersichtlichkeit beim Durchfahren des Tunnels ermöglichte. Besonders ausführlich behandelte er auch die Frage der Be‹ leuchtung und Belüftung der Tunnels. Für den kurzen Hochtortunnel hielt er eine Lüftungsanlage für völlig überflüssig.

Sodann befaßte sich Örley eingehend mit der Frage der Tunnelbaukosten und ent‹ warf zu diesem Zweck neue Profiltypen, die eine größte lichte Höhe von 4.80 Meter über der Fahrbahn und eine größte Breite von 7.50 Meter aufwiesen. Unter Zugrunde‹ legung der von Ing. Dr. Stiny stammenden geologischen Unterlagen berechnete er die

Tunnelbaukosten und kam gegenüber dem ersten Gutachten zu etwas abweichenden Ergebnissen.

Auch behandelte er beide Varianten vom Gesichtspunkt ihrer verschiedenen Längen, der verlorenen Höhe und der voraussichtlichen Fahrzeit. Er kam zu dem Schluß, daß die sich ergebenden Unterschiede ohne nennenswerten Einfluß auf die Frequenz der Straße bleiben mußten, da es sich ja in beiden Fällen um ausgesprochene Fremdenverkehrsstraßen zum gleichen schönsten Punkt des ganzen Gebietes, dem Großglockner, handelte, der über beide Varianten erreicht würde.

Dann beurteilte er die klimatischen Verhältnisse und die Betriebssicherheit. In Höhenlagen über 2000 Meter lagen bei der Variante II nur zehn Straßenkilometer offen, waren also durch Tunnelbauten nicht geschützt. Bei der Variante I waren es aber rund zwanzig Kilometer und von diesen wieder über zehn Kilometer in Höhenlagen zwischen 2270 und 2506 Meter, die die Variante II überhaupt nicht erreichte. Bei Wetterstürzen im Hochsommer würde daher die Aufrechterhaltung des Verkehres auf der Variante I beträchtlich größere Schwierigkeiten bereiten und mehr Schneeräumungsarbeiten erfordern als die Variante II.

Allerdings mußte er gerechterweise auch zugeben, daß von den zehn Kilometern der Variante II ganze drei Kilometer fast vollkommen am Nordhang lagen, also vom Standpunkt der Schneeräumung gewiß ebensoviel Arbeit verursachen mußten, als gleich lange Strecken in den der Sonne mehr zugänglichen, wenn auch um 200 Meter höherliegenden Strecken der Variante I. Immerhin mußte der Einsatz an Schneeräumgeräten auf der Variante I ein größerer sein als auf der Variante II.

Dagegen sei die Lawinengefahr auf der Variante II, wie auch aus der Lawinenkarte von Oberst Bilgeri hervorgehe, ganz erheblich größer als auf der Variante I. Die Zone intensiver Lawinengefahr auf der Variante II umfasse die ganze Strecke vom Gabelungspunkt der Nordrampe bei den Naßfeldbrücken oberhalb Hochmais bis zum Klobengrat-Tunneleingang, die ganze Strecke zwischen dem Klobengrattunnel und dem Pfandlschartentunnel und noch den ersten Kilometer nach der Ausfahrt auf der Südseite des Pfandlschartentunnels. Daran schließe sich noch eine drei Kilometer lange Strecke im Abstieg vom Glocknerhaus gegen das Guttal zu an. Wenngleich die Lawinengefahr hauptsächlich im Frühjahr bestünde, so könnte sie in diesen Höhenlagen doch auch nach ganz schlechten Witterungsperioden im Früh- und Spätsommer in Erscheinung treten und dann den ganzen Straßenverkehr vorübergehend bedrohen oder unterbinden.

Eben mit Rücksicht auf diesen Umstand sei es ganz ausgeschlossen, daß die Variante II im Frühjahr schon um M o n a t e früher für den Verkehr offen sein werde als die Variante I, wie von verschiedenen Seiten behauptet werde. Der festgestellte jährlich mehrmalige Lawinenabgang in der ganzen Nordstrecke der Variante II würde mit der Zeit zu einer immer dichteren Verbauung dieser Strecke mit Galerien und Schutzdächern führen, wodurch der Ausblick auf die gegenüberliegende Hochgebirgswelt eine schwere Beeinträchtigung erfahren würde.

Die Frage, ob die Straße zunächst nur für den Sommerbetrieb oder sofort für ganzjährigen Betrieb auszubauen sei, beantwortete er eindeutig dahin, daß zunächst gewiß nur der Ausbau für den Sommerbetrieb erforderlich wäre. Erst mehrjährige Erfahrungen nach erfolgter Betriebseröffnung würden zeigen, ob der Frage einer ganzjährigen Offenhaltung der Straße durch Aufwendung zusätzlicher Investitionen nähergetreten werden sollte.

Für eine solche Offenhaltung kam wohl nur die Variante I in Frage. Sie hatte aber nur dann einen Sinn, wenn man zielbewußt daranging, im Bereich der Scheitelstrecke der Variante I ein hochgelegenes alpines Schigebiet von internationaler Anziehungs⹀ kraft zu erschließen, das die Ausübung des Schisportes auch noch im späten Frühjahr, also zu einer Zeit gestattete, zu der alle anderen Wintersportplätze von Rang und Namen keinen Schnee mehr hatten.

Hiezu gehörten aber nicht nur gegen Lawinen gesicherte und durch dauernde Schneeräumung offengehaltene Zufahrten, sondern auch moderne, mit allem Komfort ausgerüstete Hotelanlagen. Erst wenn solche Anlagen entstanden seien, könne sich der Wintersport in einem Maß entwickeln, das die hiefür aufgewendeten Investitionen und Schneeräumungskosten auch wirklich rechtfertigte. Der Vorsprung, den bereits erschlossene und geographisch weit günstiger gelegene hochalpine Schigebiete in dieser Hinsicht hätten, würde es nur sehr schwer möglich machen, gegen diese Konkurrenz in der gegenwärtigen Epoche der Verarmung Österreichs erfolgreich aufzukommen.

Die von mir angesetzte jährliche Besucherzahl von 120.000 Fahrgästen bezeichnete Örley als um mindestens dreißig Prozent z u h o c h. Er legte seinen weiteren Be⹀ trachtungen nach eingehenden Erläuterungen für die Variante I jährlich 80.000, für die Variante II jährlich 100.000 Besucher zugrunde.

Dann befaßte er sich mit den jährlichen Instandhaltungskosten der Straße, die er für die Variante I mit 240.000 Schilling, für die Variante II mit 210.000 Schilling be⹀ rechnete, und untersuchte schließlich den landschaftlichen Reiz beider Varianten: die Glocknerstraße als S e n s a t i o n. Er kam zu dem Schluß, daß die Variante I in Summe m e h r an landschaftlichem Reiz bietet als die Variante II und daß letztere diesen Genuß auf der Nordrampe nur in gedrängter Form bringe. Die Hauptsensation bei Variante II bilde der Pfandlschartentunnel und die durch ihn bewirkte Weg⹀ kürzung zum Großglockner. Dieser stehe auf der Variante I die Seltenheit gegenüber, auf rund neun Kilometer Länge eine Autofahrt zu unternehmen, die unausgesetzt in Höhen zwischen 2300 und 2500 Meter verbleibe. Darin liege für den Automobilisten ein besonderer Reiz, denn alle anderen Pässe der Alpen hätten nahezu ausnahmslos die Eigenschaft, daß die Überfahrung der Paßhöhe nur wenige S e k u n d e n in An⹀ spruch nehme und daß die langandauernde Bergfahrt ganz plötzlich von einer ebenso lang andauernden Talfahrt abgelöst werde.

Weiters untersuchte er noch die Frage der Wegkürzungen, die die Großglockner⹀ Hochalpenstraße als solche, gleichgültig ob die Scheitelstrecke nach Variante I oder II gebaut würde, im Durchzugsreiseverkehr mit sich bringen würde und stellte fest, daß die Glocknerstraße, auf den großen internationalen Durchzugsverkehr r e i n a u s G r ü n d e n d e r W e g ⹀ u n d F a h r z e i t v e r k ü r z u n g k e i n e A n ⹀ z i e h u n g s k r a f t a u s ü b e n w ü r d e, daß sie also in diesem Verkehr nur wegen ihrer hervorragenden landschaftlichen Schönheit befahren werden würde, so⹀ fern ein unbeliebter und hoher Straßenzoll nicht abschreckend wirkte. Im aller⹀ günstigsten Fall errechnete er jährliche Mauteinnahmen von 740.000 Schilling bei Variante I und 1,090.000 Schilling bei Variante II.

Über die von ihm ermittelten Gesamtkosten der Straße von Dorf Fusch bis Heiligenblut einschließlich der Abzweigung auf die Franz⹀Josephs⹀Höhe gibt die nach⹀ stehende Tabelle Aufschluß:

Baukosten und Anlagekapital in Schilling	Gesamtstrecke mit Ausbau über	
	Variante I	Variante II
1 Nordrampe	5,620.000.—	5,620.000.—
2 Scheitelstrecke	8,310.000.—	19,150.000.—
3 Südrampe	6,780.000.—	6,780.000.—
4 Bauaufsicht und Bauverwaltung	740.000.—	740.000.—
unmittelbare Baukosten zus.	21,450.000.—	32,290.000.—
5 Bauzinsen für das halbe Obligationskapital (Aktienkapital 10,000.000 S) durch zwei Jahre . .	980.000.—	1,920.000.—
6 Zwischenzinsen für das Obligationskapital von der Einzahlung bis zur Verausgabung	170.000.—	330.000.—
7 Kosten der Betriebseinrichtung	500.000.—	410.000.—
Gesamtbau- und Unternehmungskosten	23,100.000.—	34,950.000.—
8 Geldbeschaffungskosten: Banken, Provisionen, Kursverlust bei der Begebung der Obligationen .	1,400.000.--	2,750.000.—
Daher erforderliches Gesamt-Anlagekapital . . .	**24,500.000.—**	**37,700.000.—**

Es war daher im Falle des Baues der Variante I ein Obligationskapital von 14.5 Millionen Schilling und, falls die Variante II zum Bau kam, ein solches von 27.7 Millionen Schilling als Ergänzung des Aktienkapitals von 10 Millionen Schilling erforderlich. In Gegenüberstellung zu den zu erwartenden Mauteinnahmen und den Ausgaben für die Straßeninstandhaltung ergab sich daher, daß an eine volle Verzinsung und Tilgung der Obligationen nur dann zu denken war, wenn ein jährlicher Fehlbetrag, den Örley für die Variante I mit 790.000 Schilling und für die Variante II mit 1,550.000 Schilling ermittelte, durch Z i n s e n g a r a n t i e von anderer Seite gedeckt wurde. Hiefür kamen aber nur ö f f e n t l i c h e M i t t e l in Frage.

Mit dem Straßenbau a l l e i n sei aber noch lange nicht alles getan, um den aus öffentlichen Mitteln getätigten Geldaufwand voll zu rechtfertigen. Die Mehrkosten, die die Variante II gegenüber der Variante I erfordere, konnten viel zweckmäßiger dazu aufgewendet werden, eine ganze Reihe zusätzlicher Erfordernisse der Glocknerstraße zu finanzieren. Hier betonte er die Notwendigkeit moderner, auch den verwöhntesten Ansprüchen des internationalen Publikums entsprechender Hotelbauten und Gaststätten als Stütz- und Rastpunkte des Verkehrs, die Anlage von Wegbauten, um auch den ungeübten Besuchern das für sie sensationelle Betreten der Pasterze und den Besuch der nahen, für die Glocknerbesteigung historisch so bedeutungsvollen Hofmannshütte zu ermöglichen.

Um die Besucher zu längerem Verweilen zu veranlassen, empfahl er auch die Erbauung einer Seilschwebebahn von der Hofmannshütte (2444 Meter) auf den 3332 Meter hohen Fuscherkarkopf. Dieser sei ein alpiner Aussichtspunkt ersten Ranges mit einem umfassenden Blick über die ganze Berg- und Eiswelt des Gebietes — unmittelbar gegenüber dem nahen Großglockner — der in solcher Art von keinem anderen Punkt der Alpen gesehen werden kann. Die Fahrt mit der Seilbahn auf den Fuscher= karkopf würde den Besuchern der Glocknerstraße auch noch das Erlebnis einer Gipfel= sensation bringen.

Zu den zusätzlichen Erfordernissen der Großglockner=Hochalpenstraße gehöre aber auch der Ausbau der Z u f a h r t s s t r a ß e n im Norden und Süden, insbesondere der Ausbau der Mölltaler Landesstraße von Heiligenblut über den Iselsberg. Schließ= lich sei auch in der Zukunft ein Anschluß des Raurisertales durch das Seidlwinkeltal gegen das Mittertörl zu anzustreben.

Die kühle und unvoreingenommene Abwägung der Vor= und Nachteile beider Varianten führte Örley logisch und eindeutig zu der Überzeugung, daß die Vorteile der Variante I s o ü b e r w i e g e n d seien, daß der Bau der Variante II nicht empfohlen werden könne. Er verkannte dabei durchaus nicht die außerordentlich klare und fesselnde Linienführung der Variante II und ihre Lichtseiten, mußte aber trotzdem sein technisches Empfinden als Ingenieur und Tunnelfachmann den zwingenden wirt= schaftlichen Erwägungen unterordnen und aus diesem Grunde die Variante I als die bauwürdigere bezeichnen.

Die Variante II war eben zu sehr mit den Tunnelbaukosten belastet. Tunnels seien die teuersten Bauwerke, die der Eisenbahnbau und Straßenbau kennt, und jede Tras= sierung im Gebirge müsse in erster Linie ihr Augenmerk auf tunlichste Vermeidung vieler oder längerer Tunnels richten. Der Mehraufwand von dreizehn Millionen Schil= ling für die Variante II sei eben nicht tragbar und der Vergleich, mit dem Örley sein Gutachten schloß, daß dieser Mehrbetrag allein ausreichte, einen Teil der Zufahrts= straßen zur Glocknerstraße sowohl auf der Tiroler und Kärntner als auch auf der Salzburger Seite für den modernen Kraftwagenverkehr befriedigend auszubauen, zeigte deutlich, daß dieser Mehrbetrag in anderer Weise zweckmäßiger angelegt werden könnte.

Sein Antrag: „e s m ö g e d i e S c h e i t e l s t r e c k e d e r G r o ß g l o c k n e r = H o c h a l p e n s t r a ß e n a c h V a r i a n t e I a u s g e b a u t w e r d e n“, der das umfangreiche und durch zahlreiche Tabellen, Pläne und Zeichnungen erläuterte Gut= achten abschloß, war für die Verfechter der Variante II ein schwerer Schlag.

Wer aber dachte, daß mit diesem Gutachten die Frage der Linienführung der Scheitelstrecke der Großglockner=Hochalpenstraße endgültig zu Gunsten der Variante I e n t s c h i e d e n war, der befand sich in einem gewaltigen Irrtum.

15. Die Fertigstellung der Straßenrampen im Jahre 1932

Schon mit den ersten Arbeiten im Gelände im Sommer 1930, noch deutlicher aber nach Ausarbeitung der Einzelentwürfe, hatte es sich gezeigt, daß das Aktienkapital von zehn Millionen Schilling und die weiteren zwei Millionen Schilling, die durch die Begebung von Obligationen an die Bauunternehmungen aufgebracht werden sollten, für die Bedeckung des gesamten Bauerfordernisses keinesfalls ausreichten.

Bei der Bauinangriffnahme jener Strecken, in denen die neue Straße dem Zuge der schmalen bereits bestehenden Fahrstraßen folgte, also von Dorf Fusch nach Ferleiten und vom Schobereck bis zum Glocknerhaus, hatte es unliebsame Überraschungen gegeben. Die vorhandenen Stützmauern, die äußerlich einen ganz guten Eindruck erweckt hatten, waren schlecht gegründet und mußten durch neue Mauern ersetzt werden. Das gleiche zeigte sich bei den Widerlagern der alten Brücken. Die Packlage, die in diesen Fahrstraßen unter der Fahrbahndecke vorhanden sein sollte, fehlte.

An der Fuscher Ache, im Pfierselgraben und in der Schütt mußten Verbauungsarbeiten in einem weit größeren Umfang durchgeführt werden, als angenommen worden war. Überdies war vom Ministerium der Bau von Stein- und Eisenbetonbrücken an Stelle der ursprünglich geplant gewesenen hölzernen Tragwerke, die Herstellung einer großen Zahl von Viehdurchlässen auf den Weidegründen und Almen und die Ausstattung der Fahrbahn mit einem staubfreien Belag in einzelnen Strecken verlangt worden. All dies brachte Mehrkosten von rund dreieinhalb Millionen Schilling mit sich.

Der Umstand, daß der sich immer mehr entwickelnde Kraftwagenverkehr und die damit verbundene Erhöhung der Fahrgeschwindigkeit gebieterisch nicht nur eine Vergrößerung der Minimalfahrbahnbreite von ursprünglich fünf Meter auf sechs Meter mit Verbreiterung in allen Krümmungen, sondern auch eine

Photo: *Brüder Lenz, Dobl bei Graz*

Blick von der Piffalpe ins Käfertal

gestrecktere Linienführung der Straße verlangte, führte zu einer erheblichen Vermehrung der Erd- und Felsbewegung und der zu errichtenden Mauerwerkskörper. Die Erhöhung der zulässigen Verkehrslasten auf vierundzwanzig Tonnen für das Einzelfahrzeug wirkte sich naturgemäß auch nicht verbilligend aus. Die Mehrkosten aus diesem Titel allein waren mit ungefähr fünf Millionen Schilling einzuschätzen.

Es zeigte sich nun also mit aller Deutlichkeit, wie nachteilig sich die Tatsache aus= wirkte, daß man bis zum letzten Augenblick immer wieder die Ausarbeitung genauer Einzelentwürfe, verbunden mit Probeschürfungen im Gelände, einzig und allein aus d e m Grunde hatte unterlassen müssen, weil niemand das G e l d für diese so drin= gend notwendigen Vorarbeiten hergeben wollte.

Hätte man v o r der Durchführung der Finanzierung und v o r der Bauvergebung diese wichtigen Grundlagen geschaffen, dann wären der Gesellschaft manche finanzielle Sorgen erspart geblieben. Ob man sich im Jahre 1930 aber überhaupt zum Bau der Straße entschlossen hätte, wenn man schon damals das reine Baukostenerfordernis von etwa einundzwanzigundeinhalb Millionen Schilling klar erkannt hätte, bleibt mehr als fraglich.

Vom Aktienkapital von zehn Millionen Schilling waren 40 vom Hundert sofort bei Baubeginn eingezahlt worden. Die weiteren 60 vom Hundert der Aktienzeichnung waren von den Aktionären in zwei gleichen Raten am 1. April und 1. August 1931 bar zu erlegen. Hier tauchte jedoch schon anfangs März 1931 die erste Schwierigkeit auf. Das Proponentenkomitee der Tauernwerke A.G. erhielt die im Syndikatsvertrag mit dem österreichischen Bundesschatz mit 28. Februar 1931 befristete Erklärung des Tauernwerkes als begünstigter Bau n i c h t. Gemäß der in diesem Syndikatsvertrag festgelegten Bestimmungen lehnte es daher die Einzahlung der zweiten und dritten Rate des gezeichneten Glocknerstraßen=Aktienpaketes ab. Damit stand die Sachlage so, daß vom ursprünglichen Aktienkapital von zehn Millionen Schilling, wenn die Tauernwerke die Rückzahlung ihrer bereits eingezahlten ersten Rate verlangten, nur 6,700.000 Schilling zur Verfügung standen. Dieser Betrag reichte nicht annähernd für die Fertigstellung der beiden Straßenrampen aus. Wenn es aber nicht gelang, die volle Zeichnung des Aktienkapitals durch den Bund oder einen anderen Partner zu erreichen, dann waren auch die Bauunternehmungen ihrer Verpflichtung entbunden, über ihre Aktienzeichnung hinaus Obligationen im Betrag von zwei Millionen Schilling zu über= nehmen.

Es ist daher selbstverständlich, daß die Gesellschaft alle Anstrengungen machte, vorerst einmal den Baugeldbedarf für das Jahr 1931 restlos sicherzustellen. Mitten in diese Bemühungen hinein kam die Nachricht von außergewöhnlich hohen Verlusten, die die Österreichische Creditanstalt für Handel und Gewerbe erlitten hatte. Sie zwangen die Bundesregierung zu einer großzügigen Stützungsaktion, die sie außer= stande setzte, die im Syndikatsvertrag mit den Tauernwerken eingegangene Verpflich= tung der Übernahme des Glocknerstraßen=Aktienpaketes einzulösen. Nur durch Ge= währung eines Überbrückungskredites seitens des Credit=Institutes für öffentliche Unternehmungen und Arbeiten war es der Großglockner=Hochalpenstraßen AG. mög= lich gewesen, das Bauprogramm des Jahres 1931 bis zum Wintereinbruch voll zu er= füllen. Die bis zum Beginn der Bausaison des Jahres 1932 durch den Hochgebirgs= winter erzwungene Arbeitspause mußte daher in jeder Hinsicht dazu ausgenützt wer= den, zumindest die Restfinanzierung der in Fertigstellung begriffenen Rampenbauten zu sichern.

Erschwert wurden diese Bestrebungen durch Zeitungsangriffe, die jene Bauunter= nehmung zur Urheberin hatten, die auf Grund nicht entsprechender Bauleistungen wenige Monate nach Baubeginn zum Ausscheiden aus dem Baukonsortium I ge=

zwungen worden war, und die nicht nur die Gesellschaft, sondern in ganz besonderem Maße meine Person betrafen. Kostete mich die Abwehr dieses unter böswilliger Verdrehung der Tatsachen mit aller Vehemenz geführten Verleumdungsfeldzuges auch viel Nerven, so erachte ich es doch für richtig, diese unschöne Episode hier zu übergehen. Es mag die Feststellung genügen, daß es mir gelang, alle gegen die Gesellschaft und mich erhobenen Anwürfe restlos und unwidersprochen vor aller Öffentlichkeit zu widerlegen.

Mit Riesenschritten rückte das Frühjahr 1932 heran und noch immer standen keine Geldmittel für den Weiterbau zur Verfügung. Es mußten daher andere Wege gesucht werden, um mit Beginn der Hauptreisezeit wenigstens die volle Befahrbarkeit der Glocknerhausstraße zwischen Schobereck und Glocknerhaus sicherzustellen. Auch das Handelsministerium bestand darauf, daß alle Vorkehrungen zu treffen seien, die Wiedereröffnung dieser Strecke mit 15. Juni zu ermöglichen. Hier hatte ich im Spätherbst 1931 nach dem Abflauen des Touristenverkehrs die Einstellung des privaten Kraftwagenverkehrs erwirkt, um eine Anzahl neuer Brücken bauen und große Felssprengungen durchführen zu können. Durch diese Arbeiten wurde die Straße an vielen Stellen unterbrochen, an anderen Stellen durch abgesprengtes Gestein verlegt. Erst mit der Fertigstellung dieser unumgänglich notwendigen Bauarbeiten war die Straße wieder passierbar und das konnte erst im Frühjahr 1932 der Fall sein.

Schon im Monat Mai begann ich damit, die Strecke der Gletscherstraße zwischen dem Schobereck und dem Glocknerhaus mit zwei Arbeitspartien soweit instandzusetzen, daß der Sommerausflugsverkehr von Heiligenblut zum Glocknerhaus mit Kraftwagen wieder möglich wurde. Die hiefür erforderlichen Geldmittel wurden vorläufig mit Zustimmung des Alpenvereins aus dem bisher unter Sperre liegenden Ablösebetrag für die alte Glocknerhausstraße entnommen.

Dr. Rehrl hatte es zwar verboten, daß mit diesen Arbeiten begonnen werden dürfe, b e v o r der Ausbau der beiden Straßenrampen sichergestellt sei. Aber die Zeit drängte. Der Sommer und damit der Beginn des Reiseverkehrs stand knapp vor der Tür. Ich nahm die Übertretung dieses Verbotes im Interesse einer raschen Durchführungsmöglichkeit aller weiteren, auf der Südrampe noch durchzuführenden Arbeiten auf mich.

In der kurzen Zeitspanne zwischen zwei Sitzungen in Wien fuhr ich nach Heiligenblut hinaus, um die Arbeiten einzuleiten. Als ich dies besorgt hatte, wollte ich über die Tauern hinüber auf die Nordrampe, um mich darüber zu unterrichten, wie die Bauarbeiten dort überwintert hatten.

In der Nacht brach ich von Heiligenblut auf und machte mich auf den Weg. Bis zum Kasereck war das ganze Gelände vollständig schneefrei. Höher hinauf kamen erst vereinzelte Schneeflecken, dann rückten sie immer mehr zusammen, und als ich mich dem Hochtor näherte, sah ich im ersten Morgendämmern eine geschlossene Schneedecke vor mir, aus der nur an vereinzelten Stellen dunkle Felspartien hervorragten. Die Luft war warm, der Schnee weich. Immer wieder brach ich bis an die Brust ein und hatte Mühe, den Sattel des Hochtors zu erreichen.

Vom Hochtor zum Fuschertörl war der Weg nicht weit. Bei guten Wegverhältnissen hatte ich diese Strecke schon mehrmals in einer knappen Stunde zurückgelegt. Das war aber jetzt ganz anders. Schi hatte ich leider keine mitgenommen. Sie hätten mir in dem faulen Schnee auch nicht viel genützt, der derart beschaffen war, wie ich ihn um diese Jahreszeit in solchen Höhenlagen noch nie angetroffen hatte. Oft versank ich zur Gänze im Schnee und hatte alle Mühe, wieder hochzukommen. Beim Abstieg vom Mittertörl blieb mir nichts anderes übrig, als mich auf dem Schnee fortzuwälzen, wollte ich nicht immer wieder in den Löchern zwischen einzelnen, vom Schnee verdeckten Steinblöcken einbrechen. Nur in der Nähe der Fuscherlacke war ein schmaler kurzer Geländestreifen aper, der vom Schmelzwasser überronnen war. Auf diesen steuerte ich sofort zu, froh, endlich wieder einmal festen Boden unter den Füßen zu verspüren. Aber schon nach wenigen Schritten rutschte ich auf dem glatten, seifigen Boden aus und legte mich der Länge nach in den nassen Schmutz. Nun kam noch der Anstieg zum Fuschertörl, den ich mir nach manchen Wechselfällen erkämpfte.

Als ich ins Obere Naßfeld hinunterblickte, lag auch dort noch die Schneedecke wie ein weißes Tuch ausgebreitet. In sengender Sonnenglut, immer und immer wieder im Schnee tief versinkend, erreichte ich schließlich den unteren Rand des Oberen Naßfeldes und damit schneefreies Gelände. Es war inzwischen 5 Uhr nachmittag geworden. Ohne jede Rast befand ich mich seit 1 Uhr früh auf dem Wege und hatte zur Strecke Hochtor—Oberes Naßfeld allein zwölf Stunden gebraucht. Daß ich mit meinen Kräften ziemlich am Ende war, gebe ich ruhig zu. Ja, ich hatte schon einige Male zu zweifeln begonnen, ob sie überhaupt ausreichen würden, ans Ziel zu gelangen.

Nach kurzer Rast machte ich mich wieder auf den Weg. Im Hochmais kam ich auf die ersten Baustellen der Nordrampe, die genau so dalagen, wie wir sie im Spätherbst verlassen hatten. Längst hätte man hier schon wieder mit dem Bauen beginnen können, aber alles lag im tiefsten Dornröschenschlaf.

Die Fensterläden der Arbeiterbaracken in den Lagern waren geschlossen, die Baumaschinen standen in ihren Holzverschalungen, mit denen man sie im Spätherbst zum Schutz gegen die Unbilden des Winters umgeben hatte. Auf den Feldbahngeleisen standen die Loren. Die Mulden der Kippwagen lagen säuberlich verkehrtstehend daneben aufgeschichtet. Vorratsstein wartete auf den Transport zur Baustelle. Zu halber Höhe aufgeführte Mauern harrten der regsamen Arbeiterhände, die sie vollenden sollten.

Tiefste Stille war dort, wo um diese Jahreszeit schon regste Arbeitstätigkeit herrschen sollte. Es war das typisch trostlose Bild, das jede große Baustelle bietet, auf der während monatelanger Arbeitspause kein Lebewesen zu erblicken ist, doppelt trostlos in der erhabenen ernsten Natur, die diese Baustellen umgab.

Der einzige Lichtblick war, daß ich feststellen konnte, daß sämtliche Baustellen ganz ausgezeichnet überwintert hatten und daß keinerlei Schäden entstanden waren.

Noch in der gleichen Nacht fuhr ich von Zell am See mit dem Zuge wieder nach Wien, wo ich am nächsten Tag einer Sitzung im Finanzministerium beizuwohnen hatte. Da gab es nun schwere Vorwürfe seitens Dr. Rehrls, weil ich die Instandsetzungsarbeiten auf der Südseite zum Glocknerhaus eingeleitet hatte. Er machte mich für alle Folgen, die sich daraus ergeben würden, haftbar.

Ich fragte mich, welcher Art diese Folgen wohl sein könnten?

Noch war keine Entscheidung darüber gefallen, ob an den beiden Straßenrampen in diesem Jahr weitergebaut werden konnte. Eine solche Entscheidung konnte aber plötzlich fallen. Wann das war, das wußte niemand. Durch das Handelsministerium war mein Entschluß gedeckt, denn dieses hatte die Frist für die Fahrbarmachung der alten Glocknerhausstraße mit 15. Juni festgesetzt und, als sich gar nichts rührte, auf den 30. Juni als letzten Termin erstreckt. Begann ich sofort mit den Instandsetzungsarbeiten, die ich mit Hilfe der 140.000 Schilling der Alpenvereinssektion so erweitern konnte, daß zwischen Schobereck und Glocknerhaus auch ein erheblicher Teil der Bauarbeiten ausgeführt werden konnte, nur dann erzielte ich gleichzeitig einen Vorsprung in den Bauarbeiten, der in dieser Baustrecke so dringend nötig war.

Zwei Ziele schwebten mir vor Augen. Das erste war, den Verkehr zum Glockner=haus doch noch mit 15. Juni zu ermöglichen. Das gelang mir nicht nur, sondern darüber hinaus war um diese Zeit schon ein erheblicher Teil der Fahrbahn fertig gewalzt. Über das zweite Ziel sprach ich nur mit meiner treuen Privatsekretärin, meiner Frau. Wenn es irgendwie ging, wollte ich außer der Nordrampe auch noch die Südrampe in diesem Jahr zur Gänze fertigstellen und dem Verkehr übergeben. Dazu mußte die Strecke zum Glocknerhaus für unsere Baufuhrwerke raschestens passierbar sein und ihre Fertigstellung im Rahmen der verfügbaren Geldmittel schon jetzt forciert werden. Anders konnte ich dieses Ziel nicht erreichen.

Daß ich mit meinem Entschluß recht hatte, bewies die Zukunft.

Die Ungewißheit, ob die Geldmittel für den Weiterbau der Rampen rechtzeitig aufgebracht werden würden oder nicht, zwang die Gesellschaftsleitung dazu, das ge=samte Bauleitungspersonal einschließlich meiner Person mit 1. Juni 1932 zu kündigen. Kam es tatsächlich zum Bau, dann sollten die Anstellungsverträge von Monat zu Monat bis zur Fertigstellung der Rampen verlängert werden.

Am 5. Juni 1932 besuchte Bundeskanzler Dr. Dollfuß die Straße. Die bei dieser Begehung gewonnenen Eindrücke waren ausschlaggebend dafür, daß die Bundes=regierung die von ihr in Aussicht genommenen Maßnahmen zur Restfinanzierung der Rampenbauten beschleunigte. Am 24. Juni befaßte sich der Finanz= und Budget=ausschuß mit der Behandlung eines Gesetzentwurfes, der nicht nur die Übernahme des Aktienpaketes der Tauernwerke A.G., sondern darüber hinaus die Gewährung eines unverzinslichen Darlehens an die Großglockner=Hochalpenstraßen A.G. in der Höhe von 3,942.000 Schilling zum Gegenstande hatte. Da die Annahme dieses Ge=setzes im Nationalrat gesichert war, konnte ich bereits am 27. Juni den Auftrag an die Baufirmen zur Fertigstellung der beiden Straßenrampen hinausgeben. Am 30. Juni wurde das Gesetz durch den Nationalrat beschlossen.

Nach meinen Berechnungen waren für die Nordrampe noch mindestens zwei, für die Südrampe aber drei, bei ungünstigem Bauwetter vielleicht sogar vier Monate bis zum Abschluß der Arbeiten erforderlich. Da ich nun auf der Südrampe gerade in ihrer unangenehmsten Strecke einen Vorsprung von einem vollen Monat erzielt hatte, war auch ihre Eröffnung noch im Jahre 1932 in den Bereich der Möglichkeit gerückt. Als ich das festgestellt hatte, setzte ich den Fertigstellungstermin für die Nordrampe mit 1. September fest und ordnete gleichzeitig die äußerste Beschleunigung aller Arbeiten auf der Südrampe an.

Wieder kamen die Arbeitertransporte durch die Täler hinauf auf die Baustellen der Glocknerstraße. Aufs neue belebten sich die vielen Arbeitsstellen. Jeder einzelne wußte, daß es jetzt noch mehr als bisher zu zeigen galt, was eine erprobte und bergvertraute, in harter Arbeit zusammengeschweißte Arbeitertruppe, was die „Glocknerstraßen=Baraber" zu leisten vermochten. Alles ging wie am Schnürchen. Kleine, durch die Witterungsverhältnisse bedingte Rückschläge waren unvermeidlich, konnten aber die vorwärtsdrängende Arbeit nicht mehr aufhalten.

Noch immer sperrte auf der Nordrampe die Schlucht des Pfierselgrabens den durch=gehenden Transport der Baustoffe. Hier mußte daher mit stärkstem Einsatz von Mensch und Maschine eingegriffen werden. Am Ende der Baustrecke der Nordrampe im Hochmais, das ja nie als Endpunkt einer Straßenrampe gedacht war, mußte ein

Parkplatz mit Zu- und Abfahrt errichtet werden, um den dort eintreffenden Kraft-wagen das Parken und Umkehren zu ermöglichen. Auch eine behelfsmäßige Gaststätte mußte dort bis zur Eröffnung dieser Teilstrecke aufgestellt werden. Für die Bauunter-nehmung, die in diesem obersten Abschnitte arbeitete, war der Arbeitsumfang, den sie noch vor sich hatte, zu groß, um auch diese zusätzlichen Arbeiten noch bewältigen zu können. Ich mußte daher die Unternehmung des tiefer liegenden Abschnittes zur Unterstützung heranziehen.

Tag für Tag sah man die Mauerwerkskörper weiter in die Höhe wachsen. Immer mehr Teilstrecken der Straße waren im Rohbau fertiggestellt, mit der Packlage aus groben Steinen belegt und darüber der Straßenschotter ausgebreitet. Langsamen Raupen vergleichbar zogen die Straßenwalzen dahin, immer längere Strecken der Straßenfahrbahn schließend.

Noch acht Tage vor dem angesetzten Eröffnungstermin sah es in manchen Strecken der Nordrampe recht wüst aus. Aber ich wußte, daß ich mich auf Arbeiter und In-genieure verlassen konnte. Ununterbrochen war ich unterwegs, um bald hier, bald dort einzugreifen und aufzumuntern, wenn dem einen oder anderen Losbauführer die Nerven durchzugehen drohten.

Am 31. August waren kurze Strecken der Straße noch nicht fertiggewalzt, es wurde ohne Unterbrechung bei Nacht durchgearbeitet und am 1. September um 10 Uhr vor-mittag war das letzte Schotterkörnchen in die Fahrbahn eingedrückt. Die Straßenwalzen räumten die Fahrbahn und stellten sich seitlich derselben an geeigneten Punkten auf. Gleichzeitig konnte ich in Ferleiten an dem über die Straße gespannten Band Dr. Rehrl, der an der Spitze einer unübersehbaren Autokolonne zur Eröffnung der Straße angefahren kam, die F e r t i g s t e l l u n g d e r N o r d r a m p e bis zum Hochmais melden.

Viele Hunderte von Autos fuhren nun in langer Kette die an wunderbaren Aus-blicken so reiche Straße ins Hochmais hinauf. Bei herrlichem Wetter wurden auf dem im Flaggenschmuck prangenden vorläufigen Endparkplatz, zu dem die Dreitausender herunterblickten, Festreden gehalten. Der Parkplatz allein konnte die große Zahl der Kraftwagen natürlich nicht fassen und kilometerweit standen die Wagen unterhalb desselben auf der Straße in langer Kette aneinandergereiht.

Nach der Eröffnungsfeier fuhren dann die Kraftwagen wieder hinunter ins Tal, die einen früher, die anderen später. Ich aber schulterte meinen Rucksack und ging hinüber übers Fuschertörl und Hochtor auf die Südrampe, deren rascheste Fertigstellung mir nun ganz besonders am Herzen lag.

Schon am nächsten Tag fragte Dr. Rehrl telephonisch in Heiligenblut bei mir an, an welchem Tage die Südrampe eröffnet werden könnte. Ich erbat mir kurze Bedenk-zeit und nach eingehender Besichtigung aller Baustellen und Besprechung mit allen Ingenieuren rief ich abends Salzburg an und teilte dem Landeshauptmann als Eröffnungstag den 2. Oktober mit. Früher war die Sache einfach nicht zu machen, und daß das ging, war direkt ein Wunder.

Nun las ich auch die Zeitungsberichte über die Eröffnung der Nordrampe, die voll des Lobes waren. Ein weniger freundlich eingestelltes Blatt schrieb, daß die Nordrampe zwar fertiggestellt worden sei, doch könne das niemand wundern. Dort seien die Arbeiten schon im Herbst 1931 so weit fertiggestellt gewesen, daß es sich im Sommer 1932 nur mehr um Vollendungsarbeiten geringen Umfanges gehandelt hätte, die leicht zu bewältigen gewesen seien. Ganz anders sehe es jedoch auf der Südrampe aus, wo die Arbeiten noch weit zurück seien und zur Fertigstellung noch etwa zwei Jahre erforderlich seien.

In unerhörtem Tempo gingen die Arbeiten auf der Südrampe vorwärts. Der ständige Kraftwagenverkehr in der Strecke vom Schobereck zum Glocknerhaus konnte

Photo: Karl Haidinger, Zell am See

Der vorläufige Endpunkt der Nordrampe im Jahre 1932 im Hochmais
(1850 m) mit dem Großen Wiesbachhorn (3564 m)

uns nur mehr wenig behindern, denn gerade in dieser Strecke hatten wir ja dieses Jahr dank meinem Ungehorsam so zeitig begonnen, daß dieses Straßenstück mit Ausnahme längerer Stücke der Macadamdecke praktisch schon fertig war. Im Anstieg von Heiligenblut gab es aber von der Fleißkehre über das Kasereck und den Guttalbach bis zum Schobereck und im obersten Teil des Anstieges vom Glocknerhaus auf die Franz=Josephs=Höhe noch viel Arbeit. Die Grundbauleger mußten auch bei Nacht am Verlegen der Packlage arbeiten, um für den kommenden Tag einigermaßen im Vor=

sprung zu sein. Ihnen auf den Fersen folgten die Lastkraftwagen mit dem Straßen‹
schotter und unmittelbar dahinter die Straßenwalzen und die Wasserwagen, die die
Straßendecke einschlämmten.

Auf der Franz‹Josephs‹Höhe gingen die Arbeiten am Parkplatz I ihrer Vollendung
entgegen. Die Arbeiten an dem knapp dahinterliegenden Endparkplatz, die außer‹
ordentlich umfangreiche Felssprengungen und Mauerungen erforderten, waren erst für
den Sommer 1933 zur Fertigstellung bestimmt, schritten jedoch ebenfalls rasch
vorwärts.

Am 1. Oktober spät abends war das letzte noch offene Fahrbahnstück am Schober‹
eck fertiggewalzt. Heiligenblut und seine engere und weitere Umgebung waren mit
Fremden und Gästen überfüllt, die zur Eröffnung der Straße gekommen waren.

Der 2. Oktober brach an, ein sonniger klarer Tag, wie man ihn sich prächtiger nicht
denken konnte. In Heiligenblut sah man wehende Fahnen und lebhaftes Treiben, die
bäuerliche Bevölkerung in sonntägiger Kleidung, eng vermischt mit den vielen Frem‹
den, die in allen Sprachen die Schönheit des Tages lobten. Am Beginn der Straße ein
Wald von Fahnen, darunter ein Feldaltar, eine Rednertribüne, Bergführer in ihrer
vollen Ausrüstung mit Pickel und Seil, Mädchen in kleidsamer Mölltaler Tracht, die
Heiligenbluter Musikkapelle und festlich gestimmte Menschen, auf die der Großglock‹
ner in reinstem Glanz niederblickte.

Ich hatte die Ingenieure und Techniker des Straßenbaues zu einer kurzen, schlichten
Feier auf dem kleinen, die Heiligenbluter Kirche umsäumenden Friedhof versammelt,
wo wir der — Gottlob wenigen — Toten des Straßenbaues gedachten, die wir hier zu
Grabe getragen hatten und die die Fertigstellung der Südrampe der neuen Straße nicht
erleben konnten. Dann traten wir auf den Festplatz.

Nach der kirchlichen Weihe folgten Festreden, die die Bedeutung des Tages
würdigten. Man merkte es jedem einzelnen Redner an, daß er besonders herzlich und
begeistert sprach, wie es sich zu der herrlichen Gottesnatur und dem Prachttag schickte,
den der Herrgott beschert hatte. Lauter Widerhall tönte von den Felswänden, diesmal
nicht von Sprengschüssen der Arbeit, sondern von Böllern, die zur Freude des Fest‹
tages abgefeuert wurden. Dann durchschnitt der Bundespräsident das Band, mit dem
die Straße abgesperrt war und erklärte die Südrampe für eröffnet.

Eine lange Wagenkolonne setzte sich zur Eröffnungsfahrt in Bewegung, hinauf
zur Fleißkehre, vorbei an den letzten Bauernhöfen und Feldern, durch Wald und über
Almen zum Kasereck. Dort empfing lebhaftes Böllerschießen die Festgäste und auf
einem Gaul saß in voller Rüstung ein als Römer kostümierter Mölltaler, der reichlich
Arbeit hatte, nicht aus dem Sattel zu fallen, denn das Pferd scheute nicht nur vor den
vielen vorbeifahrenden Autos, sondern auch vor dem ununterbrochenen Krachen der
Böller, die unmittelbar hinter ihm abgefeuert wurden. Ein großes Transparent aber
klärte die Fremden darüber auf, daß vom Kasereck schon vor 2000 Jahren die Römer
über das Hochtor zogen, eine Anspielung auf den Variantenstreit, den die Kärntner zu
Gunsten des Hochtors gelöst wissen wollten.

Weiter ging die Fahrt über das Guttal zum Schobereck und von hier über die neue
Straße, immer angesichts des Großglockners am Glocknerhaus vorbei auf die Franz‹
Josephs‹Höhe. Auf dem festlich geschmückten Parkplatz I wurde die Wagenkolonne
wieder mit Böllerschüssen empfangen. Helle Freude leuchtete aus aller Augen, die die
Schönheit dieses Tages miterleben durften.

Auch dieser Tag ging zu Ende. Mit ihm war ein wichtiger Markstein des Glockner‹

Die neue Großglockner=Hochalpenstraße zwischen Palik und Glocknerhaus

straßenbaues erreicht: Die beiden Straßenrampen waren vollendet. Zähe und rastlose
Arbeit hatte, allen Schwierigkeiten trotzend, die Erreichung des ersten Zielpunktes
ermöglicht. Der Weg, der noch vor mir lag, war dornenvoll und schwer. Würde er
zum endgültigen Ziele, zur Verbindung der beiden Straßenrampen führen?

Hatte trotz aller Schwere der Zeit und aller Tücke der Widersacher bisher ein
guter Stern über dem Werk gewaltet, dann konnte es daran doch auch in der Zukunft
nicht fehlen. Der Wille und die Überzeugung, daß das begonnene Werk zu einem
guten Ende gebracht werden mußte, standen bei mir felsenfest. Der gleiche Wille und die
gleiche Überzeugung beseelten auch den Landeshauptmann von Salzburg, der so
lange von einer Sache, die er sich einmal in den Kopf gesetzt hatte, nicht abließ, bis
er sie zu Ende gebracht hatte.

Mit Riesenschritten eilte der Winter heran. Noch wurden geringfügige Fertig=
stellungsarbeiten an beiden Straßenrampen durchgeführt, dann trat an den früher so
lebhaften Arbeitsstellen völlige Ruhe ein. Nur an den Baustellen auf der Franz=
Josephs=Höhe wurde noch bis spät in den Monat November hinein gearbeitet, um den
Endparkplatz mit Beginn der Hauptreisezeit des Jahres 1933 eröffnen zu können.

Die bisher durchgeführten Arbeiten wurden nun endgültig abgerechnet. Ende
Februar 1933 war dies geschehen. Das gesamte Personal der Glocknerstraße wurde
abgebaut, da man nicht wußte, w a n n es zum Weiterbau kommen würde, denn dieser
Weiterbau war von zwei Dingen abhängig: Erstens von der Entscheidung, welche
Linienführung der Scheitelstrecke zur Ausführung gelangen sollte, und zweitens von
der Beschaffung des Geldes, das für den Ausbau erforderlich war.

Die Lösung der Variantenfrage, die schon so lange auf sich warten ließ, mußte nun
entscheidend in Angriff genommen werden.

16. Und abermals die Variantenfrage

Das Gutachten, das Professor Dr.=Ing. Örley im Februar 1932 erstattet hatte, ließ
dem Landeshauptmann von Salzburg keine Ruhe. Es war ihm inzwischen klar
geworden, daß die Ausführung des von ihm verfochtenen Projektes der Unter=
tunnelung der Pfandlscharte nicht nur technisch, sondern auch finanziell den größten
Schwierigkeiten begegnete. Er bemühte sich daher, einen Weg zu finden, der die bis=
herigen Nachteile dieser Linienführung, insbesondere den Bau eines langen Tunnels,
ausschalten sollte. Vorschläge hiefür wurden ihm von den verschiedensten Seiten, auch
von Nichtfachleuten, unterbreitet. Daß sich auch besonders kühne Ideen darunter
befanden, die wert waren, in ein Witzblatt aufgenommen zu werden, sei hier nicht
verschwiegen.

Die Bauunternehmungen Polensky & Zöllner und Universale, Redlich und Berger
befaßten sich aber ernstlich mit der Frage, ob in der Richtung der Pfandlscharte nicht
doch eine andere Lösung gefunden werden konnte, die die Nachteile des langen
Pfandlschartentunnels vermied. Wollte man hier eine kürzere Tunnellänge erzielen,
dann blieb nichts anderes übrig, als mit der Straße höher hinaufzugehen, als dies der
Pfandlschartentunnel erforderte. In der obersten Strecke der Variante II war dies
aber nicht möglich, da die Gletscher nördlich und südlich der Pfandlscharte tief hinab=
reichten, der Pfandlschartentunnel daher nicht höher hinaufgelegt werden konnte.

Nur westlich der Pfandlscharte war eine Höherführung der Straße, und zwar in der

Gegend der Oberen Pfandlscharte überhaupt denkbar. In dieser Richtung bewegten sich also die Untersuchungen, die zu neuen Aufnahmen im Gelände und zur Stellung eines weiteren Entwurfes führten, der die offene Überschreitung der Oberen Pfandl= scharte in ihrer Einsattelung in 2740 Meter Höhe vorsah. Man rückte also um 468 Meter über die Höhenlage des mehr als zwei Kilometer langen Pfandlschartentunnels der Variante II und um 234 Meter über jene des Hochtortunnels der Variante I hinauf. Das war das Hauptmerkmal dieser neuen Linie, die die Bezeichnung V a r i a n t e I I a oder G a m s k a r l i n i e erhielt.

Aber auch sonst war diese Linie in mehrfacher Hinsicht bemerkenswert. Im Norden bei den Naßfeldbrücken oberhalb Hochmais von der Variante I abzweigend, folgte sie im wesentlichen der Linie der Variante II zum Futtererkar unterhalb des Brennkogel= gletschers, das mit Hilfe einer gewölbten Brücke von 90 Meter lichter Weite übersetzt werden sollte. Am Nordhang des Kloben stieg sie dann mit sechs Kehren bis auf die westliche Randmoräne des Brennkogelgletschers am „Birgl" (2300 Meter) und führte weiter oberhalb der Klobenwand — also unter Vermeidung des Klobengrattunnels der Variante II — auf den Klobengrat (2380 Meter), um dann entlang der Klobenwand gegen die Zunge des nördlichen Pfandlschartenkeeses etwas abzufallen.

Ein kurzes Stück unterhalb der Gletscherzunge überschritt sie auf einer weiteren gewölbten Brücke von abermals 90 Meter lichter Weite die Schlucht des Pfandl= schartenbaches. Daran schloß sich mit dreizehn Kehren der Anstieg über den Steilhang der „Bretter", die im Süden und Norden durch die Steilabstürze zum Gamskar und zur Pfandlschartenschlucht begrenzt werden, hinauf bis in die Höhe der Oberen Pfandl= scharte.

Der Südabstieg führte aus der Scharte an den Westhang des Schartenkopfes und erreichte mit Einschaltung von vier Kehren die rechtsufrige Randmoräne des südlichen Pfandlschartenkeeses. Auf einer nach Südwesten vorspringenden Geländerippe schloß ein weiteres Bündel von vier Kehren an. In 2440 Meter Höhe überschritt die Straße die Rückzugsmoräne des Pfandlschartenkeeses auf einer steinernen Brücke mit sechs aneinandergereihten mächtigen Gewölben und erreichte damit das linke Gletscherufer. Nun erfolgte der weitere Abstieg mit zwei Kehren über die T r ö g e r a l m ins Pfandlschartennaßfeld und nach Überbrückung des Pfandlschartenbaches der Anstieg zur obersten Kehre der Südrampe in der Freiwand.

Die gesamte Linienführung dieser Scheitelstrecken=Wahllinie erforderte daher 29 Kehren gegenüber 17 Kehren der Hochtorlinie. Das wäre an sich ja kein besonderer Nachteil gewesen. Auch die großen geplanten Brücken im Futtererkar, in der nörd= lichen Pfandlschartenschlucht und über die Rückzugsmoräne des südlichen Pfandl= schartenkeeses waren schließlich irgendwie zu meistern. Die Kürze der jährlich zur Verfügung stehenden Bauzeit hätte wahrscheinlich dazu gezwungen, die zu überqueren= den Täler etwas mehr auszufahren und dadurch die Spannweite der Brückenbauwerke zu verringern.

Um die Scheitelhöhe der Variante IIa herabzumindern, wurden zwei Wahlvor= schläge gemacht, die die Untertunnelung der Oberen Pfandlscharte vorsahen. Der erste Wahlvorschlag schaltete beiderseits des Tauernhauptkammes die höchstgelegenen Kehren aus und durchfuhr den Gebirgsrücken in einem 490 Meter langen Tunnel, der um 100 Meter tiefer lag als die Scharte. Der zweite ging mit dem Tunnel bis auf 2525 Meter herab, wodurch sich dessen Länge sofort um mehr als einen Kilometer auf 1530 Meter vergrößerte. Gegenüber der erstangeführten Tunnellinie, die insgesamt

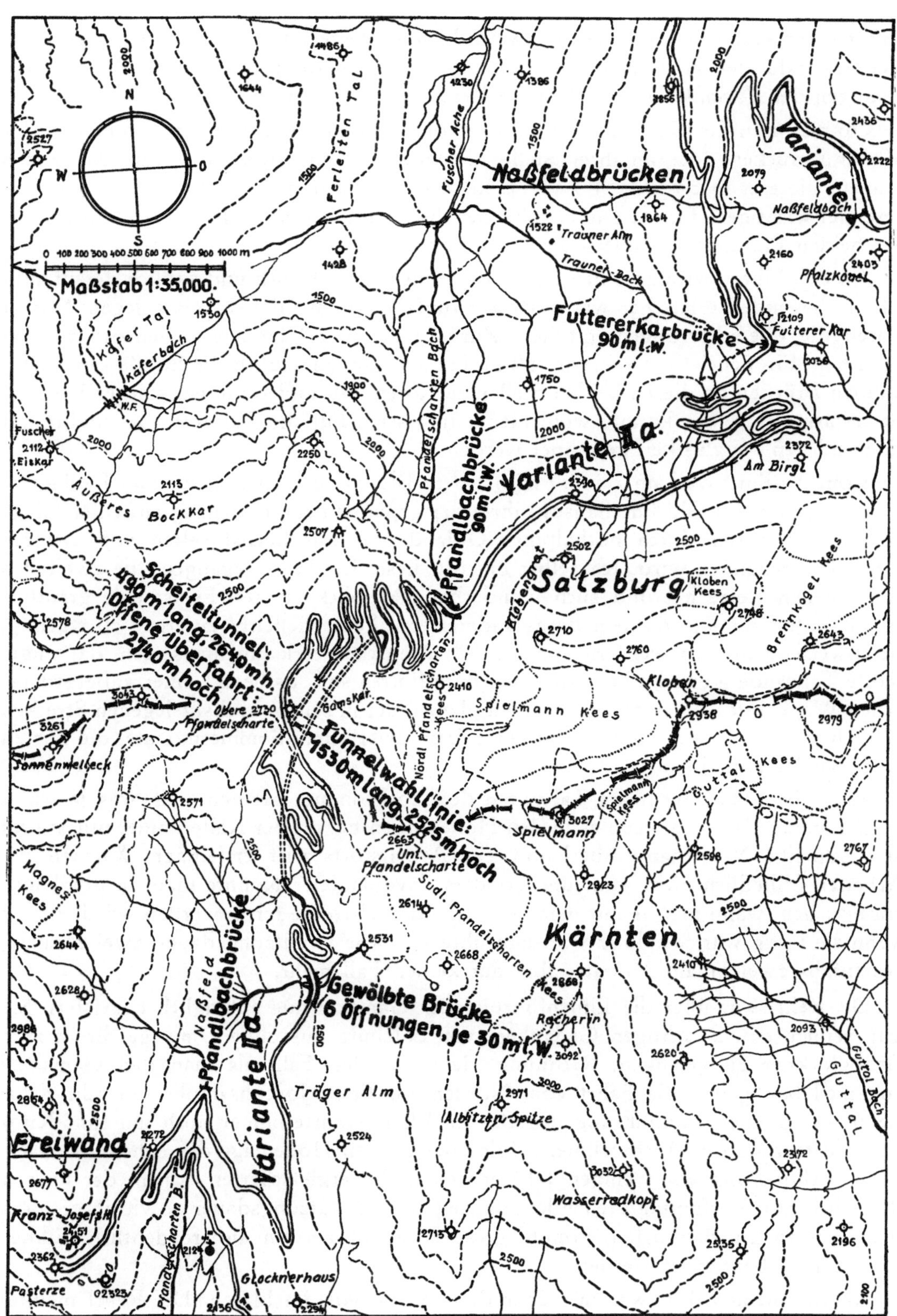

Die Entwürfe der Varianten II a und II b der Scheitelstrecke

acht Kehren ersparte, schaltete die zweite Lösung weitere vier Kehren aus, womit die Kehrenanzahl der Hochtorlinie und Gamskarlinie gleich groß wurde. Die Tunnel= lösungen der Variante IIa erhielten die Bezeichnung V a r i a n t e I I b.

Ob man nun die Gamskarlinie mit oder ohne Tunnels bauen wollte, ob man wahre Mammutbrücken oder an ihrer Stelle kleinere Brücken errichten wollte, das waren Fragen, die erst in z w e i t e r L i n i e zu beurteilen waren. In e r s t e r L i n i e stand eine viel wichtigere Frage: Die Gefahr, der die Straße bei einem künftigen Vordringen der beiden Pfandlschartengletscher ausgesetzt war.

An den Überquerungsstellen der Endmoränen der nördlich und südlich der Pfandl= scharte liegenden Gletscher war noch vor fünfzig Jahren Gletschereis gelegen. Seither waren die Gletscherzungen mit dem Zurückgehen der Gletscher bedeutend zurück= gewichen. Ein neuer Gletschervorstoß mußte aber unvermeidlich die Straße samt ihren kühnen Brücken an diesen beiden Stellen zerstören. Ob und wann ein solcher Vorstoß zu erwarten war, das konnte wohl niemand wissen. Für die Zukunft aber mußte mit einer solchen Möglichkeit gerechnet werden.

Vom Moränenwall am B i r g l nächst dem Brennkogelgletscher bis zur T r ö g e r = a l m oberhalb des Glocknerhauses führte der geplante neue Linienzug auf einer Länge von elf Kilometer durch hochalpines Ödland, das nur höchst selten von geübten Touristen begangen wird. Ich selbst bin oft diese Strecke abgegangen, die zweifellos ihre eigenen Reize hat und auch wunderbare Ausblicke bietet. Es ist eine grandios ernste Natur, die sich da dem Bergwanderer erschließt, vielleicht zu ernst, zu wuchtig, zu abweisend und zu weltfern, um hier ein Menschenwerk hineinzusetzen, das unge= zählte Tausende g e f a h r l o s über den Berg führen soll. Es bedarf eines außerordent= lichen Wagemutes, einen solchen Bau zu planen, der in seinen höchstgelegenen Strecken jährlich nur etwa zwei Monate Bauzeit zuläßt, zwei kurze Sommermonate, die nur zu rasch wieder vorbei sind.

Was aber dann, wenn im Tal unten der Hochsommer verregnet ist, was ja schon vorgekommen ist, und wenn es in den Höhen oben bei großer Kälte immer nur stürmt und schneit? War dann überhaupt ein Arbeitsfortschritt erzielbar? Würden die Arbeiter schließlich nicht samt und sonders davonlaufen? Konnte man da überhaupt voraussehen, wann man je mit dem Bau der Scheitelstrecke fertig werden würde? Und wenn sie fertig war, wie kurz war dann ihre jährliche Benützungsdauer, zwei Monate, bestenfalls zweieinhalb Monate, aber auf keinen Fall mehr.

Dr. Rehrl war über die Linienführung der Gamskarlinie anfänglich begeistert. Sie trug seinem gewiß richtigen Gedanken, von Salzburg aus ohne Umwege direkt zum Großglockner zu gelangen, Rechnung, denn für den Fall, als man den Gamskar= t u n n e l baute, war die Fahrt vom Norden zur Franz=Josephs=Höhe um acht Kilo= meter, bei offener Überfahrung der Oberen Pfandlscharte immer noch um fünf Kilo= meter kürzer als die Hochtorlinie. Infolge der großen Höhenlage des Scheitelpunktes, der Durchquerung vor wenigen Jahrzehnten noch vergletscherter Zonen, der kurzen alljährlich zur Verfügung stehenden Bauzeit und Benützungsdauer sowie ihrer nicht abzuschätzenden Baukosten, konnte diese Idee nur als ein außerordentlich kühner G e d a n k e bezeichnet werden.

Ich für meinen Teil war mir über diese Sache voll im klaren. Dr. Rehrl meinte, man solle die ausgearbeiteten Entwürfe abwarten, um sie dann besser beurteilen zu können. Es könne nicht schaden, wenn die Frage der Scheitelstrecke auch von dieser

Seite untersucht werde. Auf jeden Fall hätten sich die beiden Baufirmen erbötig gemacht, die Kosten der Verfassung der Entwürfe zur Gänze auf sich zu nehmen.

Im September und Oktober 1932 wurde in der Gamskarlinie trassiert. Dann kamen die schweren November=Winterstürme, fegten durch die Scharten und über die Grate,

Die Obere Pfandlscharte (2730 m) vom Süden

jagten den feinen, harten Pulverschnee in langen Fahnen durch die Lüfte und bauten in der Oberen Pfandlscharte eine mächtige Schneewächte auf. Mit unglaublicher Aus= dauer und Selbstverleugnung trassierten noch immer ein paar Ingenieure mit ihren Helfern in diesen unwirtlichen Höhen. Auch bei schlechtestem Wetter, wenn man die Hand kaum vor den Augen sah, zogen sie immer aufs neue von der Sturmhütte beim Glocknerhaus oder von der Trauneralpe unterhalb Hochmais hinauf an die Arbeits= stellen, um vielleicht doch dem Wettergott da oben ein paar ruhige Stunden abzu= gewinnen und ihre Aufnahmen unter Dach zu bringen. Und in großen Zügen gelang das auch tatsächlich. Für Stubenhocker wäre das allerdings keine Arbeit gewesen.

Ende November lag die Trasse soweit fest, daß sie in eine Vergrößerung der Karte 1:25.000 eingetragen werden konnte. Geologieprofessor Ing. Dr. Stiny der Technischen Hochschule in Wien, der die Gamskartrasse abgegangen war, hatte inzwischen ein vorläufiges geologisches Gutachten verfaßt. Nun wurde Professor Dr.= Ing. Örley mit der Aufgabe betraut, auch diesen Vorentwurf auf seine Ausführbarkeit, Zweckmäßigkeit, Baukosten und Bauwürdigkeit, inbesonders im Vergleich zu den bisherigen Scheitellinien nach den Varianten I und II zu überprüfen. Bis zum Früh=

jahr 1933 sollten die von den Baufirmen gemachten Geländeaufnahmen ausgewertet und durch photogrammetrische Aufnahmen, die aus dem Jahre 1930 stammten, ergänzt werden. Dann sollte der Einzelentwurf der neuen Linie vorgelegt werden.

Ende Februar 1933 war das Gutachten Örleys fertig, das dieser auch in einem Vortrage im Österreichischen Ingenieur= und Architekten=Verein in Wien ausführlich erläuterte. Seine außerordentlich gründliche Arbeit gipfelte in dem Schlußantrag, daß vom technischen und wirtschaftlichen Gesichtspunkt aus die Scheitelstrecke nach dem Projekt der Variante I gebaut werden möge. Er stellte fest, daß es unter keinen Umständen ratsam erscheint, mit der Scheitelstrecke der Straße offen bis auf die Kote 2740 hinaufzugehen. In den Hohen Tauern sei eine Höhe von etwa 2500 Meter die obere Grenze für eine Straßenführung.

Aus diesem Grunde untersuchte er dann, wie der obere Teil der Gamskarlinie bei Einhaltung einer Scheitelhöhe von etwa 2500 Meter abgeändert werden müßte. Er fand eine Lösung mit einem Scheiteltunnel von 1530 Meter Länge bei einer größten Höhenlage von 2525 Meter. Beim Bau dieses Tunnels konnte also der Forderung nach Höhenbeschränkung Rechnung getragen werden. Die Überquerungen der beiden von Gletschervorstößen bedrohten Rückzugsmoränen der Pfandlschartengletscher konnten damit allerdings nicht ausgeschaltet werden, da sie noch in den Anstiegstrecken zum Gamskartunnel lagen. In der Kostenfrage aber standen sich Hochtorlinie, Pfandel=schartenlinie und abgeänderte Gamskarlinie so wie 1 : 2 : 2½ gegenüber.

Wenn allenfalls n o c h eine neue Linie studiert werden sollte, dann war schon jetzt gewiß, daß die Kosten dieser Linie nur noch höher liegen würden. So konnte man ja schließlich die Sache nach Belieben bis ins Unendliche fortsetzen. Daß man sich dabei immer weiter vom Ziele entfernte, statt ihm näher zu kommen, stand wohl außer Frage.

Es war ja verlockend, eine Lösung zu suchen, die genau so wie auf Kärntner Boden auch von Salzburg aus die direkte Erreichung der Franz=Josephs=Höhe auf kürzestem Wege ermöglichte. Das war aber nur die Pfandlschartenlinie mit ihren erheblichen Baukosten und großen Bauschwierigkeiten. Daß der Durchzugsverkehr über die neue Straße aber a u c h eine Rolle spielte, dieses Moment rückte immer mehr und mehr in den Hintergrund und geriet nahezu in Vergessenheit.

„Die Salzburger wollen uns den Großglockner stehlen!" — das war ein Ausspruch, den man nun immer wieder in Kärnten zu hören bekam. „Die Salzburger wollen eine Verbindung mit Kärnten haben!" — das hatte man nur in den Jahren von 1924 bis 1930 gehört.

Die Verfechter der Variante II behaupteten immer, daß diese Linie alljährlich länger befahrbar sei als jene über das Hochtor. Für die lange Röhre des Pfandl=schartentunnels, in die kein Schnee hineinfallen konnte, traf das bestimmt zu. Aber auch nur für diese. Die Nordzufahrt zum Pfandlschartentunnel wäre in ihrer aus=gesprochenen Nordlage zwar kürzer, dafür aber klimatisch ungünstiger gewesen wie die am Osthang des Brennkogels gelegene Strecke Fuschertörl—Hochtor der Variante I. Von der Südausfahrt des Pfandlschartentunnels bis zur Einmündung in die Südrampe bei der obersten Kehre der Freiwand wäre die Sache um nichts besser gewesen als auf der Südseite des Hochtors. Die Strecke von der Freiwand über das Glocknerhaus hinunter bis ins Guttal wird im Frühjahr infolge Lawinengefahr aber nicht früher fahrbar als die Hochtorlinie. Das wußte man schon vor dem Jahre 1930 und die Erfahrungen seit der Eröffnung der Südrampe stellten dies unter Beweis.

Von einer längeren Benützungsdauer der Variante II konnte daher gar keine Rede sein.

Warum das eigentlich von den Verfechtern der Variante II nicht eingesehen werden wollte, ja geradezu abgestritten wurde, wo es doch da gar nichts zu streiten gab? Hochgebirge und Naturgewalten sind sehr ernst zu nehmende Faktoren, die sich nicht betrügen lassen. Wir können dem Pulsschlag der Natur nur lauschen, ergründen oder gar ändern können wir ihn nicht. Was wir aber erlauscht haben, danach sollen wir uns in unseren Werken richten, soll nicht alles schief gehen. Das gilt ja schließlich nicht nur für jedes Ingenieurbauwerk, das gilt genau so für das menschliche Leben als solches.

So stand nun w i e d e r die Hochtorlinie im Vordergrund. Es war nun schon das zweitemal, daß sich gerade in dem Augenblick, als die Verfechter der Pfandlscharten= linie ihrer Sache bereits sicher zu sein glaubten und das Hochtorprojekt nur mehr als ein Häuflein Asche betrachteten, die Variante I wie der Vogel Phönix siegreich aus der Asche emporstieg.

Aber Dr. Rehrl w o l l t e sich nicht geschlagen geben und war f ü r die Erbauung der Gamskarlinie mit dem 1530 Meter langen Tunnel.

Oft und oft sprach ich mit Landeshauptmann Dr. Rehrl über die Variantenfrage. Warum mißtraute er meinem Urteil und ließ sich immer und immer wieder von anderen, Fachleuten und Laien, berichten, denen er mehr und lieber Gehör schenkte als mir? Das hatte drei Gründe.

Erstens war ich der Verfasser des Entwurfes der Variante I. Daher nahm Dr. Rehrl als sicher an, daß ich selbstverständlich meiner Projektsidee den Vorrang vor jeder anderen geben würde. Damit hatte er ja eigentlich recht. Daß ich damit keinen Justamentstandpunkt, sondern meine nach reiflicher Überlegung gewonnene Über= zeugung vertrat, konnte er mir glauben oder auch nicht glauben.

Zweitens war Dr. Rehrl k e i n H o c h t o u r i s t. Mit einem Herzfehler behaftet und auch sonst kränkelnd, blieb es ihm versagt, all das in der Natur an Ort und Stelle aus eigenem Augenschein auf seine Richtigkeit zu prüfen, was man ihm über die eine oder andere Wahllinie erzählte. Soweit sein Gesundheitszustand es ihm erlaubte, suchte er ja nach Möglichkeiten, sich sein eigenes Urteil zu bilden. So unternahm er im Herbst 1932 von Heiligenblut aus einen Übergang über das Hochtor und Fuschertörl nach Ferleiten, den er größtenteils im Sattel eines Reittieres zurücklegte, und wieder= holte diesen Weg im Jahre 1934 zusammen mit Bundeskanzler Dr. Dollfuß. Die Linien der Varianten II und IIa, bei deren Begehung es aber auf die eigene körperliche Leistungsfähigkeit ankam, kannte er nur soweit, als man sie in ihrem Nordteil vom Hochmais, in der Südstrecke vom Aufstieg zur Franz=Josephs=Höhe aus der Ferne in Augenschein nehmen konnte. Waren aber einmal die ersten Hilfswege für die Inangriffnahme einer Baustrecke geschaffen, dann war Dr. Rehrl bestimmt der erste, der mit seinem kleinen Kraftwagen zur Höhe fuhr, um nachzusehen, ob die Arbeit flott vorwärtsging. Der Bau selbst interessierte ihn ganz außerordentlich und immer wieder besuchte er die Arbeitsstellen und ließ sich über alle besonderen Vorkomm= nisse unterrichten. Wäre Dr. Rehrl ein Hochtourist gewesen und hätte er überall dort= hin gehen und klettern können, wo wir einmal bauen s o l l t e n, dann wäre nach meiner Überzeugung vieles für mich einfacher und leichter geworden. Aber scheinbar s o l l t e es eben nicht so sein. Wahrscheinlich wäre dann auch die Planung der

Variante IIa unterblieben, die bezüglich Höhenlage und grandioser Kunstbauten nicht mehr zu überbieten war.

Der dritte und wichtigste Grund lag aber darin, daß dem Landeshauptmann die Zufahrt vom Norden her zur Franz=Josephs=Höhe über die Variante I zu l a n g war und daß er sie unter a l l e n U m s t ä n d e n kürzer haben wollte. Jede Idee, die diesem Gedanken Rechnung trug, griff er mit Feuereifer auf und ruhte nicht, bis sie gründlich durchstudiert war. Aber in der damaligen Zeit spielte das Geld die gleiche maßgebende Rolle, die es heute wieder spielt, und es war eben das Verhängnis, daß jede neue Wahllinie, die man studierte, immer teurer wurde als die vorhergehende.

Die billigste Linie der Scheitelstrecke war und blieb halt doch die zuerst trassierte über das Hochtor!

17. Die Entscheidung in der Variantenfrage

Zu Beginn des Jahres 1933 standen die Dinge also so, daß die Nordrampe der Straße von Fusch bis zum Hochmais und die Südrampe von Heiligenblut bis auf die Franz=Joseph=Höhe fertiggestellt waren. Die Gesamtlänge der ausgebauten Straße betrug damals 30.5 Kilometer, war also bereits um rund drei Kilometer länger als der von mir im Jahre 1924 trassierte Straßenzug.

Auf der Franz=Josephs=Höhe waren noch im Spätherbst des Jahres 1932 die Arbeiten für den großen, hundert Kraftwagen fassenden Parkplatz unterhalb des Franz=Josephs=Hauses in Angriff genommen worden. Teils in den Fels eingesprengt, teils auf Lehnengewölben aufgebaut, wurde hier dem Steilhang eine ebene Fläche ab= gerungen. Der Stand der Bauarbeiten war ein solcher, daß mit der Benützungsüber= gabe dieses Parkplatzes in der Hauptreisezeit des Jahres 1933 gerechnet werden konnte. Das war aber auch eine dringende Notwendigkeit, denn der bisherige Park= platz war nur eine erste Behelfslösung, die etwa vierzig Kraftwagen Aufstellungs= möglichkeit bot. Hier konnte also weitergearbeitet und damit ein fürs erste befriedi= gender Zustand am Endpunkt der Gletscherstraße erreicht werden.

Aber auch die Durchzugsstraße sollte nach Möglichkeit weiter vorgetrieben werden. Wäre die Variantenfrage schon entschieden gewesen, dann wäre das ein Leichtes gewesen. Ohne diese Entscheidung war aber nicht viel zu machen.

Vom derzeitigen Straßenendpunkt im Hochmais konnte die Nordrampe der Straße noch um etwas mehr als einen Kilometer höher hinaufgeführt werden, da nun= mehr einwandfrei feststand, daß der Gabelungspunkt der Hochtor= und Gamskar=, beziehungsweise Pfandlschartenlinie erst an dieser höheren Stelle liegen würde. Im Süden konnte man aber nirgends anfangen, denn die Hochtorlinie zweigte nach dem Vorschlag Professor Örleys nunmehr im Guttal, die Gamskarlinie und Pfandlscharten= linie aber oberhalb des Glocknerhauses in der Freiwand von der Südrampe der Straße ab und diese beiden Abzweigpunkte lagen nicht weniger als sieben Kilometer von= einander entfernt.

Schon im Sommer 1932 hatte ich die Frage der beabsichtigten Verschwenkung des untersten Teilstückes der Hochtorlinie nach Westen gegen das Guttal zu eingehend studiert. Sollte dadurch doch die Zufahrt vom Norden her zur Franz=Josephs=Höhe um zwei Kilometer verkürzt werden. Nach vielen Versuchen fand ich die günstigste Entwicklungsmöglichkeit, wenn ich die Hochtorlinie am Fallbichl verließ, den Hang

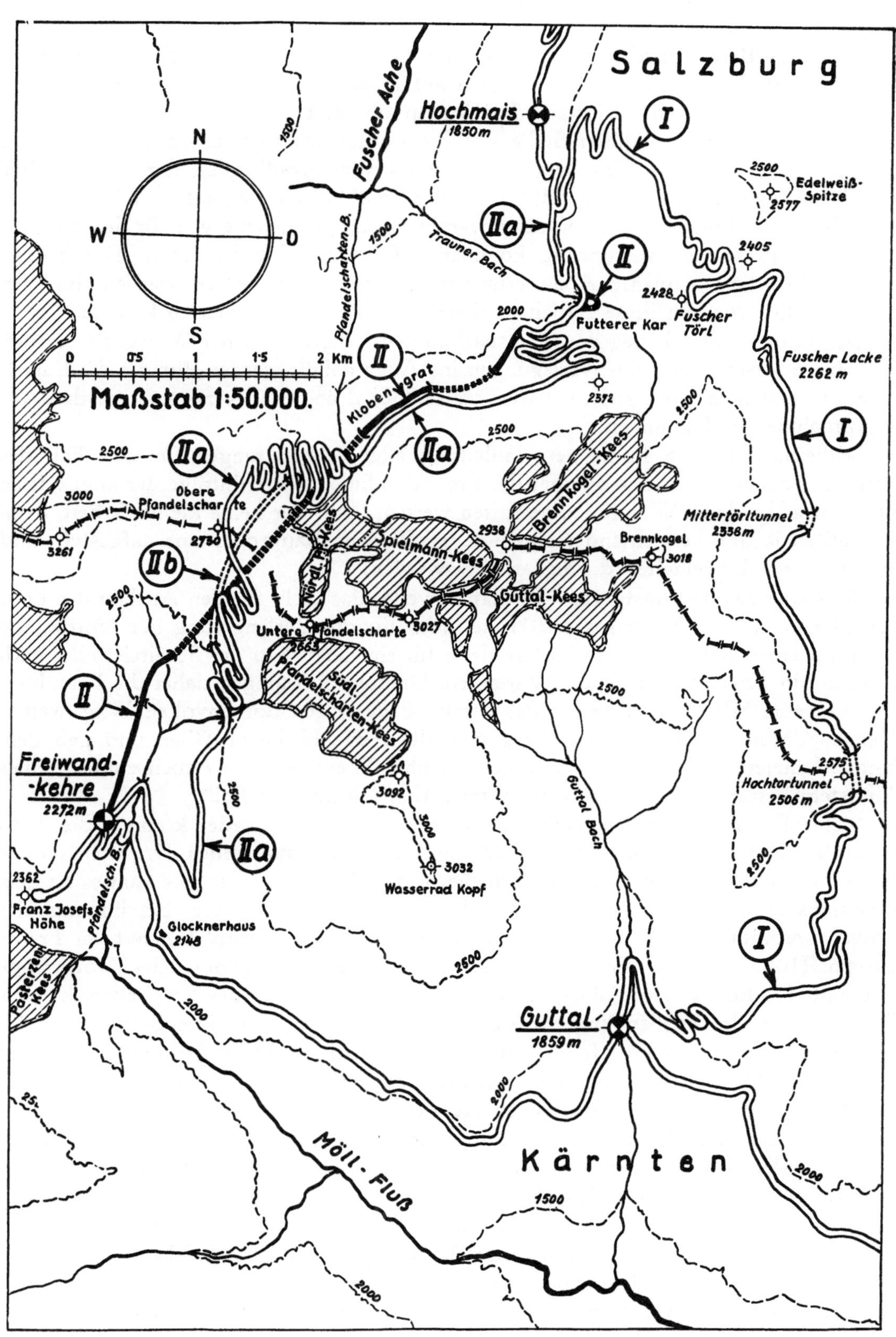

Die Übersicht der Varianten I, II, II a und II b der Scheitelstrecke

oberhalb des Bergsturzgebietes der K l e m m s t e i n e zum Tauerneck hinüberquerte und dann am Südhang der Z l a m i t z e n mit Hilfe von vier Kehren so tief abstieg, daß ich die Schlucht des Guttalbaches knapp oberhalb des Moränenwalles in der A n k e h r erreichte. An dieser Stelle war der Guttalbach zu überbrücken und damit kam die Straße auf den alten Bergsturzhang des Wasserradkopfes. Am rechten Ufer des Guttalbaches weiter absteigend, konnte der Anschluß an die Südrampe in unmittel= barer Nähe der Guttalbrücke gefunden werden. Dieser Linienzug war für den Fall, als die Hochtorlinie zur Ausführung kommen sollte, zum Bau bestimmt. Der Einzel= entwurf für diese geplante Abänderung mußte aber erst verfaßt werden, und ich bereitete alles vor, um diese Arbeit raschestens in Angriff nehmen zu können.

Der geplante Südabstieg der Gamskarlinie befriedigte in keiner Weise. Es mußten hier einige wesentliche Linienverlegungen ins Auge gefaßt werden, für die die Einzel= entwürfe erst noch zu erstellen waren. Auch hier drängte alles zu einer raschen In= angriffnahme der Planungen.

Schließlich mußten in meiner Bauleitung alle Vorbereitungen für den Fall des Baues der Scheitelstrecke nach einer der drei Wahllinien, daher infolge der ungeklärten Lage für a l l e d r e i Wahllinien getroffen werden. Das war keine kleine Arbeit, denn es mußten ja drei von einander gänzlich verschiedene Bauprogramme aufgestellt und in allen ihren Einzelheiten durchgearbeitet werden.

Was aber das wichtigste war: Wir hatten weder das Geld für den Ausbau des End= parkplatzes auf der Franz=Josephs=Höhe, noch für die Verlängerung der Nordrampe um rund einen Kilometer, geschweige denn für einen Ausbau der Scheitelstrecke nach einer der in Erwägung stehenden Varianten. Unermüdlich gingen daher die Bemühun= gen um eine Weiterfinanzierung des Straßenbaues ihren dornenvollen Weg weiter. Der Landeshauptmann von Salzburg war alle Augenblicke in Wien und gab dem Bundeskanzler und den Ministern keine Ruhe. Wenn er das Arbeitszimmer eines Ministers betrat, dann wußte der sofort: „Aha, Glocknerstraße!"

Steter Tropfen höhlt den Stein. So war es auch hier. Entweder konnten die maß= gebenden Herren dem unentwegten Drängen und Nichtnachgeben Dr. Rehrls nicht länger widerstehen, oder es siegte doch die bessere Einsicht, jedenfalls kam es zu dem g r u n d s ä t z l i c h e n Beschluß der Bundesregierung, für die Bereinigung der Schlußabrechnung der Rampenbauten den Bau des großen Parkplatzes auf der Franz= Josephs=Höhe und die einen Kilometer betragende Verlängerung der Nordrampe oberhalb Hochmais eine Million Schilling u n d für den Bau der Scheitelstrecke vor= läufig fünf Millionen Schilling zur Verfügung zu stellen. Um diese Beträge war das Aktienkapital der Gesellschaft zu erhöhen. Die Freigabe der fünf Millionen sollte erst n a c h gefällter Entscheidung der Variantenfrage erfolgen. Weitere sechs Millionen Schilling wurden für das Jahr 1934 in Aussicht gestellt.

Dieser Beschluß der Bundesregierung war am 26. Juni gefaßt worden. Schon am nachfolgenden Tag trat der Verwaltungsrat der Gesellschaft in Wien zusammen. Der bisherige Präsident der Gesellschaft, Bundesminister a. D. Dr. Ferdinand Grimm, der die Geschicke der Gesellschaft in der abgelaufenen stürmischen Zeit geleitet hatte, übergab sein schwieriges Amt nun an den Landeshauptmann von Salzburg. Der tat sich leichter als Dr. Grimm, der immer nur vor leeren Kassen gestanden hatte, denn Geld für den Weiterbau war jetzt da. Wie weit es aber reichen würde, darüber konnte niemand ein Urteil abgeben, solange nicht feststand, w a s gebaut werden sollte. Und daß weitere sechs Millionen Schilling für das Jahr 1934 „in Aussicht" gestellt werden sollten, das sah ganz danach aus, daß aller Voraussicht nach um diese weiteren sechs Millionen wieder ein harter Kampf bevorstehen würde, ehe der Bund tatsächlich mit ihnen herausrückte. Mehr als insgesamt zwölf Millionen Schilling war die Bundesregierung aber unter k e i n e n U m s t ä n d e n bereit, für die Fertigstellung der GroßglocknerHochalpenstraße auszugeben.

Nun lag es am Verwaltungsrat der Gesellschaft, endlich die Entscheidung in der Variantenfrage zu treffen. Die Geldfrage ließ, solange kein weiterer Geldgeber aufzutreiben war, n u r den Bau der Variante I zu. Dafür reichten die zwölf Millionen Schilling aus. Für eine der beiden anderen Varianten reichten sie aber nicht.

Ich nahm an, daß der Verwaltungsrat nun seinen Beschluß zugunsten der Variante I fällen würde. Das ließ aber Dr. Rehrl nicht zu. Noch einmal wollte er versuchen, ob es nicht d o c h möglich sei, das Steuerrad in der Richtung auf die von ihm bevorzugte Linienführung der Varianten II oder IIa herumzureißen. Darum verlangte er, daß ein in jeder Hinsicht unbeeinflußter Fachmann, ein Ausländer, alle drei Varianten nochmals eingehend überprüfen solle. Nach Kenntnisnahme dieses Gutachtens solle dann der Verwaltungsrat seinen endgültigen Beschluß fassen und dem Ministerrat zur Genehmigung unterbreiten. Gleichzeitig forderte er, daß der Verwaltungsrat aus seiner Mitte drei Ingenieure mit der Aufgabe betrauen sollte, ebenfalls genauestens alle drei Varianten durchzustudieren, um später dem Verwaltungsrat die Beschlußfassung leichter zu machen. Diese drei Herren sollten ein technisches Komitee bilden, das auch in allen künftigen Fragen der Scheitelstrecke der Bauleitung beratend zur Seite stehen sollte. Überdies sollte mir ein Stellvertreter in der Bauleitung zugeteilt werden.

Mir als Bauleiter konnte das nur recht sein. Meine Verantwortung wurde zwar dadurch nicht kleiner, aber Helfer konnte ich brauchen. Und daß ich Helfer bekommen würde, war mir bei der fachlichen und persönlichen Qualität dieser Ingenieure klar. Es waren dies vom Bundesministerium für Handel und Verkehr Ministerialrat Ing. Reichenvater, von der Landesregierung Salzburg der Baudirektor Ing. Holter, aus der Privatwirtschaft Zivilingenieur Hopfgartner und als mein Stellvertreter Ing. Unger. Aber die Helfer bürdeten mir auch eine Unsumme zusätzlicher Arbeit auf. Zu den Verwaltungsratssitzungen kamen nun die Sitzungen dieses technischen Komitees hinzu, für die die Verhandlungsgrundlagen fast immer wieder von mir allein gründlich durchgearbeitet werden mußten.

Weiters verlangte der Landeshauptmann von Salzburg, daß sofort die Schneelage auf allen drei Varianten, wie sie jetzt gerade vorhanden sei, festgestellt werde, um auch hierüber die einwandfreiesten Aufschlüsse zu erhalten. Diesen Wünschen Dr. Rehrls wurde stattgegeben. Der ausländische Sachverständige wurde in der Person des schweizerischen Kantonoberingenieurs A. Solca in Chur bald ausfindig gemacht. Ich gab den Auftrag, die Varianten II und IIa raschestens in der Natur abzustecken, damit die Schneemessungen durchgeführt werden konnten. Die Variante I war ja ohnedies schon abgesteckt.

Mit der Kontrolle der von mir durchzuführenden Messungen betraute Dr. Rehrl einen Forstingenieur, der beim Glocknerstraßenbau nicht tätig war. Dieser sollte völlig selbständig die gleichen Untersuchungen durchführen.

Schon am 28. Juni wurden die Arbeiten am großen Parkplatz auf der FranzJosephsHöhe wieder aufgenommen. Am 25. August konnte er der Benützung übergeben werden.

Anfangs Juli setzten auch die Bauarbeiten an der rund einen Kilometer langen Straßenverlängerung oberhalb Hochmais ein, die rasch vorwärtsgetrieben wurden, um die höher liegenden Baustellen der Scheitelstrecke leichter erschließen zu können.

Eine weitere Aufgabe, die sofort in Angriff genommen werden mußte, war die Ausarbeitung der Einzelentwürfe für die abzuändernden Linienführungen des Süd= abstieges der Gamskarlinie und der Guttallinie im Zuge des Südabstieges vom Hoch= tor. Dieses unterste Stück der Hochtorlinie war schon längst schneefrei, als in der am tiefsten liegenden Strecke der Gamskarlinie noch immer alles voll Schnee lag. Das war am 27. Juni.

Es war daher selbstverständlich, daß ich mit den Aufnahmearbeiten im Guttal beginnen ließ, da auf der Gamskarlinie hiezu noch keine Möglichkeit bestand. Kaum erhielt Dr. Rehrl hievon Kenntnis, da gab es wieder schwere Vorwürfe. Natürlich hatte ich — seiner Ansicht nach — schon wieder die Hochtorlinie bevorzugt. Ich erhielt von ihm die Weisung, u n v e r z ü g l i ch auch in der Gamskarlinie mit den Vermessungen zu beginnen. Am 2. Juli setzte ich also auch dort eine Trassierungsabteilung ein, aber schon am 5. Juli mußte sie ihre Arbeit als aussichtslos abbrechen, da sie nur tief mit Altschnee bedecktes Gelände vor sich fand. Erst vom 17. bis 30. Juli konnte die unterste Strecke der Gamskarlinie bis zur Überquerung der Rückzugsmoräne des süd= lichen Pfandlschartenkeeses trassiert werden. Dann mußten diese Arbeiten abermals unterbrochen werden, da das ganze Gelände höher hinauf noch hoffnungslos ver= schneit war. Zwischen dem Guttal und dem Fallbichl waren auf der Hochtorlinie die Aufnahmen inzwischen fertiggestellt worden.

Das waren ja schöne Aussichten für den Fall, als die Gamskarlinie gebaut werden sollte. Wenn am 1. August auf der Südseite der Pfandlscharte in Meereshöhen unter 2500 Meter noch so viel Schnee lag, daß man die Trassierungsarbeiten abbrechen mußte, wann konnte man dann überhaupt mit dem Bau im hochgelegenen Teil der Gamskarlinie beginnen? Der erreichte ja Höhen bis zu 2700 Meter und zwar nicht nur auf dem Südhang, sondern auch auf dem N o r d hang. Wie lange würde da die jähr= liche Bauzeit und die spätere Benützungsdauer der Straße überhaupt sein? Die Haare standen mir zu Berge, wenn ich daran dachte, welche Schwierigkeiten ein immerhin noch im Bereich der Möglichkeit liegender Beschluß, die Gamskarlinie zu bauen, in aller Zukunft auslösen mußte.

Inzwischen waren die Linien der Variante II und IIa ausgesteckt worden. Nun ging es ans Messen der Schneehöhen. Der tatendurstige Beauftragte des Landeshaupt= mannes von Salzburg wartete aber diesen Zeitpunkt gar nicht ab. Er führte seine Messungen schon in den ersten Julitagen durch, als erst wenige Achspflöcke der Hoch= torlinie in der höchsten Strecke ausgeapert waren. Dabei kannte er das Glocknergebiet wohl im allgemeinen, hatte aber von der Linienführung der Scheitelstrecken nur eine beiläufige Vorstellung. Seine „Messungen" fielen auch dementsprechend aus. Die Hochtorlinie strotzte von Schnee und die Gamskarlinie war im Verhältnis dazu als geradezu ideal schneearm zu bezeichnen.

Meine Schneemessungen, die ich in der Zeit vom 4. Juli bis 7. Juli durchführte und zu deren Kontrolle ich einen „Unparteiischen" mitnahm, hatten genau das gegenteilige Ergebnis. In der Hochtorlinie lagen in dieser Zeit 37.500, in der Pfandlschartenlinie 20.900 und in der Gamskarlinie 58.300 Kubikmeter Schnee auf der geplanten Straßen= trasse. Das Verhältnis Hochtor—Pfandlscharte—Gamskar war daher 1:0.56:1.55. Als ich vom 16. bis 18. Juli die Messungen wiederholte, lagen auf der Variante I: 8.400, auf der Variante II: 3.200 und auf der Variante IIa: 30.300 Kubikmeter Schnee. Das Schneeverhältnis auf den Varianten I, II und IIa war nunmehr 1:0.38:3.60!

Ganz unerwartet erhielt ich in dem überaus tüchtigen Firmenbauleiter Oberingenieur Lumpp, der Universale — Redlich & Berger Bau A. G., einen verläßlichen Überprüfer meiner Messungen; ihn interessierte diese Frage aus dem Grunde, weil er ja später im Auftrage seiner Firma den nördlichen Teil der Scheitelstrecke bauen sollte. Auch er ging nach erfolgter Absteckung alle drei Wahllinien durch und maß die Schneehöhen. „Wenn es nach den Schneemengen geht, dann hat die Gamskarlinie verspielt!" Das war sein Ausspruch.

Ob sonst noch jemand die Schneehöhen dort oben maß, das weiß ich nicht. Jedenfalls war besonders die Gamskarlinie noch nie vorher so eifrig abgestiefelt worden. Die Gemsen haben neugierig von der Ferne zugeschaut, wenn immer wieder ein neuer Meßtrupp daherkam, der mit Lawinensonden die Schneetiefen alle zehn oder zwanzig Meter maß.

Dr. Rehrl wußte genau, daß sich eine Entscheidung der Variantenfrage nun nicht mehr hinausschieben ließ. Das Gutachten des Kantonoberingenieurs Solca, eines prominenten Fachmannes im Gebirgsstraßenbau, mußte die Entscheidung bringen. Dieser Schweizer mußte jetzt so rasch als möglich her. Ungeduldig wurde er erwartet, nicht nur vom Landeshauptmann, sondern auch von mir.

Am 21. Juli kam Solca nach Salzburg. Am Abend des gleichen Tages hielt ich ihm vor Dr. Rehrl im Hotel auf der Gaisbergspitze einen kurzen erläuternden Vortrag über die drei Wahllinien der Scheitelstrecke. Als Dr. Rehrl ihn am Schlusse meiner Ausführungen fragte, was er nun meine, da schwieg Solca eine Weile. Im echtesten Schwyzer Dütsch sagte er dann, daß man für die Touristenstraße nie das lange Loch des Pfandlschartentunnels bauen dürfe, wenn die Möglichkeit bestünde, mit wesentlich niedrigeren Kosten einen ebenso lang fahrbaren offenen Straßenübergang auszubauen. Zum mindesten würde man sich in der Schweiz von diesem Gedankengang leiten lassen. Im übrigen müsse er sich das Gelände erst in der Natur ansehen, bevor er sein endgültiges Urteil abgebe.

Am nächsten Tag fuhren wir nach Wien zu einer Sitzung im Finanzministerium. Dort wurde beschlossen, daß Solca mit mir und Ing. Unger alle drei Wahllinien begehen sollte. Erst dann sollte sich Solca gutächtlich äußern.

Am 24. Juli fuhren wir drei mit dem Nachtschnellzug nach Lienz. Am 25. Juli besichtigten wir bereits die südlichen Anstiegslinien der Pfandlscharten- und Gamskarlinie. Am nächsten Tag brachen wir mit zwei Bergführern mit Pickel und Seil zeitig früh auf und gingen die Gamskarlinie zur Gänze ab. Das Wetter war ganz ausgezeichnet. Ich staunte über die Rüstigkeit des siebzig Jahre alten Gutachters, der den beschwerlichen Weg über die Schneefelder zur Oberen Pfandlscharte und die Steilabstürze des Gamskars, über die Bretter und über den stark ausgesetzten Trassierungssteig durch die Klobenwand wie ein Jugendlicher ging. Nur in der Klobenwand mußte ich ihn durch die beiden Bergführer ans Seil nehmen lassen. Als wir am späten Nachmittag im Hochmais ankamen, war er nur wenig ermüdet. Am Abend in Ferleiten bemerkte ich aber doch, daß er genug hatte, ich bestellte daher für den nächsten Morgen ein Reittier, das uns im Hochmais erwarten sollte.

Am 27. Juli brachen wir zeitig früh mit dem Kraftwagen von Ferleiten auf und fuhren ins Hochmais. Dort bestieg Solca für den Anstieg zum Fuschertörl das Reittier. Solca war ein großer Mann, die Rosinante klein und so berührten seine Beine fast den Boden, als er im Sattel saß. Wenn das Reittier bocken wollte, dann konnte er ja bequem absteigen. Aber das Tier war fromm wie ein Lamm und trug seine Last geduldig zur Höhe. So ritt Solca schließlich die ganze Strecke der Hochtorlinie ab. An einzelnen Punkten, wo besondere Fragen zu erläutern waren, stieg er ab. So kamen wir bis ins Guttal und fuhren dann auf der fertigen Südrampe wieder hinunter nach Heiligenblut.

Erst in Heiligenblut kam mir zum Bewußtsein, daß Solca, ohne über seine Ansichten ein Wort geäußert zu haben, eigentlich höchst persönlich den Beweis geliefert hatte, daß nur die Hochtorlinie zu bauen sei. Über die Gamskarlinie mit Pickel und Seil, über die Hochtorlinie am Reitpferd, gab es da überhaupt noch eine Frage?

Am 29. Juli sollte Solca in einer Besprechung in Zell am See sein endgültiges Urteil abgeben. An dieser Besprechung nahmen mit Dr. Rehrl und mir eine Reihe von Ingenieuren des Glocknerstraßenbaues und überdies der Phantasie-Schneegutachter teil.

Ich hatte jetzt von dem ganzen Variantenstreit wirklich schon genug. Mein Bedarf an Varianten war für alle Zukunft gedeckt. Und dazu noch der Schneegutachter, der die Stirne hatte, die Richtigkeit und Verläßlichkeit meiner Messungen als fragwürdig hinzustellen. Da ging mir die Galle über und ich sagte glatt heraus, was ich auf dem Herzen hatte.

Wenn immer nur die unmöglichsten Dinge an den Haaren herbeigezogen wurden, die die Hochtorlinie schlecht machen sollten, und wenn die Wahrheit überhaupt keine Aussicht hatte, sich durchzusetzen, wie sollte dann die Sache der Glocknerstraße je zu einem guten Ende kommen?

Der „Phantasieschneemesser" war in wenigen Minuten erledigt, denn auch der gerade anwesende Oberingenieur Lumpp konnte bestätigen, daß meine Messungen stimmten. Solca aber gab sein Gutachten dahin ab, daß die Pfandlschartenlinie infolge ihrer gestreckten Entwicklung technisch die günstigste sei und voraussichtlich auch die geringsten Erhaltungskosten erfordern würde. Die Baukosten dieser Linie seien jedoch so hoch, daß der Ausbau der H o c h t o r l i n i e vor ihr unstreitig den V o r z u g verdiene. Daher sei die H o c h t o r l i n i e a u s z u b a u e n. Die Gamskarlinie stehe in seiner Beurteilung an letzter Stelle, komme daher nach seiner Ansicht für den Ausbau überhaupt nicht in Frage.

Damit starben die Wahllinien „Pfandlscharte" und „Gamskar" eines ehrenvollen Todes. Die eine hatte seit dem Frühjahr 1930, die andere seit dem Spätsommer 1932 gegen die Hochtorlinie angekämpft. Unheil und Verwirrung hatten beide während ihrer Lebensdauer genug angestellt. Sie hatten den Bau der Hochtorlinie empfindlich verzögert, hatten aber auch die Klärung gebracht, daß die Hochtorlinie doch die zweckmäßigste war.

Von den fünf Baumonaten, die uns in den hochgelegenen Teilen der Scheitelstrecke alljährlich zur Verfügung standen, waren nun schon zwei Monate verstrichen und unwiderruflich für den Bau der Scheitelstrecke im Jahre 1933 verloren. Die noch verbleibenden drei Monate konnten gerade dazu ausreichen, die Baustelleneinrichtung an Ort und Stelle zu schaffen. Ob auch noch nennenswerte Bauarbeiten geleistet werden konnten, das hing ganz vom Wetter ab, das uns der Spätherbst 1933 bringen würde.

Es war ein großer Glücksfall, daß drei Bauunternehmungen, die sich beim Bau der beiden Straßenrampen bestens bewährt hatten und mit den örtlichen und klimatischen Verhältnissen voll vertraut waren, nun für den Bau der Scheitelstrecke eingesetzt werden konnten. Auf diese Weise konnten die beim Rampenbau gewonnenen Erfahrungen nutzbringend verwertet werden.

Die Scheitelstrecke wurde in drei Baulose eingeteilt.

Das Baulos N o r d vom Hochmais über das Fuschertörl und die Fuscherlacke bis in die Nähe des Mitteltörltunnels sollte an die Universale — Redlich & Berger Bau A. G. vergeben werden. Die Länge dieser Baustrecke betrug 8.4 Kilometer. Ihr tiefster Punkt lag im Hochmais auf 1850 Meter, ihr höchster am Fuschertörl in 2428 Meter. Daran schloß sich der Abstieg zur 2262 Meter hochgelegenen Fuscherlacke und schließlich der abermalige Anstieg auf 2300 Meter zur Baulosgrenze, 500 Meter vor dem Mittertörltunnel. Der Höhenunterschied im Anstieg zum Fuschertörl betrug 578 Meter, im Abstieg zur Fuscherlacke 166 Meter und im Anstieg zur Baulosgrenze 38 Meter. Die mittleren Steigungen lagen bei 10 Prozent, 8.7 Prozent und 5.4 Prozent, die Höchststeigungen betrugen 12.0 Prozent, 12.0 Prozent und 11.3 Prozent.

Das anschließende Baulos M i t t e einschließlich des Mittertörl- und Hochtortunnels, also die höchstgelegene Strecke, war durch die Tiefbauunternehmung Polensky & Zöllner zur Ausführung zu bringen. Diese Baustrecke war 3.4 Kilometer lang und enthielt zwei Tunnels mit zusammen 428 Meter Länge. Tiefster Punkt 2300 Meter, höchster Punkt 2506 Meter, Höhenunterschied 206 Meter. Durchschnittliche Steigung 6.1 Prozent, Höchststeigung 12.0 Prozent.

Das Baulos S ü d, das den ganzen Südabstieg vom Hochtor bis zum Guttal umfaßte, sollte die Allgemeine Baugesellschaft A. Porr übernehmen. Länge der Baustrecke 6.6 Kilometer, höchster Punkt 2506 Meter, tiefster Punkt 1859 Meter, Höhenunterschied 647 Meter, durchschnittliche Steigung 9.8 Prozent, Höchststeigung 12.0 Prozent.

Im Baulos Nord war daran gedacht, die Linie am Fuschertörl dadurch abzuändern, daß der Törlkopf unmittelbar südwestlich des Fuschertörls in einer Schleife umfahren werden sollte. Dadurch konnte die prachtvolle Aussicht, die man von der Westseite des Törlkopfes auf den Brennkogel mit seinem Gletscher, auf Großglockner, Sonnenwelleck, Fuscherkarkopf und Käfertal mit allen Bergen und Eisfeldern ihrer Umgebung bis zum Hohen Tenn hat, dem Benützer der Straße erschlossen werden. Die Mehrkosten, die diese Straßenverlängerung mit sich brachte, wollte man im Fremdenverkehrsinteresse gern in Kauf nehmen.

Im Baulos Mitte sollte die kurze Gegensteigung, die eine Überschreitung des Mittertörls im Sattel zur Folge gehabt hätte, durch Anlage eines kurzen Tunnels ausgeschaltet werden. Im Baulos Süd hatte man die bereits früher erwähnte Verschwenkung des untersten Teiles der Abstiegstrecke ins Guttal beschlossen.

Diese drei Abänderungen erhöhten den erforderlichen Bauaufwand, für die Linienführung bedeuteten sie aber im Interesse der späteren Straßenbenützer wesentliche Vorteile. In meinem ersten Projekt waren diese Möglichkeiten schon kurz angedeutet worden, die damit verbundenen höheren Baukosten hatten mich jedoch bewogen, sie damals aus meinen weiteren Erwägungen auszuschalten.

So war alles für den Bau der Scheitelstrecke nach der Wahllinie I wohlerwogen. Fiel die endgültige Entscheidung, dann brauchte ich nur auf den Knopf zu drücken und das Uhrwerk begann abzulaufen. Und daß ich schon sehr gerne auf den Knopf gedrückt hätte, das kann mir jeder glauben.

Am 9. August 1933 faßte der Verwaltungsrat folgenden Beschluß:

„Da die Bundesregierung für den Bau der Scheitelstrecke der Großglockner-Hoch-

alpenstraße den Betrag von zwölf Millionen Schilling im Wege des Arbeitsbeschaf=
fungsprogrammes durch Erhöhung des Aktienkapitals der Gesellschaft aus Bundes=
mitteln gewidmet hat, da weiters die am Bau beteiligten Firmen sich verpflichtet haben,
von ihren jeweiligen Verdienstsummen einen Rücklaß von zwanzig Prozent der Gesell=
schaft als Reserve zur Verfügung zu stellen, wodurch etwaige Überschreitungen
gedeckt sind, ist die Finanzierung der Scheitelstrecke nach Variante I gesichert und
deren Fertigstellung bis zum Jahre 1935 voll gewährleistet.

Dieser Beschluß des Verwaltungsrates wird der Bundesregierung mit der Bitte um
eheste Genehmigung unterbreitet, da ansonsten nach Fertigstellung des großen Park=
platzes auf der Franz=Josephs=Höhe und des einen Kilometer langen Straßenstückes
vom Hochmais bis zur Naßfeldbrücke die Einstellung der Bauarbeiten verfügt werden
müßte und durch Verlust der im Hochgebirge so kurzen Arbeitszeit wesentliche Ver=
zögerungen und Verteuerungen des weiteren Ausbaues eintreten würden."

Jetzt lag es am Ministerrat, der bereits erteilten Zustimmung des Ministerkomitees
a u c h seine Billigung zu geben. Als auch der Ministerrat „Ja" gesagt hatte, kam es
am 18. August 1933 endlich zur Bauvergebung an die drei bereits früher erwähnten
Baufirmen nach

V a r i a n t e I.

Damit war dem Kinde meiner Arbeit endlich der belebende Atem eingeblasen
worden. Nun war es entschieden, daß die Großglockner=Hochalpenstraße kein aus
zwei Rampen bestehender Torso, sondern eine pulsierende Lebensader zwischen Nord
und Süd werden würde. Nun galt es, alles daran zu setzen, den noch trennenden Berg
in kühnem Anlauf zu überschreiten. Jetzt erst war der Weg zum Ziele frei.

18. Die Bauinangriffnahme der Scheitelstrecke

Erleichtert atmete ich auf, als es keine Variantenfrage mehr gab. Durch mehr als
drei Jahre hatte sie wie ein Hemmschuh an allem gehaftet und Schwierigkeiten hervor=
gerufen, die sich ausnahmslos zu Ungunsten des Glocknerstraßen=Unternehmens aus=
wirkten. Damit war es jetzt vorbei. Daß noch genug andere Hindernisse zu über=
winden waren, bis das Werk fertig dastand, das konnte mich nach dem Vorangegange=
nen nicht mehr abschrecken.

Auch den Baufirmen war ein schwerer Stein vom Herzen gefallen, als sie die Bau=
verträge für die Scheitelstrecke endlich in der Tasche hatten und wußten, daß sie nun
ihre Leistungsfähigkeit voll entfalten und unter Beweis stellen konnten, ohne daß
nochmals finanzielle Schwierigkeiten drohten.

Aber auch die alten Glocknerstraßenarbeiter strömten in Scharen freudig ins Glock=
nergebiet, um sich wieder an der ihnen liebgewordenen Arbeitsstelle in die uns allen
gestellte Aufgabe einzuordnen, konnten sie nun doch wieder ihr Brot verdienen und
ihre Familien ernähren.

Und so kam in die Strecke zwischen Hochmais und Guttal, mitten durch die Einöde
des Hochgebirges, pulsierendes Leben, ein Leben, das seine eigene Sprache mit Bohr=
hammer, Krampen und Schaufel für immerwährende Zeiten kraftvoll in die Berghänge
schrieb. Der Kampf um die so außerordentlich kurze Bauzeit im Hochgebirge begann
nun mit aller Schärfe einzusetzen.

Die Entwurfsarbeiten für die Guttalstrecke waren inzwischen so weit fertiggestellt worden, daß ich ihren unteren Teil für die Bauarbeiten freigeben konnte. Auch mit den Aufnahmen für die Entwürfe der Umfahrung des Törlkopfes am Fuschertörl und der Untertunnelung des Mittertörls wurde nun begonnen. Ihre rasche Fertigstellung war weniger dringend, da die Baustellen in diesen hochgelegenen Abschnitten erst erschlossen werden mußten, ihre Bauinangriffnahme daher erst im Laufe des Sommers 1934 einsetzen konnte.

Alles drehte sich darum, in erster Linie die Baustelleneinrichtung in den Baulosen Nord und Süd so zu beschleunigen, daß ihre wichtigsten Teile noch vor Einbruch des Hochgebirgswinters 1933/34 betriebsbereit an Ort und Stelle standen. Nur dann war die Gewähr gegeben, daß der nächstfolgende Bausommer 1934 auch tatsächlich voll und ganz von uns ausgenützt werden konnte.

Wie die Figuren auf einem Schachbrett verschoben sich die Baracken aus den noch stehengebliebenen Baulagern der Rampenbauten in die neuen, höher gelegenen Baulager der Scheitelstrecke. Das ging nicht immer ganz einfach. Alle Baracken mußten in ihre Teile zerlegt werden. Es fehlte an Wegen, um das für den Bau Notwendige zur Höhe zu schaffen. Auf der N o r d s e i t e war ein Baulager bei den Naßfeldbrücken verhältnismäßig leicht zu errichten. Bis ins Hochmais führte ja schon die fertige Straße und anschließend war die Straßentrasse bis zum Ort des neuen Lagers bereits so weit angerissen, daß man mit Fuhrwerken bis dorthin fahren konnte.

Um das Baulager am Oberen Naßfeld aufstellen zu können, wurde von den Naß= feldbrücken eine Güterseilschwebebahn über die anschließenden Steilhänge hinauf gebaut, die alles erforderliche Material beförderte. Zwischen diesen beiden Baulagern wurde unterhalb der Edelweißwand ein drittes Baulager errichtet und in seiner Nähe eine Dieselzentrale geschaffen, die die elektrische Energie für alle drei Baulager und den Antrieb eines Teiles der Baumaschinen erzeugte. Ende Oktober standen Unter= künfte für mehr als 700 Mann und an Maschinenleistung rund 350 Pferdestärken für den ersten Arbeitseinsatz im Baulos Nord zur Verfügung.

Im B a u l o s S ü d entstand knapp unterhalb der Guttalbrücke ein Baulager. Um die Aufstellung der höher liegenden Baulager zu ermöglichen, wurde vom Kasereck eine Rollbahn in der Talmulde des Tauernbaches bis an den Fuß des Fallbichls herangeführt und die Steilstufe zum Fallbichl hinauf durch einen Schrägaufzug über= wunden. Neben der Bergstation des Schrägaufzuges entstand das zweite Baulager auf dem Fallbichl, weiter gegen das Hochtor zu wurde am Fuße des Viehbühels ein drittes errichtet. Ende Oktober standen in diesem Baulos Unterkünfte für fast 600 Mann und 125 Pferdestärken an Maschinenleistung bereit.

Das B a u l o s M i t t e war am schwersten zu erschließen, da es nicht nur das ent= legenste, sondern auch das höchstgelegene war. An jener Stelle, an der die Südrampe der Straße den Tauernbach überschreitet, wurde die Talstation einer schweren Güter= seilbahn aufgestellt. Auf sechzehn hölzernen Zwischenstützen, die bis zu vierund= zwanzig Meter hoch waren, führte die fast drei Kilometer lange Seilbahn zum Süd= portal des Hochtortunnels, wobei sie einen Höhenunterschied von 630 Meter bewäl= tigte. Einzelstücke bis zu tausend Kilogramm Gewicht konnten auf ihr befördert werden. Die Antriebskraft für diese Seilbahn und alle Baumaschinen sollte später aus dem Hilfskraftwerk geliefert werden, das noch vom Rampenbau her nächst dem Glocknerhaus am Pfandlschartenbach stand. Zu diesem Zweck wurde eine zehn Kilometer lange Hochspannungsleitung vom Glocknerhaus bis aufs Hochtor gebaut.

Als Kraftreserve diente ein Dieselmotor. Um an Raum und Gewicht zu sparen, wählte man einen Motor aus einem abgewrackten Unterseeboot, mit dem man noch alle Mühe hatte, ihn ohne fahrbaren Weg auf 2500 Meter Höhe hinauf zu bringen. Es dürfte das wohl der einzige Unterseebootmotor gewesen sein, der im Hochgebirge seine Verwendung fand.

Am Südfuß des Hochtors entstand das Baulager für den Hochtortunnel, das vorerst 240 Mann Unterkunft gewährte. Mit Ende Oktober standen schließlich am Hochtor 400 Pferdestärken an Maschinenleistung bereit.

Insgesamt waren daher im Herbst 1933 Unterkünfte für mehr als 1500 Mann und fast 900 Pferdestärken an Antriebskraft für den Bau der Scheitelstrecke verfügbar. Das war immerhin ein erfreulicher Anfang. Dabei war das Wetter im August gut, im September ziemlich schlecht und im Oktober bereits winterlich.

Soweit es möglich war, wurde der Spätherbst 1933 aber auch dazu benützt, die eigentlichen Bauarbeiten an der Scheitelstrecke einzuleiten. Zur raschen Erschließung des M i t t e l s t ü c k e s der ganzen Strecke war es notwendig, daß vom Norden her möglichst rasch die Strecke bis zum Fuschertörl fahrbar wurde und daß vom Süden her der Hochtortunnel durchgeschlagen wurde. Solange diese beiden Bedingungen nicht erfüllt waren, war im Mittelstück überhaupt nichts anzufangen. Nicht einmal Barackenlager konnten dort aufgestellt werden, denn alle Hände hatten ja voll zu tun, in der kurzen zur Verfügung stehenden Zeit dieses Spätherbstes die zu beiden Seiten vorgelagerten Strecken mit dem Allernotwendigsten zu versorgen. Was für eine unsägliche Arbeit war es zum Beispiel, das lange Bauholz für die Seilbahnstützen und die Hochspannungsleitungen aus dem Tal über die Hänge und Steilabstürze zur Höhe hinaufzubefördern. Wieviel Mühe kostete es, bis die ersten Arbeiterbaracken standen, bis schließlich die Seilbahnen und der Schrägaufzug liefen und allen weiteren Bedarf in ununterbrochenem Tag- und Nachtbetrieb zur Höhe schleppten.

N ö r d l i c h d e s F u s c h e r t ö r l s setzten nach der Errichtung der Unterkünfte Zug um Zug auch die Arbeiten am Straßenbau ein. Innerhalb weniger Wochen stand die ganze Baustrecke vom Hochmais bis auf das Fuschertörl bereits in Arbeit. Tag für Tag kamen Fremde in Scharen mit Kraftwagen ins Hochmais, um über die Baustrecken zu pilgern. Sie gingen hinauf aufs Fuschertörl oder auch auf das Poneck, das sich in einer Höhe von 2577 Meter unmittelbar nördlich des Fuschertörls erhebt und ein gottbegnadeter Aussichtspunkt ist, von dem aus man siebenunddreißig Dreitausender und neunzehn Gletscherfelder überblickt.

Die Arbeiter waren fleißig. Es waren wetterharte Männer, die schon den Rampenbau mitgemacht hatten und die sich freudig wieder hieher gemeldet hatten. Sie erfüllten mit Begeisterung ihre Pflicht. Da stand ein Kompressorenwärter und wartete fürsorglich seine Maschine. Nicht weit davon entfernt war eine Feldschmiede, in der unter fortwährendem Drehen mit kurzen kräftigen Stößen die Schneiden des harten Bohrstahls von der Bohrerstauchmaschine geschärft wurden. Wie Maschinengewehrfeuer ratterten an allen Ecken und Enden die Preßlufthämmer, gehalten von schwieligen Fäusten, die sie gegen das Gestein stemmten. Unerbittlich fraß sich der harte Stahl ins Gestein, es zu feinem Mehl zermahlend.

Mit entblößtem, von der Sonne schwarz gebranntem Oberkörper schafften die Menschen mit Krampen und Schaufel Gestein und Erdreich zur Seite, verluden es auf Schiebekarren oder Feldbahnwagen, die es an ihren Bestimmungsort beförderten. Bedächtig fügten die Maurer Stein zu Stein und vorsichtig luden Schwenkkrane ihre schwere Steinlast auf den in Mauerung befindlichen Kunstbauten ab. Unermüdlich lieferten die Seilbahnen Wagenlast um Wagenlast in den Bergstationen ab. Sie reichten aber bei weitem nicht aus, und Pferdefuhrwerke und Traktoren fuhren über eigens angelegte Notwege zur Höhe, um helfend einzugreifen. In den Arbeitspausen aber dröhnten auf der ganzen Baustrecke die Sprengschüsse, die an den Bergwänden wider= hallten. Steine und Erde flogen im weiten Bogen durch die Luft. Dann trat wieder Ruhe ein, der langgezogene Ton einer Sirene ertönte, aufs neue belebten sich die Arbeitsplätze und die Arbeit lief weiter.

Und das alles ging im August fast ausnahmslos bei strahlendem Sonnenschein inmitten der herrlichsten Bergwelt vor sich. Im September war das Wetter schon oft recht zweifelhaft. Aber immer noch kamen zahllose Fußgänger den Berg herauf, die sich die Arbeitsstellen ansahen. So etwas gab es ja nicht alle Tage, das mußte man schon gesehen haben.

In jedem der Hauptlager der drei Baulose stand eine große „Kulturbaracke". Sie enthielt Aufenthaltsräume für die Arbeiter bei Schlechtwetter, eine Bibliothek, Radio und eine große Zahl von Unterhaltungsspielen. Sonntagmorgens wurde in ihnen vom Glocknerstraßenpfarrer Pater Stiletz, den ich taxfrei zum Glocknerbischof ernannt hatte, Gottesdienst gehalten. Einmal wöchentlich fanden abends Vorträge mit oder ohne Lichtbildvorführungen statt und bei besonderen Anlässen gab's auch allerlei Allotria. Die Spitalsbaracke, die in keinem größeren Lager fehlte, war meistens leer. Der Arzt hatte aber reichlichen Zuspruch durch uns Ingenieure, denn er braute fast den ganzen Tag ausgezeichneten schwarzen Kaffee.

Jeder zweite Samstag war Zahltag. Dann lief ein Teil der Arbeiter hinunter ins Hochmais und fuhr von dort mit dem Auto in die Heimatdörfer im Fuschertal oder im Pinzgau, wo sie den Sonntag verbrachten. Wer aber nicht in der näheren Umgebung zu Hause war, der zog am Sonntag sein bestes Gewand an und inspizierte die ganze Baustrecke, stieg auf den einen oder anderen Dreitausender neben der Straße und sah sich die ganze Sache einmal aus der Vogelperspektive an. Andere wieder blieben im Lager, schliefen den lieben langen Tag und erwachten nur zu den Mahlzeiten vorüber= gehend zum Leben. Höhenluft macht hungrig und schwere Arbeit in großer Höhe macht sehr müde. Aber was machte das schon aus!

Wie froh waren die Arbeiter des Glocknerstraßenbaues, daß sie ihr Brot verdienen konnten! **Hunderttausende von Arbeitern waren in Österreich damals arbeitslos, hatten** gar keine Aussicht, überhaupt irgendeine Arbeit zu bekommen, und wie gerne hätten sie gearbeitet, wenn man ihnen Arbeit gegeben hätte! Hier gab es Arbeit genug und auch guten Verdienst. Die Talpostämter hatten an den Zahltagen viel zu tun, die von den Arbeitern an ihre Familien aufgegebenen Geldbeträge zu übernehmen und weiter= zubefördern.

Schon in der Nacht von Sonntag auf Montag kamen die Autobusse aus dem Tal hinauf ins Hochmais und brachten die Arbeiter wieder zurück. Sie wanderten dann zu ihren Unterkünften, um nach kurzer Ruhepause am Montag früh wieder mit der Arbeit zu beginnen. Ich habe wohl mit jedem einzelnen Glocknerstraßenarbeiter gesprochen, und ich habe keinen einzigen gefunden, der nicht gerne bei dieser Arbeit dabei war.

Es war aber auch etwas Schönes, aus dem Nichts heraus das Werden des Werkes zu beobachten, zu sehen, wie es sich Tag für Tag weiter ins Gelände hineinbaute, Gestalt annahm und schließlich der Vollendung zustrebte. Jeden, der an solch einer Arbeit Anteil hat, den packt es. Es packt ihn mit unwiderstehlicher Gewalt, wenn er davon überzeugt ist, daß es auch auf i h n ankommt, daß e r als unentbehrliches Glied in der Kette der Arbeit am richtigen Platz steht, und daß d a s, was er mit seiner Hände Arbeit schafft, aus dem Ganzen überhaupt nicht wegzudenken ist.

Und genau so packt es jeden Ingenieur und Techniker, der sein ganzes Können dransetzen muß, um in seinem Arbeitspensum nicht zurückzubleiben. Denn auf a l l e kommt es an. Die zu leistende Arbeit ist ja groß und schwer. Da gibt es kein langes Überlegen, Zaudern und Abwägen, da gibt es nur ein frisches Zugreifen. Unsichtbar hinter allen steht die rasch dahineilende Zeit, mit ihr der Beginn der herbstlichen Schlechtwetterperiode und der erbarmungslos herannahende Hochgebirgswinter. Dann ist es zu spät, Versäumtes nachzuholen. Was jetzt nicht gelingt, muß sieben lange Wintermonate warten, bis es wieder angegangen werden kann.

Vorwärts! Immer wieder vorwärts! Und wo einer mit seiner Arbeit vorprescht und den anderen vorauseilt, da nimmt der andere seine Leute beiseite und zeigt es ihnen: „Da, schaut d i e Arbeitspartie an, die läuft uns ja davon! Wir bleiben ja hinten! Die haben besseren, leichteren Boden als wir und auch zu sprengen haben sie weniger. Es wäre doch des Teufels, wenn wir denen nicht zeigen würden, daß wir ihnen trotzdem auf den Fersen bleiben. Überrennen werden wir sie! Hintenbleiben gibt's einfach nicht!"

Und so drängt einer den anderen vorwärts. Hie und da würzt ein saftiger Fluch ein besonders schweres Stück Arbeit, dann geht's auf einmal bedeutend leichter.

Jeder Gedanke an etwas anderes als die Arbeit, ans Essen und Schlafen wird überflüssig. Vorwärts! Der Winter kommt unerbittlich! Und so wuchs im Eilzugstempo die Straße vom Hochmais aufs Fuschertörl.

Zwischen Fuschertörl und Hochtor war noch unberührtes Gelände. Das war heuer noch eine abgeschiedene ruhige Welt, in der ein paar Trassierungsabteilungen arbeiteten, im übrigen aber Schneehühner und Wiesel ihr beschauliches Dasein führten.

Siebzig Meter tiefer als die Einsattelung des Hochtorpasses lag der nördliche Stollenmund am Rande einer Geländemulde. Ein kleines Stück östlich davon stand eine Arbeiterbaracke. Vom Hochtorsattel hinunter führten elektrische Leitungen auf hohen Masten, die sowohl zu dieser Arbeiterbaracke als auch in den Stollen hineinführten. Auf dem mit Steinen besäten Hang lag unter dem Sattel eine mächtige eiserne Schlange, die Preßluftleitung, die auch im Stollen verschwand. Von Zeit zu Zeit kamen aus dem Stollen Rollbahnwagen mit Ausbruchmaterial heraus, wurden auf die Kippe geschoben und entleert. Dann verschwanden Kipper und Männer wieder im dunklen Stolleneingang.

Vom Hochtorsattel herunter kam ein Trupp Arbeiter. Jeder hatte am Rücken ein Traggestell, eine „Kraxen", auf der ein mächtiger Baumstamm aufgeladen war. Besonders starke Männer trugen bis zu 150 Kilogramm von der Bergstation der Materialseilbahn auf der Südseite des Hochtors in den Sattel hinauf und hinunter zum nördlichen Stollenmund. Das war ein mühsamer und beschwerlicher Weg, gar bei schlechtem Wetter oder im Schneesturm. Solange der Sohlstollen des Tunnels nicht durchgeschlagen war, blieb dies die einzige Möglichkeit, um vom Süden her zum Nordportal des Tunnels zu gelangen. Erst wenn das Loch einmal durch war, dann hörten die Transporte über den Berg auf. Bis dahin hatte es aber noch gute Weile.

Am 13. September war auf der Nordseite mit den ersten Ausschachtungsarbeiten begonnen worden. Am 23. September wurde der eigentliche Stollen angeschlagen. So lange der Stollen durch Hang- und Moränenschutt führte, war der tägliche Arbeitsfortschritt gering. Am 1. Oktober fuhren wir jedoch den gewachsenen Fels an und dann ging es mit rund dreieinhalb Meter Tagesfortschritt immer weiter nach Süden. Der Voreinschnitt beim Stolleneingang wurde verschalt und überdacht, um ein Zuwehen mit Schnee zu verhindern. Der Winter klopfte ja schon ganz energisch an die Tür und Schneestürme und Kälte waren keine vereinzelten Erscheinungen mehr.

An der Stollenbrust ratterten die Bohrhämmer ihren ohrenbetäubenden Lärm. Der Sohlstollen war verhältnismäßig eng, er hatte quadratischen Querschnitt von 2.80 Meter Höhe und Breite. War die Stollenbrust angebohrt, dann wurden die Bohrlöcher geladen. Nach dem Abschießen wurde das gelöste Gestein verladen und hinausbefördert, die Brust von nachbrechendem Gestein befreit und dann wieder weitergebohrt. Und hinterher wurde die hölzerne Stollenzimmerung eingebaut.

Man mußte wieder zum Stolleneingang zurückgehen und den Hang zum Hochtor-sattel hinaufsteigen, wollte man auf die Südseite des Hochtors gelangen. Vom Sattel aus sah man schon das große Baulager, das etwa vierzig Meter tiefer als der südliche Stolleneingang lag. Rechts neben dem Stollenmund lagen Magazinsbaracken, daneben die Seilbahn-Bergstation, deren Stützen man weit hinunter verfolgen konnte, bis sie hinter dem Rücken des Türnlbodens in der Tiefe verschwanden. Unterhalb der Seil-bahnstation in einer Mulde stand die Dieselzentrale, daneben ein Transformatoren-turm, in den die Hochspannungsleitung vom Kraftwerk am Pfandlschartenbach ein-mündete. Lawinensicher war diese Mulde bestimmt nicht. Und warum gerade diese Mulde ausgesucht wurde? Man wollte eine Kreuzung der Hochspannungsleitung mit der Seilbahn vermeiden. Wenn aber am Margrötzenkopf oben eine Wächte brach?

Nach meiner Ortskenntnis konnte nur der Geländestreifen zwischen dem südlichen Stolleneingang bis einschließlich der Seilbahnbergstation als lawinensicher gelten, der beiderseits anschließende Hang aber nicht. In diesem schmalen Streifen lag auch das ganze Lager mit Ausnahme der Dieselzentrale und der Transformatorstation. Wir konnten schließlich auch Glück haben, und wenn's schon schief ging, dann war ein neuer Transformator rasch an die Hochspannungsleitung wieder angeschlossen. In einer besonderen Halle oberhalb des Lagers standen die Kompressoren, die die Preß-luft für den Stollenvortrieb und die Stollenbewetterung erzeugten.

Hier auf der Südseite war ebenfalls am 13. September mit den Ausschachtungs-arbeiten begonnen worden. Am 14. September gab es eine große Überraschung am Hochtor. Einen Meter tief im Hangschutt stieß ein Arbeiter beim Graben auf ein kleines grünes Etwas, das sich als eine bronzene Herkulesstatue entpuppte. Wie spätere wissenschaftliche Untersuchungen ergaben, war ihr Alter mit mehr als 2000 Jahren einzuschätzen.

Herkules mit dem Löwenfell am Hochtor, in mehr als 2500 Meter Höhe! Ein kräftiger und starker Heros, bei dem es sich wohl lohnte, in diesen unwirtlichen Höhen um guten Weg zu flehen, wenn die Stürme heulend über das Gebirge jagten! Damit war wohl auch über die Entstehungszeit der alten Straße, die einst über das Hochtor führte und deren Reste man an vielen Stellen noch sah, einigermaßen Klarheit geschaffen.

Die kleine Statue dürfte einmal in einem kleinen Heiligtum oder Schrein in der Einsattelung des Hochtors gestanden haben. Bei einem Nordsturm stürzte sie samt ihrem Behältnis über die Hochtorsüdwand ab und blieb im Hangschutt genau an der Stelle liegen, an der wir das Südportal des Hochtortunnels anschlugen. Der Schrein, gewissermaßen der „Briefkasten", war längst vermodert und nichts mehr von ihm zu finden, der „Brief" aber lag fast unversehrt an seiner Stelle, wo er vor mehr als 2000 Jahren unfrankiert an die Glocknerstraße der Zukunft aufgegeben worden war und sie mit geradezu unheimlicher Sicherheit auch erreichte.

Photo: *Traub, Salzburg*
Der Herkules vom Hochtor

Und heute steht im Hochtorsattel schon wieder viele Jahrhunderte lang ein Schrein mit einem kleinen hölzernen Herrgott. Es mag wohl die gleiche Stelle sein, wo einst der Herkules stand. Was aber wird in weiteren 2000 Jahren an dieser Stelle stehen? Wie verschwindend klein ist doch der Mensch! Jahrtausende kommen und gehen und immer wieder wird er sich in seinen Nöten dem Schutze eines Allmächtigen anvertrauen, gleichgültig in welche Form er diesen kleidet.

Auch beim nördlichen Stolleneingang hatten wir etwas gefunden, eine Münze aus der Zeit Maria Theresias, auf der die Worte eingeprägt waren: „IN TE DOMINE SPERAVI" — Auf Dich, o Herr, habe ich gehofft... Ja, auf das Hochtor hatte ich durch all die Jahre gehofft, hatte ersehnt, daß die Straße hier Wirklichkeit werden möge. Nun standen wir mit der Arbeit tatsächlich hier. Und wenn die Straße fertig war, dann sollte über den Portalen des Hochtors die Inschrift eingemeißelt stehen: IN TE DO-MINE SPERAVI! Das war auch der Fall. Später, im Jahre 1939, sah ein über die Straße fahrender Gauleiter diese Inschrift. Wahrscheinlich wußte er nicht, was sie bedeutete. Oder er wußte es und erblickte in ihr eine Gefährdung des Tausendjährigen Reiches. Auf jeden Fall mußte daraufhin die Inschrift sofort ausgemeißelt werden. Ich ließ dies in einer Art besorgen, die den Stein nicht beschädigte und später einmal die neuerliche Einmeißelung ermöglichte. Kaum war das Tausendjährige Reich zu Ende, ließ ich im Frühjahr 1945 die Inschrift wieder anbringen, und so steht sie heute wieder über den beiden Tunnelportalen.

Wenn sich der Abend auf das Hochtor herabsenkte, dann erstrahlte die Baustelle in einem Lichtermeer. Wie Sterne funkelten die elektrischen Lampen in den schon kalten, klaren Nächten. Ununterbrochen fuhr die Güterseilbahn auf und ab, Tag und

Nacht, ohne Rast und ohne Ruh! Holz, Holz, wieder Holz, Lebensmittel, Werkzeug und Gerät und wieder Holz, immer wieder Holz. Der Tunnelbau b r a u c h t e Holz. Auch der Mittertörltunnel, der im kommenden Frühjahr angeschlagen werden sollte, brauchte Holz. Und das mußte noch im Herbst am Hochtor oben sein, denn im Früh= jahr waren dann wieder andere Baustoffe in schwerer Menge anzuliefern, die a u c h gebraucht wurden.

Immer weiter fraß sich der Sohlstollen von beiden Seiten in den Berg. Dann hörte man schon auf der anderen Seite die Bohrhämmer hinter der Stollenbrust rattern. Erst nur ganze leise und unbestimmt, dann immer deutlicher und lauter, und am 14. Novem= ber 1933 war das über 300 Meter lange Loch zwischen Salzburg und Kärnten durch den Berg geschlagen.

Vor dem Durchschlag fand eine Feldmesse im Stollen statt, die der Glocknerbischof zelebrierte. Auf dem kleinen Feldaltar stand die heilige Barbara, die Schutzpatronin der Bauarbeiter, der „Baraber", der vorläufig noch der Kopf fehlte. Er fand sich aber doch noch rechtzeitig in der Manteltasche des Mesners, der die Statue von Heiligenblut herauf aufs Hochtor getragen hatte. Der schlichten, ernsten Feier folgte der Stollen= durchschlag, dann der erste Durchmarsch von Süd nach Nord und zurück. Jetzt war der Weg über den Hochtorsattel überflüssig geworden. Nun konnten in Zukunft alle Baustoffe, die nördlich des Hochtors im Baulos Mitte gebraucht wurden, durch den Stollen mühelos hinüberbefördert werden, jetzt erst war die rechtzeitige Inangriffnahme der Baustelleneinrichtung und Bauarbeiten im kommenden Frühjahr da drüben gesichert.

Im schweren Schneesturm gingen wir nach der Feier, die auch ihren stärkenden und alkoholischen Teil hatte, zur Bergstation der Seilbahn. In Raten zu je sechs Mann fuhren wir hinunter aufs Kasereck, einschließlich der heiligen Barbara, deren abnehm= barer Kopf wieder in der Manteltasche des Mesners verschwunden und so vor Erkältung und Verlust geschützt war.

Damit war am Hochtor das Programm des Spätherbstes 1933 erfüllt. Die Baustelle wurde eingewintert und für dieses Jahr verlassen. Sie versank in tiefen Winterschlaf unter einer mächtigen, blendend weißen Schneedecke. Nur an einzelnen Punkten des Sohlstollens fielen in gleichmäßigen Zeitabständen die Wassertropfen und bauten sich zu Eisgebilden auf. Sonst herrschte im Stollen absolute Ruhe. Draußen aber tobten die Winterstürme, genau so wie vor 2000 Jahren.

Im Südabstieg vom Hochtor zum Guttal wurde außer der bereits früher erwähnten Errichtung von Barackenlagern und Schaffung von Baustelleneinrichtungen nur im Guttal gearbeitet. Während am linken Ufer und zum größten Teil auch in der Sohle des Guttalbaches der gewachsene Fels zutage trat, fehlte er am rechten Ufer zur Gänze. Dort lag nur Hang= und Moränenschutt. Am rechten Ufer aber sollte die Straße von der Brücke in der Ankehr bis zur Guttalbrücke hinunterführen. Es mußte daher zuerst die Sohle und das rechte Ufer des Guttalbaches gesichert werden, bevor an den Bau der Straße selbst gedacht werden konnte.

Eine regelrechte Wildbachverbauung mit dreizehn Sperren war hiezu erforderlich. Diese Arbeiten konnten nur bei niederstem Wasserstand durchgeführt werden. Dazu war der Spätherbst des Jahres 1933 gerade recht. Das war eine nasse und kalte Bau= stelle, auf der der Schnee schließlich schon in schweren Mengen lag. Auf offenen Holzfeuern und in großen Koksöfen wurde das Wasser für die Bereitung des Mörtels erhitzt, der Sand wurde auf Blechen geröstet und die Bausteine angewärmt, so gut es eben ging. Und schließlich konnten sämtliche Querwerke, wenn auch erst am 28. November, fertiggestellt und gesichert eingewintert werden. Oberhalb des Guttals wurde an einzelnen Stellen auch mit dem Straßenbau selbst begonnen, doch hatten diese Arbeiten nur geringen Umfang. Auch in diesem Baulos war somit alles für den ersten Einsatz im kommenden Frühjahr vorbereitet.

Zwischen Hochmais und Fuschertörl waren die Arbeiten schon am 31. Oktober, beim dritten schweren Schneefall, eingestellt worden. Es war eine uns schon wohlbekannte Tatsache, daß der erste große Herbstschneefall größtenteils wieder von der Sonnenwärme aufgezehrt wird und daß ihm noch eine längere Schönwetterperiode folgt. Beim zweiten starken Schneefall war die Sache schon ernster zu nehmen und nun winterten wir Hals über Kopf die Baustellen ein. Der dritte große Schneefall befahl unwiderruflich die Räumung der Baustellen, denn dann gab es nur mehr Schnee, Sturm und Kälte.

Als letzter fuhr der Losbauführer mit seinem Kollegen aus dem Hochmais im Kraftwagen hinunter ins Tal. Der Schnee lag schon 30 Zentimeter hoch auf der Straße. Mit Schieben und Ausschaufeln ging's aber doch schließlich weiter. Plötzlich ein Ruck, das Auto steckte in einer Schneewächte. Ein kurzes Stück gelang es, mit Mühe und Not zurückzufahren. Dann wurde wieder mit Gewalt die Schneewächte angefahren. Es ging nicht. Wahrscheinlich hatte da ein Baraber eine Schiebetruhe mitten auf der Straße einschneien lassen. Also ging's ans Ausschaufeln. Wer beschreibt das Erstaunen der beiden, als sie einen bocksteifen Arbeiter aus den Schneemassen herausholten? Rasch war er aufgeladen und hinunter nach Ferleiten geschafft. Im Gasthof Lukashansl wurde der Schaden besehen. Der Mann war noch nicht tot. In einem ungeheizten Zimmer bemühte man sich, seine Lebensgeister wieder zu erwecken und siehe da, der Mann hatte sich sternhagelvoll gesoffen, schnarchte seinen Rausch aus und war tags darauf munterer wie je zuvor, ohne sich die geringsten Erfrierungen zugezogen zu haben. Er hatte den „Abtrieb von der Alm" so energisch gefeiert und war, gottlob, auf der Straße eingeschlafen, wo ihn der Schnee zudeckte. Sein Glück war, daß die Ingenieure Sartorius und Ennemoser ihren Kraftwagen noch zu holen hatten, sonst wäre er wahrscheinlich erst im Himmel wieder aufgewacht.

Im Spätherbst ereignete sich noch etwas, das erwähnt zu werden verdient: Landeshauptmann Dr. Rehrl fuhr mit seinem Kleinkraftwagen als erster Kraftfahrer über die Baustrecken vom Hochmais hinauf aufs Fuschertörl. Damit stand zum erstenmal ein Kraftwagen im Glocknergebiet auf 2400 Meter Höhe.

Im Sommer 1933 bauten wir auch die Mauthäuser in Fusch, Ferleiten und Heiligenblut. Wir beschäftigten uns aber auch mit einer weiteren Frage, mit der Errichtung einer Straßenfernsprechanlage. Eine Straße, die so hoch hinaufführt wie die Glocknerstraße, konnte nicht ohne Fernsprechverbindungen bleiben. Einerseits mußten die Straßenbenützer die Möglichkeit haben, von beliebigen Punkten der Straße aus den Straßenhilfsdienst anzurufen, andererseits mußte die künftige Straßenverwaltung jederzeit mit den ständig besetzten Straßenwärterposten Verbindung haben.

Man entschloß sich daher, längs der ganzen Straße ein Fernsprechkabel zu verlegen und eine genügende Zahl von Straßenfernsprechern aufzustellen. Die Straße selbst brauchte zwei Adernpaare, um den von ihr beabsichtigten internen Sprechverkehr abwickeln zu können. Es war anzunehmen, daß entlang der Straße Fremdenunterkünfte entstehen würden, die einen Anschluß an das staatliche Fernsprechnetz wünschten. Ebenso naheliegend war es, daß die staatliche Post- und Telegraphenverwaltung

für unser Kabel ein Interesse bekunden würde und daß sie sich mit einer entsprechen=
den Anzahl von Adernpaaren beteiligen würde. Ja, weit gefehlt! Die Postverwaltung
leugnete jedes Interesse und lehnte jede Beteiligung rundweg ab. So entschlossen wir
uns, das Kabel wenigstens mit vier Adernpaaren auszustatten, von denen zwei für uns
bestimmt waren. Für die anderen beiden würden sich schon in der Zukunft Benützer
finden.

Nun sollte der Kabelgraben hergestellt werden. Ich hätte gerne die ganze Anlage,
die vorläufig einmal während des Spätherbstes 1933 bis zum Hochmais gebaut werden
sollte, im Bausch vergeben, um wenigstens diese eine Sorge los zu sein. Dabei stellte
sich heraus, daß das teuerste an der ganzen Anlage der Kabelgraben sein sollte. Für
seine Herstellung wurden Bauschbeträge von 25 Schilling je laufenden Meter genannt.

Na, das wäre noch schöner gewesen! Ich vergab die Grab= und Verlegungsarbeiten
anderwärts zum Preise von 2 Schilling 20 Groschen je laufenden Meter. Der größte
Teil des Kabels wurde noch im Spätherbst verlegt. Die Fertigstellung dieser Anlage
sollte im kommenden Frühjahr erfolgen.

Damit war das Arbeitsprogramm des Jahres 1933 erschöpft. Wir waren ein be=
trächtliches Stück vorwärts gekommen. Während des Winters sollten alle Einzel=
entwürfe der Scheitelstrecke nochmals eingehend durchgearbeitet und alles für das
Baujahr 1934 bis ins letzte vorbereitet werden. Gegenüber der Winterarbeit der ver=
gangenen Jahre, die immer mit „Varianten" gepflastert war, versprach das eine wahre
Erholung zu werden. Und das war auch so.

19. Die Vorbereitungen zum Endkampf

Bei einem Hochgebirgsstraßenbau dauert der Winter sehr lange. Die Glockner=
straße führt ja über 2500 Meter hinauf. Und in diesen großen Höhen fallen die Nieder=
schläge während neun Monaten des Jahres in fester Form, in Form von Schnee. Will
man hier eine Arbeit vorwärtsbringen, dann muß man tüchtig dazusehen. Die t i e f =
s t e n Baustellen der Scheitelstrecke lagen jetzt im Norden und im Süden auf einer
Höhe von etwa 1900 Meter, also schon über der Baumwuchsgrenze. Was das bedeutet,
davon macht man sich erst eine richtige Vorstellung, wenn man einen 1900 Meter
hohen Berg besteigt und sich da oben umsieht. Dort also lagen unsere g ü n s t i g s t e n
Baustellen, und was höher lag, war nur ungünstiger. Wir konnten also, mit Ausnahme
der Tunnelstrecken, in den untersten Baustellen im Hochmais und Guttal mit einer
Bauzeit von rund fünf Monaten, in den höchsten aber nur mit einer solchen von drei
Monaten unter freiem Himmel rechnen. Das war wenig.

Bis zum Baubeginn im Frühjahr 1934 lag daher eine Reihe von Monaten vor uns,
die für das Straßengebiet absoluten Stillstand der Arbeit bedeuteten, aber faulenzen
durften wir deshalb nicht. Wir mußten diese Monate gut ausnützen, um alles für den
kommenden Sommereinsatz bis ins kleinste und letzte vorzubereiten. Dazu gehörte
vor allem eine nochmalige gründliche Durcharbeitung aller Einzelentwürfe auf Grund
der im letzten Herbst im Gelände gewonnenen Bodenaufschlüsse, die genaue Er=
fassung aller zu bewältigenden Bauteile und ihrer Kosten sowie die Aufstellung eines
möglichst zeitsparenden Bauplanes. An diesen Arbeiten hatten nicht nur die Bau=
herrschaft, sondern auch die Bauunternehmungen das allergrößte Interesse. Es wurde

daher auch in den Büros der Bauunternehmungen fleißig mit Zeichenstift und Rechen=
schieber gearbeitet.

Für mich war es erforderlich, alle Vorkehrungen zu treffen, die mir in jedem
Augenblick den Stand der Arbeiten an jeder einzelnen Baustelle klar vor Augen
führten. Zu diesem Zweck unterteilte ich die Baulose Nord, Mitte und Süd in einzelne
Abschnitte von je mehreren Kilometern Länge und jeden Abschnitt wieder in Unter=
abschnitte, die nur wenige hundert Meter lang waren und ihre gegenseitige Abgrenzung
durch die wechselnde Geländebeschaffenheit fanden. Der Hochtortunnel und der
Mittertörltunnel bildeten dabei eigene Unterabschnitte. Nach Feststellung der zu be=
wältigenden Arbeiten wurden die Massenpläne aufgestellt und Arbeitsfortschrittspläne
angelegt, in die wöchentlich die bewirkten Arbeitsleistungen eingetragen werden
sollten. Gleichzeitig wurden für jeden Unterabschnitt große Tabellen angefertigt, die
ziffernmäßig die durchzuführenden Gesamtleistungen enthielten und in die an jedem
Wochenende die bewirkten Leistungen der Menge und dem Verdienstbetrag nach
eingetragen werden sollten. Wenn das klappte, dann wußte ich jederzeit, wie weit
wir in jedem Unterabschnitt, in jedem Abschnitt und in jedem der drei Baulose mit
der Arbeit waren und wieviel der insgesamt zu bewirkenden Leistung wir hinter uns
gebracht hatten. Nur so war es möglich, dort rechtzeitig helfend einzugreifen, wo wir
gegenüber dem aufgestellten Bauplan allenfalls in Rückstand waren. Und das klappte
dann auch in der Baudurchführung wie am Schnürchen.

Diese genaueste Erfassung des gesamten Bauvolumens und seiner über die ganze
Baustrecke ungleichmäßig verteilten Schwerpunkte ermöglichte erst die richtige Pla=
nung des Bedarfes und der zweckmäßigsten Aufstellungsorte der Baumaschinen, den
zahlenmäßig und zeitlich richtigen Einsatz der Arbeitskräfte, die Bestimmung des
Belagraumes für jedes der einzelnen Baulager und aller jener Dinge, die mit einer Bau=
führung in unbesiedeltem, unwegsamem Hochgebirge zusammenhängen. Fehler durften
da nicht unterlaufen, denn so leicht ein Fehler in dieser Hinsicht bei Bauten unten im
Tale wieder gutgemacht werden konnte, so unmöglich war das im Hochgebirge, wo
das Hinaufschaffen und Aufstellen jeder Maschine und jeder Baubaracke, jede Frage
des Materialtransportes zu und zwischen den verschiedenen Baustellen, ihre Versor=
gung mit der erforderlichen Antriebsenergie für Kompressoren, Steinbrecher und der=
gleichen, mit Licht, Wasser und allen sonstigen Notwendigkeiten zu einem fast un=
lösbaren Problem wurde, wenn an der ursprünglichen Disposition etwas grundlegend
umgestoßen werden mußte.

Eine besonders heikle Frage war die Aufstellung des Bauplanes für die beiden
Tunnelbauten. In den Tunnels konnte zwar länger als im Freien gearbeitet werden,
aber schließlich mußte man ja das, was man aus dem Tunnel ausbrach, aus dem Tunnel
ins Freie hinausschaffen, und das, was man im Tunnel brauchte, von draußen hinein=
befördern. Dabei lagen die Tunnels und die zu ihrer Versorgung mit Baustein anzu=
legenden Steinbrüche gerade in der höchsten Strecke. Daher war die Bauzeit i n den
Tunnels auch von den Witterungsverhältnissen a u ß e r h a l b der Tunnels abhängig.

Beim Hochtortunnel, dessen geologische Verhältnisse etwas kompliziert lagen,
hatte uns der bereits im letzten Spätherbst durchgeschlagene Sohlstollen die gewünsch=
ten Aufschlüsse gegeben, die eine pünktliche Erfassung der verschieden starken Aus=
mauerungstypen in den einzelnen Tunnelringen möglich machten. Der Mittertörl=
tunnel, wo wir erst im kommenden Frühjahr mit den Arbeiten beginnen konnten,
war uns geologisch kein Geheimnis, da wir keinen Schichtwechsel des Gebirges zu

durchörtern hatten. Es konnte daher auch hier der Bauplan in seinen Einzelheiten mit möglichster Genauigkeit festgelegt werden.

Nun wurde auch genau bestimmt, in welcher Reihenfolge nach Fertigstellung des Sohlstollens der Ausbruch in den einzelnen Tunnelringen einzusetzen und die Ausmauerung und die übrigen Arbeiten zu erfolgen hatten, denn so lange in einem Tunnel nur der Sohlstollen durchgeschlagen ist, hängt alles an diesem engen Schlauch. Überflüssiger Platz ist da keiner vorhanden. In der Nähe der Tunnelportale strotzt der Sohlstollen von Holz, das den Druck der Überlagerung des Hangschuttes aufnehmen muß, und erst im festen Fels wird es besser. Da aber läuft im Stollen die Förderbahn, liegen die Preßluft- und die Bewetterungsleitungen sowie die Kabel für die Beleuchtungsanlage. Man muß schon sehr genau überlegen, wie man die Arbeit einteilen soll, wenn in einzelnen Ringen der Vollausbruch im Gange ist und das gewonnene Felsmaterial hinausgeschafft werden muß, während in anderen Ringen, in denen gemauert wird, die Schalhölzer, der Mauerstein, Sand, Zement und was sonst noch gebraucht wird, hineingeschafft werden muß. Es muß ja alles klaglos laufen, soll der Arbeitsfortschritt nicht leiden.

So einfach es mitunter ist, bei einer Arbeitsstelle im Freien mehr Arbeitskräfte oder Maschinen einzusetzen, wenn man sieht, daß man nicht rasch genug vorwärts kommt, so unmöglich ist das in einem Tunnel, wo die Zahl der Arbeitskräfte durch die Enge des Raumes begrenzt ist und über ein gewisses Maß nicht mehr gesteigert werden kann. Hier war Zivilingenieur Hopfgartner mein tüchtigster Mitarbeiter, der mir die Hauptlast der Arbeit abnahm und die bezüglichen Bauprogramme mit einer geradezu virtuosen Genauigkeit und Fachkenntnis durcharbeitete.

Das war aber auch notwendig, denn die beiden Tunnels bildeten die „Knöpfe" im Zuge der ganzen höchstgelegenen Baustrecke, die Hemmschuhe, die die Verbindung der beiderseits ihrer Portale liegenden Arbeitsstellen sperrten, denn im Tunnel programmgemäß arbeiten und g l e i c h z e i t i g noch einen Teil des Baustellenverkehrs für die benachbarten offenen Strecken durch sie hindurchzuschleusen, das sind Kunststücke, die ganz besondere Einfühlung in die örtlichen Notwendigkeiten und großer Bauerfahrung bedürfen. Die Ingenieure Lang und Weber der Bauunternehmung Polensky & Zöllner erwiesen sich, stets im Einklang mit der Bauleitung arbeitend, hier allen an sie gestellten Anforderungen, die an Schwierigkeit nichts zu wünschen übrig ließen, voll und ganz gewachsen und trugen hervorragend zum Gelingen und zur rechtzeitigen Fertigstellung dieser beiden Tunnels bei.

Klarstellung aller Fragen, die auftreten konnten oder auftreten mußten, das war mein oberster Grundsatz, der vor der eigentlichen Bauinangriffnahme in jeder Teilstrecke eingehalten werden mußte. Es blieb ja dann immer noch vieles übrig, was späterhin raschen Entschluß und zweckmäßige Anpassung an plötzlich auftretende Schwierigkeiten erfordern würde. Aber von den Dingen, die unumstößlich festlagen, mußte sich die Bauleitung nach Möglichkeit schon im vorhinein entlasten. Nur so konnte es gelingen, das Wettrennen mit der kurzen Bauzeit zu gewinnen. Und ein Wettrennen wurde es ja auch, aber ein solches, bei dem dann jeder einzelne fest im Sattel saß und alle gleichzeitig — und rechtzeitig — das gesteckte Ziel erreichten. Das wollten wir ja auch, darüber waren sich Bauherr und Bauunternehmungen völlig einig.

So wurde also emsig an der Bereitstellung aller für den Endkampf erforderlichen Unterlagen gearbeitet. Von Fall zu Fall trat auch das technische Komitee des Verwaltungsrates in Salzburg zusammen, um sich über die Arbeiten der Bauleitung im

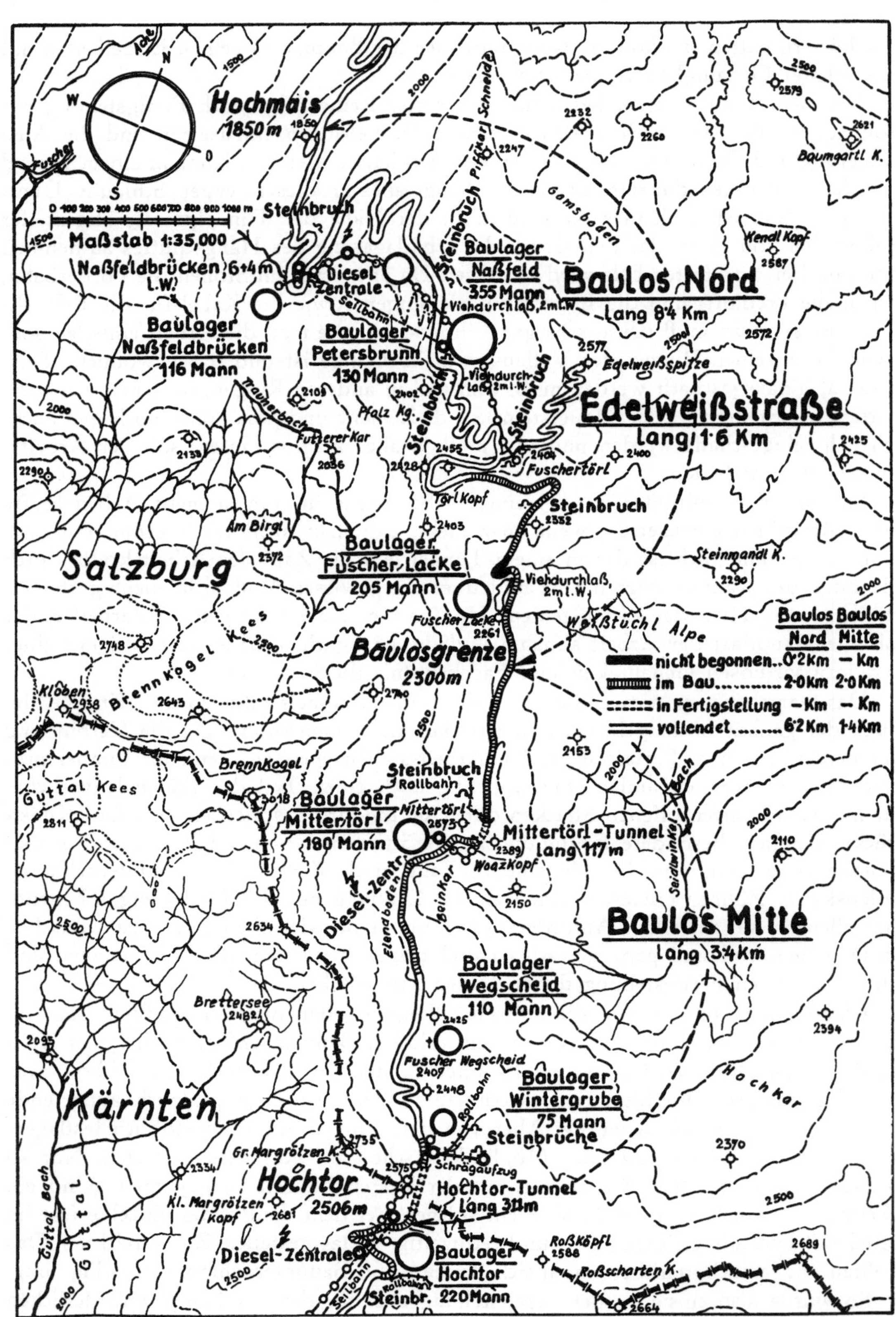

Baulos Nord · Baulos Mitte

	Baulos Nord	Baulos Mitte
nicht begonnen	0·2 Km	— Km
im Bau	2·0 Km	2·0 Km
in Fertigstellung	— Km	— Km
vollendet	6·2 Km	1·4 Km

Die Baulose Nord und Mitte im Spätherbst 1934

laufenden zu halten. Vom 10. bis 12. April 1934 fand eine abschließende Sitzung des technischen Komitees statt. Die Bauleitung konnte die auf das gewissenhafteste durch=gearbeiteten Detailprojekte aller Bauabschnitte der Scheitelstrecke vorlegen. Die zu bewältigenden Arbeitsleistungen standen nun einwandfrei fest, der Bauplan war ein=deutig festgelegt, die Berechnung der noch zu erwartenden Baukosten war mit der möglichsten Genauigkeit durchgeführt und Überschreitungen waren in dieser Hinsicht nicht zu erwarten.

Nach eingehender Aussprache und gründlicher Beratung aller Einzelfragen konnte das technische Komitee feststellen, daß alle Unterlagen mustergültig vorlagen, daß die Bauleitung alles vorgekehrt hatte, um die Baudurchführung in einwandfreier Weise unter Beobachtung größter Sparsamkeit durchzuführen und daß allfällige unvorher=gesehene Ausgaben unter allen Umständen in den vorhandenen Mitteln ihre Bedeckung fanden. Wurde auch nur ein Teil der hiefür reservierten Beträge nicht verwendet, dann stand es schon damals fest, daß namhafte Ersparungen erzielt werden mußten, die dem Straßenunternehmen späterhin für weitere Ausgestaltungsarbeiten an der Straße zur Verfügung stehen würden.

Über das Ergebnis dieser Sitzung herrschte allgemeine Befriedigung.

20. Der Bausommer 1934

Nach dem Bauplan, der während des abgelaufenen Winters ausgearbeitet worden war, sollte die gesamte Scheitelstrecke bis 15. September des Jahres 1935 fertiggestellt sein. Als Zwischentermine waren die Fertigstellung ihrer nördlichen Strecke von Hoch=mais bis auf das Fuschertörl mit 15. September 1934 und die Vollendung der Aus=mauerung des Hochtortunnels bis spätestens 15. Oktober 1934 vorgesehen. Diese Zwischentermine mußten unter allen Umständen eingehalten werden. Wenn das aus irgendwelchen Gründen nicht gelang, dann war mit einer Eröffnung der ganzen Straße im Spätherbst des Jahres 1935 nicht zu rechnen. Dann konnte sie erst im Laufe des Sommers 1936 dem Verkehr übergeben werden.

Es mußte daher alles darangesetzt werden, Zeit zu gewinnen. Das war aber nur dann möglich, wenn wir mit dem Arbeitsbeginn im Frühjahr schon zu einer Zeit ein=setzten, in der die hochgelegenen Baustellen noch ziemlich tief verschneit waren. Hatten wir aber einmal begonnen, dann durfte kein Tag ungenützt verstreichen und es durften zu Wintersbeginn erst dann die Arbeiten wieder eingestellt werden, wenn uns Schnee, Kälte und Stürme gebieterisch dazu zwangen.

Früher als in den vorhergegangenen Jahren zogen daher die Arbeiterkolonnen zur Höhe. Vorerst schaufelten sie den Schnee von der Fahrbahn der bereits fertiggestellten Straßenstrecken der Nordrampe bis zum Hochmais und der Südrampe bis hinauf zum Guttal weg, wo die Scheitelstrecke nun abzweigte. Zu Beginn des Monates Mai konnten die Lastkraftwagen bereits bis in eine Höhe von 1900 Meter verkehren und alle Notwendigkeiten für den Betrieb der Baulager und Baustellen zur Höhe schaffen. Dann wurden die Güterseilbahnen auf das Obere Naßfeld und aufs Hochtor sowie der Schrägaufzug auf den Fallbichl in Betrieb genommen. Die Lager wurden bezogen und wo das Baugelände schon schneefrei war, sofort mit den Arbeiten begonnen. An den Stellen, an denen noch Schnee auf der Linie der künftigen Straße lag, der Arbeits=

beginn aber nicht mehr hinausgezögert werden durfte, wurde der Schnee in oft müh=
seliger, langwieriger Arbeit weggeschaufelt. Dabei lag der fest zusammengepreßte
Altschnee in einzelnen kurzen Teilstrecken, insbesondere in der Nähe des Hochtors,
vier bis acht Meter hoch.

Das Gebiet zwischen dem Fuschertörl und dem Hochtor war bisher vom Straßen=
bau noch völlig unberührt. Jetzt wurden die einzelnen Teile von zerlegbaren Baracken
mit Trägern, Tragtierkolonnen und, wo es ging, mit Handschlitten über den Schnee zu
ihren Aufstellungsplätzen gebracht. Bei der Fuscherlacke, am Elendboden, in nächster
Nähe des Mittertörls, an der Fuscher Wegscheide und beim Nordportal des Hochtor=
tunnels entstanden neue Baulager. Hier keuchte eine Arbeiterkolonne, jeder Mann mit
vielen großen Scheiten Brennholz bepackt, zu den Lagerstellen. Dort stapften Arbeiter,
zwei und zwei hintereinander, lange Feldbahnschienen tragend, über steile Schnee=
hänge. Dann wieder sah man einen Klumpen von Menschenleibern, der sich schwitzend
und fluchend abmühte, irgendein schweres Baugerät dorthin zu bringen, wo es in
Kürze gebraucht wurde.

Die Frühjahrssonne brannte auf die weiße Schneefläche. Die nackten Oberkörper
sonnverbrannt, Schneebrillen zum Schutze der Augen gegen das gleißende Sonnenlicht,
in den schwieligen Händen Haue und Schaufel, so fraßen sich die Arbeiter durch den
Schnee durch, bis der karge steinige Boden zutage trat und die Inangriffnahme der
eigentlichen Bauarbeiten ermöglichte. Wo ein schneefreies Fleckchen war, troff es
sofort von Schmelzwasser, das in den Boden noch nicht eindringen konnte, da er noch
metertief gefroren war. Aber die Gluthitze der Sonne taute die gefrorene Schichte
innerhalb weniger Tage auf.

Dann überzog sich der Himmel langsam mit einem leichten grauen Dunst, der
immer dichter wurde. Auf die Hitze folgte unvermittelt Kälte, aus einem leichten
Lüftchen wurde starker Wind, Schneeflocken tanzten zur Erde und schließlich heulte
der Sturm über den Berg und über die Hänge, stahlharte Eiskristalle vor sich her=
jagend. Was im Freien arbeitete, flüchtete zu den im Entstehen begriffenen Lagern und
suchte Schutz unter dem ersten Dach, dessen einzelne Felder eben zusammengeschraubt
worden waren. Andere warfen Stahlseile über den Dachfirst, schlugen zu beiden Seiten
der Baracken kurze Stahlschienen in den Boden, an denen sie die Seile festmachten, die
das Dach so niederhielten, daß es der Sturm nicht fortfegen konnte. Ein kurzes Zaudern
nur, ein zu später Handgriff und fort war das Dach, fort war die ganze Baracke, die
wie ein Kartenhaus, in ihre einzelnen Teile zerlegt, hoch durch die Luft fortgewirbelt
wurde. Die gab dann nur mehr Brennholz ab und das mußte, weit auseinandergestreut,
erst mühsam wieder gesammelt werden. Dann kam wieder die Sonne, bald darauf
wieder Sturm und Schnee, wieder Sonne und so fort, bis sich der Nachwinter in diesen
Höhen endlich ausgetobt hatte.

Schon am 25. Mai, also noch zur Zeit des tiefsten Hochgebirgswinters, wurden die
Arbeiten im Hochtortunnel wieder aufgenommen. Vom Sohlstollen aus wurde ein
lotrechter Schlitz, genau in der gleichen Breite wie der Sohlstollen, bis zum Tunnelfirst
ausgebrochen. Dann wurde in etwa acht Meter langen Strecken, im Tunnelbau nennt
man diese Einzelstrecken R i n g e, der Vollausbruch beiderseits dieses Schlitzes, vom
First beginnend bis zur künftigen Fahrbahnoberfläche hinunter, ausgesprengt
und ausgebrochen. War der Vollausbruch fertig, dann wurde mit der Ausmauerung
des betreffenden Tunnelringes begonnen.

Im standfesten Gebirge, wo der Fels nicht nachbröckelte oder nachbrach, brauchte

der Vollausbruch nicht mit Holz ausgesteift zu werden. Wo das Gestein aber stark
zerrüttet war, mußte oft ziemlich viel Grubenholz in den Tunnel eingefahren werden,
um die Tunnelfirste abzustützen und ein Nachbrechen derselben zu verhindern.

Um die Wölbung des Tunnels mauern zu können, mußten Lehrbögen aufgestellt
werden, ähnlich wie dies bei gewölbten Brücken der Fall ist. Bei Brücken arbeiten die
Maurer dann auf den Schalhölzern stehend, die auf die Lehrbögen genagelt sind.

Photo: Wallack

Das Baulager unterhalb des Südportales des Hochtortunnels im Frühjahr 1934
Im Hintergrund die Schobergruppe

Im Tunnel geht das nicht so einfach, weil über den Lehrbögen nicht genügend freier
Luftraum, sondern nur ein etwa fünfzig bis hundert Zentimeter breiter Streifen bis zur
Felsbegrenzung des Vollausbruches vorhanden ist. Daher häufen sich die Schwierig=
keiten bei der Mauerung des Gewölbes, bei der jeder Tunnelring wieder in schmale
Längsstreifen zerlegt wird, in denen ein Schalholz nach dem anderen eingebracht und
sofort der über diesem liegende Gewölbestreifen aufgemauert wird. So schließt sich
langsam das Gewölbe jedes einzelnen Ringes von den Seitenwänden des Tunnels
gegen die Firste zu. Zum Schlusse bleibt in der Firste noch ein schmaler Längsstreifen
frei, in den die Schlußsteine einzeln von unten her eingesetzt werden müssen. Das
ist eine ganz mühsame Arbeit.

Wo Wasserandrang herrscht, muß die dem Felsen zugekehrte Oberfläche der Aus=
mauerung durch Wellbleche abgedeckt werden, die dachziegelartig übereinandergreifen
und das Wasser hinter der Mauerung zur Tunnelsohle ableiten. Es wird daher nicht

satt an den Felsen gemauert, sondern zwischen der Mauerung und dem Fels ein
Hohlraum freigelassen, der mit Steinen gut ausgeschlichtet wird.

Alle Arbeiten gehen im Tunnel bei künstlicher Beleuchtung vor sich. Der Arbeits-
platz jedes einzelnen ist beschränkt und durch das viele Holz der Lehrgerüste ein-
geengt. Unten auf der Tunnelsohle läuft die Förderbahn, die Bausteine und Mörtel
an die Arbeitsstelle bringt und aus anderen Ringen das ausgebrochene Gestein hinaus-
schafft. Neben der Förderbahn liegen die zu vermauernden Steine bereit, die mit
Winden einzeln immer höher hinaufgehoben werden müssen, je weiter die Mauerung
im Gewölbe gegen den First zu fortschreitet. Ohrenbetäubend lärmen die Bohrhämmer
in den Nachbarringen, in denen der Firstaufbruch oder Vollausbruch im Gange ist.
Jedes gesprochene Wort bleibt ungehört. Will man sich mit dem Nachbar verstän-
digen, dann muß man laut schreien, um sich halbwegs vernehmlich zu machen. In
Tunnelmitte ist eine Wettertüre eingebaut. Will man durch sie durchgehen, dann muß
man sich mit aller Macht gegen die Balken stemmen, um sie gegen den heftigen Luft-
zug, der sofort entsteht, aufzubringen. Ist man durch, dann knallt sie mit einem Schuß
sofort von selbst wieder zu.

Es bedarf schon einer besonders planmäßigen Arbeitseinteilung, um die Arbeiten
im Berginnern zielbewußt und ohne allzugroße gegenseitige Behinderung der Arbeitspartien in den einzelnen Tunnelringen vorwärtszutreiben, gar erst dann, wenn die
Kürze der Bauzeit zu fieberhafter Anstrengung drängt. Manch saftiger Fluch ist da
vonnöten, der mit einem Windstoß ungehört durch die Wettertüre, der Tunnelröhre
entlang, sich ins Freie Bahn bricht.

Nach acht Stunden Arbeit sammeln die Drittelführer ihre Arbeitstruppe. In den
Ringen, die noch im Ausbruch stehen, werden die Bohrlöcher geladen. Dann heißt es:
alles raus aus dem Loch! Dann wird abgeschossen und die Drittelführer des nächsten
Drittels besetzen mit ihren Mannschaften die Arbeitsstellen. Nach weiteren acht Stunden wird wieder abgeschossen und das dritte Drittel fährt ein. Und so geht es Tag
und Nacht ununterbrochen weiter, geschäftig wie im Innern eines großen Ameisen-
haufens.

Draußen kommt und geht die Sonne, wechseln Tag und Nacht miteinander ab. Im
Tunnel leuchten ohne Unterbrechung die elektrischen Lampen, irrt das Licht von
Grubenhandlaternen in den dunkelsten Winkeln herum, denn das viele eingebaute
Holz wirft überallhin seine schwarzen Schatten.

Ging ich durch den Tunnel durch, dann stolperte ich in diesem Schatten bald über
Steine, Rollbahnschwellen, Luftleitungen, dann rannte ich mit dem Kopf wieder gegen
einen Balken, der unter keinen Umständen nachgeben wollte. Dann mußte ich mich
wieder platt an die Wand drücken, weil ein Förderbahnzug kam. Ich kroch über
Leitern hinauf in die Firstaufbruchzone oder auf die Arbeitsbühne der Gewölbe-
mauerung, um mich vom Arbeitsfortschritt und der Arbeitsgüte an jeder Stelle zu
überzeugen. Der Tunnelbauleiter, die Tunnelbauführer und der „Capo" des betreffenden Arbeitsabschnittes waren immer wie ein Kometenschweif mit ihren Grubenlichtern
hinter mir her.

Alle Besonderheiten der Ausführung besprach ich an Ort und Stelle, wo es
berechtigt war, wurde gelobt, wo es notwendig war, wurde getadelt und sofortige
Maßnahmen zur Behebung aufgetretener Mängel angeordnet. Und war ich nach einigen
Stunden diese Tunnelbaustelle durchgegangen, dann wurde zur Seelen- und Nerven-
stärkung, aber auch als Vorbeugungsmittel gegen „Verkühlung" in der Kantine am

Hochtorlager „Tunnelwasser" getrunken, das nichts anderes als ein ausgezeichneter Enzianschnaps war. Da saß ich mit meinen Ingenieuren und jenen der Baufirma kurze Zeit beisammen. Über die Pläne gebeugt, wurden in der Baukanzlei Meinungen ausgetauscht und alle schwebenden Fragen bereinigt. Erst dann ging ich zur nächsten Baustelle weiter.

Da der Tunnel ringweise ausgebaut wurde, konnte man die erste Zeit hindurch alle Baustadien vom Sohlstollen angefangen bis zur fertigen Ausmauerung gleichzeitig in Arbeit sehen. In dem einen Ring stand noch der enge Sohlstollen, wie er im Vorjahr hergestellt worden war. Dann folgte ein Ring, in dem der Firstschlitz ausgebrochen war, dann einer, in dem der Vollausbruch im Gange war, im nächsten wurde gemauert, im nächsten stand noch der Sohlstollen und so fort.

Vor den Tunnelöffnungen lag noch tiefer Schnee. Wo der Ausbruch auf die Halde geschüttet werden mußte, war dieser Schnee vorher wegzuschaufeln, denn auf der geschütteten Halde sollten ja künftig vor den Tunneleingängen kleine Parkplätze liegen. Auf den Schnee durfte daher nicht geschüttet werden, denn sein späteres Schmelzen hätte schwere Setzungen der Parkplätze zur Folge gehabt.

Immer wieder fuhr ein Förderzug aus dem Stollen heraus auf die Halde, die Muldenkipper wurden entleert und nach und nach baute sich das Ausbruchsgestein zu mächtigen Schüttungen auf. Ein anderer Förderbahnzug kam von der Seilbahn-Bergstation, beladen mit Barackenteilen, Kisten, Bettgestellen, Tischen, Bänken und Matratzen, Bauholz, Brennholz, Dachpappe, Wasserleitungsrohren und allen sonst notwendigen Dingen, die in den Lagern nördlich des Hochtors gebraucht wurden. Langsam verschwand er im Tunnel, um seine Fracht auf der anderen Seite des Tunnels abzuladen. Von dort nahmen die Güter ihren weiteren, oft abenteuerlichen Weg zu ihren Verwendungsstellen.

Bald stand am Fuße des Brennkogels der erste Kompressor im Betrieb. Wie Pilze in einer von Feuchtigkeit gesättigten warmen Nacht wuchsen neue Baulager in die Höhe, reihte sich Baracke an Baracke, kleinen Dörfern gleich, die nun durch zwei Bausommer den fünfhundert Arbeitern im höchsten Teil der Scheitelstrecke Unterkunft gewähren sollten. Trinkwasserquellen wurden gefaßt und den Baulagern zugeleitet. Neben den Wohnbaracken entstanden die Küchen und Kantinen, Vorrats- und Lagerschuppen, Werkstätten, Maschinenhäuser und Kanzleien.

An geeigneten Stellen wurden Steinbrüche erschlossen, Schotterbrechanlagen, Sandmühlen und Vorratssilos für Schotter und Sand aufgestellt. Steinbrüche, die bedeutend höher als die künftige Straße lagen, wurden durch Schrägaufzüge mit der Straße verbunden, so insbesonders am Nordportal des Hochtortunnels, wo der Baustein für die Tunnelausmauerung hoch oben am Kamm des Tauernkopfes gebrochen wurde. War der Schnee schon beseitigt und der Boden nicht mehr gefroren, dann wurde sofort mit dem Anreißen der Straßentrasse begonnen. Kaum war ein erster Weg geschaffen, wurden auch schon die Feldbahngeleise auf ihm verlegt, die sich schlangengleich entlang aller Baustellen hinzogen.

Kunstbauten waren in der Strecke zwischen dem Fuschertörl und dem Hochtor nur wenige zu errichten. Die Geländeformen sind in dieser Zone bedeutend einfacher als in den Anstiegsstrecken der beiden Straßenrampen. Wenige und nicht überwältigend hohe Mauern waren herzustellen. Erdaushub und Felssprengung waren die hauptsächlichsten Arbeiten, die zur Herstellung des Rohkunstkörpers der Straße verrichtet werden mußten.

Eine Ausnahme bildete der Mittertörltunnel, der ungefähr in der Mitte zwischen dem Fuschertörl und Hochtor liegt und erhebliche Bauschwierigkeiten mit sich brachte. Diese Schwierigkeiten wurden noch dadurch gesteigert, daß diese Baustelle die entlegenste in der ganzen Scheitelstrecke war und erst als letzte für den Arbeitsangriff erschlossen werden konnte. Mein Bestreben ging deshalb dahin, die Strecke zwischen dem Nordportal des Hochtortunnels und dem Mittertörltunnel möglichst bald in einen solchen Bauzustand zu versetzen, daß der Antransport der vielfältigen Baustoffe, die dieser Tunnelbau benötigte, ehestens möglich wurde.

Am Hochtor stand schon ein Lastauto bereit, das in zerlegtem Zustand mit der Seilbahn vom Kasereck heraufgeschafft und oben wieder zusammengebaut worden war. Dieser alte Kasten, den wir „Feldmarschall Radetzky" tauften, war gar bald für uns von unschätzbarem Vorteil. Wer diese Kiste sah, hätte kaum geglaubt, daß sie sich je fortbewegen würde. Aber sie lief ganz vorzüglich und torkelte über Stock und Stein dahin, daß einem angst und bang werden konnte. Der Fahrer benützte das Lenkrad weniger zum Steuern als zum Anhalten, um nicht vom Fahrzeug geschleudert zu werden. Dabei entwickelte er eine solche Geschicklichkeit in der Meisterung der Schwierigkeiten unseres ersten Hilfsweges, über den er wie in einer Nußschale bei hohem Seegang dahinschaukelte, daß er die Leistungen manches Raupenschleppers in den Schatten stellte.

Bei der Anlage der Straße nächst den beiden Kehren Nr. 16 und 17 mußten wir eine unliebsame Erfahrung machen. Hier befand sich vor dem Ausgang eines alten Bergbaustollens eine große geschüttete Halde tauben Gesteins. Die Straße führte genau durch diese Halde, von der wir annahmen, daß sie uns große Mengen brauchbaren Straßenschotters liefern würde. Wir gruben also in die Halde hinein, kamen aber schon in zwei Meter Tiefe auf schwarzes Eis, das beiläufig einen Meter dick war. Unter dem Eis lag wieder Stollenausbruchmaterial. Nach einem weiteren Meter folgte wieder eine dicke Eisschichte und dann wieder Gesteinsschutt. Auf ihm bauten wir die Straße.

Nach vierzehn Tagen sanken wir an dieser Stelle bis zum Knöchel ein. Die Straße war zu Brei geworden. Wir schaufelten den Brei weg, der mit Steinen untermischt war, und kamen wieder auf dunkles Eis. Nach Entfernung desselben sondierten wir und fanden in Metertiefe unter dem Schutt scheinbar Fels. Ein Probeloch zeigte aber, daß der vermutete Fels abermals Eis war und unter diesem Eis lag endlich der Fels. Erst nachdem wir die ganze Haldenstrecke bis auf den Fels ausgebuddelt hatten, hatte hier die Straße Bestand. Wie die abwechselnden Schichten einer Torte waren Eis und Schotter einander gefolgt, ein Zeichen, daß dieser alte Bergbau durch mindestens vier Winter in Betrieb gestanden hatte und daß das Ausbruchsmaterial immer auf den Schnee geschüttet worden war, der sich durch den Druck des darüberliegenden Schuttes in Eis verwandelt hatte. Vor wieviel Jahren das wohl gewesen sein mag? Ein Stück oberhalb dieser Stelle gruben wir später bei der Anlage der Straße die Gebeine eines hier beerdigten Knappen aus, die wir sorgfältig sammelten und im Heiligenbluter Friedhof abermals der Erde übergaben.

Am 19. Juni wurde auf der Südseite, am 23. Juni auf der Nordseite des Mittertörltunnels mit den Aushubarbeiten am Voreinschnitt begonnen. Mehr oder weniger verdrückter, nicht standfester Serizitschiefer machte im Gegensatz zum Hochtortunnel die völlige Auszimmerung des Sohlstollens erforderlich. Am 27. Juli war der Sohlstollen dieses 117 Meter langen Tunnels durchgeschlagen. Dann begann auch hier der Aufbruch des Firstschlitzes, der Ausbruch der beiderseits davon befindlichen Kalotte, der Vollausbruch und schließlich die Ausmauerung, wobei die Arbeiten genau auf die gleiche Art ringweise ausgeführt wurden wie im Hochtortunnel. Das nicht standfeste Gebirge erforderte allerdings einen erheblich größeren Aufwand an Grubenholz zur Auspölzung und Aussteifung des Vollausbruches. Besonders in der Nähe der Tunnelportale stand schließlich so viel Holz, daß man sich kaum mehr rühren konnte. Unweit des Nordportales wurde ein Steinbruch angelegt, der vorzüglichen Baustein für die Ausmauerung der Tunnelröhre lieferte.

Alles klappte in der höchstgelegenen Strecke ausgezeichnet, nur der Baufortschritt des Hochtortunnels ließ zu wünschen übrig. Bald streikte die eine, bald die andere Tunnellokomotive und brachte dadurch Unordnung in den Förderbetrieb und damit in die ganze Arbeit. Dann trat wieder ein Wettersturz mit Schneesturm ein, der plötzlich den Betrieb der Schrägaufzüge und damit die Zulieferung des Bausteines für die Tunnelausmauerung unterband, denn der gute Baustein wurde ja hier hundert Meter hoch über dem nördlichen Tunnelportal in 2600 Meter Höhe gebrochen. Dann war wieder der Steinbruch zugeschneit und verweht, und

Photo: Schildknecht, Graz

Die Schrägaufzüge vom Steinbruch am Grat der Tauernwand (2620 m) zum Nordportal des Hochtortunnels

wenn das Schlechtwetter längere Zeit andauerte, mußten die Maurerpartien im Tunnel zu anderen Arbeiten eingesetzt werden, sobald der geringe Steinvorrat erschöpft war. Ende Juli waren wir hier schon so stark im Rückstand, daß die vollständige Fertigstellung der ausgemauerten Tunnelröhre noch in diesem Jahre bereits in Frage gestellt war. Sorgen gab es da genug und Mittel und Wege mußten ersonnen werden, diesen Rückstand nach Möglichkeit wieder aufzuholen.

Der Schrägaufzug beim Steinbruch wurde verbessert und der Arbeitseinsatz für die Steingewinnung so verstärkt, daß für Schlechtwettertage, an denen im Freien nicht gearbeitet werden konnte, eine Steinreserve bereitlag, die für mehrere Tage ausreichte. Dieser Vorratsstein wurde in den bereits fertig ausgemauerten Tunnelringen gelagert.

Was aber sollte geschehen, wenn der Hochgebirgswinter frühzeitig hereinbrach und die Steingewinnung oben am Tauernkopf überhaupt unmöglich wurde? Man konnte doch deswegen die Weiterarbeit im Tunnel nicht einfach abbrechen.

Zu Ende des Monates August betrug der Arbeitsrückstand im Hochtortunnel bereits einen vollen Baumonat. Das bedeutet für einen Hochgebirgsstraßenbau außerordentlich viel. Von einer Fertigstellung der Tunnelröhre mit 15. Oktober war überhaupt nicht mehr die Rede. Zumindest bis zum 15. November mußte gearbeitet werden, wollten wir das gesteckte Ziel noch erreichen.

Um nun unter allen Umständen sicher zu gehen, wurde unten am Kasereck in etwa 1900 Meter Höhe in nächster Nähe der Seilbahn-Talstation ein neuer Steinbruch aufgeschlossen und fortlaufend Mauerstein erzeugt. Dieser Steinbruch lag so tief unten, daß wir wohl annehmen konnten, bei halbwegs günstigen Witterungsverhältnissen bis Mitte November im Freien arbeiten zu können. Wenn die Seilbahn Tag und Nacht wie bisher ohne Anstand weiterlief, dann konnte dieser Stein entsprechend dem jeweiligen Bedarfe rechtzeitig auf das Hochtor geschafft werden. Allerdings mußte man auch die notwendigen Vorbereitungen treffen, die Unterkünfte im Hochtorlager um einen Monat länger zu beheizen. Überdies mußte an eine künstliche Erwärmung der Arbeitsstellen im Tunnel gedacht werden. Das geschah denn schließlich auch, doch davon später.

Im B a u l o s   S ü d war mit den Arbeiten in den tiefer gelegenen Strecken am 14. Mai wieder begonnen worden. In erster Linie handelte es sich hier darum, die schwierigste Straßenbaustrecke entlang des Guttalbaches voll in Angriff zu nehmen, die mit ihren umfangreichen Mauerungsarbeiten die längste Zeit zu ihrer Fertigstellung brauchte. Ende Mai wurde schon auf der ganzen Strecke bis zum Fallbichl hinauf gearbeitet. Anfang Juni wurde die weitere Strecke bis zum Südfuß des Hochtors in Angriff genommen und anfangs Juli setzten schließlich auch die Arbeiten in der obersten Strecke bis zum Südportal des Hochtortunnels ein.

Vom Guttal aufwärts bereitete nur die Überwindung der sogenannten „Zlamitzen", wo ein Bündel von vier Kehren lag, größere Schwierigkeiten, sonst war die ganze weitere Entwicklung bis an den Südfuß des Hochtors bautechnisch einfach und fast ohne steinerne Kunstbauten. Erst der letzte Anstieg zum Hochtor erforderte wieder einigen Aufwand an Mauerwerk.

Außerordentlich rasch schritten hier die Bauarbeiten vorwärts. Einige Sorge bereitete nur die Steinbeschaffung für die Herstellung der Packlage und Schotterdecke. Brauchbaren Stein gab es hier in der ganzen Strecke nur sehr wenig. Die Packlagesteine mußten buchstäblich beiderseits der Straße einzeln zusammengesucht werden und was dann noch fehlte, wurde einem Schuttkar am Südabsturz der Tauernwand, knapp unterhalb des Hochtors, entnommen. Dort wurde auch der Hauptteil des Straßenschotters gebrochen.

Im August konnte oberhalb des Fallbichls mit dem Walzen der Straßendecke begonnen werden und Ende September waren schon fast drei Kilometer Straße bis an den Fuß des Hochtors hinauf vollständig fertiggestellt. Hier bestand also kein Zweifel, daß der Bauplan eingehalten werden würde. Die Arbeit ging unter der Leitung des Oberingenieurs Url der Firma Porr rascher vonstatten, als wir vorgesehen hatten.

Auch im B a u l o s   N o r d zwischen dem Hochmais und dem Fuschertörl waren die Arbeiten inzwischen rüstig vorwärtsgegangen. Der Arbeitseinsatz begann hier am 11. Mai, unmittelbar oberhalb Hochmais. Anfangs Juni wurde schon in der ganzen

Strecke bis hinauf zum Fuschertörl gearbeitet und in den ersten Julitagen wurde auch die Strecke jenseits des Fuschertörls, hinunter zur Fuscherlacke und weiter gegen das Mittertörl zu, in Angriff genommen. Ende Juni begannen im Hochmais die ersten

Photo: Wallack

Wildbachverbauung und Straße im Guttal

Straßenwalzen zu arbeiten und planmäßig, den Arbeitsmannschaften immer auf den Fersen bleibend, zogen sie Tag für Tag immer weiter zur Hexenküche hinauf.

Hinter ihnen lag das breite, schön gewalzte Band der Straße, vor ihnen Packlage und wieder Packlage, auf der Lastkraftwagen ganze Berge von Straßenschotter abluden, die über die Breite der Fahrbahn gleichmäßig verteilt und zur Einwalzung vorbereitet wurden. Immer wieder fuhren die Walzen die ihnen vorgezeichnete tägliche Arbeits= strecke auf und ab. War der grobkörnige Schotter so weit eingewalzt, daß er sich unter der Last der fahrenden Walzen nicht mehr bewegte, dann wurde feineres Korn auf= gebracht, das mit dem Wasser aus Straßensprengwagen unter Druck eingeschlämmt und so lange niedergewalzt wurde, bis die Fahrbahn die vorgeschriebene Form, Dichte und Festigkeit hatte. Oft regnete es so stark, daß man sich das Einschlämmen der Fahrbahn mit Druckwasser ersparen konnte. Das war im Monat Juni reichlich der Fall, denn mit zwölf ganzen und acht halben Regentagen war dieser Monat der nasseste während der ganzen Bauzeit. Es war nur ein Glück, daß der viele Regen nur selten in Schnee überging.

In den Monat Juli fiel die Trassierung einer Zweigstraße auf das „Poneck", den Berggipfel unmittelbar nördlich des Fuschertörls. Aus 2577 Meter Höhe bietet sich von diesem Gipfel ein grandioser Rundblick auf die Dreitausender der Glockner=gruppe, überdies eine wunderbare Fernsicht nach Nordwesten bis zu den Leoganger und Loferer Steinbergen, nach Norden zum Steinernen Meer, Reiter=Alpe und Watz=mann, nach Nordosten zum Hochkönig, Tennengebirge, Dachstein und weit hinaus bis zum Grimming, nach Osten über die Rauriser Berge bis zur Ankogelgruppe und nach Südosten zur Goldberggruppe. Im Süden anschließend überblickt man die ganze Straßenstrecke vom Fuschertörl bis zum Hochtor, die Hauptkette der Hohen Tauern vom Brennkogel bis zum Fuscherkarkopf, dahinter den Großglockner und einige Firngipfel der südlichen Pasterzenumrahmung und schließlich, von der Fuscherkar=scharte beginnend, die weite, nach Norden sich hinziehende Kette der Wiesbachhorn=gruppe mit ihren vielgestaltigen Berggipfeln und Eisfeldern. In der Ferne aber, tief unten im Tal blinkt der Spiegel des Zeller Sees.

Nach drei Seiten steil abfallend, bot der südöstliche Hang des Ponecks die soge=nannte „Edelweißleite", die einzige Möglichkeit, diesen Berggipfel bequem zu erstei=gen. Es gibt in den ganzen Alpen wohl keinen Gipfel, der, einen herrlichen Rundblick vermittelnd, so unbekannt und unbegangen war, wie das Poneck. Hie und da ein Halterbube, der nach seinen Schafen ausspähte, ein Gamsjäger, der in die Kare hinunterblickte, einmal auch eine Vermessungsabteilung, die auf dem Gipfel des Berges ein Triangulierungszeichen aufstellte, das wieder verfiel, n i e aber ein Berg=steiger fand es der Mühe wert, diesen weitab von allen gebahnten Wegen liegenden Berg zu erklimmen.

In kurzer Zeit schon sollten die Kraftwagen, am Fuße dieses Berggipfels vorbei, über das Fuschertörl zum Hauptmagnet der Ostalpen, dem Großglockner hinüber=fahren. Hie und da würde vielleicht ein Kraftwagen am Fuschertörl anhalten und seine Insassen würden auf das Poneck hinaufwandern, den Fernblick zu genießen. Allen jenen aber, denen das Besteigen eines hohen Berges — sei es infolge körperlicher Gebrechen oder vorgeschrittenen Alters — nicht möglich war, würde dieser Genuß auch fernerhin unerreichbar bleiben.

Die Großglockner=Hochalpenstraße sollte eine Straße für den Fremdenverkehr werden. Als solche sollte sie Außerordentliches bieten, um im Wettbewerb mit anderen hochalpinen Straßen voll und ganz bestehen zu können. Der Gedanke, das unmittelbar neben der Straße liegende Poneck dem Autotouristen zu erschließen, lag daher nahe. Noch mehr wurde dieser Gedanke dadurch in den Vordergrund gerückt, da der auf Salzburger Boden liegende Teil der Glocknerstraße keinen Aussichtspunkt von so gewaltiger Großartigkeit aufwies, wie dies auf Kärntner Boden, auf der Franz=Josephs=Höhe, der Fall war.

In einer Besprechung mit Landeshauptmann Dr. Rehrl wurden die Grundzüge des Planes festgelegt. Ein bescheidener Fahrweg sollte auf das Poneck gebaut werden. Oben am Gipfel sollte ein kleiner Parkplatz entstehen. Kosten durfte die Sache nicht

viel, denn wir hatten nur wenig Geld. Vom Finanzministerium aber war die Bewilli=
gung besonderer Geldmittel, über die bereits genehmigten hinaus, nicht zu erwarten.

Ich trassierte also diesen „Güterweg". Wenn man Höchststeigungen von vierzehn
Prozent zuließ, dann konnte ich mit Zuhilfenahme von sechs Kehren den Gipfel vom
Fuschertörl aus erreichen. Dabei wurde das Sträßchen 1600 Meter lang und hatte eine
durchschnittliche Steigung von etwa elf Prozent. Der tiefste Punkt lag knapp unterhalb
des Fuschertörls auf 2394 Meter, der höchste auf 2571 Meter unmittelbar neben dem
Berggipfel. Der Gipfelparkplatz konnte vierzig Kraftwagen Aufstellungsmöglichkeit
bieten. Die nutzbare Fahrbahnbreite des Weges war mit drei Meter angenommen.
Um das gleichzeitige Befahren in beiden Richtungen zu ermöglichen, hatte ich zehn
Ausweichstellen vorgesehen, die auf Sichtweite lagen.

Beim Bau der Umfahrungsstrecke des Törlkopfes am Fuschertörl hatten wir
53.000 Schilling gegenüber dem Voranschlag erspart. Diese 53.000 Schilling und nicht
mehr durften für den Bau des Sträßchens aufgewendet werden. Das war allerdings
sehr wenig. Ich ließ sofort Probeschlitze entlang der geplanten Trasse ausheben, die
im allgemeinen befriedigende Bodenverhältnisse zeigten. Wenn man den Weg ohne
Packlage, ohne Spitzgraben baute und nur mit einer leichten Schotterdecke ausstattete,
dabei aber genügend Querentwässerungen vorsah, dann 'war die Sache fürs erste zu
machen. Späterhin mußte man dann allerdings an eine Verbesserung und Ausgestal=
tung des Sträßchens denken. Ich verhandelte also mit der Baufirma, die das Baulos
Nord baute. Die erklärte sich schließlich bereit, den Weg um 53.000 Schilling zu bauen.

Die Frage des Fertigstellungstermines war allerdings eine recht heikle. Wir hatten
schon Anfang August. Trotz des günstigen Baufortschrittes war die Fertigstellung der
Strecke Hochmais—Fuschertörl bis 15. September nicht möglich, sie mußte um eine
Woche auf den 23. September verschoben werden. Sieben Wochen standen also im
ganzen zur Verfügung, wollte man die Straße auf das Poneck gleichzeitig mit der
Straße bis zum Fuschertörl eröffnen.

Oberingenieur L u m p p der Universale — Redlich & Berger Bau A. G. legte
seinen ganzen Ehrgeiz darein, auch hier wieder zu zeigen, was seine Firma konnte.
Den jungen Ingenieur E n n e m o s e r, der sich schon wiederholt durch rasches Zu=
packen und zielbewußtes Arbeiten hervorgetan hatte, verpflanzte er auf das Poneck
und am 6. August begannen auch hier die Arbeiten. Das war ein Wettlauf! So wie
man in einem Trickfilm einen Vorgang Strich um Strich einzeichnet, so wuchs Stunde
um Stunde das Band des Fahrweges und schraubte sich mit seinen Windungen —
dem Gipfel immer näher rückend — zur Höhe.

Wenn nur der verdammte Name „Poneck" nicht gewesen wäre. Daß gerade dieser
Berggipfel mit seinem prachtvollen Rundblick einen so unschönen, nichtssagenden
Namen hatte! Im Westen zieht von diesem Gipfel ein schmaler Grat — die Piffkar=
schneide — gegen das Ferleitental hinunter. Unter diesem Grat liegt eine steile Fels=
wand, die „Edelweißwand". Der Südosthang zum Fuschertörl hinunter, auf dem das
Sträßchen heraufzog, hieß die „Edelweißleite". Und Edelweiß wuchsen hier auch,
nicht gerade sehr viel, aber doch eine ganze Menge. Wie ich da einmal so ein Edelweiß
in seiner Pracht ansah, kam mir der Gedanke, die Bergspitze umzutaufen und E d e l =
w e i ß = S p i t z e zu benennen. So hat die schönste Blume unserer Alpenwelt dem
schönsten Aussichtsberg im Zuge der Glocknerstraße ihren Namen geliehen. Er hat
sich sofort eingebürgert, ist weltbekannt geworden und aus dem Gebiet der Glockner=
straße nicht mehr wegzudenken.

Anfänglich im Trab, später im Galopp gingen die Arbeiten den Berg hinauf. Enne‑moser schuftete mit seinen Leuten, was das Zeug hielt. Eine Kehre nach der anderen baute sich auf. Bei der Kehre 4 gab es Schwierigkeiten. Dort stand schlechter Fels. Immer wieder rutschte Material nach. Eine Futtermauer wurde eingezogen. Die wurde durch den Schub des Berges ver‑drückt. Also wurde oberhalb dieser Stelle zuerst der Hang entlastet, dann eine neue Futter‑mauer eingezogen, die hielt. Je näher das Sträßchen dem Gipfel kam, um so geringer wurde seine Entwicklungsbreite auf dem Süd‑osthang. Es folgte die Kehre 5, dann die Kehre 6, die gerade oberhalb der unguten Kehre 4 lag. Das war eine unangenehme Sache, aber mit einer kräftigen Stützmauer konnte die Talseite der Straße gesichert werden, dann noch hinauf mit einem letzten Schwung auf den Gipfel und schließlich war er erreicht. Der westliche Teil des Gipfels wurde abgenommen und auf ihm der Parkplatz errichtet.

An allen ausgesetzten Stellen des Weges wurden schwere Holzgeländer angebracht. Vom Fuschertörl herauf wurde Stra‑ßenschotter geliefert, dahinter kamen die Straßenwalzen. Wenn der Weg die schweren Straßen‑walzen aushielt, dann würde er auch die Personenkraftwagen

Photo: Brüder Lenz, Dobl bei Graz

Die Zweigstraße vom Fuschertörl zum Parkplatz auf der
Edelweißspitze (2571 m)

tragen können, die hier später zur Höhe fahren sollten. Gespart mußte allerdings mit dem Schotter werden, denn der war hier oben teuer und für mehr als wenig reichte das Geld nicht. Immer höher hinauf zogen die Walzen und schließlich standen sie oben am Gipfelparkplatz. Die Edelweißstraße in ihrer ersten Anlage war fertig, das war am 22. September 1934 abends!

Unter äußerster Kraftentfaltung war in der Zwischenzeit an der Fertigstellung des Abschnittes Hochmais—Fuschertörl gearbeitet worden. Vier Brecheranlagen unmittel‑bar neben guten Steinbrüchen nächst der Straße lieferten den Straßenschotter. In den Monaten Juli und August waren sämtliche Kunstbauten fertiggestellt worden, im Sep‑tember wurde fast ausschließlich Schotter in dieser Strecke erzeugt und die Fahrbahn gewalzt. Wo die Straße schon gewalzt war, wurde sofort mit dem Aufstellen der Rad‑abweiser und Straßengeländer begonnen. Gleichzeitig wurde das Gelände beiderseits der Straße — soweit es durch den Straßenbau in Mitleidenschaft genommen war —

möglichst wieder in den ursprünglichen Zustand versetzt, dann wurden die Kilometer:
steine und die Verkehrszeichen aufgestellt. Vom Hochmais hinauf, unter Abkürzung
der Kehrenentwicklung in der Hexenküche und am Oberen Naßfeld, wurde der Kabel:
graben für die Fernsprechanlage ausgehoben. Das Kabel wurde verlegt, der Graben
wieder zugeschüttet, die Straßenfernsprecher aufgestellt und an das Kabel ange:
schlossen, das sein vorläufiges Ende in einer Sprechstelle am Fuschertörl hatte.

Am Fuschertörl mußte aber auch irgend etwas vorgekehrt werden, um den Be:
suchern der Straße Möglichkeit zum Rasten zu geben, Parkplätze waren ja von uns
gebaut. Es fehlte aber noch eine Gaststätte, die für das leibliche Wohl der Besucher
sorgen sollte, blieben Fuschertörl und Edelweißspitze doch bis zur Fertigstellung der
gesamten Straße die Endpunkte der Salzburger Straßenstrecke.

Wir hatten unten im Ferleitentale eine zerlegbare Magazinsbaracke stehen, die sich
in ausgezeichnetem Zustand befand und dort nicht mehr benötigt wurde. Diese
Baracke hatte ihre Geschichte. Früher einmal stand sie im Saargebiet. Dort diente sie
nach dem Weltkrieg den Besatzungstruppen als Unterkunft. Eine Bauunternehmung
kaufte sie und brachte sie auf die Glocknerstraße. Hier wurde sie als Magazin aus:
gestaltet, nur der Innenanstrich — die eine Hälfte gelb und die andere grün — blieb
der alte. Wir hatten diese Baracke übernommen und nun gaben wir sie an den Gast:
wirt „Lukashansl" in Ferleiten weiter, der sie zerlegte und hinauf aufs Fuschertörl
schaffte. Nach gründlicher Ausgestaltung und Erweiterung, bei der auch der frühlings:
mäßige Innenanstrich verschwand, wurde sie schließlich zum vorläufigen „Berghaus
am Fuschertörl".

Immer näher rückte der Tag der Eröffnung der Straße auf das Fuschertörl und die
Edelweißspitze heran. Schon kam die vom Handelsministerium entsandte Kommission,
die den Bau überprüfen und die Benützungsbewilligung erteilen sollte. Da rief mich
eines Abends meine Frau, die im Salzburger Büro die ganze Zeit meine rechte Hand
war, telephonisch an und teilte mir mit, daß Landeshauptmann Dr. Rehrl am 22. Sep:
tember mit einem Kraftwagen über die Scheitelstrecke der Straße nach Heiligenblut
fahren wolle. Dr. Rehrl sei der Meinung, es werde mir schon gelingen, das zu ermög:
lichen. Ein „Steyr Hunderter" mit besonderem, schmalem Aufbau, 158 Zentimeter
Höchstbreite und 25 Zentimeter Bodenfreiheit stehe schon bereit. Ob das gehe?

Gehen schon, aber fahren? Er solle nur kommen und wenn irgendwo nicht alles
klappt, dann werden wir die Kiste tragen, wenn sie nicht zu schwer ist. Das war am
19. September.

In die fieberhafte Arbeit der letzten Tage vor der Eröffnung platzte diese Nachricht
wie eine Bombe. Zwischen Fuschertörl und Guttal war die angerissene Strecke der
Straße an einigen wenigen Stellen äußerst schmal, so besonders in einer Felswand vor
dem Mittertörltunnel. Dort war bisher nur ein Fußweg von einem Meter Breite aus:
gesprengt worden. Im nördlichen Teil des Mittertörltunnels stand das Holz so dicht
beisammen, daß man kaum durchgehen konnte. Diese vorhandenen Knöpfe mußten
also raschestens beseitigt werden.

Ich rief die Abschnittsbauleiter zusammen, ging mit ihnen die fraglichen Strecken
durch und besprach die zu treffenden Maßnahmen. Noch in der Nacht vom 21. zum
22. September stolperte ich über die ganze Scheitelstrecke, um mich davon zu über:
zeugen, ob wirklich alles klappen würde. Als Dr. Rehrl am 22. September morgens
mit seinem ganz merkwürdig anmutenden Fahrzeug in Ferleiten eintraf, konnte ich ihm
melden, daß die schmälsten zu passierenden Stellen 165 Zentimeter breit seien und

daß alles soweit aus dem Wege geräumt sei, daß wir voraussichtlich nicht hängen bleiben würden. Im übrigen sei die ganze Strecke, mit Ausnahme der bereits gewalzten Straßenteile, eine einzige Baustrecke mit Erdschüttungen, Rollbahngleisen, gröbster Packlage, Grobschotter, Baugerüsten, Pölzungen und Zimmerungen in den Tunnels und dergleichen mehr. Ein paar bescheidene hölzerne Triumphpforten, mit Tannengrün und Flaggen geschmückt, waren an den Baulosgrenzen in aller Eile aufgestellt worden. Das war eine rein optische Verschönerung, die die Piste deshalb nicht besser machte.

Ich stieg zu Dr. Rehrl in den Wagen, oder besser gesagt, kletterte über den Leinwandstreifen, der die Seitenwände des Wagens versinnbildlichen sollte und die Aufschrift trug: „1. Überquerung des Tauernmassivs, 22. September 1934." Ein Chefingenieur der Steyrwerke war unser Begleiter und mehrere Kisten Zigaretten, die Dr. Rehrl an die Arbeiter an den Baustellen verteilen wollte, bildeten das Gepäck.

Bis zum Fuschertörl fuhren wir auf der fertigen Straße, machten einen Abstecher auf die Edelweißspitze und fuhren dann wieder hinunter auf das Fuschertörl. Und nun ging die eigentliche Fahrt los.

Zur Fuscherlacke fuhren wir auf dem gerade in Schüttung befindlichen Kunstkörper der Straße, über Feldbahngleise und gröbsten Packlagestein. Nach der Fuscherlacke kamen wir auf den immer schmäler werdenden, den ersten ins Gelände eingeschnittenen Hilfsweg. Dann passierten wir eine Stelle, in der die Arbeiter noch beim Wegräumen der letzten großen Steinbrocken waren, die knapp vorher zur Verbreiterung des Weges von der Felswand abgesprengt worden waren. Hier war schon verdammt wenig Platz. Zentimeter um Zentimeter fuhren wir vorsichtig am Abgrund entlang. Bis zum Mittertörl gab's dann keine Schwierigkeiten. Auch die Durchfahrt durch den „Wald" im ersten Teil des Mittertörltunnels und die noch nicht erweiterten Sohlstollenstrecken war leichter, als ich gedacht hatte.

Holterdipolter schlitterten wir dann weiter zur Fuscher Wegscheide, wo wir auf eine Strecke bereits gewalzter Straßendecke kamen. War das eine Erholung! Aber nur zu rasch war das Ende dieser Strecke beim Nordeingang zum Hochtortunnel erreicht. Da der Tunnel in den meisten Strecken schon ausgemauert war, vollzog sich die Durchfahrt rasch und fast reibungslos. Immer wieder hielten wir an und übergaben den Partieführern die für die Arbeiter bestimmten Zigaretten, übernahmen die Meldungen der Losbauführer, daß die nächste Strecke für uns frei war, was bedeutete, daß keine zu großen Hindernisse im Wege standen und daß gerade nicht gesprengt wurde.

Der erste Teil der Abfahrt vom Hochtortunnel hinunter war etwas halsbrecherisch. Hier wurden gerade die Stützmauern aufgeführt und Baugerüste, Hebekrane für die schweren großen Steine, Rollbahngleis und Rollbahnwagen sowie Bausteine engten unseren Fahrstreifen oft bedenklich ein. Am Fuße des Hochtors kamen wir wieder auf bereits fertig gewalzte Fahrbahn und im Nu hatten wir die paar Kilometer bis zum Fallbichl zurückgelegt, wo wieder die Baustrecke begann, die bis hinunter zum Guttal reichte. Über Erdschüttungen und Packlagegestein, Notbrücken und Gleise schaukelten wir immer weiter hinunter, bis wir die fertige Südrampe bei der Guttalbrücke erreichten. Ein Vergnügen war die Fahrt gerade nicht, aber eine sportliche Leistung für den Fahrer Dr. Rehrl und ein Beweis dafür, daß es mit der Fertigstellung der ganzen Straße nicht mehr allzu lange dauern würde.

Nach einem kurzen Abstecher auf die Franz=Josephs=Höhe kamen wir schließlich nach Heiligenblut, von wo Dr. Rehrl sofort mein Salzburger Büro anrief und meiner

Frau das glückliche Gelingen der ersten Tauernüberquerung mitteilte, womit er ihr eine große Freude bereitete.

Nach kurzer Rast und nachdem wir uns von den Heiligenblutern genügend hatten bestaunen lassen, starteten wir zur Rückfahrt. Hatten wir zur Hinfahrt fünf Stunden gebraucht, so ging die Rückfahrt bedeutend rascher und ohne Aufenthalt vor sich. Nach einer Stunde und 56 Minuten waren wir bereits wieder in Ferleiten. Damit hatte die zweite Überquerung des Tauernhauptkammes mit einem Kraftwagen ihr Ende gefunden. Bis zur nächsten Überquerung hatte es nun fast ein volles Jahr Zeit, bis die ganze Straße eröffnet werden würde.

Noch hatte ich die letzten Anordnungen für die am nächsten Tage stattfindende Eröffnung der Straße bis auf das Fuschertörl und die Edelweißspitze zu treffen. Spät abends fuhr ich hinaus nach Zell am See, wo die offiziellen Festgäste bereits alle versammelt waren. Von der Edelweißspitze leuchtete ein brennender mächtiger Holzstoß als winziges neues Sternchen hinunter zum Zellersee.

In der Nacht fuhr ich dann zurück nach Ferleiten, wo inzwischen auch meine Frau eingetroffen war, und mit dieser fuhr ich im ersten Morgengrauen „unsere" Eröffnungsfahrt hinauf auf die Edelweißspitze. Am Fuschertörl und auf der Edelweißspitze waren eine große Zahl von Masten aufgestellt worden, auf denen die Flaggen im leichten Morgenwinde wehten. Ein wunderbar blauer Morgenhimmel spannte sich über die Berge. Es war einfach herrlich schön! Ich überzeugte mich noch ein letztes Mal, daß alles in Ordnung war. Meine Frau ließ ich oben zurück. Mit anderen Ingenieursfrauen, die mit ihren Männern oben auf den Baustellen hausten, bereitete sie den üblichen Imbiß für die Festgäste vor. Ich fuhr hinunter nach Ferleiten, wo das Band über die Straße gespannt war und erwartete dort die Autokolonne der Eröffnungsfahrt, die inzwischen von Zell am See abgefahren war.

Um 10 Uhr vormittags wurde das erste Fahrzeug sichtbar. Es war der „Überquerungswagen", den wieder Landeshauptmann Dr. Rehrl steuerte. Dahinter kamen die Wagen mit dem Bundespräsidenten, dem Bundeskanzler, den Ministern, dann die Wagen der Diplomaten und sonstigen Würdenträger und in langer Kette 343 Personenkraftwagen, 32 Autobusse, und 318 Motorräder, die sich an der Zielfahrt zur Eröffnung der Straße bis auf die Edelweißspitze, die der Salzburger Automobilklub und Touringklub ausgeschrieben hatte, beteiligten. Ich meldete dem Bundespräsidenten die Fertigstellung des neuen Bauabschnittes, stieg zu Dr. Rehrl in den Wagen und dann fuhr die lange Schlange von Fahrzeugen hinauf zur Höhe. Nur die „offiziellen Wagen", denn mehr hatten nicht Platz, fuhren bis auf den 2571 Meter hohen Parkplatz auf der Edelweißspitze hinauf.

Nach kurzer Gipfelrast sammelte sich alles am Fuschertörl, wo inmitten eines Waldes wehender Fahnen am Grat, unmittelbar oberhalb der Straße, ein Rednerpult errichtet war. Neben dem Fuschertörl war eine Gebirgsbatterie in Stellung gegangen und feuerte Salut. Eine feierliche Feldmesse begann. Die Sonne stand in ihrer ganzen Pracht am Himmel und nicht ein Lüftchen regte sich. Festesfreude leuchtete aus aller Augen.

Nach der Messe sang Kammersänger Richard Mayr, ohne jede Begleitung, mit kräftiger wohllautender Stimme die beiden ersten Strophen Goethes „Talismane" nach der Vertonung von Schubert:

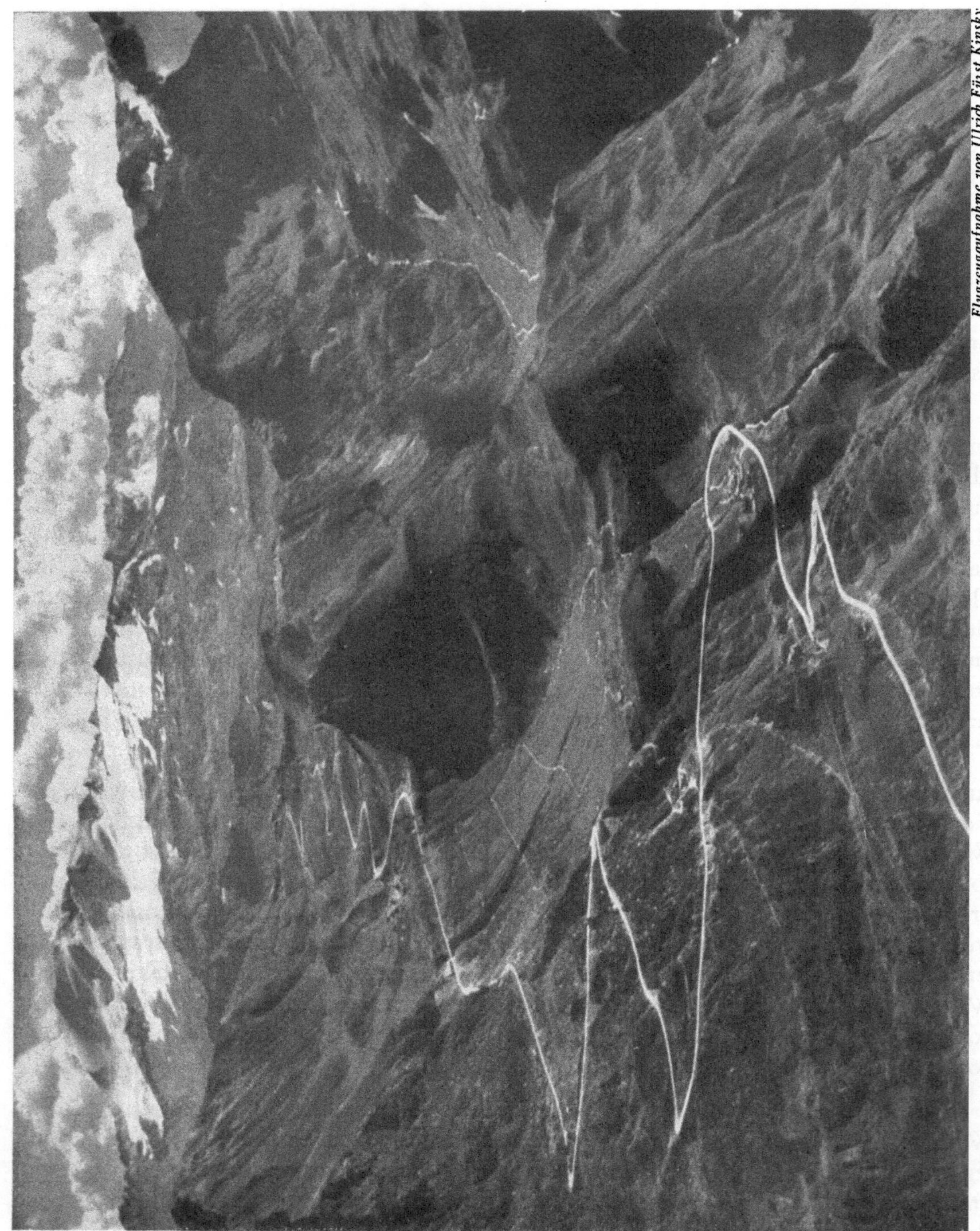

Flugzeugaufnahme von Ulrich Fürst Kinsky

Die Straßenentwicklung zwischen Hochmais und Fuschertörl

Gottes ist der Orient!
Gottes ist der Okzident!
Nord- und südliches Gelände
Ruht im Frieden seiner Hände.

Er, der einzige Gerechte,
Will für jedermann das Rechte,
Sei, von seinen hundert Namen,
Dieser hochgelobet! Amen!

Eine große Zahl von Lautsprechern ließ diese Worte feierlich in den Äther hinaus-
tönen. Ernst und schweigend blickten die Dreitausender, darunter auch der Großglockner als ihr König, auf den Festplatz und die 8000 Menschen herunter, die hier
einen Festtag begingen, der sie weit weg von der Enge des Alltags in die herrliche
Gottesnatur geführt hatte.

Dann bestieg ich das Rednerpult. Landeshauptmann Dr. Rehrl, der Bundespräsident, die Vertreter der automobilistischen und Fremdenverkehrs-Verbände folgten.
Aus allen Reden klang die Freude über die bisher geleistete Arbeit und der Wunsch,
es möge auch der Vollendungsarbeit ein voller Erfolg beschieden sein. Über dem Festplatz kreiste Fürst Kinsky in seinem Sportflugzeug, bald hoch in den Lüften, bald
knapp über den Grat dahinbrausend. In zwangloser Folge traten dann die Festgäste
die Rückfahrt ins Tal an. Für alle, die da oben waren, war der Tag ein unvergeßliches
Erlebnis.

Der Festtag war vorüber. Ein weiterer großer Schritt zur Vollendung des Werkes
war getan. Die Arbeiter zogen ihren Sonntagsstaat wieder aus, nahmen Krampen,
Schaufel, Brecheisen, Bohrhämmer, Meißel und Kelle wieder in die schwielige Faust
und weiter tönte geschäftiger Arbeitslärm von den Baustellen der Scheitelstrecke hinauf
zu den Bergwänden, die ihn vielfältig wiedergaben.

Die Fertigstellung des Bauloses Nord bis auf das Fuschertörl machte es nun möglich, die dort freigewordenen Arbeitskräfte und Unterkünfte in den Raum zwischen
Fuschertörl und Hochtor zu verschieben. So konnte der Arbeitseinsatz in dieser Strecke
erheblich verstärkt werden, ging doch der Nachschub an allen Lebens- und Baunot-
wendigkeiten nun auf der fertigen Straße bis zum Fuschertörl ungehindert vor-sich.

Der Kampf zur Erzielung eines möglichst großen Arbeitsfortschrittes ging mit
äußerstem Energieaufwand weiter. In den wenigen Wochen, die uns noch bis zum
Einbruch des Hochgebirgswinters zur Verfügung standen, mußten wir möglichst weit
vorwärtskommen. Was wir heuer noch leisten konnten, ersparten wir uns im nächsten
Jahr. Die Frist, die ich mir gestellt hatte, hatte ich inzwischen von Mitte Oktober 1935
auf den 1. August 1935 vorverlegt. Dadurch sollte es möglich werden, die Eröffnung
der Straße an den Beginn der Salzburger Festspielzeit zu verlegen und den Sommer-
verkehr bereits über die neue Straße zu führen. Diese Frist war äußerst knapp. Aber
ich kannte meine Ingenieure und Arbeiter, kannte die Firmenbauleiter Ing. Lumpp,
Ing. Lang und Ing. Url und wußte, was die leisten konnten, wenn es galt, einer außer-
gewöhnlichen Aufgabe Herr zu werden.

Bis Mitte Oktober war das Bauwetter leidlich gut. In der dritten Oktoberwoche
traten reichliche Schneefälle ein, die das Arbeiten im Freien immer mehr erschwerten.
Ende Oktober mußten die Baustellen und Lager auf der ganzen Strecke eingewintert

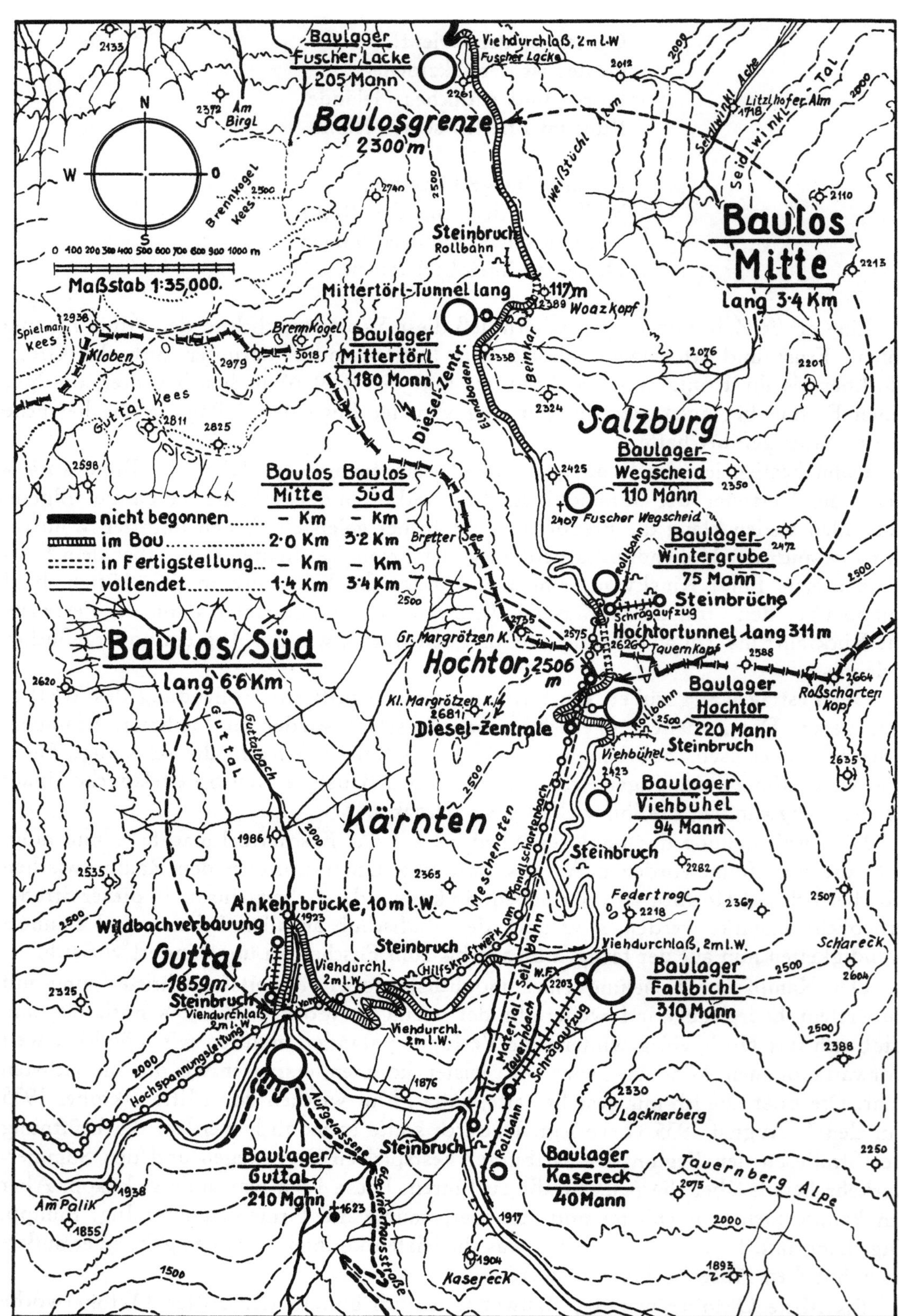

Die Baulose Mitte und Süd im Spätherbst 1934

werden und anfangs November zogen die letzten Arbeiter aus den hochgelegenen Lagern zutal.

Nur beim Hochtortunnel herrschte noch reges Leben. Die Tunnelportale waren, so wie beim Mittertörltunnel, bereits fertiggestellt, die vierteiligen Schiebetore zum Schließen der Tunnelröhre während des Winters bereits eingebaut. Während die Ausmaurungsarbeiten am Mittertörltunnel programmgemäß erst im Frühjahr 1935 voll in Angriff genommen werden sollten, waren sie im Hochtortunnel unter allen Umständen noch in diesem Jahre fertigzustellen. Bei den in 2500 Meter Höhe herrschenden niedrigen Temperaturen ging das nur dann, wenn der Tunnel geheizt wurde. Es wurde also ein großes Lokomobil unmittelbar neben dem Abschlußtor im Hochtortunnel aufgestellt und Warmwasser in langen Rohrleitungen durch den ganzen Tunnel zu den Mauerungsstellen geleitet. Große Öfen sorgten für die Erwärmung der Luft im Tunnel. Auf diese Weise konnte trotz Außentemperaturen von minus 17 Grad Celsius die Innenluft immer über 0 Grad gehalten werden.

Gänzlich verschneit und vereist kamen die Bausteine für die Ausmauerung aus dem Steinbruch am Kasereck mit der Seilbahn hoch. Zwischen hohen Schneewällen und unter Schutzdächern, die mächtig mit Schnee überlagert waren, brachte die Förderbahn die Steine in den Tunnel, die dort erst einmal aufgetaut werden mußten. Schon führten die Rollbahnzüge kein Ausbruchmaterial mehr auf die Halde. Der Vollausbruch war fertig und nur mehr die Ausmauerung war im Gange. Wir schrieben aber auch schon den 10. November.

Fieberhaft wurde im Tunnel beim hellen Strahl elektrischer Lampen gearbeitet. Wie eine endlose Halle nahm sich die lange Tunnelröhre aus, in der in einzelnen Ringen noch die Lehrgerüste für die letzten Mauerungen standen. Und am 23. November wurde der Schlußstein des letzten Ringes versetzt. Da es im Tunnel trotz der späten Jahreszeit infolge der getroffenen Maßnahmen ganz angenehm zu arbeiten war, wurden auch noch die Gehsteige seitlich der künftigen Fahrbahn betoniert und der Sohlkanal für den Wasserabfluß, der in Fahrbahnmitte liegt, fertiggestellt. So konnte das Schmelzwasser im kommenden Frühjahr bereits durch den Sohlkanal abgeleitet werden. Schließlich wurde die Sohle des Tunnels nachgenommen und alle noch vorstehenden Unebenheiten beseitigt, so daß für die Betonierung der Fahrbahn im kommenden Frühjahr alles vorbereitet war.

Damit waren wir eigentlich dem uns gesteckten Ziel beträchtlich vorausgeeilt und hatten noch eine Arbeit geleistet, die erst für das nächste Jahr bestimmt war. Die Bauunternehmung Polensky & Zöllner hatte aber auch eine ganz ausgezeichnete Leistung vollbracht. Möglich war dieser Arbeitsfortschritt nur durch die Anlage des zweiten Steinbruches am Kasereck geworden. Der Steinbruch oberhalb des Nordportals des Tunnels am Grat des Tauernkopfes war schon zu Anfang November oftmals schwer vom Schnee verweht und ab 16. November gelang es uns nicht mehr, ihn nochmals freizulegen. Hätten wir uns nicht rechtzeitig zur Eröffnung des Steinbruchbetriebes am Kasereck entschlossen, dann hätte die Tunnelausmauerung nur in beschränktem Ausmaß weitergeführt werden können und wäre schon Mitte November endgültig zum Stillstand gekommen.

Am 9. Dezember fuhr der letzte Seilbahnwagen vom Hochtor zutal. Dann wurde auch der Seilbahnbetrieb eingewintert und damit erreichte das Baujahr 1934 sein Ende.

Vom Fuschertörl über das Hochtor ins Guttal waren noch 12.38 Straßenkilometer nicht dem Verkehr übergeben. Hievon waren 4.73 Kilometer so gut wie fertig und

bereits gewalzt, die restlichen 7.65 Kilometer befanden sich in mehr oder weniger fort=
geschrittenem Bauzustand. Arbeit gab es bis zur Vollendung noch genug zu leisten,
aber was war das im Verhältnis zu der bisher bewältigten Arbeit. Eigentlich waren

Photo: Schildknecht, Graz

Das Nordportal des Hochtortunnels (2506 m) im Spätherbst 1934

wir ja schon über den Berg und was noch vor uns lag, war der offene Weg zum Ziel,
das wir nun zum Greifen nahe vor uns sahen.

Damit uns aber die Arbeit ja nicht zu rasch ausging und auf dieses alleinige Ziel
beschränkt blieb, sollte im Frühjahr 1935 die nördliche Zufahrtsstraße von Bruck im
Salzachtal bis nach Dorf Fusch — dem ursprünglichen nördlichen Beginn der Glockner=
straße — von der Großglockner=Hochalpenstraßen A.G. übernommen, verbreitert und
neuzeitlich ausgebaut werden. Einschließlich einer großen Brücke über die Salzach
sollte diese Strecke ebenfalls am 1. August 1935 fertiggestellt sein. Bevor der Winter
auch im Tal seinen Einzug hielt, mußten die Aufnahmen für dieses Projekt unter Dach
gebracht und die Entwürfe für die Baudurchführung ausgearbeitet werden. Woher das
Geld für dieses neue Bauvorhaben kommen sollte, war vorläufig noch nicht klar. Ein
Weg würde sich aber schon finden.

Und wieder fegten die Winterstürme über die verlassenen Baustellen hoch oben
in den Tauern, jagten in den Gassen zwischen den Baracken der leeren Arbeiterdörfer
durch, luden Schnee auf Schnee ab und hüllten alles schön sorglich in ein blendend
weißes Kleid. Immer mehr Schnee fiel vom Himmel und wurde von den Graten
heruntergeweht.

Nur in einem hochgelegenen Lager am Oberen Naßfeld lag eine Winterwache, die
beiden Bergführer Unterberger, zwei Brüder, die die Aufgabe übernommen hatten,
in allen Lagern nach dem Rechten zu sehen und allfällige Sturmschäden an den Unter=
künften fürs erste notdürftig zu beheben. Schon eine Woche lang waren sie in ihrer
Hütte vom Schneesturm festgehalten, der unentwegt in ständigem Auf und Nieder

sein heulendes Lied sang und an allem rüttelte und schüttelte, was ihm im Wege war. Stoßweise schlugen Flamme und Rauch aus dem Ofen ins Zimmer.

Da plötzlich ein scharfes Krachen! Irgend etwas war los! Mit aller Macht zwängte sich der eine durch ein Fenster, das fast bis oben hinauf zugeweht war, ins Freie, während der Sturm den Schnee ins Zimmer fegte. Gleich darauf war er weg. Der Sturm hatte ihn über das Hüttendach, von dem jetzt ein Viertel fehlte, hinweggetragen. Minuten vergingen. Dann kam er auf allen vieren platt am Boden kriechend wieder zur Fensteröffnung und plumpste, von Schnee und Eis starrend, hinunter ins Zimmer. Da konnte nichts repariert werden, man mußte warten, bis der Sturm nachließ. Wenn nur die Zimmerdecke hielt! Und die hielt, verschwand bald unter dem Schnee, der sie warm einhüllte und von unter her durch das Feuer im Ofen gut angewärmt wurde. Auf diese Weise wurde das Zimmer zum Brausebad, immerhin eine ganz seltene Einrichtung in 2300 Meter Höhe.

Aber auch dieser Sturm nahm sein Ende, das Dach wurde wieder geflickt und im Sonnenschein zogen die beiden Wächter mit ihren Schiern über die Hänge von Lager zu Lager, legten Hand an, wo es nötig war, und sorgten so dafür, daß wir im kommenden Frühjahr keine allzugroßen Schäden vorfanden. Der Schnee baute sich immer höher auf, die Baustellen waren restlos zugedeckt und von den Lagern sah man nur mehr einzelne Dächer herausragen, die Seilbahnstützen trugen an der Windseite dicke Eisfahnen und die Seile pfiffen im Wind ihr eintöniges Lied. Es war Winter, tiefer, tiefer Winter geworden.

21. Der letzte Einsatz

Wollte man, von Norden kommend, die neue Großglockner-Hochalpenstraße besuchen, dann zweigte man in Bruck im Salzachtal von der Bundesstraße Innsbruck—Salzburg nach Süden ins Fuschertal ab und folgte dem Verlaufe der Fuscher Landesstraße bis Dorf Fusch, wo sich damals noch der Kilometer 0.00 der Glocknerstraße befand. B e v o r die neue Großglockner-Hochalpenstraße gebaut wurde und noch das schmale Fahrsträßchen von Dorf Fusch nach Ferleiten hinaufführte, nahm sich die Fuscher Landesstraße ja ganz passabel aus. Als aber die Nordrampe der neuen Straße fertig war, da zeigte sich, daß auch auf der Landesstraße etwas Entscheidendes geschehen mußte. Dann erst kam man so recht zur Erkenntnis, wie schmal, kurvenreich und unübersichtlich sie war. Es war eben eine alte, für den Pferdefuhrwerksverkehr gebaute Straße, während die Glocknerstraße eine moderne, d i e   m o d e r n s t e für den Kraftwagenverkehr gebaute Hochgebirgsstraße war!

. Bei der an die Glocknerstraße im Süden anschließenden Zufahrtsstraße bemerkte man diese Unzulänglichkeit noch deutlicher. Die Mölltaler Landesstraße war so schmal, daß Fahrzeuge an vielen Stellen nicht einmal einander ausweichen konnten. An anderen Stellen wieder wurde diese Straße bei jedem Hochwasser der Möll meterhoch überflutet. Und von dieser schlechten Straße kam man auf einmal in Heiligenblut unvermittelt auf die Südrampe der neuen, breiten Großglockner-Hochalpenstraße. Das war mehr als ein in die Augen springender Gegensatz. Wer auf der Mölltalerstraße vom Süden kam, der atmete in Heiligenblut erleichtert auf. Wer aber späterhin in der entgegengesetzten Richtung auf der neuen Straße über das Hochtor Heiligenblut passieren würde, der mußte hier zu fluchen anfangen. Jedenfalls drehte er lieber wieder nach Norden um, als daß er auf der schlechten Straße nach Süden weiterfuhr.

Die südliche Fortsetzung der Straße durch das obere Mölltal bildete die von Winklern über den Iselsberg nach Dölsach im Drautal führende Konkurrenz-Straße. Wenn sich diese auch in einem weitaus besseren Zustand befand, auf die Dauer konnte sie den stets steigenden Anforderungen des Verkehrs nicht genügen.

Bedachte man, daß der überwiegende Teil des Fremdenverkehrs vom Norden her Österreich besuchte, dann war das erste Gebot, die Landesstraße von Bruck nach Fusch neuzeitlich auszubauen. Nur dann konnte man den Fremdenstrom wirklich in das Gebiet der Glocknerstraße lenken. Dieses vordringlich auszubauende Straßenstück war nur rund sieben Kilometer lang. Die beim Ausbau zu erwartenden Schwierigkeiten waren gering, da die Linie des vorhandenen Straßenzuges in groben Zügen beibehalten werden konnte. Im Süden wäre dagegen der Ausbau der oberen Mölltaler Landes-straße zwischen Heiligenblut und Winklern einem völligen Neubau gleichgekommen, dessen Baulänge 23 Kilometer betragen hätte, ganz abgesehen von der weiter anschlie-ßenden Straßenstrecke über den Iselsberg ins Drautal, die eine weitere Neubaulänge von etwa 11 Kilometer erfordert hätte.

Jedem, der mit den wirtschaftlichen Verhältnissen Österreichs zur damaligen Zeit halbwegs vertraut war, mußte klar sein, daß die finanziellen Mittel für einen Ausbau der nördlichen Zufahrtsstraße von Bruck nach Dorf Fusch v i e l l e i c h t aufgebracht werden konnten, daß es aber g a n z a u s g e s c h l o s s e n war, die vielen Millionen Schilling für den Ausbau der Zufahrtsstraßen im Süden bereitzustellen.

Den ersten Anstoß zum Ausbau der Fuscher Landesstraße gab die Baufälligkeit einer Holzbrücke über die Salzach in Bruck, die gerade am Beginn der Zufahrt zum Glockner lag. Diese Brücke war nur wenige Meter breit, also einbahnig, und befand sich in einem erbarmungswürdigen Zustand. Das Land Salzburg war damals nicht in der Lage, die Kosten für ihren Neubau aufzubringen. Es bestand daher die Gefahr, daß die Glocknerstraße schließlich fertig wurde und durch einen Einsturz der Holz-brücke unbenützbar geworden wäre. Dem mußte abgeholfen werden. Da die Bundes-regierung keine Mittel zur Verfügung stellen konnte, erklärte sich schließlich das Land Salzburg bereit, jene Kosten zum modernen Ausbau dieser Brücke beizutragen, die der Bau einer neuen Holzbrücke in der ursprünglichen Fahrbahnbreite erfordert hätte. Das waren 25.000 Schilling.

Inzwischen hatte sich herausgestellt, daß wir beim Bau der Scheitelstrecke der Glocknerstraße bisher Ersparungen erzielt hatten, die für alle Fälle für einen modernen Neubau der Brücke ausreichten. Andererseits hatte das ausgearbeitete Projekt für den neuzeitlichen Ausbau der Fuscher Landesstraße zwischen Bruck und Dorf Fusch — ohne die Salzachbrücke — einschließlich staubfreier Belagsherstellung einen erforder-lichen Kostenaufwand von 722.000 Schilling ergeben. Kurz entschlossen erklärte sich der Landeshauptmann von Salzburg bereit, aus Landesmitteln 400.000 Schilling in zehn Jahresraten für den Ausbau dieses Straßenstückes zu widmen, wenn die Groß-glockner-Hochalpenstraßen A.G. bereit war, die ganze Straße einschließlich der Salzachbrücke in ihr Eigentum zu übernehmen. Den Fehlbetrag mußte natürlich die Glocknerstraße aus ihren eigenen Mitteln aufbringen.

Damit ergab sich eine klare Grundlage für den Ausbau der nördlichen Zufahrts-straße. Da es damals aber noch nicht ganz sicher war, w i e g r o ß unsere Ersparnisse beim Bau der Scheitelstrecke schließlich sein würden, wurde die Frage einer Baukostenfirmenfinanzierung für den Restbetrag in Erwägung gezogen. Über diese Angelegenheit wurde im Verwaltungsrat der Gesellschaft viel hin und her debattiert. Die Türen im Finanzministerium liefen wieder einmal heiß, um eine Entscheidung herbeizuführen, war es doch höchste Zeit, mit dem Bau in dieser Straßenstrecke zu beginnen, wollte man sie gleichzeitig mit der Eröffnung der ganzen Glocknerstraße fertig haben.

Aber das Land Kärnten machte Schwierigkeiten. In Kärnten stellte man sich begreiflicherweise auf den Standpunkt: Wenn in Salzburg etwas für die Zufahrtsstraßen geschieht, dann muß auch in Kärnten etwas geschehen! Und wenn die Glocknerstraße die Zufahrtsstraße vom Norden her übernimmt, dann soll sie auch die Zufahrtsstraßen im Süden übernehmen!

Dabei war man sich in Kärnten darüber einig, daß zwischen den beiden Zufahrtsstraßen ein großer Unterschied bestand. Die nördliche war mit verhältnismäßig geringen Mitteln in w e n i g e n M o n a t e n, die südliche nur mit außerordentlich hohen Mitteln innerhalb m e h r e r e r J a h r e fertigzustellen. Ein weiterer Unterschied bestand dann noch darin, daß Salzburg insgesamt für den Ausbau auf Salzburger Boden 425.000 Schilling bereitstellen wollte, während sich Kärnten außerstande erklärte, für den gleichen Zweck auf Kärntner Boden Mittel flüssig zu machen.

Aber ein Keil treibt den anderen, und die Landeshauptleute von Kärnten und Salzburg, die beide im Verwaltungsrat der Gesellschaft saßen, wußten ganz genau, was sie wollten. Rührte sich Kärnten im jetzigen Augenblick nicht energisch, dann blieb die Mölltaler Straße ein Dornröschen, das weiß Gott wann einmal aus seinem Schlafe erweckt werden würde.

Inzwischen war der Neubau der Salzachbrücke in Bruck knapp vor Weihnachten 1934 beschlossen worden. Ende Jänner 1935 wurde mit ihrem Bau begonnen, nachdem vorher eine Notbrücke über die Salzach geschlagen worden war. Die Brücke erhielt ein eisernes Tragwerk von 32 Meter Spannweite mit Eisenbetonfahrbahn. Die Baudurchführung ergab keine nennenswerten Schwierigkeiten, alles verlief programmmäßig und schon am 15. Juni konnte diese Brücke dem Verkehr übergeben werden.

Während wir an dieser Brücke arbeiteten, war die Frage des Ausbaues der Zufahrtsstraßen im Norden und Süden noch immer ungeklärt. Ich aber rechnete hin und her, welche Summe wir beim Bau der Scheitelstrecke unserer Straße bestimmt ersparen würden und wie weit diese Ersparnisse für den Ausbau der Zufahrtsstraßen herangezogen werden könnten. Schließlich kam am 26. April ein Kompromiß zwischen den Vertretern Kärntens und Salzburgs im Verwaltungsrat auf folgender Basis zustande:

„Nach den gewissenhaften Feststellungen der Bauleitung werden beim Bau der Scheitelstrecke mindestens 746.000 Schilling erspart werden. Der Ausbau der Straße von Bruck nach Fusch erfordert 722.000 Schilling, zu denen Salzburg in zehn Jahresraten 400.000 Schilling beisteuert. Da die staubfreie Decke in diesem Straßenstück erst im Jahre 1936 zur Ausführung kommen kann, müssen von der Großglockner-Hochalpenstraßen A.G. im Jahre 1935 nur 492.000 Schilling bar bezahlt werden. Für den Ausbau der Mölltaler Landesstraße in ihrem schlechtesten Stück zwischen Döllach und Sagritz stellt die Großglockner-Hochalpenstraßen A.G. aus ihren Ersparnissen 200.000 Schilling zur Verfügung. Einen gleichen Betrag wird auch das Land Kärnten für diesen Zweck aufwenden. Beide Ausgaben belasten die Großglockner-Hochalpenstraßen A.G. im Jahre 1935 mit 692.000 Schilling, die nicht nur durch die Ersparnisse beim Bau, sondern auch durch die zu erwartenden Mauteinnahmen nach der Eröffnung der Straße mehr als reichlich gedeckt sein werden!“

Zu diesem Vorschlag, der Hand und Fuß hatte, verweigerte das Finanzministerium seine Zustimmung, weil die Höhe unserer Ersparnisse ja schließlich vorerst nur auf dem Papier feststand.

So war nicht weiterzukommen. Wieder drängte uns die Zeit. Endlich, am 7. Mai, gab die Bundesregierung ihre Zustimmung zu den Vorschlägen des Verwaltungsrates und gab überdies zum Ausbau der Mölltaler Landesstraße 280.000 Schilling aus der produktiven Arbeitslosenfürsorge frei. Dabei stellte die Bundesregierung fest, daß der Ausbau der Mölltaler Straße eine Sache des Landes Kärnten bleibe, während der Ausbau der Iselsbergstraße, die die Verbindung zwischen dem Mölltal und dem Drautal herstellt, später aus Bundesmitteln erfolgen sollte.

Damit war das Möglichste in dieser Frage erreicht und die Länder Salzburg und Kärnten konnten fürs erste zufrieden sein.

Die Frage des Ausbaues der Zufahrtsstraßen zur Glocknerstraße zeigte eben wieder einmal mit aller Deutlichkeit die Schwierigkeit der damaligen finanziellen Lage Österreichs. Sie zeigte aber auch, wie unentschlossen die Bundesregierung selbst dort war, wo für sie keinerlei Risiko, sondern nur Vorteile erwachsen konnten. Durch das Hinauszögern der Entscheidung war uns abermals kostbare Bauzeit verlorengegangen.

Die öffentliche Ausschreibung für den Ausbau der Strecke von Bruck nach Dorf Fusch hatte ich schon am 31. März hinausgegeben. Die eingelangten Anbote waren von mir durchgearbeitet worden und mein Vergebungsantrag lag fertig in meiner Aktentasche. Schlagartig fand noch am 7. Mai die Bauvergebung statt und schon am 9. Mai konnten die Bauarbeiten einsetzen. Es war aber auch wirklich keine Zeit mehr zu verlieren. Anfangs gingen die Arbeiten flott vonstatten. Dann schien es einmal so, als ob alles schiefgehen wollte. Meinem energischen Eingreifen gelang es schließlich, unter verständnisvoller Mithilfe des Firmenbauleiters, die Situation zu retten. Am 1. August waren die Ausbauarbeiten an dieser Straße, vorläufig noch ohne den für 1936 vorgesehenen staubfreien Belag, fertiggestellt, eine Glanzleistung der bauausfüh‑ renden Unternehmung Universale — Brüder Redlich & Berger.

Nun aber zu den Bauarbeiten in der Scheitelstrecke. Am 25. Oktober 1934 hatte der Landeshauptmann von Salzburg auf Grund einer eingehenden Aussprache mit mir im Verwaltungsrat den Antrag gestellt, den Fertigstellungstermin vom 15. Oktober um sechs Wochen, also auf den 1. August 1935 vorzuverlegen. Die Vorteile einer derarti‑ gen Vorverlegung lagen auf der Hand. Sechs Wochen frühere Fertigstellung bedeute‑ ten, daß die Straße nicht erst im Jahre 1936, sondern schon im Herbst 1935 dem Ver‑ kehr übergeben werden konnte. Dadurch konnte schon im Jahre 1935 der Verkehr vielleicht sechs Wochen lang über die Glocknerstraße führen, in welcher Zeit Maut‑ einnahmen von etwa 400.000 Schilling zu erwarten waren. Allerdings war es dann notwendig, die Arbeiten ganz außerordentlich zu beschleunigen und den Arbeitsbeginn in den hochgelegenen Baustrecken frühzeitig anzusetzen. Den drei Baufirmen mußte man dann natürlich Prämien für die frühere Fertigstellung zusichern.

Also stand wieder eine neue Geldausgabe in Aussicht, und die Vertreter des Finanzministeriums im Verwaltungsrat spitzten die Ohren wie Hasen, wenn sie so etwas hörten. Was nicht planmäßig schwarz auf weiß bereits im genehmigten Vor‑ anschlag seine Bedeckung gefunden hatte, das lehnten sie grundsätzlich ab, mochten Vernunftgründe auch noch so sehr für eine Zustimmung sprechen. Der Finanzminister allerdings sah auf der einen Seite eine Ausgabe, die sein Budget nicht belastete, auf der anderen Seite die Mauteinnahmen der Gesellschaft für 1935, die sonst unweigerlich

verloren gingen, und stimmte schließlich dem gemachten Vorschlag am 10. Dezem=
ber 1934 zu.

Sofort wurden Verhandlungen mit den Baufirmen aufgenommen, und noch am
gleichen Tage kam eine Vereinbarung zustande, nach der den drei Unternehmungen
zusammen 45.000 Schilling für die Forcierung der Bauarbeiten und 32.000 Schilling für
Schneeschaufelarbeiten auf den Baustellen, die infolge des vorzeitigen Baubeginnes in
höherem Maße als sonst erforderlich waren, zugestanden wurden. Unter diesen Bedin=
gungen erklärten sich die Unternehmungen bereit, auch ihrerseits alles an eine frist=
gemäße Fertigstellung in den ersten Augusttagen zu setzen.

Ich hatte mir das Bauprogramm, das in einem solchen Falle einzuhalten war, vor=
her genau festgelegt. Ich hatte die Überzeugung gewonnen, daß bei halbwegs günsti=
gen Witterungsverhältnissen und bei gutem Willen der Bauunternehmungen, an dem
übrigens nicht zu zweifeln war, die Sache gehen mußte. Diese Überzeugung konnte ich
auch den Unternehmungen beibringen. Daß der letzte Einsatz kein Honiglecken
werden würde, das war ja klar. Aber nicht nur Österreich, auch alle Nachbarstaaten
sahen mit großem Interesse zu, was sich beim Bau der Glocknerstraße tat. Für uns aber
war es eine Ehrensache, zu zeigen, was österreichische Ingenieure, Arbeiter und Bau=
firmen zu leisten vermochten.

Schon am 1. April kamen die ersten Arbeiter auf das Hochtor hinauf, wo das
Baulager tief unter dem Schnee vergraben lag. Hier hatten wir im abgelaufenen Winter
Unglück gehabt. Eine Lawine hatte das Gebäude der Dieselanlage samt der Trans=
formatorenstation zerstört, wobei ein Mann den Tod gefunden hatte. Bereits am
18. April war eine neue Baracke für die Dieselanlage aufgestellt und am 6. Mai liefen
die Motoren wieder. Wenige Tage später war auch die Transformatorenstation neu
aufgebaut und nun konnte elektrische Energie vom Hilfskraftwerk am Pfandlscharten=
bach bezogen werden. Der Arbeiterstand war inzwischen in die Höhe geschnellt. Seit
8. Mai lief schon wieder die Seilbahn vom Tauernbach herauf und förderte bei Tag und
Nacht alles zum Hochtor hinauf, was man oben brauchte. Äußerste Beschleunigung
der Arbeiten war hier notwendig, wollten wir die Fertigstellung zum vorverlegten
Termin erreichen. Unser im Vorjahr erzielter Vorsprung kam uns dabei zugute.

Um zum Südportal des Tunnels zu gelangen, mußten wir in zwölf Meter tiefem
Schnee einen dreißig Meter langen Stollen ausschachten. Dann öffneten wir das
Tunneltor und begannen mit den Arbeiten.

Zuerst mußte hier der Ausgleichsbeton in der Tunnelsohle aufgebracht werden.
Daran schlossen sich die Vorbereitungsarbeiten für die Betonierung der Straßenfahr=
bahn. Der Splitt für den Beton wurde aus einem Steinbruch im Guttal gewonnen, mit
Lastautos zur Seilbahn=Talstation geführt und auf der Seilbahn hochgefahren. Es war
eine mühevolle und zeitraubende Arbeit, bis der letzte Kübel Sand endlich am
Hochtor oben war!

Beim Mittertörltunnel begannen die Schneeschaufelarbeiten zur Freilegung der
Tunnelportale am 6. Mai. Wer einmal um diese Jahreszeit in solchen Höhen war, nur
der kann sich einen kleinen Begriff davon machen, was das für uns bedeutete. Schnee
und nichts als Schnee, Berge von Schnee! Nur mit Hilfe eines tiefen Schlitzes kamen
wir an das südliche Tunnelportal heran. Das Baulager mußte buchstäblich erst aus=
geschaufelt werden. Dabei stellte sich heraus, daß die Kanzleibaracke nicht mehr da
war. Eine Lawine hatte sie weggefegt. Ein Ersatzbau mußte aufgestellt werden. Im
Mittertörltunnel fehlten außer den Portalringen nicht nur alle Ausmauerungen, son=

dern auch noch der größte Teil des Felsausbruchs. Da im Tunnel kein brauchbarer
Stein anfiel, mußte der Steinbruch auf der Nordseite des Tunnels raschestens in Betrieb genommen werden. Der lag so tief unterm Schnee begraben, daß man ihn erst
lange suchen mußte, ehe man ihn fand. Aber am 28. Mai war er samt der Schotter- und
Sandbrechanlage bereits benützbar. Schon am 17. Mai waren die Kompressoren ange-
laufen und nun folgte hier Hochbetrieb.

Die noch vom letzten Herbst im Tunnel stehenden Holzeinbauten hatten gut überwintert, es hatten sich weder Setzungen noch Schäden gezeigt. Sofort begannen wir mit
der Fortsetzung der Ausbrucharbeiten und dann schritten Ausbruch und Mauerung
in der gleichen Weise vorwärts, wie ich dies beim Hochtortunnel beschrieben habe.
Ende Juni war die Ausmauerung des Tunnels bereits beendet.

Völlig unerwartet überraschte uns am 25. Mai die Nachricht, daß sich auf der Südrampe ein großes Lawinenunglück ereignet hatte. Eine Arbeitspartie war mit der Freilegung der Straße zwischen dem Guttal und dem Glocknerhaus vom Winterschnee
beschäftigt, um Baustelleneinrichtungen, die noch im Baulager bei den Sturmhütten
standen und am Hochtor benötigt wurden, zur Seilbahn-Talstation schaffen zu können.
Beim Fensterbach hatte sich vom Südhang des Wasserradkopfes eine mächtige Lawine
gelöst, die fünf unserer Arbeiter unter sich begrub.

Wenige Stunden später war ich an der Unglücksstelle. Schaufelmannschaften standen bereit und auch eine rasch aus Lienz herbeigeholte Militärabteilung war aufgeboten,
aber helfen konnten wir nicht mehr. Als ich mich davon überzeugt hatte, daß wir
keinen der Verschütteten, die in der schweren Grundlawine sofort den Erstickungstod
gefunden hatten, noch lebend bergen konnten, mußten die Sucharbeiten wegen Fort-
dauer der Lawinengefahr eingestellt werden. Erst einige Tage später konnten wir die
Leichen der Verunglückten bergen. Es war eine tief erschütternde Trauerstunde, als wir
die fünf braven Arbeiter in einem gemeinsamen Grab auf dem Heiligenbluter Friedhof
in die Erde senkten, jenem Friedhof, in dessen Erde schon ein Ingenieur und mehrere
unserer besten Arbeiter ruhten.

Im offenen Teil der Scheitelstrecke, also außerhalb der Tunnels, wurde ebenfalls
schon frühzeitig mit den Arbeiten begonnen. Zuerst wurden die Baulager ausgeschaufelt und samt den maschinellen Einrichtungen instandgesetzt. Am 31. Mai hatten wir
die Straße vom Norden her bis auf das Fuschertörl vom Schnee freigelegt. Noch am
gleichen Tage kamen auch die ersten Arbeitspartien wieder in die Abschnitte der
Scheitelstrecke zwischen dem Fuschertörl und dem Mittertörltunnel. Besonders zwischen dem Fuschertörl und der Fuscherlacke war in langen Strecken erst das Rohplanum der Straße, in einzelnen Stücken noch nicht einmal dieses hergestellt. Es waren
also noch ziemlich viel Felssprengungen, Grabarbeiten und Schüttungen auszuführen,
Packlage und Spitzgraben zu verlegen und schließlich die gewalzte Schotterdecke
aufzubringen. Bei der Fuscherlacke war die Schüttung des künftigen Parkplatzes erst
in ihren Anfängen vorhanden.

Zwischen der Fuscherlacke und dem Mittertörltunnel gab es auch noch eine Menge
Arbeit, die hauptsächlich die Herstellung der Fahrbahndecke samt Unterbau betraf.
Vom Mittertörltunnel zum Hochtortunnel war der Bau nur in der tiefergelegenen
Strecke im Bereich des Elendbodens noch im Rückstand. Hier setzten die Arbeiten
zielbewußt ein und bald stand auch der Steinbruch hoch oben am Kamm der Tauern-
wand wieder im Betrieb, förderten die Schrägaufzüge den gewonnenen Stein hinunter

zur Brecheranlage am Nordportal des Hochtortunnels, von welcher Stelle aus Last‹
autos die Verführung des Schotters und Sandes entlang der Straße besorgten.

Eines Tages wurde am Hochtor geheimnisvoll getuschelt. Die Sandmühle am

Straßenbau vom Fuschertörl (2428 m) über Fuscherlacke (2262 m) und Mittertörl (2328 m) zum Hoch‹
tor im Frühjahr 1935

Nordportal des Hochtortunnels lieferte nicht nur Sand für die Straßenfahrbahn, son‹
dern auch winzig kleine, gelbe, glänzende metallische Blättchen. „Gold!" flüsterte man
von Mund zu Mund. Gleich fanden sich einige Ingenieure und Arbeiter, die viele
Stunden ihrer kargen Nachtruhe opferten, um Gold zu waschen.

So unglaubwürdig mir die Sache vorkam, man bewies mir die Richtigkeit des
Ereignisses durch Vorweisung einer ganzen Menge solcher Blättchen. Ich ließ das
„Gold" untersuchen und was stellte sich heraus? Daß beim Steinbrecher ein Lager
ausgelaufen war und daß das fein zerriebene Lagermetall mit dem Sande in den Silo
gelangt war. So emsig war wohl noch nie nach Lagermetall gesucht worden. Daß unsere
Goldwäscher zu ihren geopferten Nachtstunden nun auch noch den Spott hatten, war
nicht weiter verwunderlich.

Zur gleichen Zeit wurde auch der Kabelgraben für die Straßentelephonanlage
zwischen Fuschertörl und Hochtor ausgehoben, der sich meist neben der Straße im
Gelände, die Schleifen der Straße abkürzend, dahinzog.

Im Süden, wo der Bau schon am weitesten fortgeschritten war, waren wir nicht
weniger bemüht, möglichst rasch weiterzukommen. Hier lagen die Verhältnisse noch
am günstigsten, denn der tiefste Punkt dieser Strecke war nur 1850 Meter hoch und

lag am Südhang, der die stärkste Sonnenbestrahlung hatte. Das andere Ende dieser Baustrecke lag allerdings in 2505 Meter Höhe. Im obersten und im untersten Teil dieses Straßenstückes war noch zu arbeiten, das mittlere Stück war schon im Herbst des Vorjahres fertig geworden.

Der Kabelgraben für die Fernsprechanlage schloß beim Hochtortunnel an jenen, der aus dem Norden kam, an und wurde bis zum Guttal fortgesetzt, wo er sich in zwei Äste gabelte. Der eine führte hinunter nach Heiligenblut, der andere hinauf auf die Franz=Josephs=Höhe. In langer Kolonne standen auch hier die Arbeiter beim Aushub und Kabeltrommel auf Kabeltrommel rollte ihre Fernsprechstränge ab, in den Graben hinein, der wieder zugeschüttet und mit Rasen bedeckt wurde, eine landschaftlich sehr wichtige Maßnahme, denn sie befreit die Ausblicke von der Glocknerstraße von den sonst entlang allen Straßen anzutreffenden Freileitungen mit ihren vielen unschönen Holzmasten.

Die Anforderungen, die die Arbeiten in den Monaten Mai und Juni an alle Betei= ligten stellten, waren groß. Den halben Monat Mai regnete und schneite es abwech= selnd in den hochgelegenen Teilen der Baustrecke, und der Monat Juni hatte nicht weniger als dreizehn Regentage. An den sonnigen Hängen begann der Schnee bereits Mitte Juni wegzuschmelzen. An schattigen Stellen aber, besonders an den Nordhängen, sah es nicht danach aus, als ob der Schnee bald weggehen wollte. Wieder mußten die Baustellen ausgeschaufelt werden und es entstand über der künftigen Fahrbahn der Straße ein mehr oder weniger tiefer Schnee=Einschnitt, in dem es von Arbeitern wimmelte. Wo der Rohkörper der Straße schon vom Vorjahr her fertig dalag und nur mehr die Packlage, der Spitzgraben und die Fahrbahndecke herzustellen waren, ersparte man sich einen Teil der Schneeschaufelarbeit dadurch, daß man den Schlitz so anlegte, daß sich seine Breite von oben nach unten von etwa vier Meter auf sechs Meter vergrößerte. Unter diesen überhängenden Schneewänden werkten die Arbeiter und fügten Stein zu Stein.

Es war Ende Juni, als Exkursionen verschiedener Ingenieurvereine über die Straße gingen. Als ich ihnen über den von uns einzuhaltenden Fertigstellungstermin Auf= schluß gab, ging ihre einhellige Ansicht dahin, daß das unmöglich sei. Sie konnten sich keinen rechten Begriff davon machen, was bei einem Hochgebirgs=Straßenbau sechs Wochen Arbeitszeit bedeuteten, denn bis zum Eröffnungstag waren es nur mehr so viel. Hier oben betrug ja die j ä h r l i c h e Arbeitszeit unter freiem Himmel insgesamt nur zwanzig Wochen. Sie kannten nicht das Tempo, das beim Glocknerstraßenbau vorgelegt wurde. Natürlich mußte da jeder einzelne scharf zupacken. Es durfte nicht vorkommen, daß im Zuge der Arbeit Unklarheiten auftauchten. Deshalb hatten wir ja den vergangenen Winter gut ausgenützt und in meinem Büro alle Einzelheiten für den letzten Einsatz festgelegt. Uns konnten jetzt nur mehr Wetterschwierigkeiten aufhalten und in den Tunnels fielen auch diese weg. Unser Lehrgeld hatten wir in diesen Höhen ja bereits in den früheren Jahren bezahlt und die Zeiten, in denen uns noch etwas überraschen konnte, waren längst vorbei.

Eine bange Sorge wurde ich aber doch nicht los. Was sollten wir machen, wenn wir durch Schlechtwetter einen vollen Arbeitsmonat verlieren würden? Schlechtwetter hatte ich ja einkalkuliert, wenn es aber noch schlechter kam? Dann mußte eben ein erhöhter Arbeitseinsatz platzgreifen. Je weiter das Jahr fortschritt, in eine um so wärmere Jahreszeit kamen wir auch hier heroben und um so leichter war ein solcher Einsatz durchführbar. Waren doch noch genügend freie Quartiere für die Unterbringung von

Arbeitern in benachbarten, jetzt nicht mehr benützten Baulagern vorhanden. Eine gewisse Grenze des Möglichen gab es allerdings auch hier in meiner Kalkulation. Wurden wir schließlich bis zum Eröffnungstag auch nicht so restlos fertig, als wir es vorhatten, eröffnet wurde für alle Fälle am 3. August. Auf der faulen Haut durften wir natürlich nicht liegen. Jeder Tag, jede Stunde, ja jede Minute mußte ausgenützt werden.

Meine Zuversicht übertrug sich auf alle Ingenieure und auf jeden einzelnen Arbeiter. Es gab keinen Arbeiter, der mich nicht kannte. Immer sahen sie mich unterwegs von einer Baustelle zur andern, gleichgültig, wie das Wetter war. Und wenn es so stürmte und schneite, daß der Aufenthalt im Freien fast unmöglich war — ich ging über die Strecke, blieb bei den Arbeitern stehen und lobte ihre Ausdauer.

Es war halt so wie im Krieg. Wenn der Kommandant sich nicht schonte und immer bei seinen Leuten in der vordersten Stellung und a u c h dort war, wo es ungemütlich zuging, und wenn er außerdem für seine Leute sorgte, dann konnte er von seiner Truppe viel, ja alles verlangen. Nur dann ging sie freudig mit. So war es auch hier. Wir standen ja in einem Krieg, in einem Kampf mit den Naturgewalten, in einem Kampf mit der rasch dahineilenden Zeit, und Sieger wollten wir werden, dieser Gedanke beseelte uns alle ohne Ausnahme.

Es waren frohe und stolze Gesichter, die ich bei Ingenieuren und Arbeitern sah, wenn ich immer wieder gute Arbeit und guten Baufortschritt loben konnte. Und jeder einzelne sah ja selbst mit eigenen Augen, daß die Arbeit vorwärts ging. War dann einmal ein freier Sonntag, deren es nur zwei im Monat gab, dann saßen die Arbeiter nicht in den Kantinen herum, sondern gingen über die benachbarten Baustrecken und sahen nach, was in der Zwischenzeit dort geschehen war. Sie überzeugten sich, daß es auch bei den anderen Arbeitspartien und in den anderen Bauabschnitten im Eilzugstempo vorwärtsging. Und hatte eine Arbeitergruppe in einer besonders schwierigen Strecke zu tun, die an und für sich eine längere Bauzeit als andere Baustellen beanspruchte, dann legte sie um so mehr ihren Stolz darein, früher mit ihrer Aufgabe fertig zu werden, als geplant war.

Die Arbeiter hatten guten Verdienst, bekamen reichlich und gut zu essen und waren auch gut untergebracht. Sie hatten bestes Werkzeug in den Händen und an maschineller Einrichtung war alles da, was ihr Schaffen erleichtern konnte. Das sind ja die Grundbedingungen für hohe Leistungen. Dazu die ernste und herrliche Natur, in der wir alle schaffen durften, durch die sich das breite Band der Straße immer eindrucksvoller hinzog, je mehr es dem Ende der Arbeit entgegenging. Das Bewußtsein, daß jeder einzelne an der Stelle, an der er eingesetzt war, am richtigen Platze stand und daß es auf jeden einzelnen ankam, das schuf die eng zusammengeschweißte Kameradschaft der Glocknerstraßenarbeiter, auf die jeder stolz war, der ihr angehören durfte. So also lagen die Dinge auf der Glocknerstraße, das war das große Geheimnis des Gelingens.

Ende Juni entschloß sich die Kärntner Landesregierung, die Fahrbahn der Mölltaler Landesstraße durch Ausbesserungsarbeiten und Überwalzung in einen erträglichen Zustand zu versetzen, so daß mit der Eröffnung der Scheitelstrecke für den Durchzugsverkehr auch diese Zufahrtsstraße, wenn sie auch schmal blieb, doch gut fahrbar war.

Der letzte Monat vor der Eröffnung der Straße war gekommen. In einer letzten Kraftanstrengung wurden noch die Mauern fertiggestellt, die bisher im Rückstande

waren, besonders in der obersten Strecke des Südanstieges zum Hochtortunnel und
beiderseits des Mittertörltunnels. Die noch fehlenden Rohrdurchlässe wurden verlegt
und die Fahrbahndecke in den noch offenen Strecken geschlossen. Das Wetter war

Photo: E. Fuchs, Zell am See

Südanstieg der Straße zum Hochtor unterhalb des Viehbühels

äußerst günstig, denn wir hatten im ganzen Monat Juli nur an vier Tagen Regen und
an zwei Tagen Schneefall.

Die Arbeit ging ihrem Ende entgegen. Mit einem lachenden und einem weinenden
Auge sahen wir den Tag kommen, an dem wir alle unsere Arbeit beendet haben
würden, an dem dann auch die Tage der Kameradschaft der Schaffenden am Glockner=
straßenbau ihr Ende finden mußten. Für viele aber tauchte die bange Frage vor der
Zukunft auf. Was wird nach Fertigstellung des Baues mit den Glocknerstraßen=
arbeitern sein? Wo werden sie bei der herrschenden Arbeitslosigkeit in Österreich
wieder ihr Brot für sich und ihre Familien verdienen können? Die gleiche Frage
stellten sich auch die vielen Ingenieure, die nur für die Dauer der Bauzeit angestellt
waren. Nun, hier wollte ich helfen, wo es mir nur möglich war. Der Glocknerstraßen=
bau hatte ja einen vorzüglichen Ruf, und wer hier gearbeitet hatte, der konnte schon
damit rechnen, daß er auch weiterhin sein Brot verdienen würde.

Aus vielen Ländern waren Exkursionen von Fachleuten auf die Straße gekommen
und hatten die Bauarbeiten besichtigt. Alle waren voll des Lobes und der Anerken=
nung dafür, was hier unter den schwierigsten Verhältnissen geleistet wurde. Wenn
eine schweizerische Fachzeitschrift schrieb, daß es geradezu unerhört sei, mit welcher

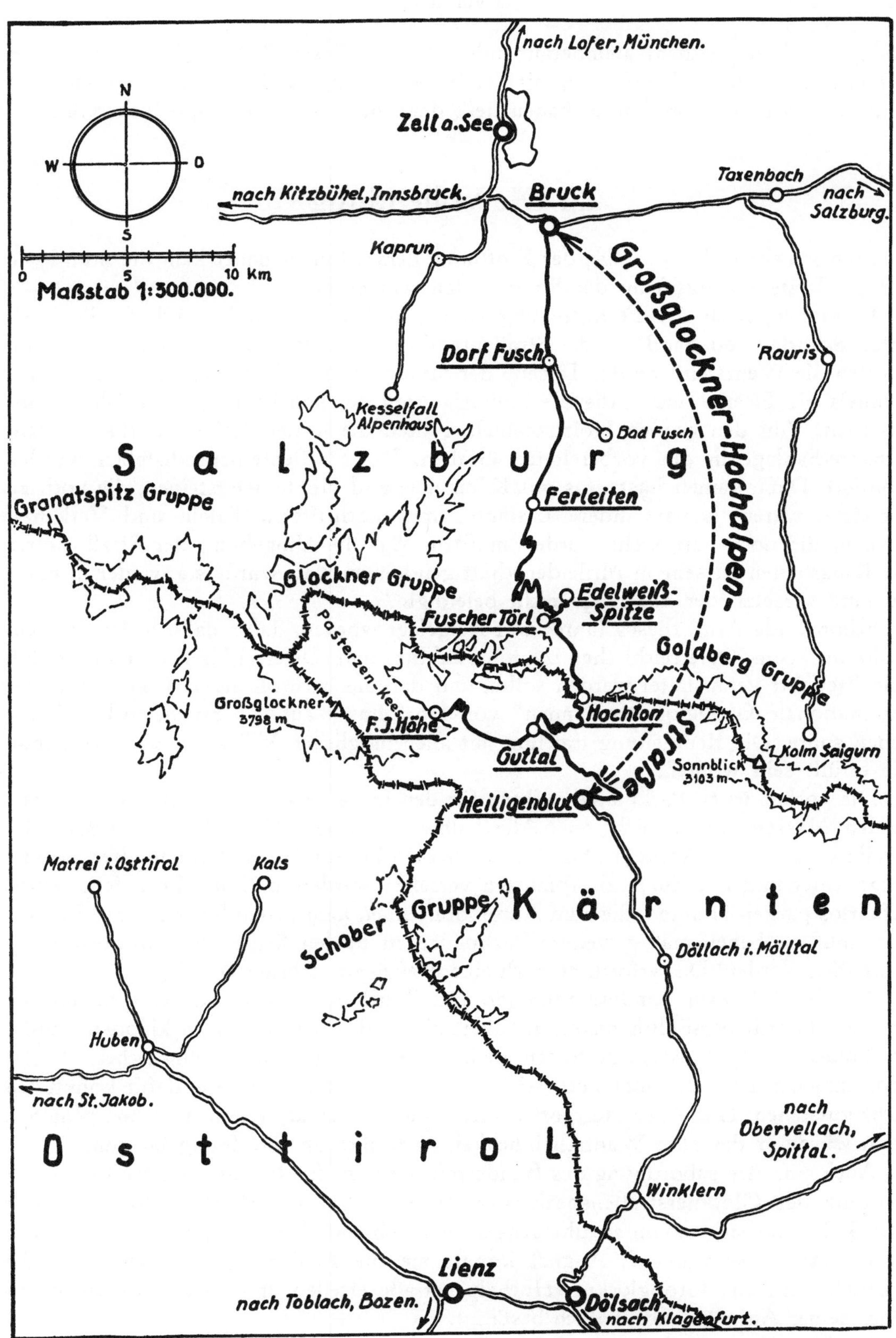

Die fertige Straße

Energie und in welchem atemberaubenden Tempo dieser Bau vorwärtsschreite, ein Tempo, das an die Eile erinnere, mit der Napoleon die Straße für seine italienischen Feldzüge über den Simplon ausbauen ließ, dann hatte sie damit eigentlich recht.

22. Die Vollendung

Immer mehr rückte der Tag der Eröffnung heran. Immer näher kam die Stunde, in der der letzte Handgriff an der Straße getan sein mußte.

In kurzen, noch der Fertigstellung entgegengehenden Strecken fuhren die Lastautos Schotter und Sand für die Straßenfahrbahn, dampften die Straßenwalzen und wurden die Wehrsteine an der Talseite der Straße versetzt. Noch waren in den beiden Tunnels die Eisengeländer, die die Fußsteige von der Fahrbahn trennen sollten, aufzustellen. Von den großen Holztrommeln rollten die letzten Kabel für die Straßenfernsprechanlage in die vorbereiteten Gräben. Die Straßenfernsprechstellen wurden montiert. Dann kamen Lastautos mit Kilometer- und Hektometersteinen, die noch zu versetzen waren, kamen andere Lastautos mit beschrifteten Tafeln und Verkehrszeichen, die noch aufgestellt werden mußten. Wo die Umgebung der Straße durch die Bauarbeiten zu sehr in Mitleidenschaft genommen war, wurde sie wieder in einen Zustand versetzt, der das Auge nicht beleidigte.

Schon Ende April dieses Jahres war festgelegt worden, daß anläßlich der Straßeneröffnung vom Österreichischen Automobilklub und Österreichischen Touringklub eine Zielfahrt veranstaltet werden sollte, und daß am nachfolgenden Tage das „Erste Internationale Großglockner-Rennen" von Dorf Fusch auf das Fuschertörl in Szene gehen sollte. Die Rennleitung trat nun mit allen möglichen Wünschen an mich heran, die erfüllt sein wollten.

Die vorhandenen Parkplätze reichten für den in den ersten Augusttagen zu erwartenden Massenandrang nicht aus. Alle halbwegs ebenen Almflächen beiderseits der Straße vom Oberen Naßfeld über das Fuschertörl bis zur Fuscherlacke mußten so weit hergerichtet und mit Zu- und Abfahrten versehen werden, daß auf ihnen jene Autos gefahrlos parken konnten, die zum Automobilrennen kamen. Auch für die Eröffnungsfeier mußten behelfsmäßig weitere Parkplätze zu beiden Seiten des Hochtortunnels geschaffen werden. Das erforderte noch eine Menge zusätzlicher Arbeit.

Am 24. Juli kam Landeshauptmann Dr. Rehrl mit seinem Kraftwagen auf die Straße, um sich persönlich davon zu überzeugen, daß wirklich alles klappen würde. Da brauchte er keine Sorge zu haben, denn ich war meiner Sache völlig sicher. Ob der Eröffnungstag uns allerdings auch schönes Wetter bescheren würde, dafür konnte ich nicht gutstehen. Hatte der Herrgott bisher seine schützende Hand über uns gehalten, dann würde er das aller Wahrscheinlichkeit nach auch am Eröffnungstag tun.

Auch eine Amtsabordnung des Bundesministeriums für Handel und Verkehr unter Führung des Glocknerstraßenspezialisten Ministerialrat Dr. Rößler erschien an Ort und Stelle, um sich davon zu überzeugen, daß wir mit dem Bau auch wirklich fertig waren. Am Abend des 2. August konnte sie die Benützungsbewilligung für die Scheitelstrecke der Großglockner-Hochalpenstraße erteilen und damit war die Erfüllung meiner Aufgabe auch amtlich bestätigt.

Noch ein letztesmal rollten die Straßenwalzen über die fertiggestellte Fahrbahn, dann war auch ihre Arbeit beendet. Ich fuhr, denn jetzt brauchte auch ich nicht mehr zu Fuß gehen, die ganze Strecke nochmals ab und überzeugte mich, daß alles so war, wie ich es haben wollte. Es begegneten mir Lastautos, die nicht mehr mit Baustein und Schotter, sondern mit Bergen von Blumen und Reisig, mit Fahnenstangen und Fahnen zum Schmücken der Festplätze hoch beladen waren. Schon überspannten an verschiedenen Stellen Spruchbänder die Straße, von mit Reisig umwundenen Masten getragen. Am Südportal des Hochtortunnels, wo die Hauptfeier stattfinden sollte, wurde noch die letzte Hand an die Festtribüne gelegt, ebenso am Fuschertörl an die große Zusehertribüne, die ich dort für das Automobilrennen errichten ließ.

Noch spät abends mußte ich hinaus nach Zell am See, um bei der Begrüßung der offiziellen Festgäste zugegen zu sein. Als ich die Strecke von Dorf Fusch nach Bruck hinausfuhr, empfing ich auch dort die Meldungen meiner Ingenieure, daß die Arbeit beendet und alles für die Eröffnungsfahrt in bestem Zustand sei. Es war schon dunkle Nacht. Noch einmal richtete ich meine Blicke zurück auf die Kette der Hohen Tauern, die jetzt nicht mehr ein trennendes Hindernis zwischen Nord und Süd war. Ein mächtiges Licht strahlte vom Gipfel der 2577 Meter hohen Edelweißspitze. Es stammte von dem großen, lichterloh brennenden Holzstoß, den ich dort hatte anzünden lassen. Einem neuen Stern gleich, leuchtete es aus finsterer Nacht in die Ferne, um der Umwelt zu verkünden:

„Wir sind fertig mit unserer Arbeit! Morgen ist Eröffnungstag!"

Und wie hatten sich die Zeiten seit meinem ersten Projekt im Jahre 1924 gewandelt! Aus einem primitiv zu bauenden Straßenzug von nicht ganz 28 Kilometer Länge war eine mehr als doppelt so lange erstklassige Automobilstraße geworden, deren Anlage und Einrichtungen den in der Zwischenzeit gigantisch gewachsenen Ansprüchen des Verkehrs Rechnung trugen.

Schon drei Tage vor der Eröffnung hatten die Bergwände des Fuschertales bis zum Fuschertörl hinauf vom Dröhnen der Motoren widergehallt. Die Fahrer der Rennwagen und Motorräder hatten ihre Maschinen und ihre Geschicklichkeit in oftmaliger Bergfahrt erprobt. Am 4. August mußte die Glocknerstraße ja den Beweis erbringen, daß sie auch als Bergrennstrecke ihrer Aufgabe voll und ganz gerecht wurde. Das stand nach den im Training erzielten Zeiten bereits außer Frage.

Der Kilometer 0.00 der Glocknerstraße in Bruck sowie der Ort selbst prangten im Festschmuck. In Zell am See stand ein Wald von Fahnen und in den engen Straßen des Städtchens herrschte ein beängstigendes Gedränge.

Nach dem offiziellen Empfang in Zell am See fuhr ich zurück nach Ferleiten. Es war inzwischen 1 Uhr morgens geworden. Jetzt konnte ich endlich einmal eine halbe Stunde mit meiner Frau allein sein und konnte mit ihr Gedanken über den kommenden Tag austauschen. Hatte doch auch meine Frau während der ganzen Jahre hindurch nur für das Gelingen des großen Werkes gearbeitet. Still und bescheiden war sie immer im Hintergrund gestanden und war doch meine treueste Stütze, mein bester Kamerad, der vom ersten Tage an, genau so wie ich, an das Gelingen der gestellten Aufgabe felsenfest geglaubt hatte.

Am nächsten Morgen ging ich in Ferleiten zum Straßenfernsprecher, nahm die letzten Meldungen meiner Ingenieure von der Strecke ab, ließ das rot-weiß-rote Band über die Straße spannen und wartete auf das, was folgen mußte. Die Kraftwagen, die schon am Vorabend in Ferleiten angekommen waren und auf den Wiesen beiderseits der Straße parkten, machten sich fahrbereit, ebenso die Festgäste, die von hier aus die Fahrt zur Höhe antreten wollten.

Schon erhielt ich durch den Fernsprecher die Meldung, daß die Spitze der Eröff⸗
nungskolonne Bruck, etwas später, daß sie Dorf Fusch passiert hatte. In etwa zehn
Minuten mußte daher der erste Wagen in Ferleiten eintreffen.

Da stand ich also ganz allein vor dem rot⸗weiß⸗roten Bande, das sich über die
Straße spannte und stand damit an einem Abschnitt meines Lebens, an dem bedeu⸗
tendsten, an dem ich eine schier unlösbare Aufgabe gemeistert hatte.

Der erste Kraftwagen fuhr heran, hinter ihm eine unübersehbare Kolonne von
Fahrzeugen. Vor dem Bande hielt der Wagen. Am Steuer saß Landeshauptmann
Dr. Rehrl und neben ihm der Bundespräsident Wilhelm Miklas. Ich meldete die
Fertigstellung der Straße, für die die Benützungsbewilligung bereits erteilt sei, und bat
den Bundespräsidenten, die Eröffnungsfahrt anzutreten. Nach kräftigem Hände⸗
schütteln, das besonders für den Landeshauptmann herzlich ausfiel — hatte ich ihm
allein doch das Gelingen des Straßenbaues zu danken — stieg ich in den gleichen
Wagen ein. Wir fuhren, das Band zerriß und in den Jubel und das laute Rufen der
Umstehenden krachten Böllerschüsse von den Hängen links und rechts der Straße.

Der Wettergott war uns günstig. Es herrschte das schon sprichwörtlich gewordene
„Glocknerstraßen⸗Eröffnungswetter“! Wie ein langer Wurm zog die Autokolonne die
Straße hinauf, voran die Wagen der offiziellen Festgäste, dann Personenkraftwagen,
Motorräder, Autobusse und wieder Autobusse in endloser Kette. Über die Kehren
auf der Piffalpe, durch das Piffkar und am Hochmais vorbei, wo die Straße noch im
Jahre 1932 ihren vorläufigen Endpunkt hatte, schraubten sich die Fahrzeuge in die
Höhe, erreichten bald die Kehrenanlage in der Hexenküche und fuhren dann die
Edelweißwand entlang in das Obere Naßfeld hinein, von dem aus bereits der
schlichte Bau des Gedenkzeichens am Fuschertörl sichtbar war, den Fahnen flankierten.
Links des oberen Naßfeldes grüßte die Edelweißspitze herunter, die ebenfalls Flaggen⸗
schmuck angelegt hatte.

Am Parkplatz Fuschertörl blieben die Wagen stehen. Alles stieg aus, um dem
ersten Festakt, der Enthüllung der Gedenktafeln, beizuwohnen. Bis hierher waren auch
die offiziellen Kärntner Festgäste mit ihrem Landeshauptmann, die die Auffahrt von
Heiligenblut über das Hochtor unternommen hatten, entgegengekommen. Der Bundes⸗
präsident hielt eine Ansprache. Dann fiel die Hülle von dem Eingang des Gedenk⸗
zeichens, das zur Erinnerung an den Straßenbau, an die beim Bau gefallenen Helden
der Arbeit und an alle jene errichtet worden war, die sich um den Bau der Straße ver⸗
dient gemacht hatten.

Weiter ging die Fahrt zum Hochtor hinüber. Zuerst hinunter zur Fuscherlacke,
dann durch den Mittertörltunnel am Fuße des Brennkogels vorbei und die letzten
zwei Kehren zum Hochtortunnel hinauf. Das Innere des Tunnels war durch viele
elektrische Lampen hell erleuchtet. An der Landesgrenze zwischen Salzburg und
Kärnten, mitten im Tunnel, war wieder ein Band über die Straße gespannt. Hier
verließen die Festteilnehmer ihre Wagen und die Landeshauptleute von Kärnten und
Salzburg tauschten Begrüßungsansprachen aus, die die Bedeutung des neuen Verkehrs⸗
weges für beide Länder würdigten. Nachdem der Bundespräsident auch dieses Band
durchschnitten hatte, schritten alle zum Südportal des Tunnels hinaus, zu dessen Füßen
das sonnige Kärntnerland ausgebreitet lag.

Ungezählte Autos hatten eine große Menschenmenge aus dem Süden hier herauf⸗
gebracht. Tausende umsäumten den Festplatz. Über dem Tunnelportal war die Fest⸗
tribüne errichtet. Hinter derselben hatten die Glocknerstraßenarbeiter am Hang Auf⸗

stellung genommen. Von der Salzburger Seite quoll der Menschenstrom unaufhörlich aus dem Tunnel heraus auf den Festplatz: Diplomaten, Minister, Landeshauptleute aller Bundesländer mit Vertretern der Landesregierungen und aller nur erdenklichen

Photo: Wallack

Das Südportal des Hochtortunnels (2504 m)

Körperschaften, Vertreter der in- und ausländischen Presse und alle jene, die es nicht verabsäumen wollten, bei diesem denkwürdigen Ereignis zugegen zu sein. Wer keine Fahrgelegenheit aufs Hochtor bekommen hatte, der hatte sich schon zeitig früh vom Tale aus aufgemacht und war zu Fuß, den Abkürzungswegen folgend, zur Höhe gekommen. Wer aber auch dazu keine Zeit fand, der hörte sich im Rundfunk die ganze Feier bequem zu Hause an und verschob seine persönliche Bekanntschaft mit der neuen Straße auf einen späteren Zeitpunkt, an dem kein so großer „Wirbel" da oben war und man alles in Ruhe genießen konnte.

Der Erzbischof von Salzburg las die Feldmesse. Von der Tauernwand, oberhalb des Tunnels, schoß eine Gebirgshaubitzbatterie Salut.

Und dann trat ich an das Rednerpult.

Als ich die vielen Kraftwagen und Menschen übersah, die heute erstmals in diese früher so einsamen Höhen heraufgefahren waren, da erst überkam mich das Gefühl, daß ich wirklich am Ziele stand. Das Ziel war erreicht, ein Kampf war siegreich bestanden, von dem die wenigsten, die heute hier waren, sich einen Begriff machen konnten. Ein Kampf gegen Widerwärtigkeiten aller Art und nicht zuletzt gegen die unerbittlichen Naturgewalten, die sich immer wieder drohend und gebieterisch dem Werk entgegenstellten und immer wieder aufs neue überwunden werden mußten.

Da standen sie hinter den Festgästen am Hang, die Arbeiter mit ihren Bauführern und Ingenieuren, gebräunte, harte, wetterfeste Gestalten, die mit mir durch dick und dünn gegangen waren. Ihre Arbeitshände hatten d a s für immer in die Natur ein= gemeißelt, was ich im Jahre 1924 erdacht und wofür ich all die folgenden Jahre meine ganze Energie und mein ganzes Können eingesetzt hatte. Diesen Männern, dieser Elitetruppe der österreichischen Arbeiterschaft und jenen von ihnen, die den heutigen Tag nicht erleben durften, weil sie auf dem Felde der Arbeit gefallen waren, galt mein besonderer Dank. Es war der von Herzen kommende Dank des Bauleiters an a l l e seine Mitarbeiter, hohe und niedere, gleichgültig, ob sie Rang und Namen hatten oder nicht. Es war aber auch der Dank an die Vorsehung, an ein gütiges Geschick, das die Vollendung dieses Werkes ermöglicht hatte, den ich hier vor aller Welt aussprechen durfte.

„Möge Gott den Menschen, die künftig hier fahren werden, gleich gnädig sein wie uns, die wir diese Straße durch die gewaltige Hochgebirgswelt erbauen durften! Ich wünsche jedem, der diese Gegend besucht, daß er die herrliche Gottesnatur in seinem Innersten erleben möge. Möge jeder Fremde, der an dieser Stelle über die Hohen Tauern fährt, die Schönheiten der österreichischen Alpenwelt genießen und preisen und möge jeder Österreicher, der über diese Straße fährt, stolz darauf sein, ein Österreicher zu sein!“

Dann sprachen der Landeshauptmann von Salzburg, der Rektor der Technischen Hochschule in Wien und der Dekan der Bauingenieurfakultät der gleichen Hochschule, der Handelsminister, der Vizekanzler und schließlich der Bundespräsident, der die Straße für eröffnet erklärte. Alle betonten die Wichtigkeit des neuen Verkehrsweges nicht nur für die Belebung des österreichischen Fremdenverkehrs, sondern auch als völkerverbindendes Band zwischen Nord und Süd. Nach der nun folgenden kirch= lichen Weihe sprachen noch die Bürgermeister der Talorte und zum Schluß ein schlichter Arbeiter des Glocknerstraßenbaues, der die enge Verbundenheit zwischen Arbeitern und Ingenieuren hervorhob.

Dann wurden die um den Bau verdienten Arbeiter und Ingenieure ausgezeichnet und endlich fand ich auch Gelegenheit, meiner Frau dankbar die Hand zu drücken, die mit dem goldenen Verdienstkreuz ausgezeichnet worden war.

Und wieder hallten die Salutschüsse der Gebirgsbatterie von der Tauernwand. Hoch oben im Äther aber zogen zwei mächtige Steinadler in ruhigem Flug ihre Kreise und sahen auf das ungewohnte Treiben herab, das sich tief unter ihnen abspielte.

Hinunter ging die Fahrt nun in das festlich geschmückte, zum Erdrücken überfüllte Heiligenblut, wo die Feier ihren Abschluß fand. Am nächsten Tag aber rasten die Rennwagen über die Straße hinauf zum Fuschertörl.

Dann fuhren Autos und Autobusse von Nord nach Süd und von Süd nach Nord, hinauf zur Höhe, zum Großglockner und wieder hinunter ins Tal, hinüber über den Kamm der Hohen Tauern auf dem neuen Verkehrsweg, der das trennende Hindernis überwunden hatte und nun v o l l e n d e t war!

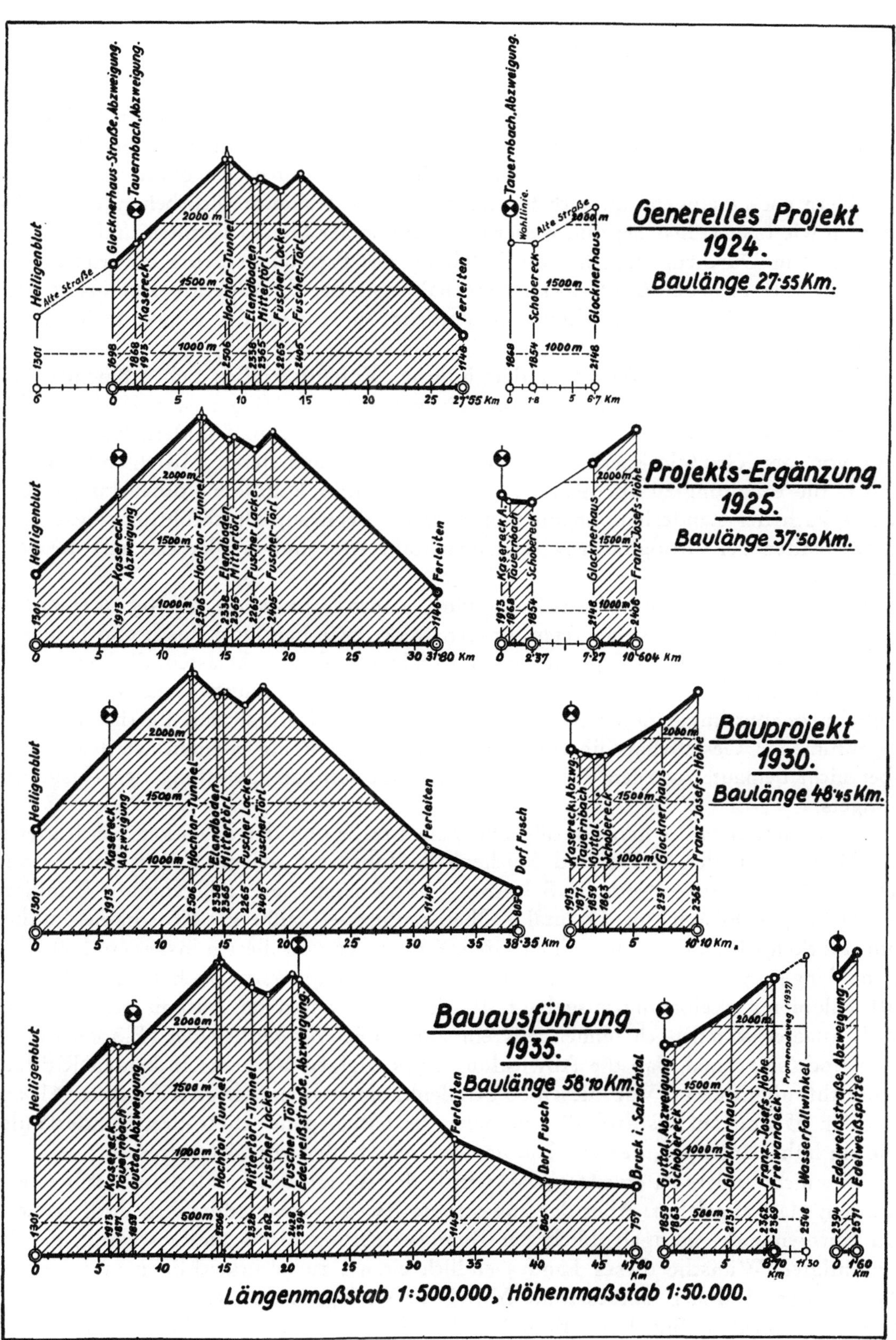

Gegenüberstellung der Baulängen vom ersten Projekt bis zur Fertigstellung

23. Die Straße steht!

Die Großglocknerstraße war fertig. Es schien nun so, als ob in diesem Gebiet die Arbeit ein für allemal zu Ende sei. Und fast schien es so, als ob die südlichen Zufahrts= straßen zur Glocknerstraße, insbesondere die Strecke durch das obere Mölltal von Winklern nach Heiligenblut, auch fernerhin genau so stiefmütterlich behandelt werden würden wie bisher. Das lag nun weder im Interesse der Länder Kärnten und Salzburg, die aus dem Durchzugsverkehr eine Belebung des Fremdenverkehrs erwartet hatten, noch im Interesse der Großglockner=Hochalpenstraße, da schlechte Zufahrtsstraßen selbstverständlich eine Drosselung des Verkehrs und damit der Mauteinnahmen zur Folge haben mußten.

Um in die Frage des Ausbaues der südlichen Zufahrtsstraßen Leben hineinzubrin= gen, stellte der Landeshauptmann von Kärnten, General Hülgert, am 18. September 1935 den Antrag, daß die obere Mölltaler Landesstraße von Winklern bis Heiligen= blut von der Großglockner=Hochalpenstraßen A.G. aus deren Mitteln auszubauen und in die Erhaltung zu übernehmen sei. Dieser Antrag konnte nie durchdringen. Das wußte auch der Landeshauptmann von Kärnten, denn zur Durchführung dieses An= trages fehlten der Großglockner=Hochalpenstraße jetzt und in aller Zukunft die nöti= gen Mittel.

Ganz abgesehen von dieser Tatsache ging es auch nicht an, die künftig zu erwarten= den Einnahmen aus der bemauteten Straßenstrecke zwischen Dorf Fusch und Heiligen= blut mit der dauernden Erhaltung langer Zufahrtsstraßen zu belasten, die der Gesell= schaft keinerlei Einnahmen, sondern nur hohe Ausgaben bringen konnten. Schon die verhältnismäßig kurze Zufahrtsstraße von Bruck im Salzachtal nach Fusch, die in das Eigentum der Gesellschaft übergegangen war und von ihr erhalten werden mußte, aber nicht bemautet werden durfte, bedeutete eine fühlbare Belastung des Ausgaben= budgets.

Betrachtete man die ganze große Durchzugsstraße von der deutschen Reichsgrenze bei Melleck (an der Straße Bad Reichenhall—Innsbruck gelegen) über Lofer—Saal= felden—Zell am See—Bruck im Salzachtal—Glocknerstraße—Heiligenblut—Winklern —Iselsberg—Dölsach im Drautal—Oberdrauburg—Gailberg—Kötschach=Mauthen zum Plöckenpaß an der italienischen Grenze, so waren von diesem insgesamt 200 Kilo= meter langen Straßenzug mit Fertigstellung der Großglockner=Hochalpenstraße rund 104 Kilometer zweibahnig ausgebaut. 10 Kilometer waren im Ausbau begriffen und 86 Kilometer waren noch immer teils einbahnig mit Ausweichstellen (Plöckenstraße) oder doch so schmal, daß die Abwicklung eines zügigen Verkehrs in beiden Richtun= gen nicht möglich war. Von diesen 86 Straßenkilometern entfielen auf Salzburg 41, auf Kärnten 35 und auf Osttirol 10 Kilometer. Es hatten daher diese drei Bundesländer alle ein hohes Interesse, den Ausbau der Zufahrtsstraßen vorwärtszutreiben.

Wie nicht anders zu erwarten war, wurde der Antrag des Landeshauptmannes von Kärnten glatt abgelehnt. Aber der angestrebte Zweck wurde schließlich doch erreicht. Da Kärnten nicht nachgab, blieb der Bundesregierung nichts anderes übrig, als die berechtigten Wünsche dieses Landes endlich einmal zu berücksichtigen und für den Ausbau der Mölltaler Landesstraße Mittel zur Verfügung zu stellen. Aber auch Salz= burg blieb nicht müßig. Über Betreiben Dr. Rehrls mußte sich schließlich der Bund bereiterklären, auch für den Ausbau der Strecke Lofer—Zell am See etwas zu tun. Und hätte sich das Land Tirol der Taktik der Länder Kärnten und Salzburg ange=

schlossen, so wäre schon damals auch für den Ausbau der Straße über den Iselsberg etwas zu erreichen gewesen. Da dies nicht geschah, blieb dieser Ausbau einer späteren Zeit vorbehalten.

Ohne den Bau der Großglockner=Hochalpenstraße wären aber alle diese Straßen= strecken wahrscheinlich heute noch in dem jämmerlichen Zustand, in dem sie sich vor der Erbauung des neuen Verkehrsweges befunden hatten.

Während des Winters 1935/36 wurde die Schlußabrechnung des Glocknerstraßen= baues durchgeführt, die am 5. Mai 1936 abgeschlossen werden konnte. Es ergab sich, daß von den bewilligten Mitteln für den Ausbau der neuen Straße zwischen Dorf Fusch und Heiligenblut in der Höhe von insgesamt 26,000.000 Schilling (Höhe des Aktienkapitals) nachstehende Beträge zur Erreichung des Bauzieles ausgegeben worden waren:

Nordrampe von Dorf Fusch bis Hochmais (14.4 Kilometer) .　S　6,282.000.—
Südrampe von Heiligenblut auf die Franz=Josephs=Höhe
　　(16.0 Kilometer) . . . . S　8,467.000.—
Scheitelstrecke vom Hochmais bis zum Guttal (18.3 Kilo=
　　meter) einschließlich Edelweißstraße (1.6 Kilometer) . .　S　9,753.000.—
　　　　　　　　　　　　　　　　　　Zusammen . . .　S 24,502.000.—

Die erzielten Ersparnisse betrugen daher rund einundeinehalbe Million Schilling. Der laufende Meter Straße hatte im Durchschnitt rund 487 Schilling gekostet. Selbst= verständlich gab es lange Strecken, die erheblich billiger waren, aber auch solche, die das 25fache davon kosteten, zum Beispiel einzelne unter starkem Gebirgsdruck stehende Strecken in den Tunnels.

Aus diesen Ersparnissen wurden finanziert: Der Ausbau der nördlichen Zufahrts= straße von Bruck im Salzachtal nach Fusch einschließlich der großen Brücke über die Salzach, der Ausbau der Mölltaler Landesstraße durch Gewährung eines einmaligen Beitrages von 200.000 Schilling, die Verlängerung der Gletscherstraße von der Franz= Josephs=Höhe um 500 Meter bis zum Parkplatz Freiwandeck, der Ausbau eines 2.4 Kilometer langen Promenadeweges zum Wasserfallwinkel, der Bau der Straßen= telephonanlage, die Errichtung einer Reihe von Hochbauten, die Schaffung eines **Wagenparkes** für Zwecke der Straßeninstandhaltung und schließlich die Gewährung einer einmaligen Spende an die Hinterbliebenen der beim Straßenbau verunglückten Arbeiter.

Der Fertigstellung der Großglockner=Hochalpenstraße folgte jedoch k e i n e Ruhepause. Emsig wurde daran gearbeitet, das bisher Geschaffene Zug um Zug aus= zugestalten, zu welchen Zwecken einerseits die erzielten Bauersparnisse, andererseits die Erträgnisse aus den Mauteinnahmen herangezogen werden konnten.

So entstand im Jahre 1 9 3 6 innerhalb einer Bauzeit von nur zwei Monaten die Ver= längerung der Gletscherstraße von der Franz=Josephs=Höhe bis zum Freiwandeck, ein kühn angelegtes Straßenstück, das sich hundert Meter über dem Eisstrom der Pasterze bis zum großen Endparkplatz an felsigem Steilhang hinzieht. Nach der Ver= kehrsübergabe dieser Straßenverlängerung, die am 1. August stattfand, wurde sofort mit dem Bau eines drei Meter breiten Promenadeweges vom Freiwandeck bis zum Wasserfallwinkel=Gletscher begonnen. Zwei durch Fels geschlagene Stollen führen an den Südhang der Freiwand. Entlang dieser Wand, immer hoch über dem Pasterzen= gletscher, gelangt der Weg an eine Stelle, an der der Abfluß des Wasserfallwinkel=

Gletschers, mächtige Moränenablagerungen und Gletschereis jedes weitere Vordringen verwehren. Im gleichen Jahr wurde die halbe Straßenlänge mit einem staubfreien Belag versehen, mit dem zweibahnigen Ausbau der Edelweißstraße begonnen und die Straßen-Fernsprechanlage weiter ausgestaltet.

Privater Unternehmungsgeist machte sich an die Ausgestaltung der Unterkunfts-häuser der Franz-Josephs-Höhe und des Glocknerhauses, sowie an den Ausbau neuer Gaststätten auf der Edelweißspitze, an der Fuscherlacke, am Hochtor und im Guttal.

Im gleichen Jahre gelang es auch, das verhältnismäßig bescheidene Aktienpaket, das sich noch in Händen der Bauunternehmungen befand, zu 82 Prozent zu erwerben und der Bundesregierung zur Verfügung zu stellen. In den folgenden Jahren kam auch der letzte Rest dieser Aktien ohne Gegenleistung in den Besitz der öffentlichen Hand, sodaß der Aufteilungsschlüssel des Aktienkapitals schließlich folgender war:

Österreichischer Bundesstaat . . . . . S 25,968.000.—
Land Kärnten . . . . S 16.000.—
Land Salzburg . . . . S 16.000.—

Mit der Fertigstellung der Straße hatte sofort eine starke Werbung für ihren Besuch eingesetzt, die zur Gänze von der Großglockner-Hochalpenstraßen A.G. ge-meinsam mit dem Landesverkehrsdirektor in Salzburg, Hofrat Hofmann-Montanus, bestritten wurde. Es würde zu weit führen, wollte ich hier all die Werbemaßnahmen erwähnen, die durchgeführt wurden, um den Besuch aus dem Inland und Ausland in möglichst großem Maße zu steigern. Zwei originelle Werbemittel möchte ich aber doch anführen.

Das eine ist die G l o c k n e r s t r a ß e n - V i g n e t t e, die jedes Fahrzeug, das die Glocknerstraße tatsächlich befährt, beim Passieren einer Mautstelle auf die Wind-schutzscheibe aufgeklebt erhält. Diese Vignette, den Großglockner mit dem Pasterzen-gletscher und einem auffahrenden Auto, umrahmt von einem „G" darstellend, kann n u r an Ort und Stelle erworben werden. Und sehr bald schon gab es kein Land der Erde, in dem nicht zumindest einige Personenkraftwagen mit der Glocknerstraßen-vignette auf der Windschutzscheibe herumfuhren und so die billigste und beste Reklame für die Straße machten.

Das zweite war die Art, in der die Gesellschaft die auf die Straße kommenden Fremden begrüßte. Daß schöne Faltprospekte in acht verschiedenen Sprachen vorrätig waren und an alle Besucher unentgeltlich abgegeben wurden, versteht sich von selbst. Auf der Höhe des Fuschertörls und am Parkplatz am Freiwandeck war eine große Zahl von Flaggenmasten aufgestellt. Auf den beiden mittleren, die anderen überragen-den Masten, wehten die Farben Österreichs, auf je sechs Masten zu beiden Seiten der-selben wehten die Flaggen aller Länder, die an diesem Tage ihre Autos auf die Glock-nerstraße geschickt hatten. Auf jedem dieser etwas kleineren Masten konnten gleich-zeitig vier Flaggen untereinander hochgezogen werden. Mehr als einmal kam es vor, daß mit den Farben Österreichs auch die Flaggen von 48 Nationen lustig im Winde flatterten. Jede halbe Stunde wurden die Erkennungszeichen der die Mautstellen passierenden ausländischen Kraftfahrzeuge mit dem Straßenfernsprecher hochgegeben und unmittelbar darauf wurden die betreffenden Flaggen aufgezogen. Sie erwarteten die Besucher, zu deren Begrüßung sie wehten.

Einem brasilianischen Journalisten gab ich einmal auf der Franz-Josephs-Höhe die diesbezüglichen Erklärungen, die er sich gewissenhaft notierte. Dann sagte er mir, daß das doch nicht stimmen könne. Er sei aus Brasilien und seine Flagge sei nicht da. Da erklärte ich ihm, daß er eben mit einem Salzburger Mietauto hierher gekommen sei, nicht aber mit einem Wagen aus seinem Heimatlande. Hätte man an der Mautstelle das

Photo: Wallack

Bau des Promenadeweges vom Freiwandeck (2369 m) zum Wasserfallwinkel (2548 m)

Erkennungszeichen „BR" festgestellt, dann würde hier auch die brasilianische Flagge wehen. Ihm zu Ehren wolle ich aber die Flagge seines Vaterlandes jetzt hochsteigen lassen. Ein kurzer Auftrag an den Flaggenwärter und eine halbe Minute später wehte Brasiliens Flagge angesichts des Großglockners, von seinem Staatsbürger mit abge‹ nommener Kopfbedeckung begrüßt. Er war sprachlos darüber, daß es in Europa so etwas gebe. Ähnliches hatte er noch nicht erlebt.

Es ist nicht meine Absicht, nun ausführliche Schilderungen all dessen zu bringen, was späterhin im Glocknerstraßengebiet geschaffen wurde. Das ist ja nicht der Zweck meines Buches, zu dem dieses Kapitel nur ein Nachwort sein soll. Ich will daher das Wesentliche nur kurz streifen.

Das Jahr 1937 brachte die Fertigstellung des Promenadeweges zum Wasserfall‹ winkel und seine Eröffnung durch den Bundeskanzler Dr. v. Schuschnigg am 28. Juni. Wieder wurden lange Strecken der Straßendecke mit einem staubfreien Belag versehen und die Ausbauarbeiten auf der Edelweißstraße fortgesetzt. Auch wurden Entwürfe für die Vergrößerung der Parkplätze, die sich als zu klein erwiesen, ausgearbeitet. Weiters wurde der Entwurf für den Bau einer Personenseilschwebebahn auf den Fuscherkarkopf gemäß der seinerzeitigen Anregung des Gutachters Professor Dr. Ing.

Örley von mir verfaßt und von Ing. Zuegg seilbahntechnisch bearbeitet. Die Wider=
stände, die dieses Projekt in Alpenvereinskreisen auslöste, will ich hier übergehen.

Im Jahre 1938, mit der Annexion Österreichs durch Deutschland, wurde der ver=
diente Landeshauptmann Dr. Rehrl seiner Ämter enthoben und seiner Freiheit beraubt.
Andere traten an seine Stelle, die aus Österreich nach und nach das machten, worunter
es noch heute leidet.

Ich aber konnte das mit Dr. Rehrl besprochene Programm fortführen und die
Straße weiter in Obhut behalten, die Staubfreimachung der Straße zu Ende führen und
mit dem Bau von großen Parkplätzen an den schönsten Aussichtspunkten der Straße
beginnen. Selbstverständlich vergaß ich auch nicht darauf, den zweibahnigen Ausbau
der Edelweißstraße weiter vorzutreiben.

Mit Kriegsausbruch ebbte der Verkehr mit einem Schlage ab. Es wurde still auf der
Straße. Großzügige, nie realisierbare Planungen mußten durchgeführt werden, die nicht
nur eine Verbreiterung der Straße, sondern auch den Bau von Riesenhotels zum
Gegenstande hatten. Für dringende Erhaltungsarbeiten an der bestehenden Straße
aber fehlte es an Arbeitskräften. Bestand früher das Straßenerhaltungspersonal aus
widerstandsfähigen, gesunden und tüchtigen Ortsansässigen, die mit dem Hoch=
gebirge vollkommen vertraut waren, so bestand es jetzt nur mehr aus wenigen schwa=
chen, kränklichen, halbinvaliden, alten und minder leistungsfähigen Männern, die für
den schweren Dienst nur zum geringsten Teil herangezogen werden konnten. Dabei
erreichte die Treibstoffknappheit ein derartiges Ausmaß, daß es für Straßeninstand=
haltungszwecke überhaupt keinen mehr gab! Alles wurde knapp und immer knapper,
auch der Treibstoff für den Leistungsmotor des Menschen, wie Fett, Mehl, Eier,
Fleisch und so weiter.

Dann nahmen hunderte, an manchen Tagen mehr als tausend Bomber mit dröh=
nenden Motoren ihren Weg von Süd nach Nord und zurück über das Glocknergebiet,
verloren hie und da auch etwas von ihren schweren Lasten, beschädigten aber die
Straßenanlage nicht. Immer mehr griffen die Kriegshandlungen auch auf unseren
heimatlichen Boden über. Wer Augen hatte, der sah schon längst, daß jeder weitere
Kampf nur zweckloses, selbstmörderisches Beginnen war.

Es war eine Welle sinnlosester Zerstörung, die nun auch über Österreich herein=
brach. Und mitten in dieser Sturmflut traten wir in das Jahr 1945 ein, in das zehnte
Jahr seit der Eröffnung der Großglockner=Hochalpenstraße als neuer Alpenhaupt=
übergang. Es brachte uns das Ende des zweiten Weltkrieges und machte Österreich
wieder f r e i. Es gab aber auch dem schwergeprüften und verfolgten Landeshaupt=
mann von Salzburg Dr. Rehrl endlich seine Freiheit wieder.

Der zehnte Jahrestag der Eröffnungsfeier, der 3. August 1945, ging still und ohne
Festlichkeit vorüber, doch war es mir vergönnt, im Rundfunk die Erinnerung an ihn
wachzurufen. Am Hochtor aber wehte wieder lustig eine Flagge im Winde, die Flagge
Ö s t e r r e i c h s.

Die Großglockner=Hochalpenstraße steht vorläufig noch immer in der Reihe der
Alpenhauptübergänge als zuletzt geschaffener da. Daher verdienen auch einige wenige
Daten Interesse, die ich hier anführen will.

Der früheste Zeitpunkt, zu dem die Scheitelstrecke nach durchgeführter Frühjahrs=
Schneefreimachung für den Verkehr frei wurde, war der 31. Mai (1936). Die späteste
Verkehrseinstellung erfolgte am 21. November (1938). Die tatsächliche mittlere jähr=
liche Benützungsdauer betrug während der zehn abgelaufenen Jahre 119 Tage oder

rund vier Monate. Hätte man während der Kriegszeit, so wie in den vorhergehenden Friedensjahren, alles an eine möglichst lange Befahrbarkeit gesetzt, das heißt, hätte man im Frühjahr und Spätherbst Treibstoff, Maschinen und Menschen in dem ehemals

In der einbahnig freigelegten Scheitelstrecke der Großglockner=
Hochalpenstraße zu Frühjahrsbeginn

üblichen Umfang zur Verfügung gehabt, dann hätte sich eine mittlere jährliche Be= nützungsdauer von 148 Tagen oder rund fünf Monaten erzielen lassen. Im mittleren Jahr ergibt dies eine Benützungszeit vom 5. Juni bis 4. November.

Zu Beginn der Sommerreisezeit 1939, vier Jahre nach der Eröffnung, waren bereits eine Million mautzahlender Besucher über die Glocknerstraße gefahren. Diese Zahl erfuhr dann bis Kriegsausbruch noch eine entsprechende Erhöhung, stieg aber später nur mehr ganz unwesentlich an und hielt mit Ende des Jahres 1944 bei eineinviertel Millionen. Das entspricht im Durchschnitt aller zehn Jahre 125.000 Besuchern je Jahr. Welch ein Sturm der Entrüstung hätte sich erhoben, wenn ich im Jahre 1924 gesagt hätte, daß in meinen errechneten 120.000 Passagieren pro Jahr das Risiko von sechs Kriegsjahren innerhalb zehn Betriebsjahren enthalten sei? Und welche Augen würden die damaligen Gutachter machen, wenn sie die von ihnen errechneten Frequenzzahlen, die viel bescheidener als die meinen waren, nachlesen könnten? Sie können es nicht mehr, denn sie sind inzwischen gestorben.

Was würden sie aber erst sagen, wenn sie feststellen müßten, daß die Einnahmen aus dem Straßenzoll in den ersten vier Friedensjahren 6.6 Millionen Schilling betragen haben, was im Jahresdurchschnitt 1.65 Millionen Schilling entspricht. Die sechs Kriegs= jahre brachten hingegen nur insgesamt 70.000 Schilling ein.

Dies zeigt wohl mit aller Deutlichkeit, daß Fragen der Beurteilung einer künftigen Frequenz Wirtschaftsfragen sind, die sich mathematisch allein nicht beantworten lassen.

Die durch die Mauteinnahmen einfließenden Gelder wurden zur Gänze für die Instandhaltung der Straße und zu ihrer weiteren Ausgestaltung verwendet. Da die Großglockner-Hochalpenstraße eine Bundesstraße ist und als Aktiengesellschaft des Bundes und der von der Straße durchzogenen Länder errichtet wurde, hatte der Staat nach erfolgter Hergabe der Mittel für den seinerzeitigen Bau keine wie immer gearteten Ausgaben für diese Straße zu leisten, eine Tatsache, durch die sich diese Straße von allen anderen Bundesstraßen unterscheidet.

Die bis zum Ausbruch des Krieges im Jahre 1939 stets ansteigende Besucherzahl und das bis zu diesem Zeitpunkt sich stets erhöhende jährliche Mauterträgnis sind Beweis dafür, daß die Glocknerstraße ein gesunder, lebender Organismus geworden ist. Zumindest war sie es bis zum Kriegsausbruch. Hoffen wir, daß sie es nun nach Kriegsende wieder werden wird.

Als ich im Jahre 1930 mit den ersten Bauarbeiten auf der Südrampe der Straße begann, da sagte mir ein Heiligenbluter Bauer, daß nach einer alten Überlieferung zwar einmal eine Straße über die Hohen Tauern begonnen werden würde, daß man mit diesem Bau aber nie zu Ende kommen würde. Im Jahre 1932, in dem die Weiter-finanzierung des Straßenbaues ins Stocken geriet, schien diese Vorhersage Wirklichkeit zu werden.

Nun ist die Straße schon zehn Jahre fertig und d o c h hat die Vorhersage recht behalten. Die Glocknerstraße wird nie fertig werden. Sie wird immer weiter ausgestal-tet werden, immer wieder wird an ihr gebaut und verbessert werden, um sie jederzeit der Entwicklung des Verkehrs und dem Fortschritt der Verkehrsmittel anzupassen. Und da sich sowohl der Verkehr als auch die Verkehrsmittel — in Friedenszeiten — immer wieder nur in ansteigender Linie weiterentwickeln werden, wird auch das Bauen im Bereich der Glocknerstraße nie aufhören.

Ins Gelände und in den Fels eingegraben steht die Glocknerstraße da. Vergessen und vergehen werden die vielen tausend Arbeiter, die vielen Ingenieure, die hier unermüdlich gearbeitet haben. Das ist nun schon einmal so auf der Welt und wird immer wieder so sein. Aber eines wird bleiben: D i e S t r a ß e !

Nicht kriegerischer Expansionsdrang, nicht frevelnder Übermut oder kühl rech-nender Geschäftsgeist standen an der Wiege dieses Werkes. Vielen Hunderttausenden sollte die Schönheit der einzigartigen Hochgebirgswelt an dieser Stelle bequem zu-gänglich gemacht werden. Immer mehr Menschen sollten sich an der herrlichen Natur erfreuen, auch solche, die körperlich nicht dazu befähigt waren, aus eigener Kraft zu diesem großen Erlebnis zu gelangen. Ein Weg zu d e m unvergänglichen Altar sollte diese Straße werden, an dem wir dem Herrgott aus übervollem Herzen Dank sagen können für all das, was er erschaffen hat und was uns das Leben lebenswert macht. Und das ist sie schließlich auch geworden.

Ein guter Stern ließ das Werk gelingen, das Menschen, Anschauungen, Staaten-gebilde und alles, was rasch vergänglich ist, lange Zeit überdauern wird. Das aber, was uns den Mut und die Kraft und die Ausdauer gab, das Erdachte zu beginnen und zu vollenden, läßt sich in die vier Worte zusammenfassen, die über dem Hochtortunnel in den Stein gemeißelt sind:

IN TE DOMINE SPERAVI

Photo: Ernst Baumann, Bad Reichenhall

Am Parkplatz Freiwandeck (2369 m) auf der Franz=Josephs=Höhe

24. Anhang

Befahrbarkeit der Scheitelstrecke der Großglockner-Hochalpenstraße in Tagen, wie sie sich in den Jahren 1935 bis 1944 tatsächlich ergab

Monat	Jahr									
	1935	1936	1937	1938	1939	1940	1941	1942	1943	1944
Juni	—	19	20	26	24	—	—	4	—	—
Juli	—	31	31	31	31	25	22	30	24	24
August	29[1])	31	31	31	31	31	31	30	31	31
September	30	29	27	30	30	30	23	30	27	25
Oktober	20	—	15	31	22	29	17	18	26	—
November	—	—	8	21	—	5	—	—	7	—
zusammen Tage	79	110	132	170	138	120	93	112	115	80

[1]) Eröffnung am 3. August 1935.

Gegenüberstellung der tatsächlichen Benützungsdauer und der möglichen Benützungsdauer der Scheitelstrecke der Großglockner-Hochalpenstraße bei normaler Durchführung der Schneeräumung im Frühjahr und Herbst, in Tagen

Benützungsdauer		1935	1936	1937	1938	1939	1940	1941	1942	1943	1944
tatsächliche	vom	3.VIII.[1])	31. V.	9. VI.	5. VI.	4. VI.	7. VII.	11. VII.	27. VI.	6. VII.	8. VII.
	bis	20. X.	29. IX.	10. XI.	21. XI.	23. X.	5. XI.	21. X.	18. X.	7. XI.	25. IX
	Tage	79	110	132	170	138	120	93	112	115	80
mögliche	vom	4. VI.	31. V.	9. VI.	5. VI.	4. VI.	6. VI.	11. VI.	27. V.	1. VI.	12. VI.
	bis	20. X.	29. IX.	10. XI.	21. XI.	23. X.	15. XI.	21. X.	18. XI.	5. XII.	29. X.
	Tage	136	110	132	170	138	160	132	170	188	140

[1]) Eröffnung am 3. August 1935.

Ergebnis der Verkehrszählung in den Jahren 1931 bis 1944

Jahr	Anzahl der mautzahlenden Besucher	Anzahl der Kraftfahrzeuge		
		Personen=kraftwagen	Autobusse	Motorräder
1931[1])	21.664	3.290	1.133	403
1932[2])	23.360	3.558	1.225	442
1933[3])	36.019	5.482	1.888	1.258
1934[4])	31.961	5.686	1.302	1.837
1935[5])	130.571	19.309	4.174	5.482
1936	146.427	24.218	5.122	5.290
1937	147.994	26.657	4.066	4.812
1938	374.465	76.138	5.355	15.951
1939	297.242	58.114	4.325	16.962
1940	6.169	669	330	56
1941	10.317	923	493	84
1942	3.355	948	7	205
1943	3.941	662	39	146
1944	3.328	460	90	90
Summe	1,236.813	226.114	29.549	53.018

[1]) Nur Teilstrecke Fusch—Ferleiten, eröffnet am 15. Juli 1931.

[2]) Teilstrecken Fusch—Ferleiten, Ferleiten—Hochmais ab 1. September 1932, Heiligenblut—Franz=Josephs=Höhe ab 2. Oktober 1932.

[3]) Nordrampe bis Hochmais, Südrampe bis Franz=Josephs=Höhe.

[4]) Nordrampe bis Hochmais, ab 23. September 1934 bis Edelweißspitze, Südrampe bis Franz=Josephs=Höhe.

[5]) Nordrampe bis Edelweißspitze, Südrampe bis Franz=Josephs=Höhe, ganze Straße ab 3. August 1935.

In der Anzahl der mautzahlenden Besucher sind in den Jahren 1935 bis einschließlich 1937 auch die Radfahrer enthalten, die damals mit einem Schilling bemautet wurden, und zwar:

1935: 4280, 1936: 7699 und 1937: 6979; zusammen 18.958.

Erzielte Mauteinnahmen in den einzelnen Betriebsjahren

Jahr	öst. Schilling	Anmerkung	Jahr	Reichsmark	Anmerkung
1931	22.026.—	Strecke Fusch—Ferleiten	1938	1,222.756.42	Ganze Strecke
1932	54.430.—	Strecke Fusch—Ferleiten —Hochmais	1939	945.385.64	Ganze Strecke (Kriegsausbruch)
1933	185.077.—	Strecke Fusch— Hochmais und Heiligenblut— Frz.=Josephs=Höhe	1940	9.513.43	
1934	344.361.—	Strecke Fusch— Fuschertörl und Heiligenblut— Frz.=Josephs=Höhe	1941	13.491.23	
1935	742.984.—	Ab 3. August ganze Strecke	1942	6.437.31	Ganze Strecke (Krieg)
1936	1,006.931.—	Ganze Strecke	1943	5.704.67	
1937	1,001.299.—		1944	5.233.98	
Summe	3,357.108.—		Summe	2,208.522.68	

Literaturverzeichnis

I.

Bemerkenswerte Aufsätze in Fachzeitschriften und sonstige Veröffentlichungen betreffend die Groß‹glockner‹Hochalpenstraße und ihr Gebiet sowie Sammelwerke über Alpenstraßen.

1. A C S ‹ R e v u e, Vom Bau der Großglocknerstraße. Ein neuer Alpenübergang. Eine Mahnung für die Schweiz. ACS‹Revue, off. Organ des Automobil‹Club der Schweiz, Bern 1935, Heft 15.

2. B a u e r, Landesoberbaurat Ing. Georg, Bau einer Hochalpenstraße über den Felbertauern. Bericht über den Fünften Österr. Straßentag in Klagenfurt, Verband der österr. Straßengesellschaften, Wien, 1930.

3. D e r s e l b e, Das Projekt der Felbertauernstraße. Jahrbuch für das Straßenwesen in Österreich, Wels, 1931.

4. B i n d e r, Minist. Ing. E. Mühendis, Avusturya' da Großglockner‹Alpdagi Yolu. T. C. Bayindirlik Bakanligi, Bayindirlik isleri Dergisi, Ankara, März 1936 (Normenblätter der Großglockner‹ Hochalpenstraße).

5. D e r s e l b e, Duvar Insaatmda Nazari Dikkate Alinacak Tedbirler. T. C. Bayindirlik Bakanligi, Bayindirlik isleri Dergisi, Ankara, März 1937 (Einführung der Mauernormen der Großglockner‹ Hochalpenstraße für die Bergstraßen der Türkei).

6. B i r k, Ing. Dr. e. h. Alfred, Die Straße, ihre verkehrs‹ und bautechnische Entwicklung im Rahmen der Menschheitsgeschichte. Adam Kraft, Karlsbad‹Drahowitz, 1934.

7. B o h l e r ‹ Bros. & Co. Ltd., The Großglockner‹Road across the Alps; an Engineering Feat Commercial Engineer, Shanghai, 1936, Heft 7.

8. B r e i t s c h e d l, Prof. Dr. Walter, Die Großglockner‹Hochalpenstraße. Velhagen u. Klasings Monatshefte, 1931/32, Band 2.

9. B r u c k m a n n, F., Die Großglockner‹Hochalpenstraße. Mit einer Übersichtskarte und sechs Straßenkarten. Verlag F. Bruckmann, München, 1936.

10. C a n a v a l, Hofrat Ing. Dr. Richard, Das Goldfeld der Ostalpen und seine Bedeutung für die Gegenwart. Berg‹ und Hüttenmännisches Jahrbuch, 1924.

11. C h r i s t o m a n n o s, Th., Die neue Dolomitenstraße Bozen—Cortina—Toblach und ihre Neben‹ linien. Christoph Reißer's Söhne, Wien, 1909.

12. E i d g e n ö s s i s c h e   P o s t v e r w a l t u n g, Das Alpenbuch. Schweizerische Oberpostdirektion, Bern.

13. F e s t s c h r i f t   z u r   E r ö f f n u n g   d e r   G r o ß g l o c k n e r ‹ H o c h a l p e n s t r a ß e. Wagner'sche Universitäts‹Buchdruckerei, Innsbruck, 1935.

14. F e s t s c h r i f t   z u r   E r ö f f n u n g   d e r   G r o ß g l o c k n e r ‹ H o c h a l p e n s t r a ß e. Zaunrith'sche Buch‹ u. Kunstdruckerei, Salzburg, 1935.

15. F r e e s t o n, Charles L., Die Hochstraßen der Alpen. Richard Carl Schmidt u. Co., Berlin, 1911.

16. G a r d n e r, Commercial Attaché Richardson, Progress on the Austrian Großglockner Alpine Highway. Commerce Reports, Washington, 1932, Heft 16.

17. G e r n o t, Ing. Wilhelm, Schwarzarbeit im Hochgebirge. Jahrbuch für das Straßenwesen in Öster‹ reich, Wels, 1938.

18. G u b l e r, Dr. Th., Bemerkenswerte Alpenstraßenbauten der Gegenwart. Welt‹Straßenwesen 1938, Elsner‹Verlag, Berlin, 1938.

19. D e r s e l b e, Die schweizerischen Alpenstraßen. Verlag des schweizerischen Radfahrer=Bundes, Zürich, 1922.

20. H l o u š e k, Ing. Antonín, Nová Alpská Silnice Přes Vysoké Taury a ke Großglockneru. Zprávy veřejné Služby Technické, Praha, 1935, Heft 20.

21. H o f m a n n = M o n t a n u s, Hofrat Hans, Die Großglockner=Hochalpenstraße. Deutsche Alpen= zeitung, Bergverlag Rother, München, 1935, Heft 7.

22. D e r s e l b e, Werdegang und Bedeutung der Großglockner=Hochalpenstraße. Sonder=Augustfolge der Österr. Verkehrs=Wirtschaft zum 7. Österr. Straßentag in Salzburg, Linz a. d. Donau, 1935.

23. H o p f g a r t n e r, Baurat h. c. Ing. Emil, Über die Tunnelbauten der Großglockner=Hochalpen= straße. Festschrift anläßlich des 75jährigen Bestandes der Ziviltechniker, Wiener Ingenieurkammer, 1935.

24. J o e d i c k e, Dr. Franz, Die Ausgestaltung der Großglockner=Hochalpenstraße mit Rauhbelägen. Sonderdruck aus Asphalt= u. Teer=Straßenbautechnik, Berlin, 1938, Heft 9.

25. D e r s e l b e, Die Großglockner=Hochalpenstraße und ihre Ausgestaltung. Technisches Gemeinde= blatt, Berlin, 1938, Heft 7.

26. K a p p e l, Alex., En Eventyrling Bilvey. Mobilia, Kopenhagen, 1936, Heft 1.

27. K r e u t z, W., und H. W e h r h e i m, Kleinklimaforschungen im Glocknergebiet in Anlehnung an praktische Bedürfnisse. Agrarmeteorologische Forschungsstelle des Reichsamtes für Wetterdienst in Gießen, in den Bioklimatischen Beiblättern, Viehweg u. Sohn, Braunschweig, 1942, Heft 1/2.

28. D e r s e l b e, Klimastudien diesseits und jenseits des Tauernkammes. Zeitschrift für angewandte Meteorologie, 1942, Heft 12.

29. L ä m m e r m a y r, Privatdozent Prof. Dr. Ludwig, Botanische Beobachtungen im Raume Ferleiten —Fuschertörl—Edelweißspitze; Nordrampe der Großglockner=Hochalpenstraße. Sitzungsbericht der Akademie der Wissenschaften in Wien, naturw. Klasse, Abt. I., 144. Band, 1935, Heft 9 u. 10.

30. M a i r, Kurt, Die Hochstraßen der Alpen. Richard Carl Schmidt & Co., Berlin, 1930.

31. M a r k l, Ing. Wilhelm, Staubfreimachung von Paßstraßen. Die Straße in Österreich, im Verlage der Österr. Verkehrs=Wirtschaft, 1937, Heft 9 (Oktober).

32. M a r t i n, Ing. Ernst, Die Großglockner=Hochalpenstraße, mit einem Rückblick auf das Konkurrenz= projekt über den Felbertauern. Der Straßenbau, Zeitschrift für Tiefbau im Staats= und Gemeinde= wesen, Halle a. d. Saale, 1936, Heft 8 und 9.

33. M ø l l e r, Peder M. D. A., Großglockner=Hochalpenstraße, Østrigs Moderne Bilvey. Dansk Architektforening Tidsskrift, Kopenhagen, 1936, Heft 24.

34. M u n d t, Hans, Die natürlichen Richtungen des Straßenbaues in den Alpen. Die Straße, Volk u. Reich Verlag, Berlin, 1935, Heft 7.

35. O e r l e y, Professor Dr.=Ing. Leopold, Die Großglockner=Hochalpenstraße. Die Straße, Volk u. Reich Verlag Berlin, 1935, Heft 10.

36. P e e r, Robert, The Großglockner=Highway. Compressed Air Magazine, London — New York -- Paris, 1936, Heft 1.

37. R e i c h e n v a t e r, Ministerialrat Ing. Karl, Ausbau der Bundesstraßen in den Jahren 1933—1934. Das Straßenwesen, Wien, 1934, Heft 10.

38. D e r s e l b e, Die außerordentlichen Straßenbauten des Bundes im Jahre 1933/34. Jahrbuch für das Straßenwesen in Österreich, Wels, 1935.

39. D e r s e l b e, Stand des neuzeitlichen Ausbaues der Bundesstraßen mit 31. Dezember 1935. Das Straßenwesen, Wien, 1936, Heft 6.

40. D e r s e l b e, Stand des neuzeitlichen Ausbaues der Bundesstraßen mit 31. Dezember 1936. Das Straßenwesen, Wien, 1937, Heft 8.

41. S a r t o r i u s v o n T h a l b o r n, H., De Großglocknerweg over de Hooge Alpen. Wegenbouw Nummer van het Vakblad voor de Bruwbedrijven, Doetinchen, 1935, Heft 45.

42. S m o l a, Hofrat Ing. August, Stand der Straßenbautechnik in Österreich. Das Straßenwesen, Wien, 1931, Heft 8.

43. S c h n e i d e r, Ministerialrat Ing. Gustav, Der Ausbau der österr. Bundesstraßen im Jahre 1930. Das Straßenwesen, Wien, 1931, Heft 7.

44. D e r s e l b e, Der neuzeitliche Ausbau der österr. Bundesstraßen im Jahre 1931. Das Straßenwesen, Wien, 1932, Heft 7.

45. D e r s e l b e, Das Budget der österr. Bundesstraßenverwaltung im Jahre 1932. Das Straßenwesen, Wien, 1932, Heft 2.

46. S c h u p p, Ing. Hans, Fernsprecheinrichtungen an der Großglockner-Hochalpenstraße. Siemens-Zeitschrift, Berlin, 1935, Heft 12.

47. S i g h a r t n e r, Oberbaurat, Ing. Alfred, Das österr. Straßenbauprogramm. Jahrbuch für das Straßenwesen in Österreich, Wels, 1931.

48. D e r s e l b e, Großglockner-Hochalpenstraße, Kraftfahrzeugverkehr 1935. Die Straße in Österreich, im Verlag der Österr. Verkehrs-Wirtschaft, 1937, Heft 1 (Jänner-Februar).

49. D e r s e l b e, Verkehrsentwicklung 1936. (Verkehrsstatistik, auch der Großglockner-Hochalpenstraße) Die Straße in Österreich, im Verlage der Österr. Verkehrs-Wirtschaft, 1937, Heft 8 (September).

50. T h e S h e l l C o m p a n y o f S o u t h A f r i c a, Alpine Conquest. The Grossglockner Road. Improved Highways. The Shell Company of South Africa Limited, Cape Town, 1936, Heft 2.

51. T o l l n e r, Dr. Hans, Luftströmungen im Bereiche von Gletschern. Der Pilot, Monatsschrift für das gesamte Flugwesen, Innsbruck, 1937, Heft 7.

52. T o t h - S o n n s, Die Großglockner-Hochalpenstraße, das Werk und seine Welt. Der Großglockner, herausgegeben von Hans Fischer, Bergverlag Rudolf Rother, München, 1938.

53. V e i d l, Sektionsrat a. D, Erich, Die wirtschaftliche Bedeutung des Baues der Großglockner-Hochalpenstraße. Österreichs Wirtschaft, Wochenschrift des Niederösterr. Gewerbevereines, Wien, 1935, Heft 29.

54. V o i s a r d, Karl, Die verkabelte Fernsprechanlage der Großglockner-Hochalpenstraße. Europäischer Fernsprechdienst, Mitteilungen über das internationale Fernmeldewesen, Berlin-Charlottenburg, 1936, Heft 44.

55. W a g n e r, Robert Richard, Goldtauern, Roman um die Glocknerstraße. Nestroy-Verlag, Wien, 1935.

56. W a l d v o g e l, Ing. Hans, Die Großglockner-Hochalpenstraße. Schweizerische Zeitschrift für Straßenwesen, Zürich, 1935, Heft 23.

57. W a l l a c k, Hofrat Ziv.-Ing. Franz, Bericht über die Studienreise 1925. Selbstverlag der Kärntner Landesregierung 1925.

58. D e r s e l b e, Das Projekt der Großglockner-Hochalpenstraße. Zeitschrift des Österr. Ing.- u. Arch.-Vereines, Wien, 1925, Heft 21/22.

59. D e r s e l b e, Der gegenwärtige Stand des Projektes der Großglockner-Hochalpenstraße. Zeitschrift des Österr. Ing.- u. Arch.-Vereines, Wien, 1927, Heft 49/50.

60. D e r s e l b e, Die Großglockner-Hochalpenstraße. Das Straßenwesen, österr. Zeitschrift für neuzeitlichen Straßenbau und Straßenwirtschaft, Wien, 1930, Heft 9.

61. D e r s e l b e, Die Großglockner-Hochalpenstraße. Jahrbuch für das Straßenwesen in Österreich, Wels, 1931.

62. D e r s e l b e, Die Großglockner-Hochalpenstraße. Openbare Werken, Den Haag, 1931, Heft 12.

63. D e r s e l b e, Die Großglockner-Hochalpenstraße. Verkehrstechnik, Berlin, 1932, Heft 26.

64. D e r s e l b e, Der Bau der Großglockner-Hochalpenstraße. Jahrbuch für das Straßenwesen in Österreich, Wels, 1932.

65. D e r s e l b e, Über den gegenwärtigen Stand der Bauarbeiten an der Großglockner-Hochalpenstraße. Zeitschrift des Österr. Ing.- u. Arch.-Vereines, Wien, 1932, Heft 19/20.

66. D e r s e l b e, Die Großglockner-Hochalpenstraße. Zeitschrift des Vereines Deutscher Ingenieure
(VDI.), Berlin, 1933, Heft 19.

67. D e r s e l b e, Die Großglockner-Hochalpenstraße. Openbare Werken, Den Haag, 1933, Heft 15.

68. D e r s e l b e, Heutige Aufgaben des Straßenbaues im Hochgebirge. VDI., 71. Hauptversamm-
lung, VDI. Verlag G. m. b. H., Berlin, 1933.

69. D e r s e l b e, Die Nordrampe der Großglockner-Hochalpenstraße. Österr. Verkehrs-Wirtschaft,
Linz a. d. Donau, 1933, Heft 202.

70. D e r s e l b e, Die fertiggestellten Rampen der Großglockner-Hochalpenstraße. Jahrbuch für das
Straßenwesen in Österreich, Wels, 1933.

71. D e r s e l b e, Stand der Bauarbeiten an der Scheitelstrecke der Großglockner-Hochalpenstraße.
Österr. Verkehrs-Wirtschaft, Linz a. d. Donau, 1933, Heft 209.

72. D e r s e l b e, Die Scheitelstrecke der Großglockner-Hochalpenstraße. Verkehrstechnik, Zentralblatt
für den gesamten Landverkehr und Straßenbau, Berlin, 1934, Heft 4.

73. D e r s e l b e, Der Bau der Großglockner-Hochalpenstraße. Deutsche Bauzeitung, Berlin, 1934,
Heft 35.

74. D e r s e l b e, Vom Stand der Bauarbeiten an der Großglockner-Hochalpenstraße. Zeitschrift des
Österr. Ing.- u. Arch.-Vereines, Wien, 1934, Heft 47/48.

75. D e r s e l b e, Der Stand der Bauarbeiten an der Scheitelstrecke der Großglockner-Hochalpenstraße. Jahrbuch für das Straßenwesen in Österreich, Wels, 1934.

76. D e r s e l b e, Die Großglockner-Hochalpenstraße, Stand der Bauarbeiten am 1. September 1934.
Österr. Verkehrs-Wirtschaft, Linz a. d. Donau, 1934, Heft 10.

77. D e r s e l b e, Die Scheitelstrecke der Großglockner-Hochalpenstraße. Verkehrstechnik, Zentralblatt
für den gesamten Landverkehr und Straßenbau, Berlin, 1935, Heft 3.

78. D e r s e l b e, Vor der Vollendung der Bauarbeiten an der Scheitelstrecke der Großglockner-
Hochalpenstraße. Jahrbuch für das Straßenwesen in Österreich, Wels, 1935.

79. D e r s e l b e, Die Arbeitsleistung beim Bau der Großglockner-Hochalpenstraße. Österr. Verkehrs-
Wirtschaft, zum 7. Österr. Straßentag in Salzburg, Linz a. d. Donau, 1935.

80. D e r s e l b e, Die Arbeitsleistung beim Bau der Großglockner-Hochalpenstraße. Verkehrstechnik,
Zentralblatt für den gesamten Landverkehr und Straßenbau, Berlin, 1935, Heft 18.

81. D e r s e l b e, Die Großglockner-Hochalpenstraße, ein Beispiel der Ingenieurarbeit im Hochgebirgsstraßenbau. Festschrift anläßlich des 75jährigen Bestandes der Ziviltechniker, Wiener
Ingenieurkammer, 1935.

82. D e r s e l b e, Die Großglockner-Hochalpenstraße. Openbare Werken, Den Haag, 1936, Heft 16.

83. D e r s e l b e, Die Vollendung und weitere Ausgestaltung der Großglockner-Hochalpenstraße.
Jahrbuch für das Straßenwesen in Österreich, Wels, 1936.

84. D e r s e l b e, Die Großglockner-Hochalpenstraße. Der Verkehr, off. Organ des österr. Verkehrs-
bundes, Wien, 1937, Heft 6.

85. D e r s e l b e, Alte und neue Technik beim Bau von Alpenstraßen. Die Alpenstraßen, Volk und
Reich Verlag, Berlin, 1937, Heft 7.

86. D e r s e l b e, Die Ausgestaltungsarbeiten an der Großglockner-Hochalpenstraße in den Jahren
1936 und 1937. Jahrbuch für das Straßenwesen in Österreich, Wels 1937.

87. D e r s e l b e, Die verkehrstechnische Bedeutung der Großglockner-Hochalpenstraße. Verkehrstechnik, Berlin 1937, Heft 13

88. D e r s e l b e, Die Fortsetzung der Ausgestaltungsarbeiten an der Großglockner-Hochalpenstraße
in den Jahren 1937 und 1938. Jahrbuch für das Straßenwesen in Österreich, Wels, 1938.

89. **D e r s e l b e**, Die Probleme der Schneefreimachung und Parkplätze auf der Großglockner=Hoch= alpenstraße. Jahrbuch für das Straßenwesen in Österreich, Wels, 1939.

90. **D e r s e l b e**, Die zweibahnige Schneefreimachung der Großglockner=Hochalpenstraße im Früh= jahr 1939. Die Straße, Volk und Reich Verlag, Berlin, 1940, Heft 23/24.

91. **D e r s e l b e**, Die zweibahnige Schneefreimachung auf der Großglockner=Hochalpenstraße im Früh= jahr 1939. Jahrbuch für das Straßenwesen in Österreich, Wels, 1940.

92. **W a l l n e r**, Dr. Irta Ernö, A Groß Glockner Ut. A Földgömb, Budapest, 1936, Heft 1.

93. **W i l l f o r t**, Ing. F., Die Großglockner=Hochalpenstraße — vollendet. Zeitschrift des Österr. Ing.= u. Arch.=Vereines, Wien, 1935, Heft 33/34 und Heft 51/52.

II.

Die wichtigsten Kartenwerke zum Studium der Alpenstraßen im allgemeinen und der Groß= glockner=Hochalpenstraße im besonderen.

1. **B a r r è r e**, H., La Route des Alpes et du Jura de Nice à Belfort par services automobiles P.L.M. Echelle 1:400.000. Imp. de l'Institut Cartographique de Paris.

2. **B e r t a r e l l i**, L. V., Carta automobilistica del Touring Club Italiano. Foglio Io: Italia setten= trionale e Regioni limitrofe, Scala 1:650.000.

3. **B i r o**, Adolf, Automobilkarte für Tirol, Vorarlberg, Ostschweiz, Südbayern und Norditalien, Maßstab 1:350.000. Universitäts=Verlag Wagner, Innsbruck.

4. **D e r s e l b e**, Automobilkarte für Ober= und Niederösterreich, Salzburg, Kärnten, Steiermark und Burgenland, Maßstab 1:350.000. Universitäts=Verlag Wagner, Innsbruck.

5. **C o r n e l i u s**, Dr. H. P., und Dr. E. **C l a r**, Geologische Karte des Großglocknergebietes samt Erläuterungen. Freytag u. Berndt A. G., Wien, 1935.

6. **D u f o u r**, General G. H., Generalkarte der Schweiz, Maßstab 1:250.000 in IV Blättern. Schwei= zerische Landestopographie, Bern.

7. **F i n s t e r w a l d e r** Dr. Richard, und Wilhelm **K u n z**, Karte der Glocknergruppe 1:25.000. Herausgeber D. u. Ö. Alpenverein, G. Freytag u. Berndt, Wien, 1928.

8. **F r e y t a g u. B e r n d t**, Offizielle Karte der Großglockner=Hochalpenstraße 1:25.000. Wien, 1935.

9. **L u c e r n a**, Dr. Roman, Ur=Pasterze, Mölltalgletscher der Gschnitzzeit, Karte 1:100.000. Beilage zur Zeitschrift für Gletscherkunde, Band 25, Freytag u. Berndt, Wien.

10. **F r e y t a g u. B e r n d t**, Autostraßenkarten im Maßstab 1:300.000. Blätter 24, 25, 26, 27, 28, 39, 40, 41, 281, 282. (Bl. 24 Linz, Salzburg. — Bl. 25 Wien. — Bl. 26 Bregenz, Chur, Bozen. — Bl. 27 Innsbruck, Villach. — Bl. 28 Graz. — Bl. 39 Zürich, Genf. — Bl. 40 Mailand, Turin. — Bl. 41 Nizza, Genua. — Bl. 281 Lyon. — Bl. 282 Valence.)

11. **M i c h e l i n & C i e.**, Carta Michelin, Italia, Scala di 1/200.000. Foglio Nr. 1 — Sondrio. — Nr. 2 — Belluno. — Nr. 3 — Milano. — Nr. 4 — Venezia. — Nr. 5 — Trieste. Agenzia Italiana Pneumatici Michelin, Milano.

12. **M i l i t ä r g e o g r a p h i s c h e s I n s t i t u t** in Wien, Österreichische Karte 1:25.000, Blätter 153/1, 153/2, 153/3, 153/4, 154/1, 154/3.

13. **M i c h e l i n & C i e.**, Carte Michelin de la France, Echelle 1:200.000. Nr. 74 Lyon — Geneve. — Nr. 77 Valence — Grenoble. — Nr. 81 Avignon — Digne. — Nr. 84 Marseille — Menton. Michelin & Cie. Propriétaires=Editeurs, Clermont=Ferrand.

14. **T a r i d e**, Cartes Taride, Toute la France en 25 Sections, Echelle 1:250.000. Routière Nr. 14 — Lyonnais, Savoie, Dauphiné. — Routière Nr. 14 bis — Dauphiné, Savoie. — Routière Nr. 17 — Provence, Basses=Alpes. Cartes Taride, 18—20, Boulevard St. Denis, Paris (Xe).